Grasshopper参数化设计教程

祁鹏远（Skywoolf）编著

中国建筑工业出版社

图书在版编目（CIP）数据

Grasshopper参数化设计教程／祁鹏远编著.--北京：中国建筑工业出版社，2017.7（2024.9 重印）
ISBN 978-7-112-20728-2

Ⅰ.①G… Ⅱ.①祁… Ⅲ.①建筑设计-计算机辅助设计-三维动画软件-教材 Ⅳ.①TU201.4

中国版本图书馆CIP数据核字（2017）第096989号

本书是由 NCF 参数化建筑联盟官方出品、站长祁鹏远 (Skywoolf) 亲自编著的一部以参数化设计思维培养和 Grasshopper 软件教学为核心内容的二合一教程。书中提出的〝参数化六艺〞、〝阶梯式训练〞、〝实践化教学〞等独具特色的设计教学模式，能够让读者在演练一系列教学案例的同时，由浅入深地掌握 Grasshopper 参数化设计思维和方法。

书中涉及 30 余个案例，讲解生动细致；内容层层递进，可用于建筑设计师、建筑学相关专业学生及参数化建筑设计爱好者在各个阶段的学习和提高。

责任编辑：尤凯曦 李阳 李明
责任校对：李欣慰 焦乐

Grasshopper参数化设计教程
祁鹏远（Skywoolf）编著
*
中国建筑工业出版社出版、发行（北京海淀三里河路9号）
各地新华书店、建筑书店经销
建工社（河北）印刷有限公司印刷
*
开本：787×1092毫米 1/16 印张：17¾ 字数：427千字
2017年7月第一版 2024年 9 月第十三次印刷
定价：49.00元（含增值服务）
ISBN 978-7-112-20728-2
（30391）

序言

悉闻鹏远出版 Grasshopper 参数化方面的书籍，这对于设计师来说真是一件幸事！多年来设计师的模型修改都是一大难题，无论是建筑设计还是工业产品设计，在 Grasshopper 问世之前 Rhino 用户都面临着这样尴尬的问题。设计并不是一个简单的过程，N 多个设计信息的输入都需要设计师来同时协调处理，但由于传统的设计思路、手段与技术工具的局限，使得我们往往只能凭借经验主观性地输出为数不多的设计成果。尽管我们无比努力，但也可能会遗失一些未曾发现的优质设计输出。现在这些问题都会迎刃而解。Grasshopper 参数化设计工具可以帮我们无损地将所有的设计输入转换为设计输出，这样既可以基于程序算法和设计条件筛选出最具功能性与美观性的设计输出，也可以基于甲方的特殊要求得到个性十足的设计成果，充分展现了基于程序的参数化设计魅力。Grasshopper 这一革命性的辅助设计工具，必将会带来一场革命性的设计创新。

与鹏远初识于 2009 年的 Shaper3d 论坛和 NCF 参数化建筑联盟。我记得他在大学时代就非常热衷于 Grasshopper 参数化设计的学习与研究，与国内众多的 Grasshopper 参数化设计师一同创立了 NCF 参数化建筑论坛，共同学习、交流，共同进步。难能可贵的是鹏远与众多的研究性学者不一样，不限于纸上谈兵的参数化设计理论研究，而是将所有的研究成果付诸实践。他在从业期间，坚持将 Grasshopper 参数化设计工具应用于实际的建筑设计案例中，帮助设计团队提高创作效率，为甲方节省时间与成本。更多项目实践证明，其研究的成果是能经受得起检验的。百闻不如一见，我相信鹏远的这本书，能够为初涉参数化设计漫长之路的你提供一盏启明灯，为已经在这条路上的你提供更多的宝贵参考与意见。

Jessesn.Chen

McNeel Asia 技术支持

Shaper3d（西普设计咨询）创始人

Rhino 中国技术支持与推广中心负责人

记得那是2009年的夏天，

我打开了这个工具的界面，

脑海里浮现出了崭新的世界……

前言

给参数一个定位

一直以来，我身边的很多人总会问我这样一个问题：究竟什么是参数化？每次我都会重新思考这个问题的答案，然后尝试用自己匮乏的语言去建立一个提问者和解惑者之间的信息桥梁，然后把自己的理解努力地描述给对方。久而久之我也发现，每次随着提问者的特征不同，我的解释并不一样：回答因人而异，这是我所选择的交流方式，因为我并不认为这个问题的答案对于每个人而言是统一的，它对于目的不同、创作思维迥异的设计师们而言，其意义也应该是不同的。时间长了，自己也会习惯性地去想：究竟什么是参数化？

创作，是从自我内心之中挖掘冥想的过程，每个人追求的答案不同，只能够自己去寻找。别人的路可以作借鉴，但如果不坚定地去走向自己内心的深处，是永远不可能到达彼岸的。

参数化是什么？我给予自己这样一个答案：它是一种借助计算机运算能力来解决客观设计问题的工作方法，我运用它解决自己在设计创作及实践过程中所遇到的各种问题：这些问题有的很简单，比如调整一条曲线的形态——我总习惯在 Grasshopper 里把这条曲线关联的各项关系空间使用性能的参数（包括空间面积、空间直径等）都用参数模型显示出来，然后一边调整形态，一边观察各项指标的变化，以此来寻找一个美观和实用的平衡点；复杂的问题如在一片丘陵地形之中，用算法生成合理的行车路网，或是在一片自由形态的坡折屋面之中，通过视线和环境的因素来考虑和调控整个屋顶形态等。这些过程都很有意思，道理也易于理解，但是这种工作方法让设计变得与众不同。由设计方法的不同导致问题关注深度和角度的不同，也就有了不一样的设计结果。所以参数化也是通往创新型设计思维的一条通道，我一直是这么想的。当然除此之外，我也用它做过一些复杂构造节点的深化设计和施工定位，模型总是越精细就越容易控制施工，我们一直在很努力地促使自己的作品尽量保持原样地落地，所以高效率的建模工具是必不可少的。这些就是我理解的参数化，它是我的工作方法，是辅助我思维的一种工具，也是协助我解决设计难题的利器。

参数化设计当然不是玩造型，不是标新立异的英雄主义。因为选择如何去做的是设计师，是个人的心理需求，是社会的舆论关注。而参数化本身只是一种设计的思维和方法，它能提高我们的工作效率，拓宽我们的构思领域，它也是在当下每个还在思考创新的建筑师都应该去了解和尝试的一种设计模式。如果硬要拿那些〝不可思议〞的项目来描述〝参数化〞的话，可以这么讲：那些奇怪的形体，是设计师的创意，是个人情怀，和参数化思维关系不大，但是使这些复杂的形态能够进行合理地优化调整并能用科学的依据将其实现的设计方法和技术手段，是用参数化设计的方法做到的。我经常跟学生们讲：〝这个造型、这个设计结果不叫参数化设计。用来推敲、分析、控制这个形体，让这个空间好用、合理的设计过程才算是参数化设计工作中的一部分。但是参数化设计本身可不是给那些玩形状的人收拾残局的，它能启发设计师去重新思考建筑的生成过程，对整个行业设计创作过程的启迪和改变才是它最大的核心价值。〞借用一句马克思主义哲学里的话，因为它提高了生产力（设计的生产力可以被理解成创造性思维能力），所以它的发展和成熟是具有必然性的。

这里，给予参数化设计的新人几点提示：

1. 我们鼓励平时练习用算法控制复杂模型的体态，体味这个设计过程是一件很能激发设计师创作灵感的事情。但一定要清楚这仅是造型，而不是建筑。建筑设计还要综合考虑功能空间和视觉艺术表达等多方面的因素，到建造阶段更是错综复杂的社会科学。所以切记不要轻易地把自己的异形体量当作建筑设计的课程作业或者盲目地应用于项目实践。

2. 如果我们已经开始用参数化设计的手法来做方案或是课题了，那这个方案的形体就算再复杂也应该是被一个或多个设计要素（如功能需求）制约着的，形体仅是空间的外在表达，只有满足了空间的塑造逻辑和某些价值或意义需求的作品才有灵魂。尽量多体会推敲和解决问题的过程，因为这是对设计基本能力的一种训练和培养；尽量多地讲述和分享每一个设计过程，因为这样可以强化自我对设计方法的理解。

3. 如果我们对参数化还不是很了解，却正面对一些要用到这门技术的课题或项目，无论时间多紧，也请不要直接用前人的参数模型来满足自己的方案需求。因为每段生成逻辑都具有独特性，模仿只能做些表面工作，对课题来说很难搞清楚实质的东西，对项目来说更是会遗留下很多施工的疑难问题。参数化并不复杂，我们可以找个集中的时间静下心来从头开始梳理，也只有这样才能最快地实现我们理想的设计追求和目的。

以上是 2013 年底的笔记，一字不差地诠释着我今天的理解。如今的参数化设计已经被大家所熟知，越来越多的应用和作品已如雨后春笋般呈现，年轻且富有创意的思维在国内外竞标中大放异彩。然而我们并不会停止前进的脚步，还有很多门没有打开，还有很多陋习没有摒弃。为了更理想的空间，为了潮流褪色之后化作经典，我们不忘初心、继续前行，期待有您相伴……

目录
Contents

参数化

“养国子以道，乃教之六艺：一曰五礼，二曰六乐，三曰五射，四曰五御，五曰六书，六曰九数。”

——《周礼·保氏》

决定创作结果成败的，往往不是设计者的某种技能是否出色，

而是他是否拥有一套完善且闭合的技能体系。

参数化“六艺”从构思到营造，伴你一起走过回归设计的旅程……

浅谈参数设计的技能体系

多年以来，Grasshopper 的学习总会给我们带来一些困扰。初学者在认识这个工具后往往不知道该如何着手学习，也很难再继续提升自己，以至于普遍地产生了一段长时间的迷失。虽然在这个时期大家还会陆续地认识新的运算器，接触新的算法案例，但不同的新老知识和技能之间总是让人感觉很混乱，难以结合成体系，也就更难将其应用于实处。漫漫 " 编程 " 路，踉跄地走过了五十，又何时能到达一百……这一路的艰辛，不是因为我们笨，也不是因为这些技能有多难，其实只是因为我们缺少了一套系统的知识体系来扶持我们的思考，才导致了不必要的窘境。

“六艺”的提出，正是为了引导我们获取一套完整的技能体系，它既是我们构成参数化逻辑思维的六种基本技能，同时也是挖掘我们自身思维潜能的一套知识结构图谱。有了它，我们就可以在此基础上逐渐地建立起一套属于自己的核心逻辑体系。每当我们再获取其他新的技能算法，我们便可以将其归纳到这个逻辑体系当中，并通过体系中的知识关系将其与已有的信息形成比对、反思，从更多的维度对这些新的技能进行消化、分解、融合。只有这样，我们学到的东西才能更有机地和我们的技能储备结合在一起，也只有这样才能真正地将我们所学之技应用于实践。

本书以“六艺”为核心框架，每个章节独立为一类技能的分支，每章案例练习由浅入深分成多个等级，其中 Level1~Level3 为基础章节，一般零基础的新人均可以独立完成并有所收获，Level4~Level5 往往是为了帮大家更深入地形成思维体系而进行的多分支知识点结合性训练。所以对于初学者而言，建议最初先将白色核心三角的技能完成到 Level3，然后再平行推进 6 个体系。对于已经熟悉了本软件的朋友，可以自行在任意分支上通过案例默写来给自己定级。然后有针对性地训练自己的短板，加深各分支之间的技能结合和知识理解。最后的 Level6 是技能回归创作的一种境界，需要大家认真体会。无论我们的专业技能有多强，其初衷都只有一个，就是拿出优秀的作品，所以回归设计就是技能最好的闭合。

基础
Foundation

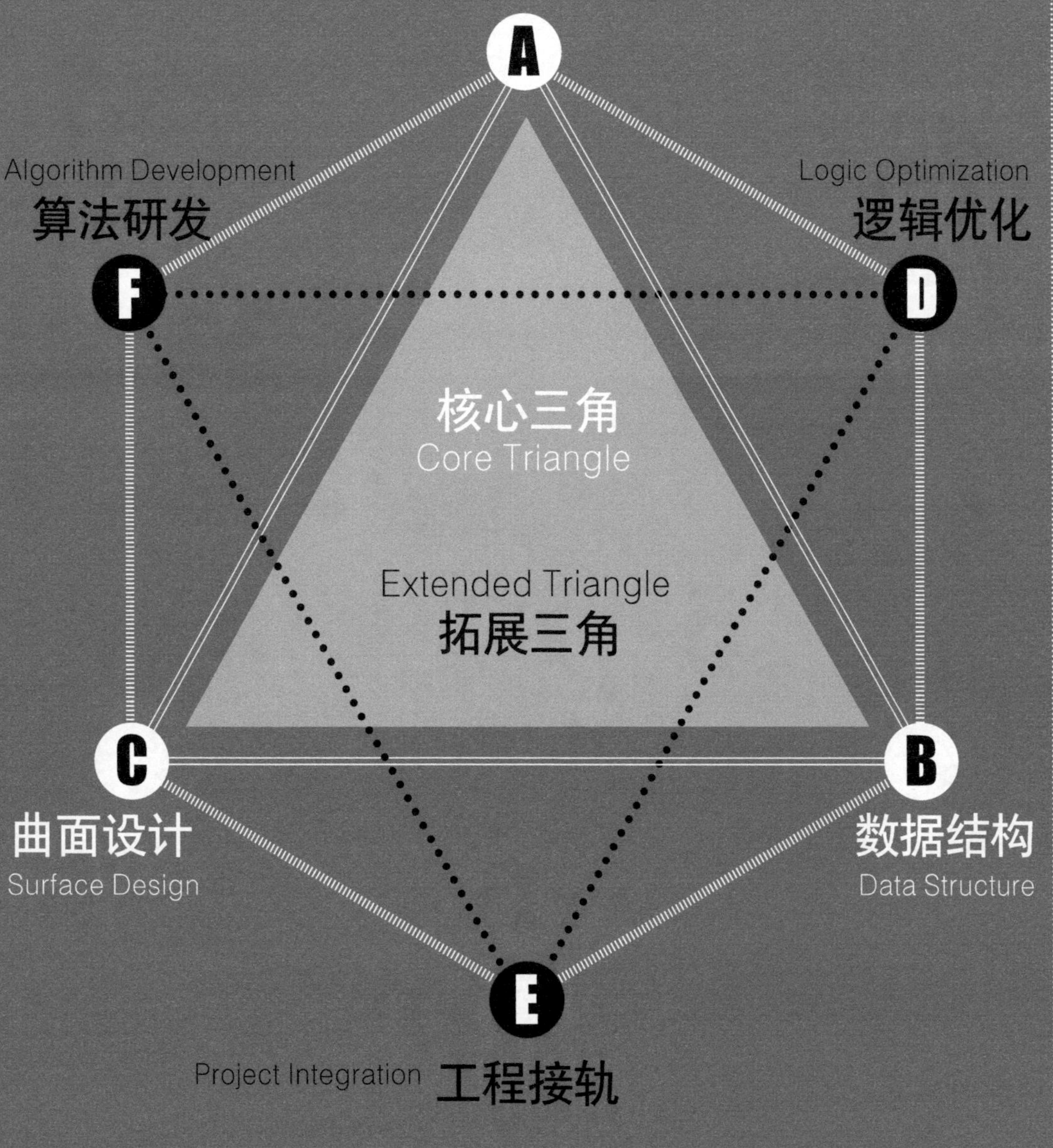

Practice
实践

Part A

生成思维

Generative Thinking

Level

1 最初熟悉操作，看懂逻辑结构；

2 继续熟练操作，改变逻辑结构中单一环节；

3 树形数据植入，改变逻辑结构中多个环节；

4 异形网架植入，尝试在空间里演绎逻辑；

5 全面掌握逻辑结构，引入变量和动态思维；

6 你的思维，你来决定。

Part B

数据结构

Data Structure

Level

1 线性数据运算法则，初识 Longestlist；

2 树形数据运算初步，Graft 生长法则；

3 加深理解：树形数据运算法则总结；

4 数据结构升级：二级树；理解核心数据框架；

5 点网控制，数据分组抽调；

6 树，无处不在。

Part C

曲面设计

Surface Design

Level

1 曲面找形基础，动态控制方法；

2 曲面细分思维，UV 控制规则；

3 曲面数据提取，空间异形构件编写；

4 "母线设计"方法，线组集群控制；

5 线群控制，UV 区间控制；

6 结合体量，回归设计。

Part E

工程接轨

Project Integration

Level

1 实践体系认知，结构一级框架；

2 结构二级框架，构造级节点建模；

3 算法细节控制，Voronoi2D 构件定位；

4 曲面空间网格优化，定位点坐标输出；

5 幕墙细分深化，工程实例模拟；

6 项目接轨，立足实践。

Part D

逻辑优化

Logic Optimization

Level

1 理解数据联动的意义，让变量更加清晰；

2 了解逻辑优化原则，减轻计算机运算负荷；

3 合理利用树形数据，避免重复性操作；

4 “最小单元”思维，挖掘更简洁的生成逻辑；

5 清理重复数据，获得最干净的结论；

6 逻辑打包，封存你的能力！

Part F

算法研发

Algorithm Development

Level

1 三角函数曲面生成，函数模块运算演示；

2 遗传算法应用，代数模块运算演示；

3 迭代算法演示，L-系统生成思维；

4 迭代算法应用，几何模块运算演示；

5 人工智能初步，计算机初级逻辑基础；

6 人机合一，天下无敌！

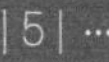

Tool Overview

工具概述

Grasshopper（简称 GH）是 Rhino 平台上一款很特别的建模插件。其建模方式与传统建模软件相比有很多明显的不同。最主要的特点是 GH 可通过一系列模块化的建模指令(运算器)来搭建起一个模型完整的生成逻辑，并通过计算机运算执行这些指令来生成最终的模型。

0.9.0076

在整个建模过程中，GH 扮演着编写生成逻辑的角色，Rhino 作为一个运算平台将生成的模型直观地、即时地展示给我们。那下面我们就来了解一下 GH 建模的案例。

逻辑概述：由三角形网格出发，生成三棱柱矩阵，再根据局部凸起的曲面形态参数使其发生干扰变形，呈现均匀变化的凸起裂纹。

操作界面

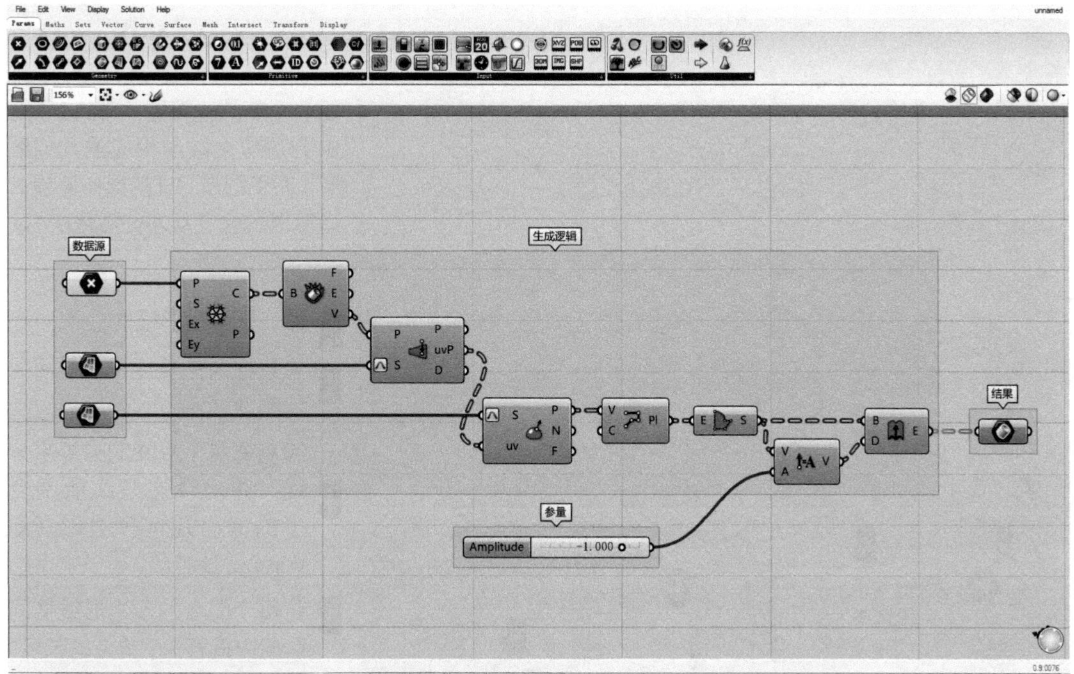

GH 界面用来编辑每段生成算法（以运算器形式显示）和它们之间的数据关系（以运算器之间的连线模式显示），最终构架出一套完整的模型生成逻辑算法。

Rhino 界面作为模型的观察窗口，可即时地显示 GH 编写的生成逻辑所运算出的结果。

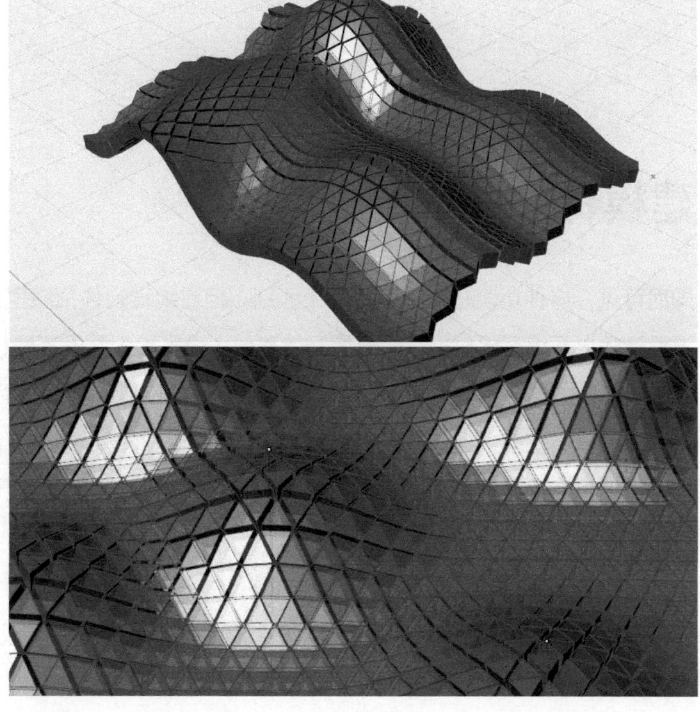

由于 GH 编写的成果不是模型本身，而是整个模型的生成过程，所以稍微改变生成逻辑的一些参数，即可改变模型最终的运算结果。图示范例改变了算法最初的基准面形态，相应的深化建模不再需要人工修改，由 GH 逻辑直接生成。

建模流程

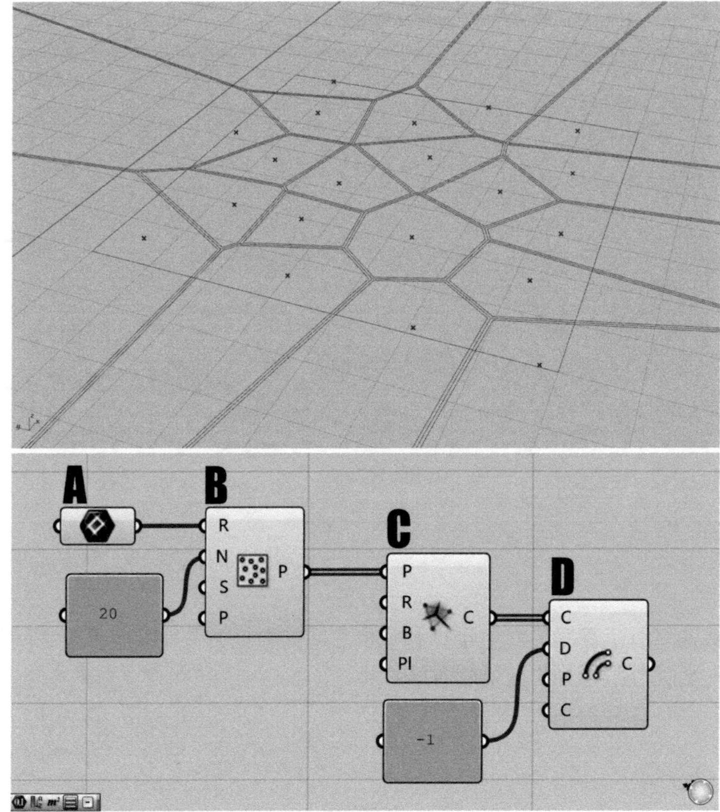

每当我们在 GH 窗口中编辑一个新的运算器，Rhino 平台中会对应生成出相应的几何图形。左下图是 GH 的操作面板，运算器的含义从左往右依次为：

A 绘制一个矩形线框；

B 在线框内任意位置随机同时绘制 20 个点；

C 绘制每两个点间的垂直平分线，并求得这些线所围合出的最小几何多边形（即 Voronoi 多边形）；

D 将每个闭合的多边形线框同时向内偏移 1 个单位的长度。

以上我们可以了解 GH 的建模操作过程，不难看出，像 C 步骤这样一个复杂的运算指令，在 GH 中一步即可实现。

建模特性

即时可见：这种功能与传统建模并无区别，但在编程软件领域里却是一种革新。普遍的编程建模需要设计师自行编写代码，在代码编写完整前，这些指令并没有建模能力。所以每次需要编写、校对，然后试运行。这种类似程序开发的高技术的工作一直以来成为编程语言建模无法靠近大众设计师创意工作的一层壁垒。但 GH 的操作解决了这个难题，每个运算器都是一组完善的打包代码，它们既具有灵活组合的能力，同时又拥有独立的可视化功能。这使得设计师可以在轻松编辑它们的同时看到运算的结果，适用于方案的推导和辅助。

逻辑建模：GH 编写的不仅是一个模型的结果，而是模型如何生成的一个过程。在整个设计过程中，设计师可以通过一段逻辑生成很多个符合逻辑条件的结果，比如上图的随机点，其实可以有无数种随机的可能性。那么 GH 可以辅助设计师生成这些结果，甚至是显示它内置的面积、边长等隐性参数，然后由设计师来判别最适合方案的结论。这使得设计复杂形体的过程更加具备理论的科学性，而非主观性。同时，在这个过程中，设计师更加关心的是潜在形态之下的内在逻辑。这将一定程度促使新一代设计师去重视设计的方法论，反思设计内涵。

动态建模：正因为 GH 的模型都是由逻辑生成的，才使得当设计师试图去改变某个逻辑输入端的参数时，整个生成结果会沿着某种形态趋势发生线性的变化。这使得生成的曲面会产生动态的律动，生成的手臂会产生动作。当设计师将动态的逻辑植入到生成逻辑时，GH 将呈现出一种更加具有运动魅力的成果。这是运动的逻辑本身也是未来建筑及相关设计领域发展的一个必然趋势。

功能一览

在 Rhino 界面下键入"Grasshopper"命令，打开 GH 操作面板。

GH 的操作界面比较简洁易懂，菜单栏是一些常规的设置，工具栏中主要是与 Rhino 平台的一些互动设置。下方信息栏中用于显示当前一些需要注意的信息。这些功能根据个人习惯设置，并不会经常用到。

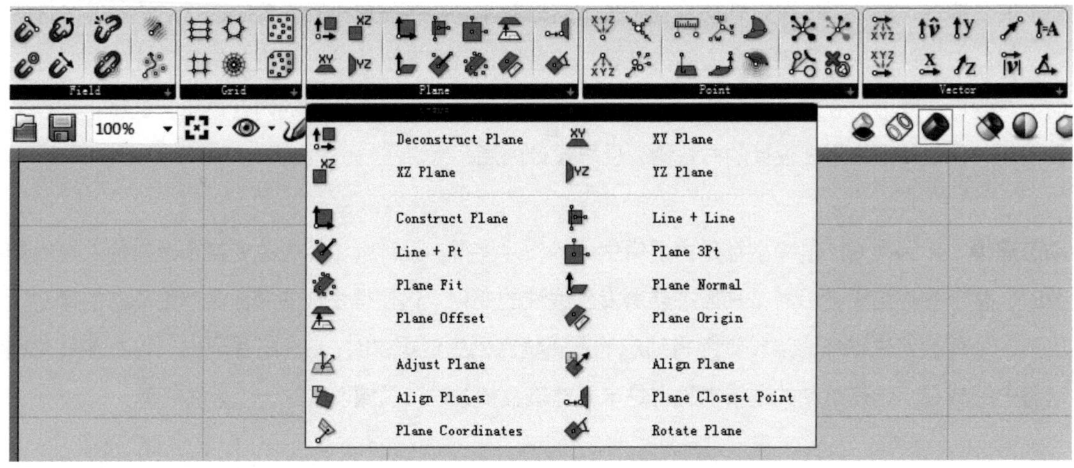

在这些面板当中，最具特色的就是位于窗口工具栏上方的运算器栏。这里以分组选项卡的形式排列了近 700 个运算器。鼠标点击每组运算器栏的黑色部分，均可获得下拉菜单，获取本组全部运算器。在它们当中有近 100 个很常用，属于核心运算器；有的则比较冷门，代表某些特殊的算法。那么在我们实际的学习过程当中，推荐大家先通过本书的案例练习了解核心运算器，这样比较容易建立起完整的思维结构，待自己有一定思维体系的时候，再尝试通过自己的逻辑思维消化吸收其他那些不常用的运算器。

运算器分类

第一类：参数

位置：Params/Geometry&Primitive

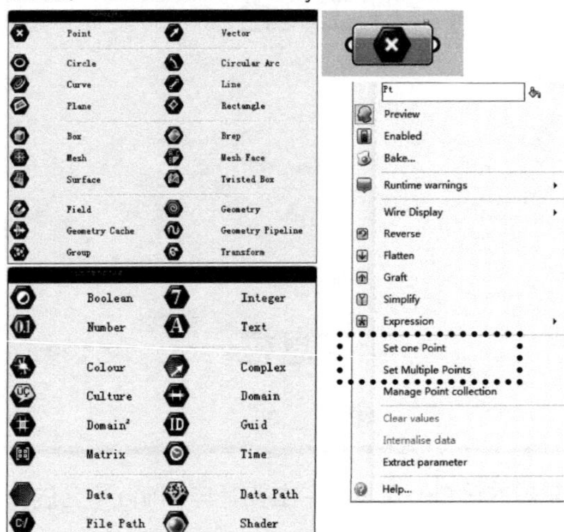

这类运算器不多，但它们却是运算逻辑的根源。GH 通过这些参数运算器在 Rhino 平台中采集或建立最基本的模型要素：点、线、面、矢量、数值、字符等。这些参数是构架逻辑的基础，也是我们所要编辑的数据类型。在 Point 运算器上点击右键选择 Set one Point，操作视窗即可跳转至 Rhino 界面，我们可以绘制一个点，或选择一个点。这时，Point 运算器会将这个点的数据采集进 GH 平台中。这样我们就可以用 GH 进一步地编辑它了。几乎每个参数运算器都可以用相同的方式采集或绘制对应数据类型的参数。有了它们，我们就可以开始下一步的编辑运算了。

第二类：指令

位置：除了 Params 的其他部分

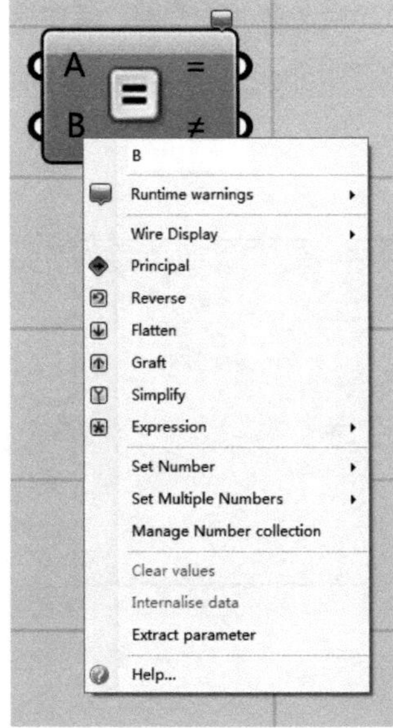

指令类运算器的数量占据运算器总数的 90% 以上。它们的功能是用于对参数下达建模或运算指令。其中包含对点的操作、对线的操作和对面的操作等。组成上分为左侧输入端，中间显示区和右侧输出端。它们可将一些参数运算器提供的数据类型通过相应的运算得出其他我们想要的数据类型。比如左图绘制控制点曲线的 Nurbs Curve 运算器就是典型的由点运算生成曲线的运算器。V 端输入点的数据，C 端输出这条曲线。

当鼠标在输入端处停留，我们可以即时浏览这个位置的数据类型和实际运算情况。右键点击输入端可以看到每个端口自己的参数设置菜单（左图中 Equality 运算器），方便我们对这些参数做一些简单的常规操作。

我们会发现，指令运算器的部分输入端同样会有 Set 命令出现，这是因为这些运算器已经内置了第一类参数运算器的结果。不少人因此觉得参数运算器失去了存在的必要性。其实不然，因为这些必要的运算器提示着我们数据类型的存在，可以使整个生成算法的逻辑结构更加清晰、一目了然。

有种特殊的情况是，指令运算器要绘制一个圆，需要一个平面参考系的数据类型，而我们给它输入了一个点，却没有看到运算器报错，为何？原因是每个运算器的输入端都具有数据类型转换的优化算法。此时的点被自动转化为以该点为原点的 xy 平面参考系。这种优化使得我们的一些操作更加简单方便。但并不是所有数据类型都有默认的转化算法，所以大家在实际操作过程中，还是要重点注意这些细节。

第三类：特殊

位置：Params/Input&Util

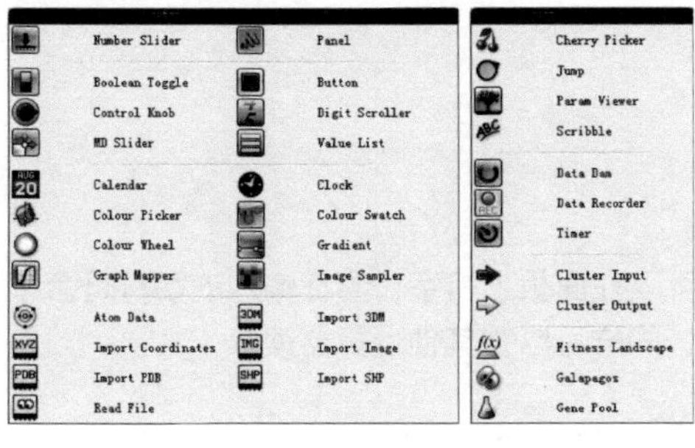

这些运算器每个功能都很有特色，各不相同。有些很常用，有些则很冷门。我们会在接下来的练习当中有重点地认识它们，这里先介绍几个最常用的运算器。

Number Slider & Panel

数据拉棒 Slider 和数据面板 Panel。在未来的日子里没有谁比它俩更会让你感到亲切了。Slider 用于动态输出一个数值变量。解释下变量和参数的区别：参数是一套算法中我们在调用的数据；而变量是在这套逻辑中我们希望它不断变化的数据。Panel 用于显示输出端的数据列表。在 GH 中数据是以列表的形式被传递的。我们往往会下达这样一个指令：在 100 个点上画 100 个圆，其中这 100 个点和 100 个圆的半径数值都是用一个完整的数据列表来存储。有了 Panel，我们就可以随时地检查每个运算器的数据情况。

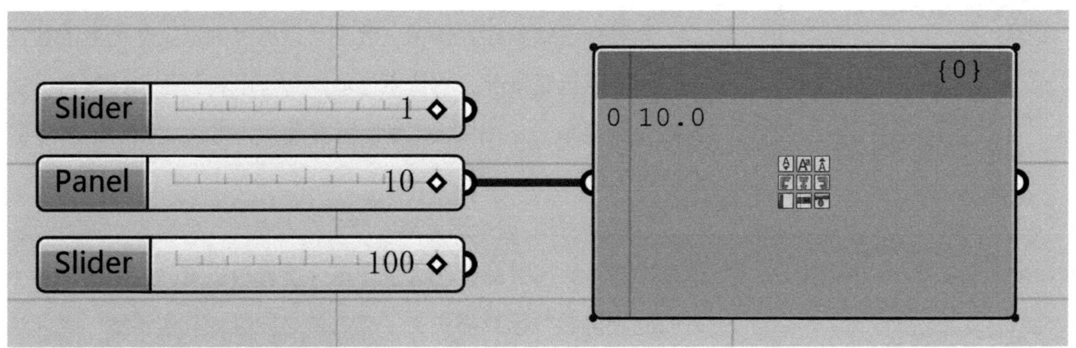

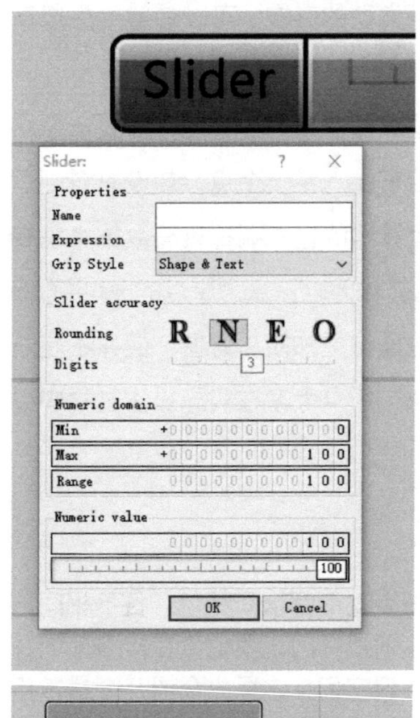

在 Slider 上双击会弹出控制面板，我们可以根据需要设置它的名称、输出格式、滑动区间、输出值、输出精度等。

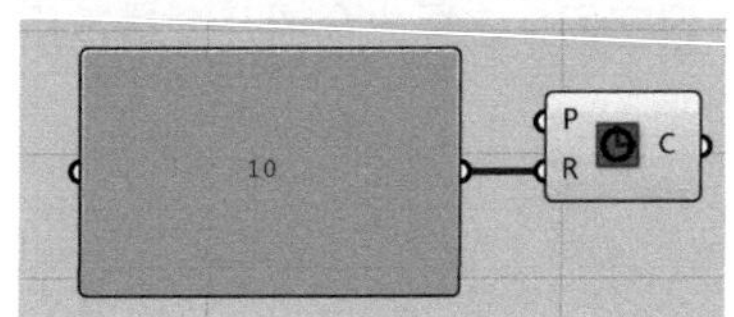

在 Panel 上双击同样可以在面板上打字，当你输入的字符符合某个数据类型的字符时，同样可以被其他运算器读取。

运算器状态

每个运算器可以设定不同的状态，来满足我们的不同的操作需求。分类如下：

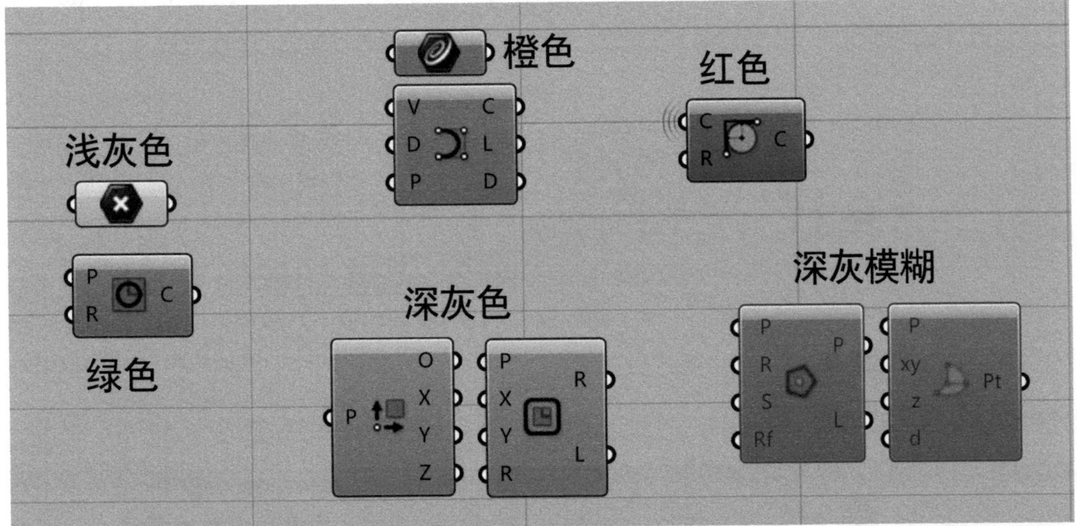

橙色：该运算器没有在运算，或其中有无法运算的数据流。大部分运算器需要我们给它们输入运算用的参数。这些运算器只有当它们的输入端均匹配了相对应的数据类型时，它们才会正常运行。

浅灰色：该运算器正在运行，并且一切正常。有相当一部分运算器已经设置好了默认参数，并不需要我们另行赋予，所以它们从运算器栏中拖出来的时候，已经可以正常运行。

红色：报警，该运算器出错，无法做任何运算。通常这种情况是因为我们给它的输入端连入了数据类型不匹配的数据，导致它无法读取参数信息。

深灰色：该运算器正在运行，并且处于隐藏显示状态。建模过程之中，有些过程线不是我们想看到的，可以在运算器上右键设置取消 Preview，使其处于隐藏状态。

深灰模糊：该运算器已停止运行。建模过程中的过程稿或其他目前不需要其运算的算法。为了节省计算机的运算空间，我们可以在运算器上右键设置 Enabled，使其处于停止状态。

绿色：已选中该运算器。被选中的运算器所运算的图形结果会即时的在 Rhino 窗口中被显示为高亮色。提示我们这步骤运算的实际内容。

运算器连接

连接是 GH 运算器之间数据沟通的纽带，我们也是通过这种操作决定让谁来执行谁的运算指令。它们看起来都比较随意，但当运算器越来越多的时候，连线的交织就容易混淆你的逻辑。所以适当地注意运算器的排列，阶段性地梳理下连线，是编写一段清晰逻辑的基础，不容忽视。

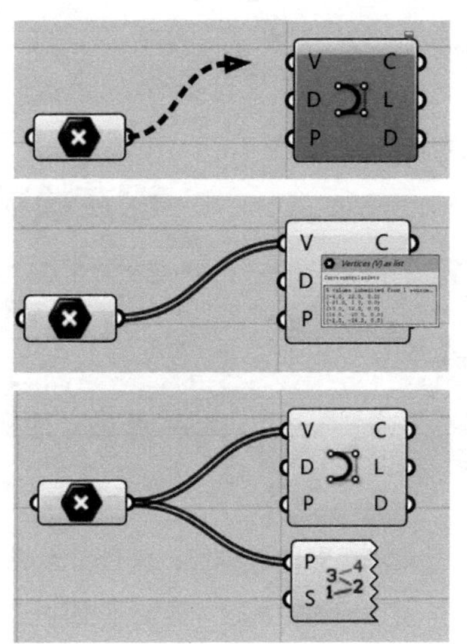

左键点住前一个运算器输出端的半圆，拖拽，连接入后一个运算器的输入端，松开鼠标，一段数据连接即可生成。

鼠标停留在连接后的输入端 1s，即可浮现该输入端的数据预览。熟练地运用预览和 Panel 检查数据，可以帮助我们更加清晰地理解数据连接的内容。

增加连接：当要给一个输入端同时连入多个数据连线的时候，后连接的数据线需同时按住 Shift。减少连接：当我们要取消一条数据连线的时候，可以按住 Ctrl 再重新连一次，即可取消。

数据结构

运算器之间的连线有三种不同的形式，分别代表了三种不同的数据结构。这些数据结构的运算法则有很大的不同，可以方便我们对逻辑算法下达更加复杂的逻辑指令。具体内容大家会在 Part B 中重点得到系统的认识和训练。

单线为单个数据，意思是只有一个数据；双线为一组数据列表，这是多个有排列顺序的数据；虚线为分组数据（树形数据），指的是有多组数据列表，每组内可能有一个或多个具有排列顺序的数据。简单解释下，分组的目的是为了将数据分开管理，不让它们之间发生干扰运算。合理地运用树形数据思维，可以让我们的运算逻辑变得更加清晰、简洁。

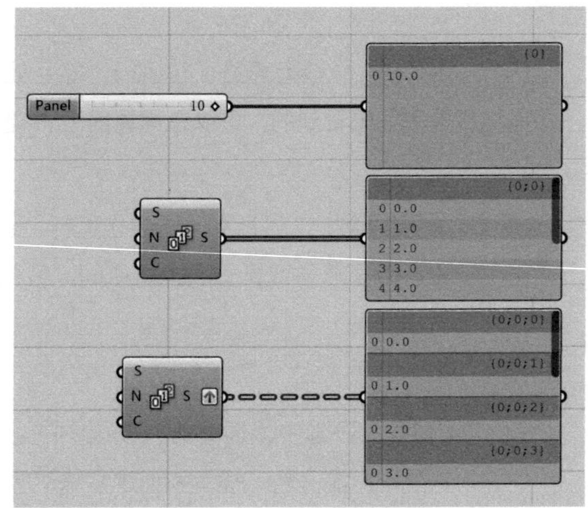

Let's go !

准备开始 ...

接下来大家要跟随我做几个初始的设置，来帮助我们更直观地操作 GH：

A: 在菜单栏 View 中选中 Canvas Toolbar，Component Tabs，Panel Separators，Obscure Components 这四个选项。 这样可以确保我们的运算器位置排列显示一致。

B: 在菜单栏 Display 中选中 Draw icons，Draw Fancy Wires 两个选项。

前者使运算器以图标形式显示，后者可显示数据连线的线型。

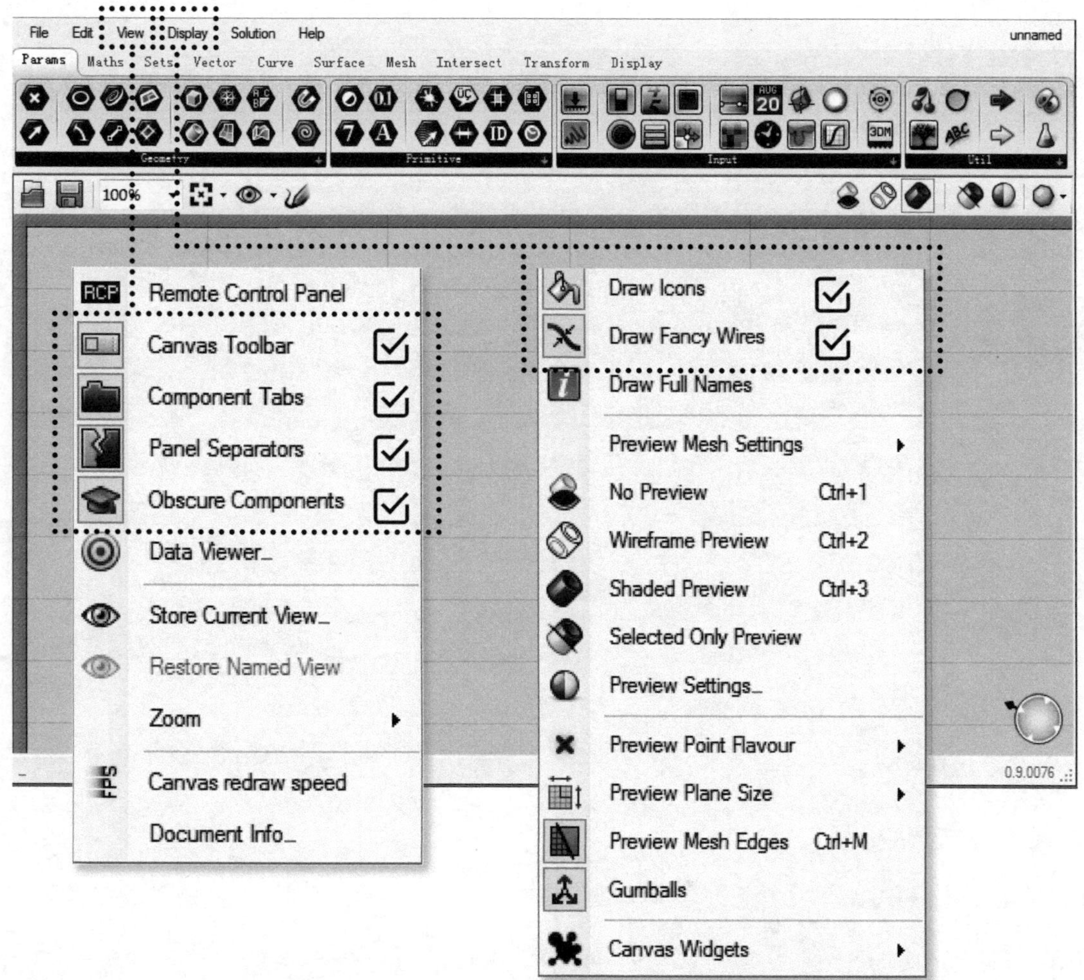

Part A

Generative Thinking

生成思维

“生成思维”可以简单理解为我们脑海里的建模思路，往深了说是一种指导模型生长的控制性思维。在传统的建模过程中，我们通过鼠标点击这样简单方便的操作，在三维的界面里绘制我们的模型。这个简单的过程很符合我们的操作节奏，但同时也在约束着计算机潜能的发挥。我们可以回想一下，在这个过程中，计算机一直在配合我们的操作速度进行运算，而我们能给它下达的仅是一些初级的建模指令，一些机械性的建模工作，因为微小的差异导致我们必须一次次地重复操作。逐渐地，我们有了疑问：为何不能给计算机下达更加高级的指令，让它全速地去奔跑？我们只要告诉它模型建造的过程，告诉它这个过程中有几处不确定的变量，它就可以一直地循环计算下去，然后在同一套生成逻辑下，为我们生成千变万化的结果。不难想象，这样的工作方式会节省设计师大量的建模时间。而幸运的是，这种技能就在眼前了。

GH 通过编写模型生成过程来自动绘制我们想要的模型结果。在这个过程中所有模型过程信息被保留，我们可以任意地修改，反复地调制参数，从而获得结论。同时，我们可以借助这个操作平台向计算机下达更加高级的逻辑指令，编写更复杂更多元化的逻辑，这在传统建模过程中，恐怕是无法被意识到的。所以也就引发生成了更多千变万化的设计成果。在这种设计方式中，设计师扮演了至关重要的角色，那就是逻辑的编写。设计师的生成思维，决定了模型生长的走向，决定了计算机是否能交付给我们满意的答卷。那么我们究竟应该如何建立起自己的生成思维呢？这就是本章我们的训练重点。

在以往的交流经验里，我发现有相当一部分朋友还是更加注重形式结果，不那么在意过程。一个比较明显的现象就是大家更愿意去做一些形象很奇怪、但逻辑很青涩的案例，很少在经典的逻辑案例里，深入挖掘消化，并为自己所用。这可能也是长久以来部分爱好者很难突破的原因。本章的案例是以往经典教学案例的演绎和拓展，重点总结了生成思维的组成要素和逻辑结构。希望能给新老朋友带去新的启发。

Level

最初熟悉操作，
看懂逻辑结构；

继续熟练操作，
改变逻辑结构中单一环节；

树形数据植入，
改变逻辑结构中多个环节；

异形网架植入，
尝试在空间里演绎逻辑；

全面掌握逻辑结构，
引入变量和动态思维；

你的思维，
你来决定。

提升训练

Level 1

Level 2

Level 3

Level 4

Level 5

Level 6

最初熟悉操作，看懂逻辑结构。

开门见山，我们一起先做几个案例。对新人而言重点是熟悉一下 GH 这个软件的操作。对于案例中的数据列表关系，大家可以暂做忽视，等 PartB 拿下 Level1，再回过头来重新默写一遍，会有更深的感悟和理解。

友情提示：PartA,B,C 新人可以同时进行训练；当单独某一章节很难达到升级标准时，说明对其他章节认识程度不足，这时可以转移至其他章节进行晋级训练，过一段时间再回来会发现难题不攻自破。

Generative Thinking
生成思维

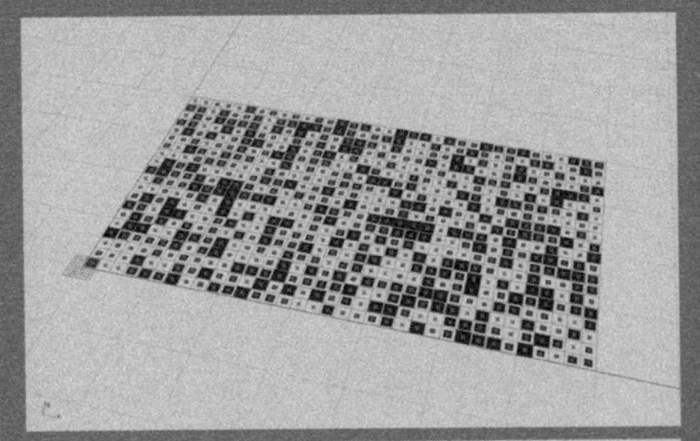

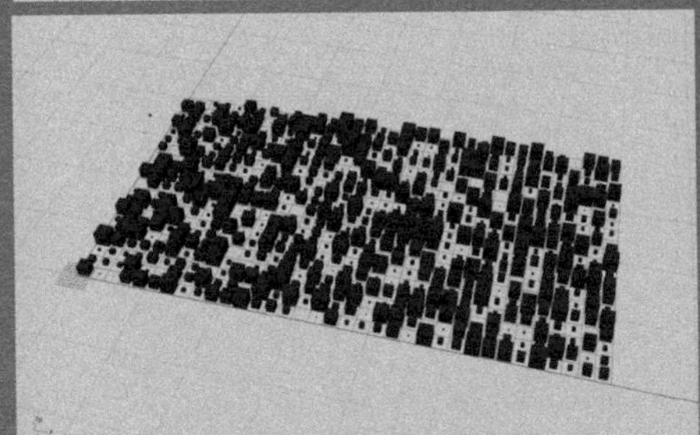

训练目标：

初级标准：

能够根据教程的提示完成案例，并理解本单元阐述的逻辑架构内容。

中级标准：

能够默写这些算法，并理解其中每个运算器的运算含义。

升级标准：

能够清晰地给他人讲述整个算法，并对每个运算器输出的数据结果完全掌握。能够自主改变其中个别运算器，使逻辑呈现其他更有新意的生成结果。

Part A

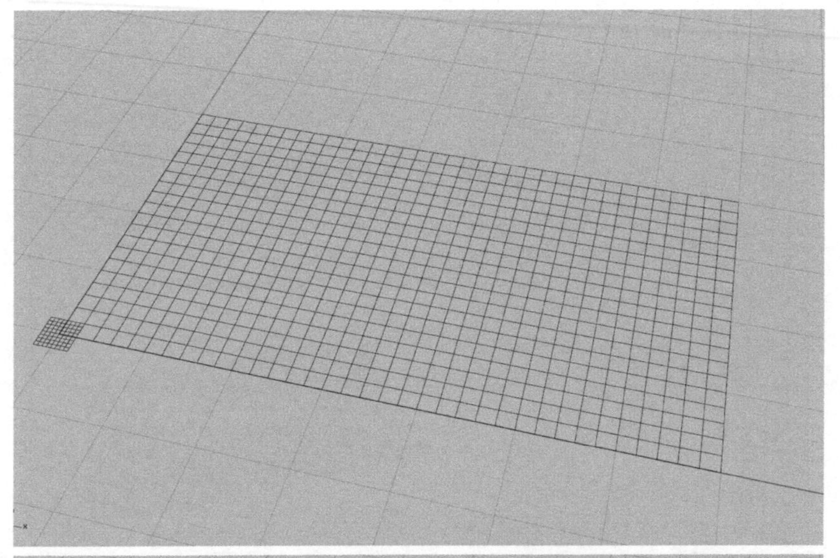

我们先来观察这组案例的生成过程：

首先是绘制一个方形网格，大家需要注意，这个网格实际上是一个正方形线框矩阵，横向有 35 个单元，纵向有 20 个单元。很多新人觉得这是综合交错的线条，其实不是。

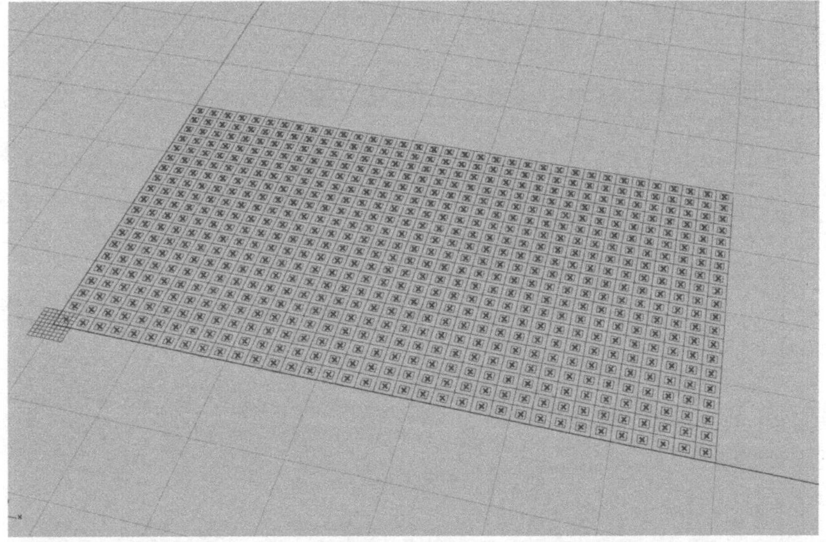

其次是在这一共 700 个正方形线框之中重新绘制一个更小的正方向线框，这个时候每个正方形做了一次等比例缩放，以中心点为参考点各自缩放了 50%。

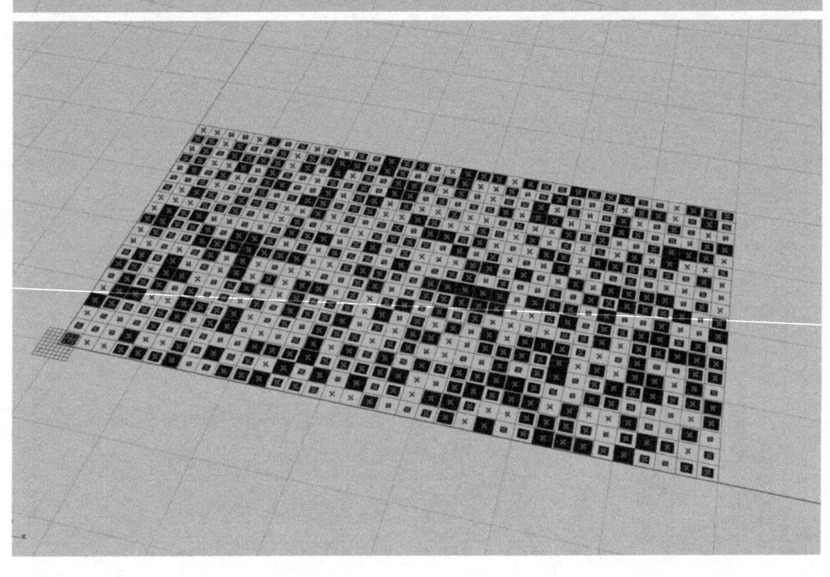

最后我们看到，700 个正方形内，每个缩放的新正方形缩放比例都不同了，很随机。然后每个新缩放的正方形都独立形成了一个〝黑面〞。到此一段生成结束。

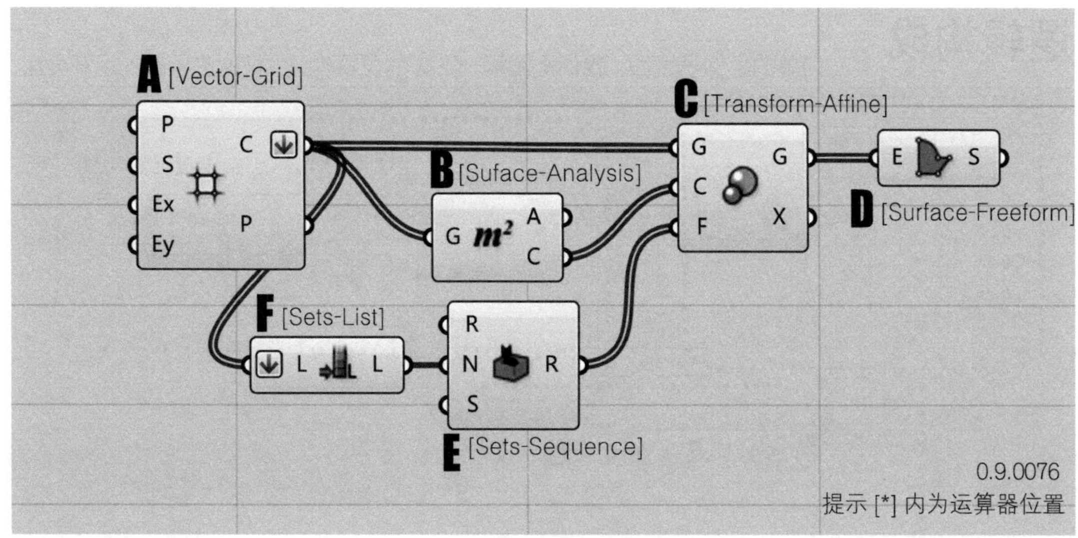

逻辑阐述

我们接下来看一下用 GH 如何编写这组逻辑算法。A ~ F 代表编写顺序，[*] 指示该运算器的提取位置，如果运算器未显示图标，请参见上一章【准备开始】内容进行调试。

A 绘制一个正方形矩阵，C 端输出为矩阵内的每个正方形单元（C 端右键 Flatten 将分组数据归为一组）。

B 提取每个正方形单元的中心点，C 端输出为每个中心点。

C 对每个正方形单元以中心点为中心等比例缩放，F 端输入为缩放比例，G 端输出缩放结果。

D 为每个缩放后的正方形封面。

E 给每个要缩放的正方形提供一个随机的数值。R 端为数值范围，N 端为数值个数，S 端为随机种子。

F 提取一串数据列表的数据个数。计算正方形单元的个数，然后告诉 E 的 N 端需要多少个随机数值。

Tips 如何给输入端赋值?

在输入端上点击右键，在下拉菜单中找到 Set 命令组，在这里你可以输入单独一个参数或 Set Multiple [*] 设置多个参数。设置完毕，点 Commit changes 或 Enter 确认。计算机将立即根据所改参数进行一次新运算。

SqGrid 运算器（大家记住这个图标就可以了，名字只是代号）是绘制矩阵的核心运算器，P 端输入矩阵原点的参考系，S 端为点阵的间距，Ex 端为 x 方向方格个数，Ey 为 y 方向方格个数。这四个输入参数是 SqGrid 用于绘制网格的基础，绘制的成果在输出端呈现：C 端按顺序输出每个正方形线框，P 端输出每个网格的交叉点。这里大家需要为四个输入端匹配数值（可以随意填）。案例中 S 默认 1；Ex 取 35；Ey 取 20。

逻辑构成

简单的小例子过后，我们来图解一下它的逻辑构成。把这些零散的运算分组。

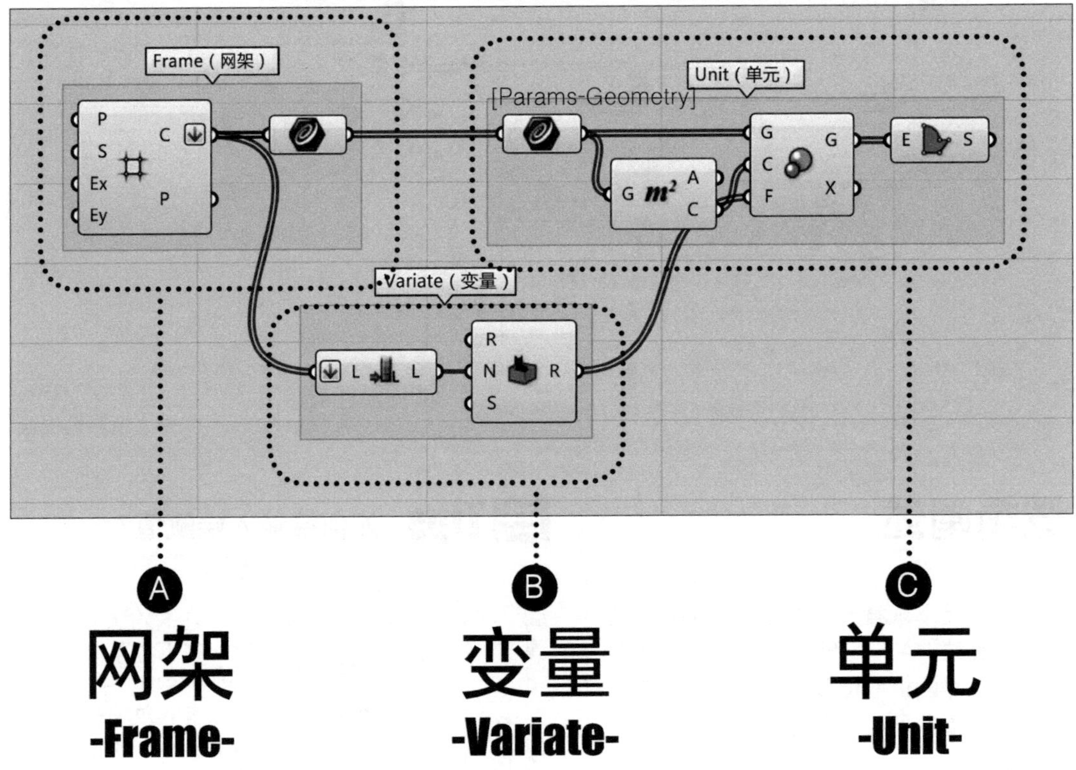

A

网架 -Frame-

网架是主体形态的基础，也是组织所有单元的法则。它既可以是平面的几何形矩阵，也可以是曲面或空间的拓扑格构。

在建筑设计领域，网架是结构体系、立面模数或是曲壳的造型，它为依附或镶嵌于其中的材料构件（幕墙单元等）提供最基本的组合的依据。

在计算机领域，网架是一种数字矩阵的集合，其中包含着不同维度的数据集。点阵坐标、曲面细分点法线矢量、点云中最近点距离等，这些都是网架的隐含数据属性。

B

变量 -Variate-

变量是控制生成逻辑过程中的重要参数。每个模型的生成都是法则和变量共同作用的结果。比如〝把物体向东移动5m〞，其中〝移动〞是法则，〝东〞和〝5m〞是变量，同样的生成逻辑，我们可以〝向西移动10m〞。

参数化设计的重点是如何控制这些富有变化的变量数阵，使其按照设计师预想的那样让计算机执行我们的运算。

在〝干扰〞体系下，我们可以从网架里提取参数，或自行拟定变量的生成逻辑，将其输入给单元。使单元构件发生相对应的变化。

C

单元 -Unit-

单元是构成模型主体的最基本单位，它的形式千变万化，依附于网架组合排列。类似于设计中常常被提起的〝母题〞或〝符号〞。

在建筑设计领域，单元的形式往往由使用功能决定，例如开合的百叶、变化的洞口、翻转的幕墙装饰板等。这些单元构件有时看起来很富有变化，甚至每个都不一样，但其实却有着共同的生成逻辑。

在〝干扰〞体系下每个单元都有自己的变量输入端。给予这个端口不同的参数变量，就可以得到变化丰富的构件单元。

Tips 逻辑构成有何意义?

认识运算的逻辑构成，能帮助我们一眼看清逻辑的本质：谁是主体？谁在同一个体系里重复变化？谁如何控制着谁的什么部分？这些实际上都是一种逻辑描述，如果你能用一句话很简练地说清楚一段算法的本质，恭喜你，那说明你的逻辑非常清晰。

GH 的建模操作过程就是将编程语言打包后再以连线的方式组拼成完整的算法。如果我们将这些运算器单独去研究学习，这对大脑的负荷恐怕是巨大的。但反之如果我们能成组地认知这些运算器的功能和运算关系，那我们就可以更轻松地掌控它。请注意，本例中提到的"干扰"体系，已被成熟地应用于 80% 的实际项目中。同一个逻辑构成，却可以让你看清千变万化的衍生，请大家一定将其消化理解。

"干扰"体系

我们经常看到一些这样的典型案例，屋面上开合的洞口、立面上翻转的百叶，各种各样的表皮构件重复地组合排列在建筑的界面上，每一个看似相同，又都或多或少的有些不同。要么构件尺度上略有偏差，要么变化的程度相差各异，总之每个都不一样。但在一种集群的逻辑控制下显得极具秩序感和韵律美。这些都属于我们这里提到的"干扰"体系。体形网架、构件单元、干扰参数是三个组成要素。网架的存在使算法可以适用于各种各样的空间和表皮。单元组成了建筑的表情。我们可以通过构件设计来任意修改一种表皮的表达形式或功能形态。同时这里要注意，这些重复阵列的构件往往有一个变量输入端，可以让你自由地改变这个构件的形态。最后干扰参数则可以通过这个变量输入端对整个单元群组进行集群式的干扰控制。所谓"干扰"即是用一组有递变规律的参数变量来宏观调控指定网架上每个单元变化形式的一种生成思维。理解了这个体系，我们就能从变化莫测的肌理中找到它们的核心逻辑骨架，也就能够更简单地破译它们的生成逻辑。以下，为大家简单举三个例子。

网架：平面矩形网格；
单元：可移动缩放的矩形；
变量：随机偏移、缩放。

网架：曲面六边形网格；
单元：可翘起的椭圆状鳞片；
变量：点状向外渐减。

网架：平面菱形网格；
单元：可开合折起的百叶；
变量：垂直向下递增。

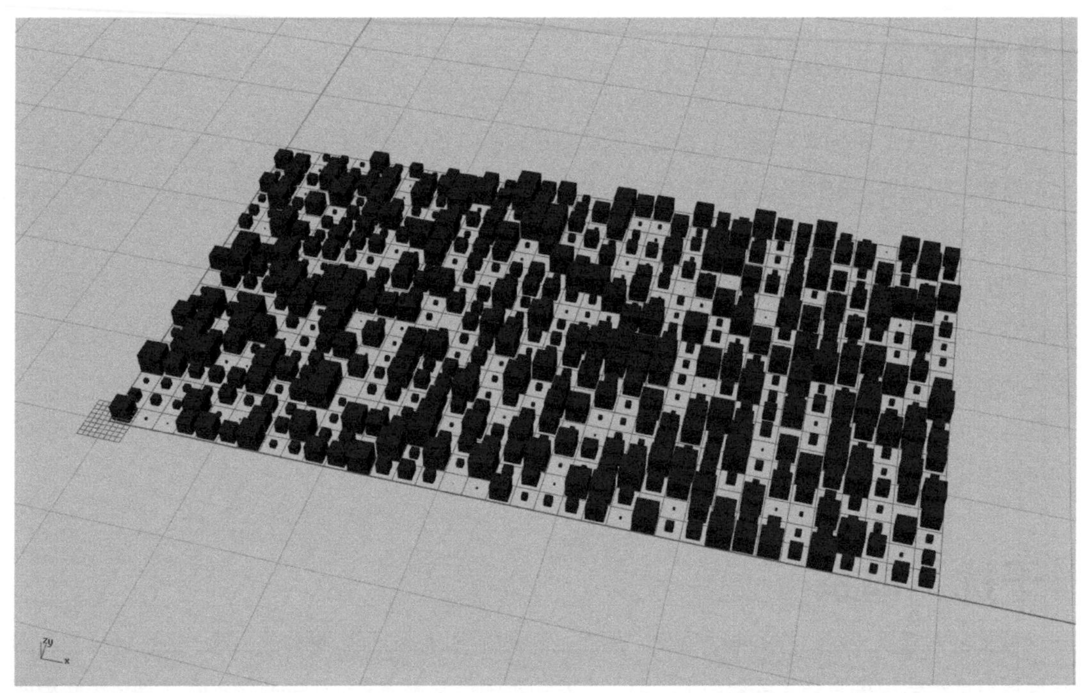

Tips 右键 Reverse 会发生什么？

运算器输入端的右键菜单里可以设置各种数据列表的快捷调试命令。Reverse 就是其中之一，意思是将列表倒序排列。

我们在运算器 B 的 F 端设置 Reverse，发现生成的 box 形状完全不同，为何会这样？因为在 GH 里运算器对目标的运算是需要在数据列表中一一对应的，我们改变其中一端的列表顺序，计算的对应端也会发生相应的改变。理解得吃力？不要紧，攻克 PartB 的 Level1 即可理解。

接下来我们一起来在这套逻辑框架的基础上，尝试一下改变单元的逻辑，做一些简单的拓展练习。

A 将随机大小的平面向上拉伸成体块。B 端设置需要拉伸的面，D 端设置拉伸的方向和距离。

B 设置 Z 轴方向的矢量，F 端输入这些矢量的大小。

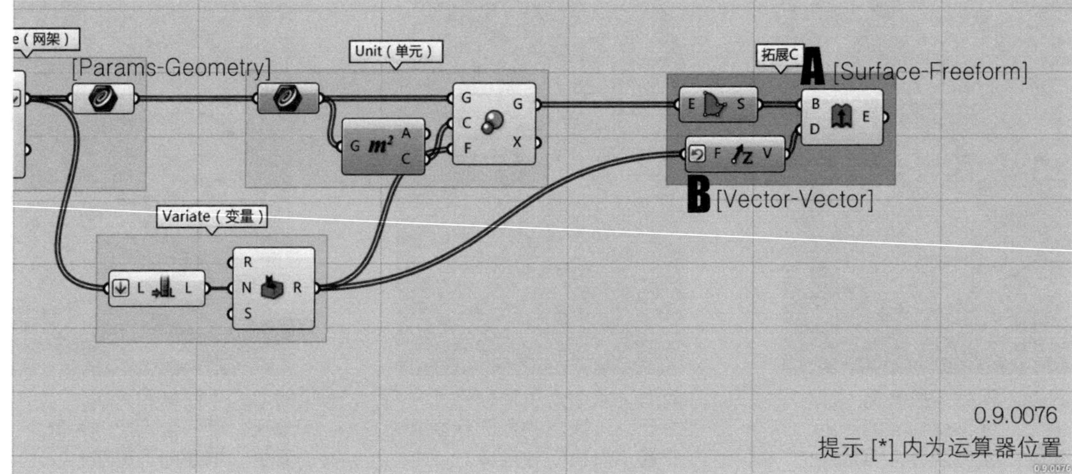

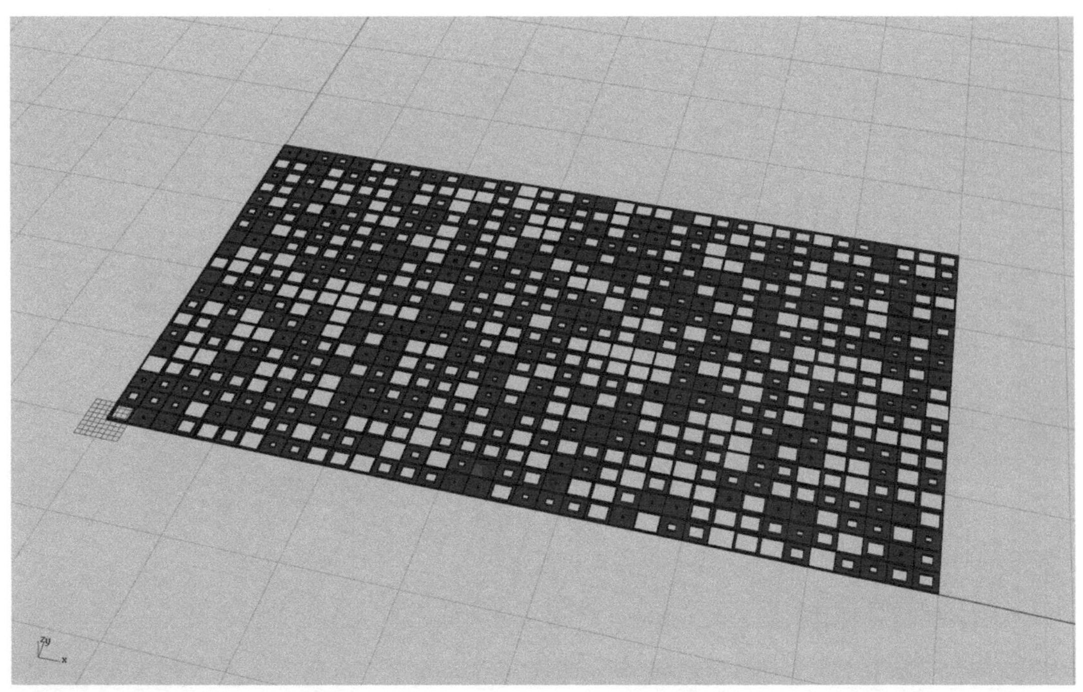

Tips 虚线！虚线？

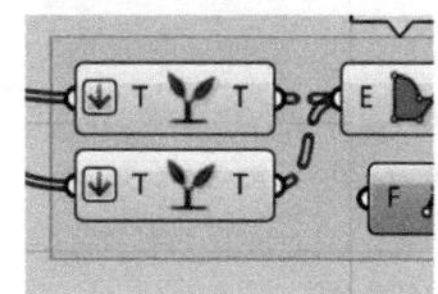

在这里，我们看到数据线经过了 Graft 之后变成了虚线，它意味着数据在这里分组了。事实上也只有里外两个线框被分到一个组里，它们才能顺利地封成一个有空口的面。

关于分组数据的原理，PartB 的 Level2 在等待着大家，这里只要熟悉一下操作就好。消化建模的过程，形成生成思维才是本节的关键所在。

A 数据分组，将每个单元内的正方形和同一单元内缩放后的正方形重新划分为一组，注意右键 Flatten。

B 分组后的数据是一个线框嵌套另一个线框，这时的封面命令会自动封成环形，把中间的洞口留出。

C 将环形平面向上拉伸出厚度。B 端设置需要拉伸的面，D 端设置拉伸的方向和距离。

D 设置 Z 轴方向矢量（F 端数值较小）。

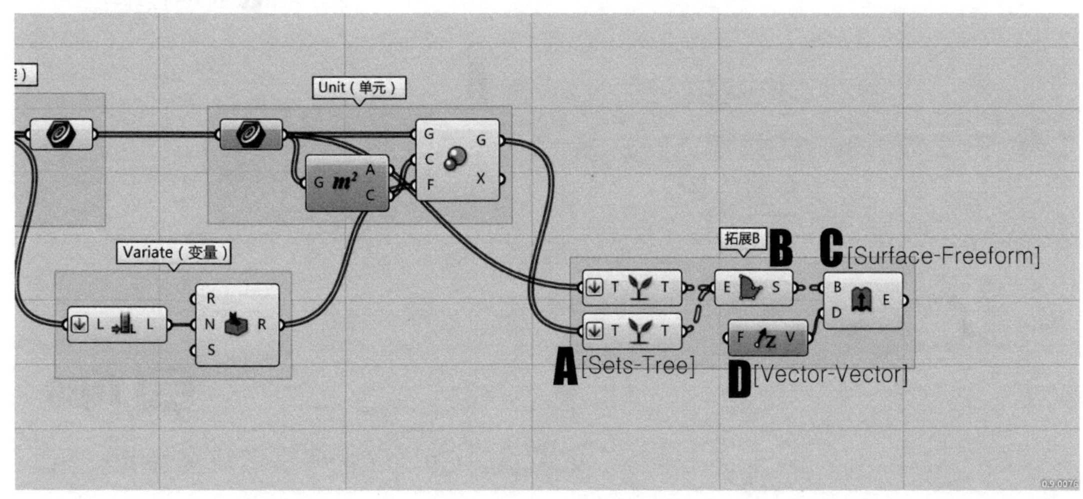

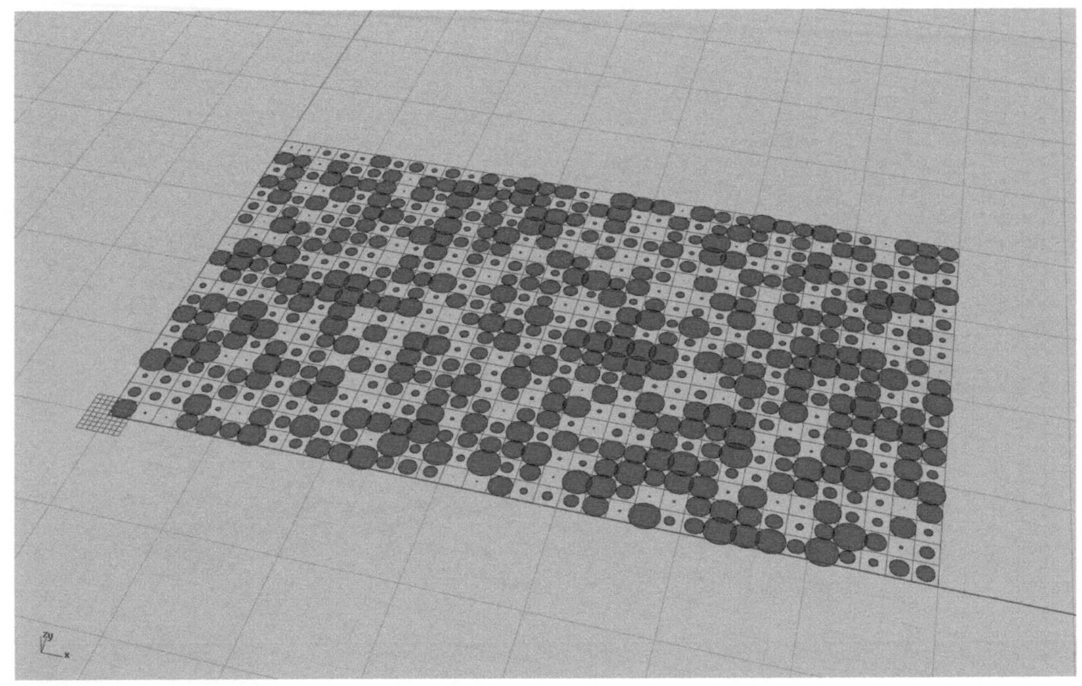

Summary

在同一套生成思维里，我们简单地改变逻辑算法中的局部，即可得到大相径庭的结果，而且操作起来简单便捷。

这就是 GH 可视化编程建模的第一大特色所在，相信新人在本节的练习中会有一个较深的体会。那么如何进一步深化我们的生成思维？请大家先不要着急，先反复默写本节内容，达到熟练理解之后，我们再往下一节进展。

A 从随机线框中提取四个顶点，F 端输出面，E 端输出边，V 端输出顶点。

B 穿过这四个顶点连线，P 端设置 True 使曲线闭合放样成环。

C 将圆环封面。

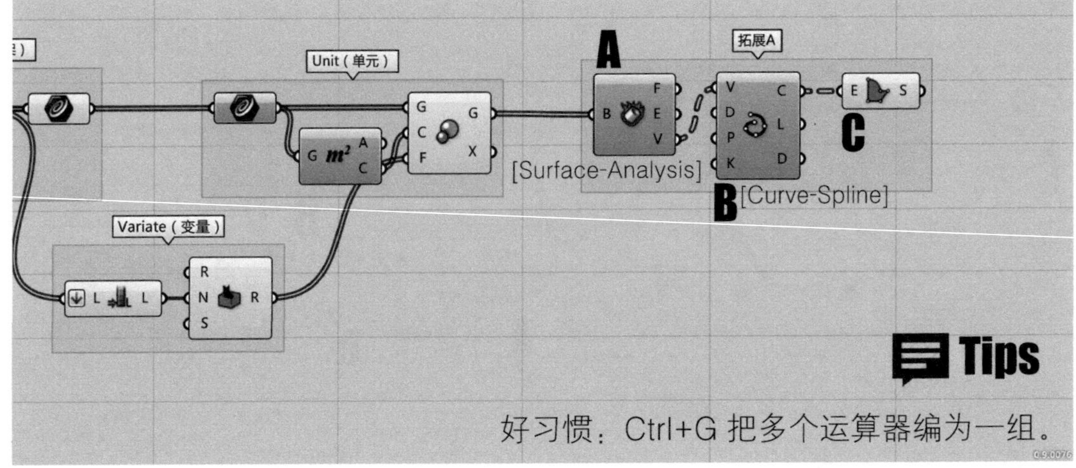

Tips

好习惯：Ctrl+G 把多个运算器编为一组。

Tips 如何将 GH 平台中的模型置入 Rhino？

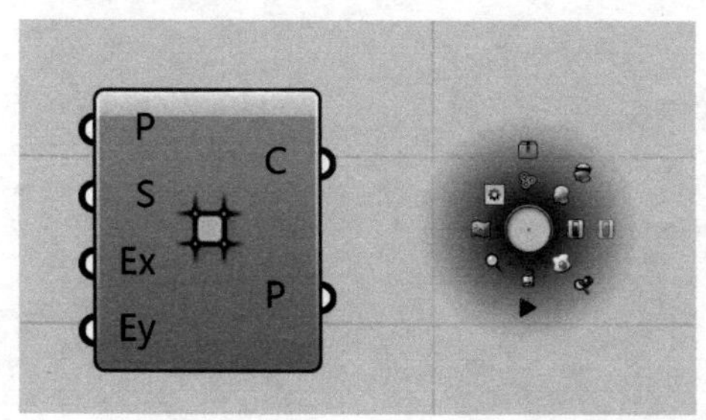

方法 1：选中运算器，点击鼠标中建，点击右下角烤鸡蛋的图标即可将模型 Bake 到 Rhino 的当前图层中。

注意：此种方法会 Bake 所有所选运算器的默认显示内容。可同时 Bake 多个运算器。

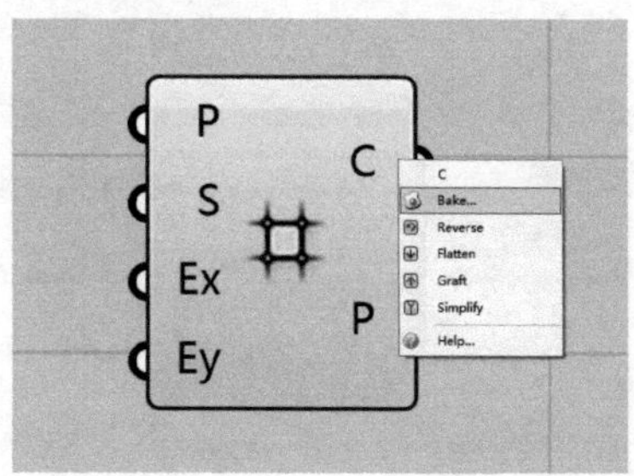

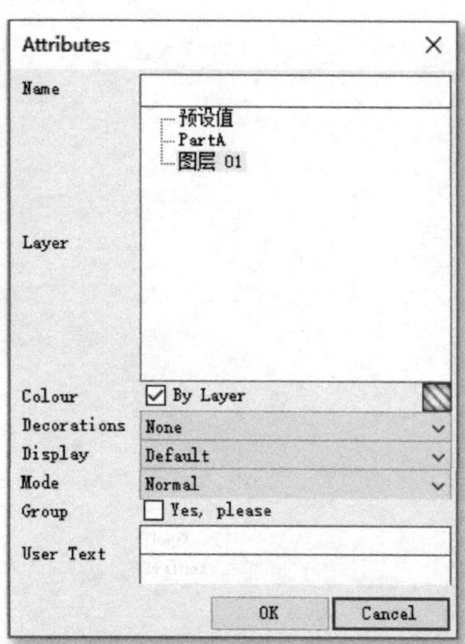

方法 2：选中输出端上右键 Bake, 弹出 Attributes 面板，在面板中选择想要 Bake 到的图层，OK 即可。

注意：此种办法只能一次 Bake 一个输出端的数据。但输出过程比较规范，不容易出现失误。

提升训练

Level 1

Level 2

Level 3

Level 4

Level 5

Level 6

继续熟练操作，改变逻辑结构中单一环节。

了解了 GH 的基本操作和算法的逻辑构成之后，我们要开始研究怎么去丰富它、拓展它。本节将在 Level 1 的逻辑框架基础上进行单元图形的深入编写。在这一部分大家会逐渐体会到 GH 的又一大建模特性，那就是逻辑的可拓展性和可嫁接性。任何一段简单的逻辑算法，通过合理的组合和深化，都可以为我们的创作所用。那么接下来，我们来看看如何先将“干扰”三要素中的单元部分修改得更具特色。

Generative Thinking
生成思维

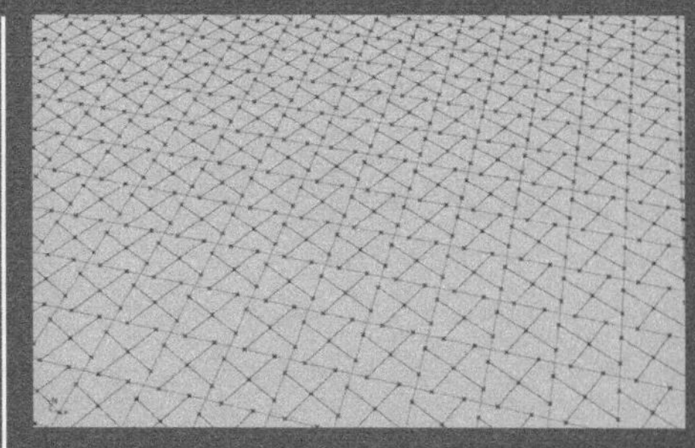

训练目标：

初级标准：

能够根据教程的提示完成案例，并理解本单元阐述的逻辑架构内容。

中级标准：

能够默写这些算法，并理解其中每个运算器的运算含义。

升级标准：

能够在已有框架基础上，植入有创新性的单元设计，从而得到新的设计成果。并已经掌握了 Part B Level 1~Level 2 的内容。

Part A

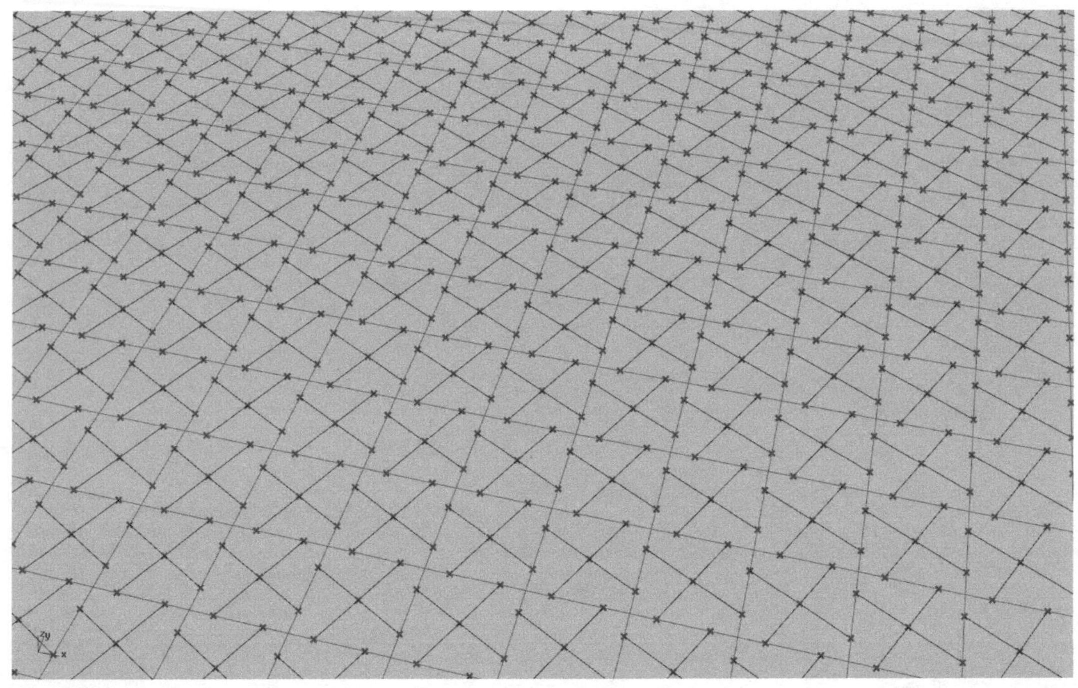

Tips 如何正确运用 Slider？

NumberSlider [Params-Input]

空白处双击鼠标，输入数字，回车，可以直接调出带数值的 Slider。

注意 Slider 不是一个单纯的输出数据工具。它最大的作用在于我们滑动拉棒的同时，Slider 会输出一连串动态的数据，而 GH 会把这个动态变量演绎出的运算结果，动态地显示在 Rhino 的界面中，给我们一个很直观的动态感。所以我们往往应用 Slider 来观察某个变量影响模型变化的动态趋势。设置方面要注意两点：一是要区分输出的是整数还是浮点小数；二是要给予 Slider 一个理想的变化区间。

A 提取正方形的几何数据，F 端输出平面，E 端输出四边，V 端输出四个顶点。

B 计算每个正方形的中心点。A 端输出正方形面积，C 端输出几何中心点。

C 绘制正方形四边上的可运动的一点，C 端输入线并右键重定义曲线区间（Reparameterize），t 端输入曲线上一点的 t 值。

D 连线四边上点与中心点。绘制中央十字形线。

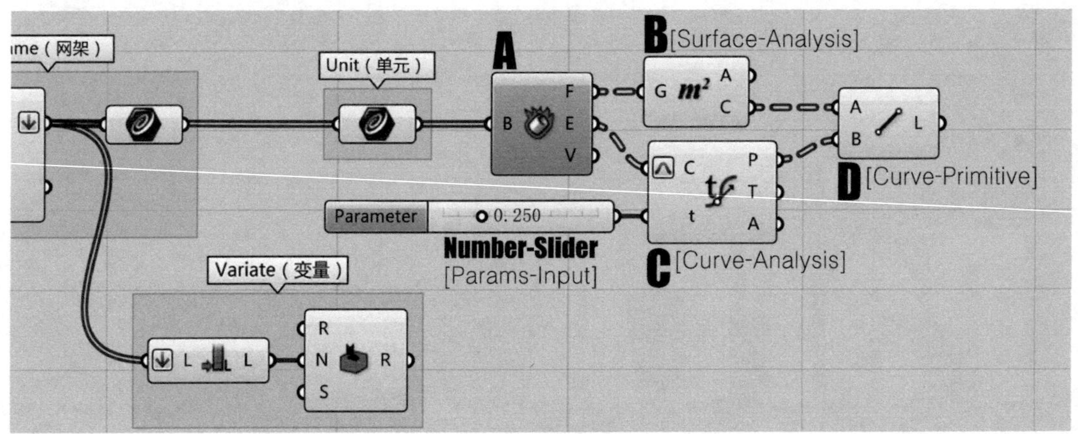

Tips 何为 t 值和曲线重新定义?

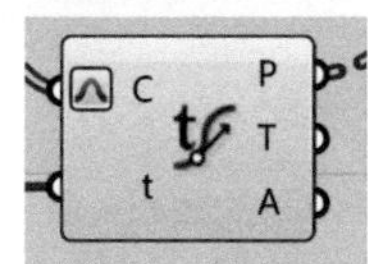

这部分 PartC 的 Level1 会有案例重点带大家理解。这里简要解释下：Rhino 中的曲线是一种叫 Nurbs 的函数曲线。每条曲线都可以看作是特定函数在某一区间里的函数形态。

我们给 Nurbs 函数带入 x 坐标，即可以求得函数曲线上 y、z 坐标。所以也可以把函数曲线看成是空间上一点的运动轨迹，t 值就是曲线上一点的运动坐标，完整区间内的 t 值即代表了曲线上的任意一点。往往我们绘制一条曲线之后，会发现它的 t 值区间很不一样。有的是（0 to 3），有的是（0 to 5）。这样很难给这些曲线同时匹配合理的 t 值。所以我们用 Reparameterize 将完整曲线 t 值区间统一定义为（0 to 1），即（0% to 100%）。这样 t 值取 0.5 的时候，得到的就都是中间点了。

E 在十字线上再次绘制线上一点。

F 提取正方形每条边线的起点和终点。S 端输出起点，E 端输出终点。

G 将 E、F 得出的点集重新分组，每组内是正方形起末两点和沿十字线向中心运动的一点。

H 闭合连线每组点，绘制三角形之后封面，C 端设置 True。

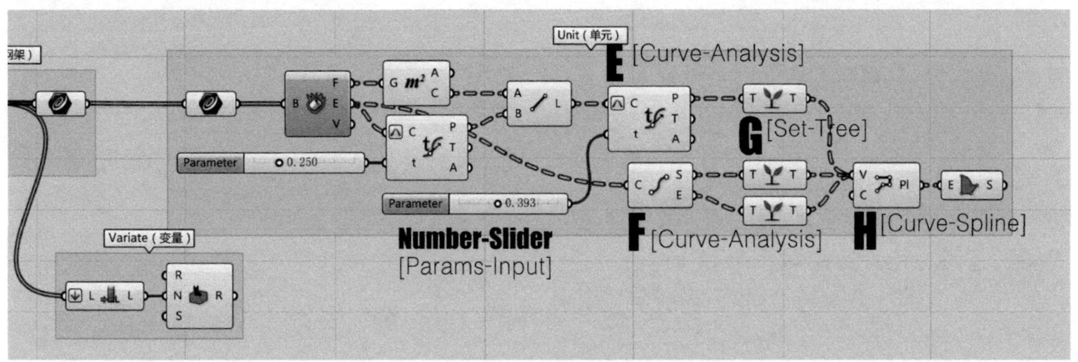

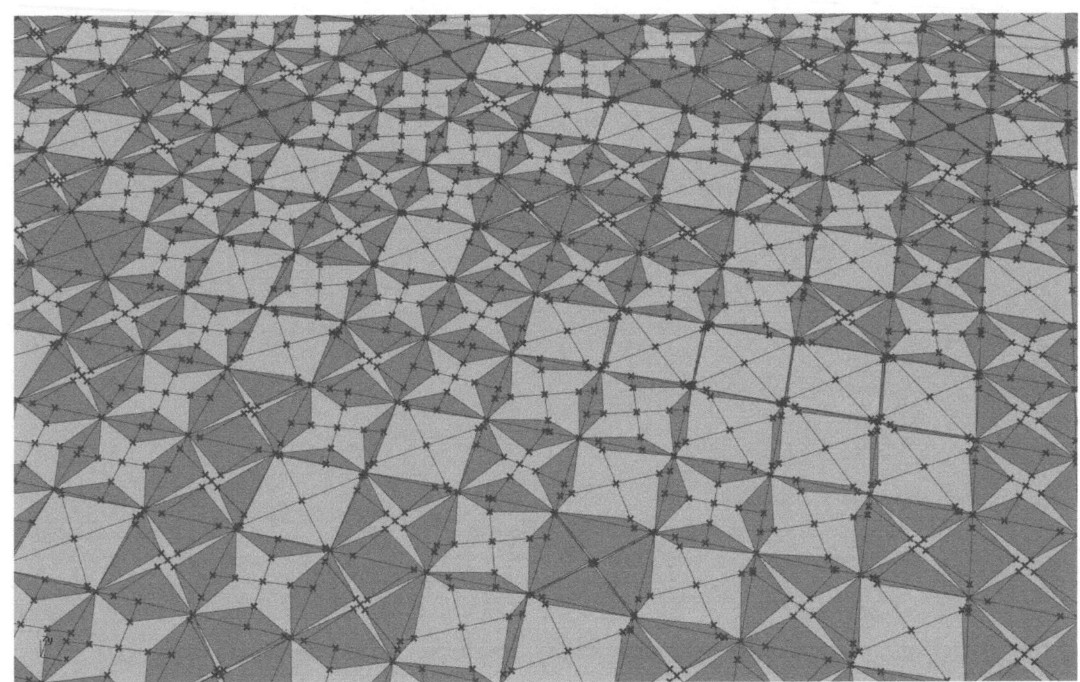

Tips 这两条数据流发生了什么?

怎么就产生随机变化了?我们重新梳理一下。一共 700 个正方形,每个正方形里有 4 个变形的三角形,它们通过定点向中心移动使得正方形内出现了风车状的图形。但每个移动的程度不一样,导致了每个风车都不一样,仅此而已。数据流呢?一共 700 个组(即正方形),每组匹配一个随机值(共 700 个),每组有四个数据(即四个三角)。说起来很清晰,但是真要彻底理解,就要学习 Part B Level 2 了。

这里建议大家把本节和 Part B Level 2 结合起来反复默写。树形数据是 GH 的运算核心,也是新人唯一的门槛,这里看清了,接下来就简单了。

A 为所有在线上运动的点,提供一个各不相同的随机 t 值。简单地说,这样做可以让所有的线上点运动到随机的位置。Graft 输出的数据分别连接到两个 t 值的输入端。

这里需注意曲线的数据分组结构和随机数值的数据分组结构是保持一致的而且一一对应。如果因为前后的操作失误没有做到这一点,则会生成失败。建议对本书树形数据部分加深理解。

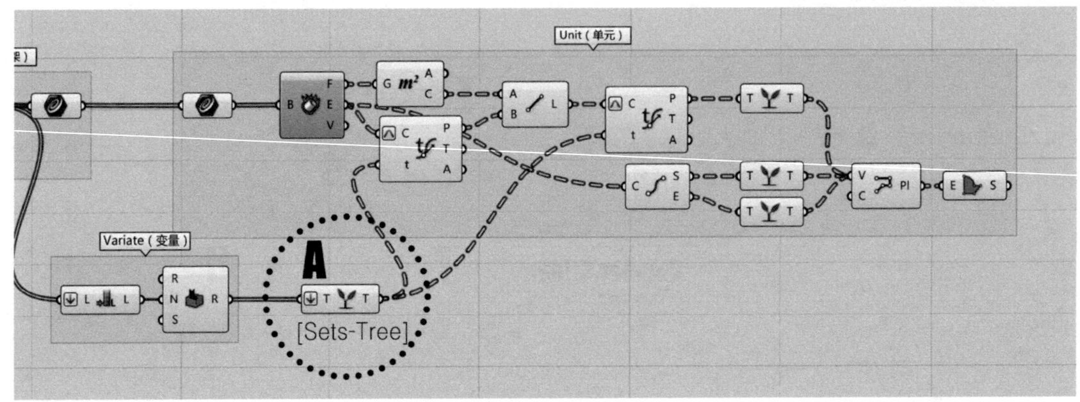

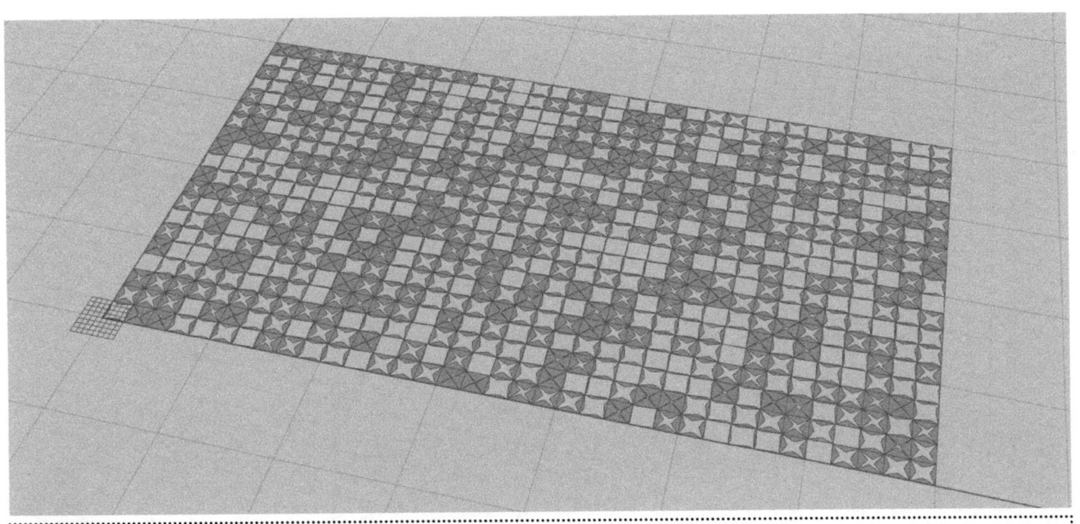

Note

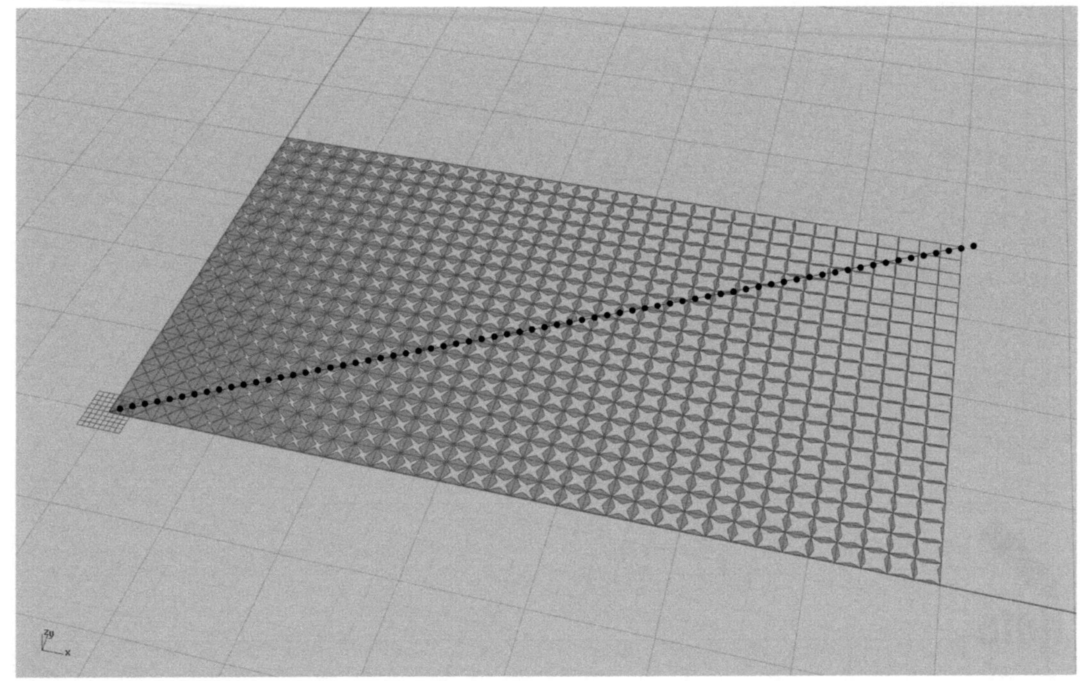

Tips 渐变，究竟从何而来？

操作很简单，但可能很难理解这个现象是如何发生的，这里我们具体地解释一下这个逻辑。之前提到曲线的 t 值，t 小的时候，点靠近曲线的起点，t 变大的时候，点则移动向曲线的终点。渐变的参数提取自正方形和直线的相对位置：正方形越是靠近直线的起点，它的投影点在直线上取得的 t 值就小，同时指导它内部三角形向中心移动的 t 值就小。相反靠近直线末端的正方形，它们转化出来的 t 值就大，一连串的相互投影，转化成 t 值。每个正方形都因为它和直线的位置关系不同得到自己相应的 t 值作为自身单元的变化参数。因为正方形和直线的位置关系本身就是一种渐变关系，那转化出来的干扰参数自然就是渐变的了。

A 这里改变一下参数的运算规则，先提取每个正方线框的中心点。

B 右键菜单选 Set one Line，在 Rhino 窗口中绘制一条线段，如上图。

C 将所有正方形的中心点投影到直线上，并提取投影点在直线上的 t 值，这里注意 C 端需右键重定义曲线区间(Reparameterize)。

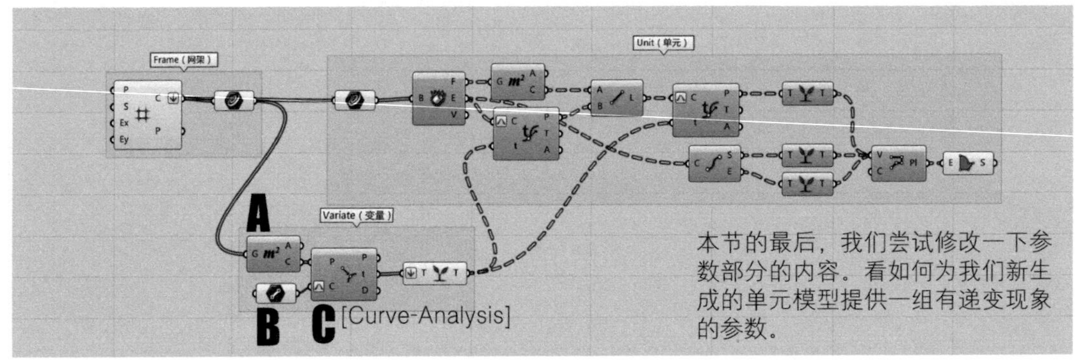

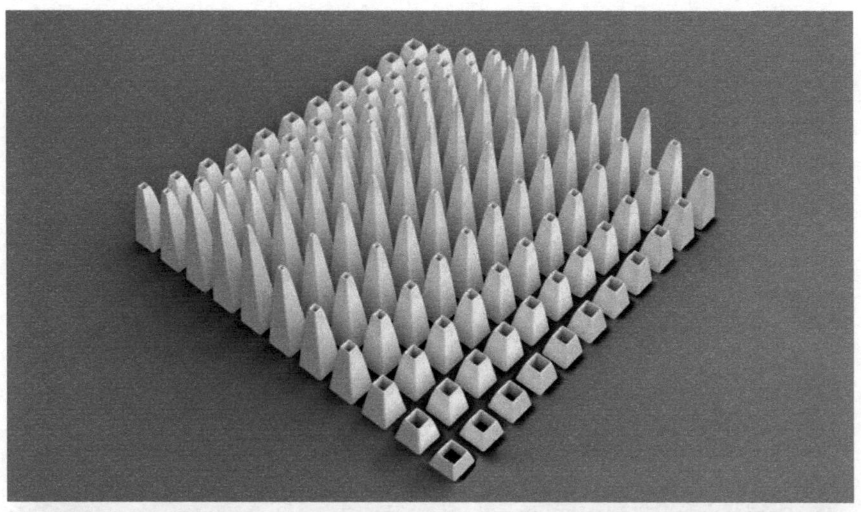

Summary

本节练习难度对新人来讲还是较大的，不过大家依然可以根据运算器的提示完成这组练习，并从中发现很多其他的疑问。这种状态最好，带着这些问题进行 PartB 和 PartC 的训练会事半功倍。这里需要大家了解的是：逻辑的培养是一个多维度的、反复推敲补充的循环过程，切忌在一个维度上跑得太远，那样会把思维带跑偏。

另外就是原创性的训练。有灵感的朋友可以结合不同章节的内容做一些结合性的创新尝试，会非常有助于我们形成自己的逻辑思维体系。以上这些练习就是一个典型的范例。其实逻辑上与本节内容完全一致，只是在单元上稍有变化。大家不妨多多尝试。

提升训练

Level 1

Level 2

Level 3

Level 4

Level 5

Level 6

树形数据植入，改变逻辑结构中多个环节。

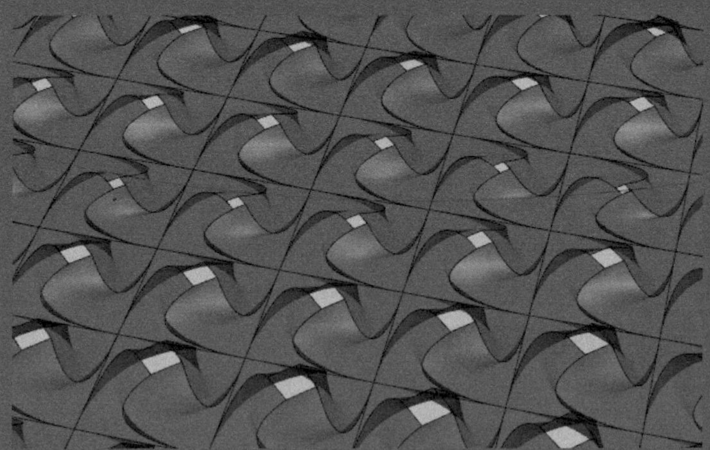

对单元的深入编写有一定了解之后，我们要继续开始深入学习参数部分。如何控制一组参数列表，使其按照我们预想的那样去指导单元构件发生改变是本节的核心问题。和传统建模思路不同，这次我们接触的是数阵，它们是一些看不到的却实实在在存在于我们模型之中的数据关系。那么接下来就让我们一点点走近它。

Generative Thinking
生成思维

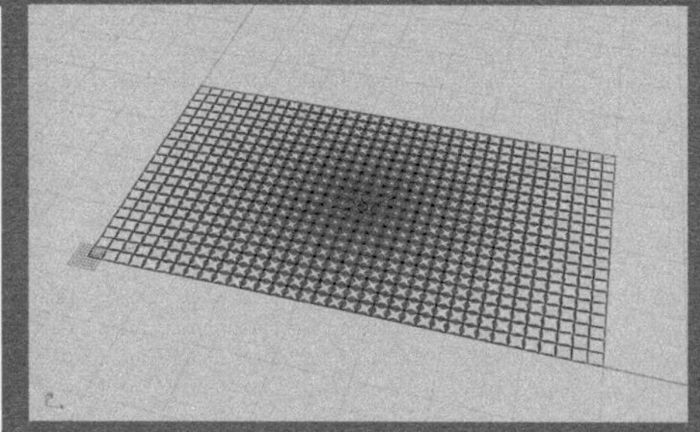

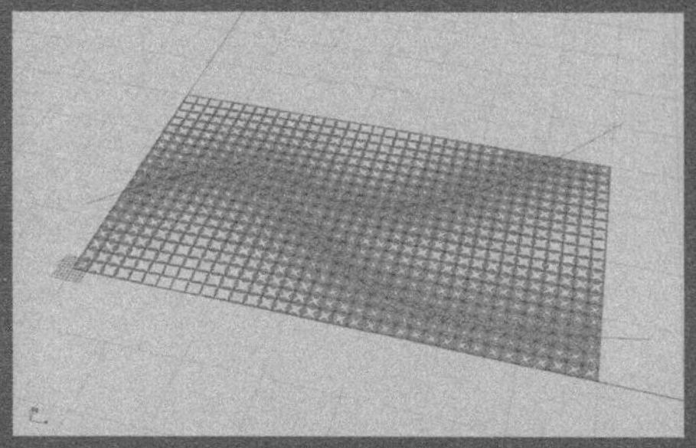

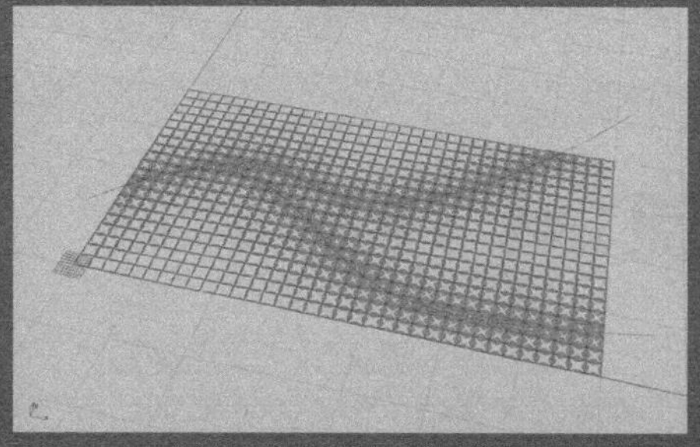

训练目标：

初级标准：

能够根据教程的提示完成案例，并理解本单元阐述的逻辑架构内容。

中级标准：

能够默写这些算法，并理解其中每个运算器的运算含义。

升级标准：

能够通过同时改变单元设计和参数干扰规则生成全新的“干扰”逻辑模型，并初步掌握树形数据的基本运算规则。

Part A

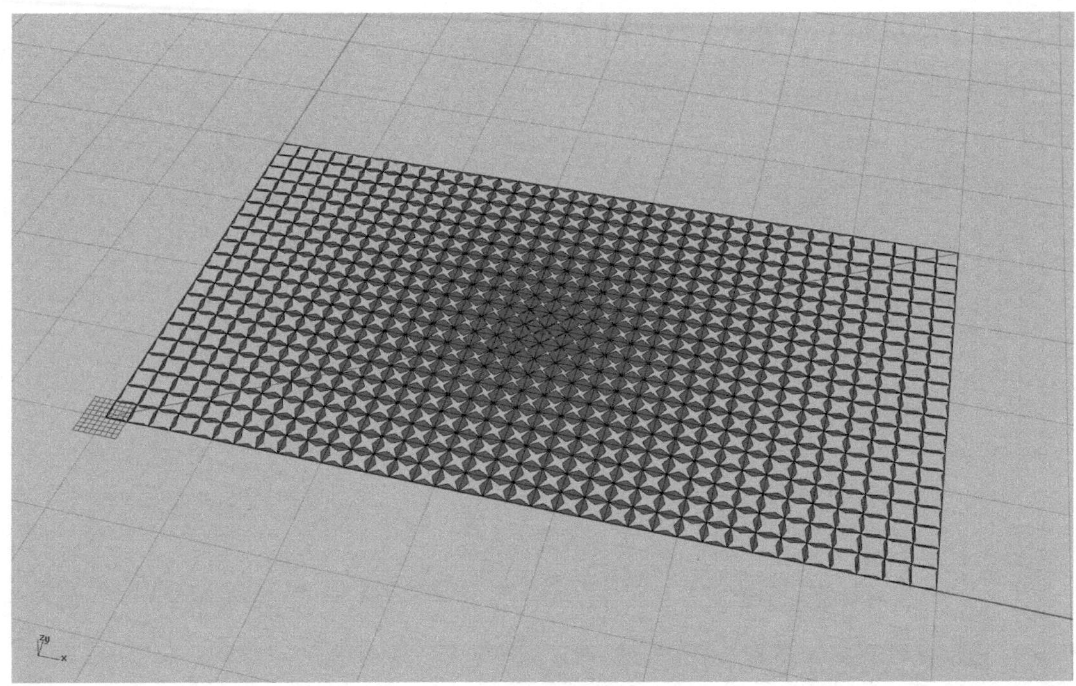

Tips 干扰点？点干扰？

点干扰，顾名思义用一个点来影响一组参数。在本组逻辑中，每个正方形的中心点和干扰点的相对距离成为了形成递变参数的核心逻辑，以至于越接近干扰点的方形获取的参数变量越小，越远离则越大。这样就形成了一个简单的干扰数阵，以干扰点为中心，近小远大逐渐递变扩散。

A 将所有正方形的中心点投影到一组物体上，G 端输入直线上一个滑动的点。P 端输出投影点位置，D 端输出每个中心点到投影点 P 的距离。

B 建立一个区间，包含之前所有距离数值。也就是从最小的投影距离到最大的投影距离这样一个数值的区间。

C 将原有距离数值等比例缩放到新的数值区间内。比如 1.5 在（0 to 3）里，缩放到（0 to 1）里时就变成 0.5。缩放数列的意义是可以将所有的距离数值全部缩放到（0 to 1）内，这样的数列形成的 t 值可以使所有的点都生成在重新区间定义后的曲线上。

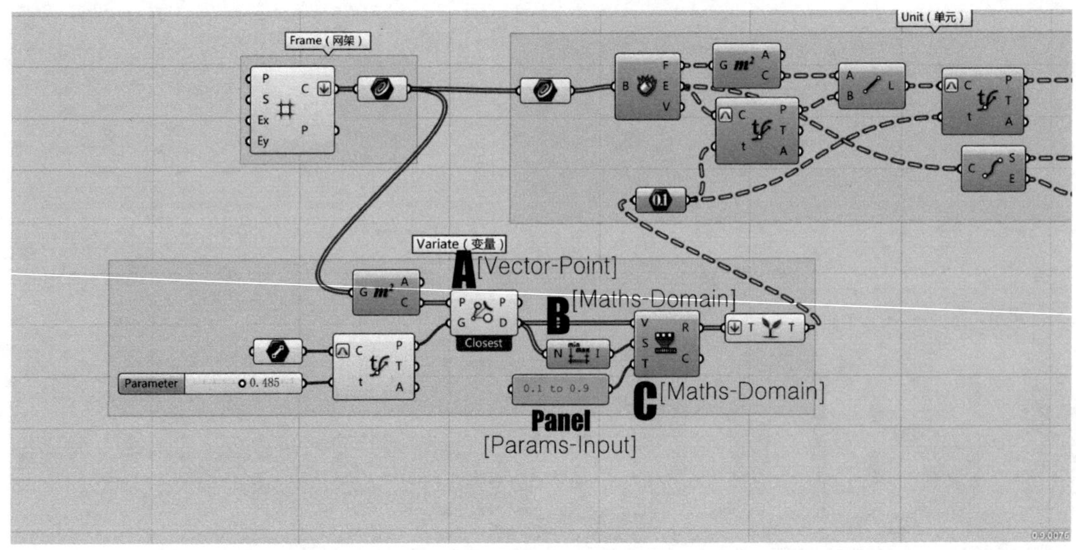

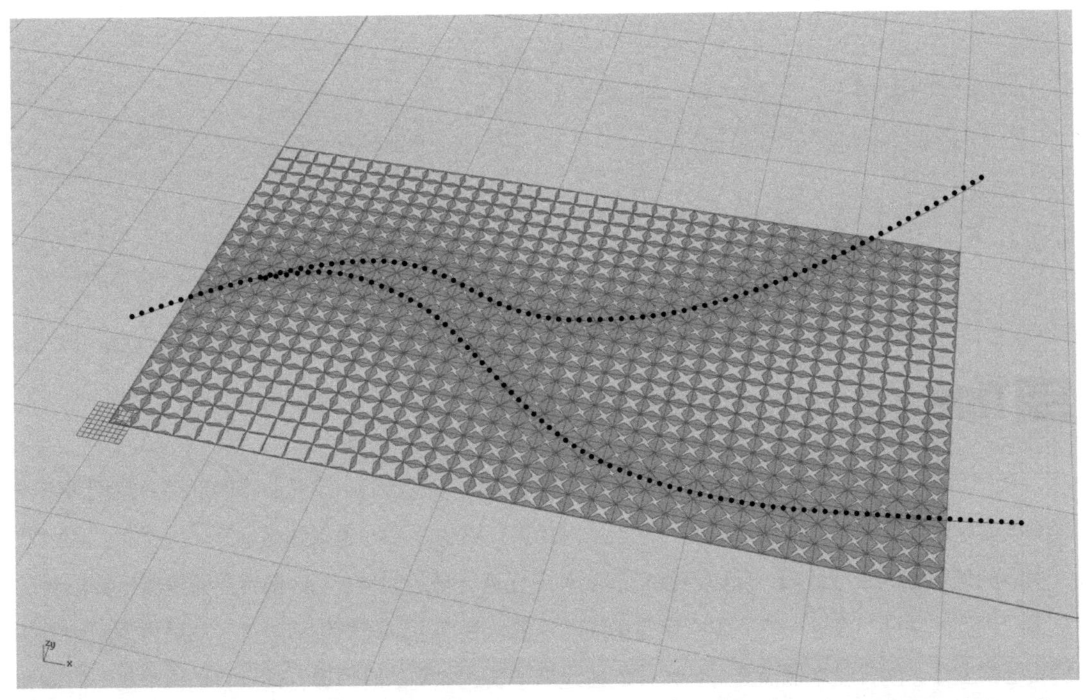

Tips 多重曲线干扰的思维核心

这个经典的案例再一次浮现在我们眼前，很多朋友已经对它相当熟悉，但却很少深入思考过其中的逻辑细节。多重曲线，意味着干扰源有多个，那多组参数变量在彼此叠加的时候会有怎样的新规则出现？是简单的矢量相加、相乘，还是更复杂的叠加规则？我们可以更深入地去探讨其中变量叠加后的特性，而不是止步于眼前的均质变化，相信后面还有太多可以挖掘的创新。

D 这次改变影响参数变化的因素。在 Rhino 中用 _Curve 命令绘制两条曲线代替原有的曲线上一点，右键 Set Multiple Curve，将加载进来的曲线连入被投影的物体。重新计算每个正方形中心点到两条曲线中任意一条的最短投影距离。并用这组递变的距离参数对单元构件的形态进行干扰。

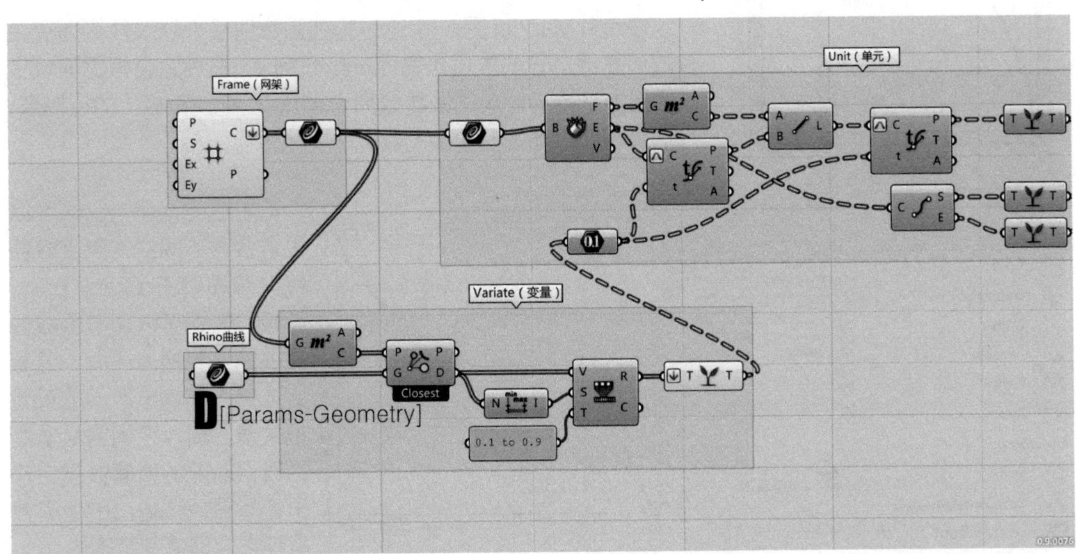

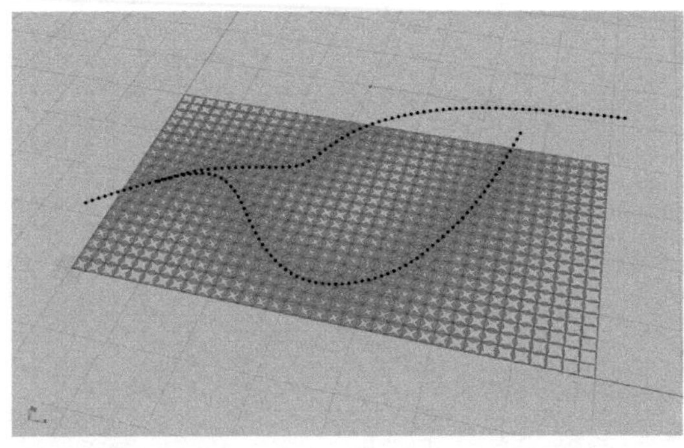

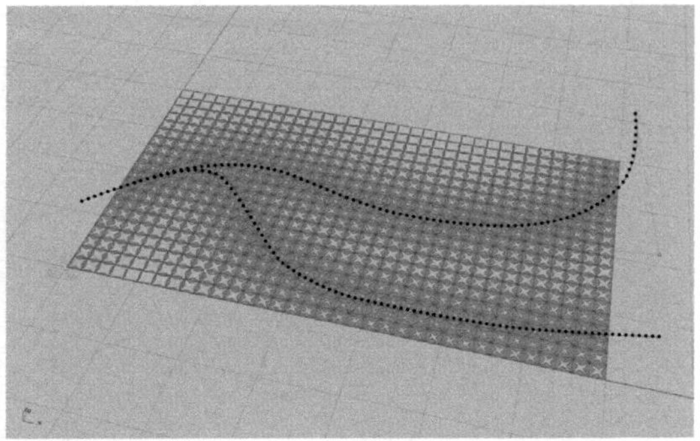

Tips 改变 Rhino 中的曲线试试看？

在 Rhino 中，用 _PointsOn 命令打开曲线的控制点，拖拽它们，改变曲线的形态。我们可以发现 GH 会即时地根据新的曲线形态来生成出新的结果。这也是 GH 逻辑建模的又一大优势，因为我们编写的是模型的生成逻辑，所以当我们改变其中任意一环的时候，GH 都会立即重新运算出新的结果。设计的顺序，在这一刻不再一定是由浅入深的，我们可以先做细节设计，然后再返回到源头编辑框架主体。同样就本例而言，什么样的曲线用于表达本例的肌理最合适，我们很难第一时间知道，但当所有逻辑完善后，我们可以通过不断调整曲线最初的形态来调试改变肌理，直到我们找到一个满意的答案为止。这个不断调试的过程，即是参数化设计中的设计方法之一〝找形〞。

Graph Mapper [Params-Input]

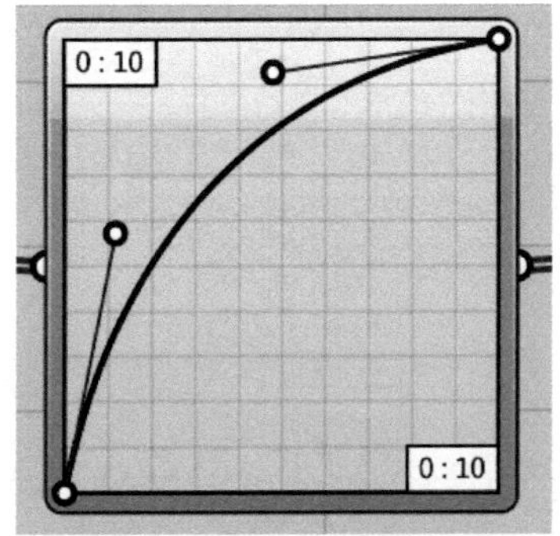

接下来的这个步骤会复杂些，我们要开始更加细腻地调节参数的递变趋势。所谓递变趋势，即是变化的速度最开始越变越快，之后可能越变越慢，甚至不怎么变化。想做到这一点，这里要介绍这个神器：Graph Mapper。

Graph Mapper 是一个通过拖拽函数曲线来修改数列递变关系的运算器。它的本质是输入一组数列 x，然后它会根据面板上的函数曲线输出对应的函数数列 y，即 f(x)。拖拽面板上的控制点，我们可以即时地改变输出的数列的变化趋势。

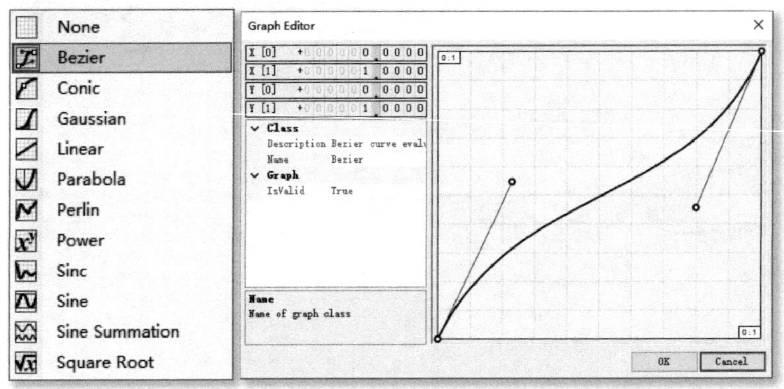

右键 Graph types 可以设置各种不同的常用函数曲线。双击打开 Graph Editor 面板。左侧可以调节函数曲线的输入和输出区间。注意此处输入和输出区间的设置很关键，输入区间需尽量囊括我们输入的所有数据，输出区间需保证输出的所有数据都在合理值的范围内。

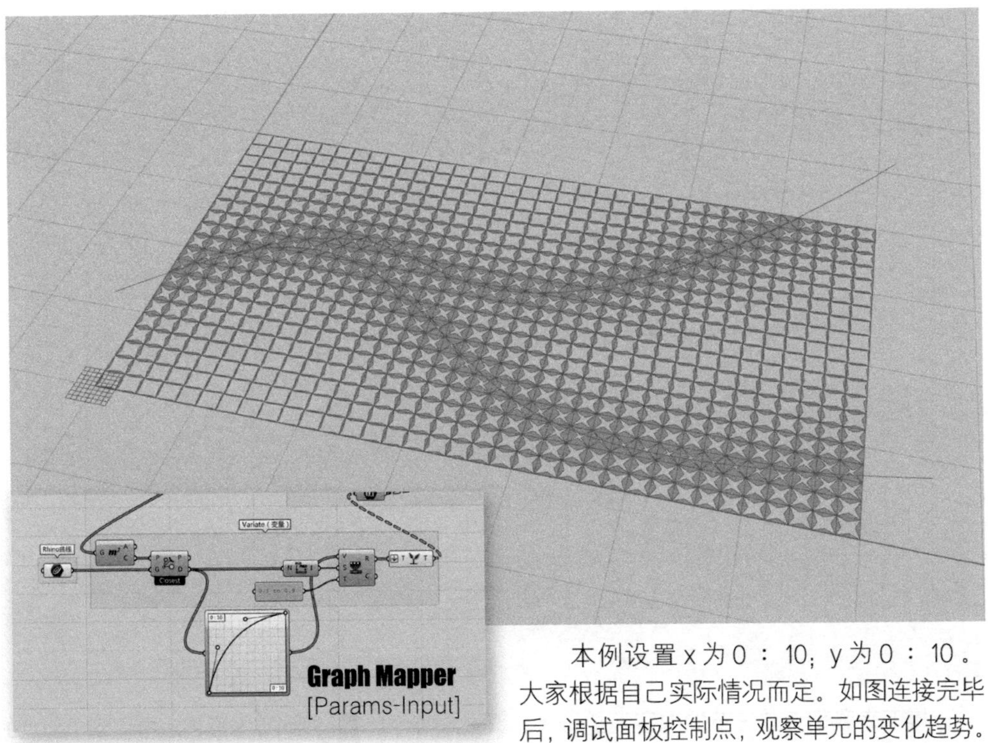

本例设置 x 为 0 ： 10；y 为 0 ： 10 。大家根据自己实际情况而定。如图连接完毕后，调试面板控制点，观察单元的变化趋势。

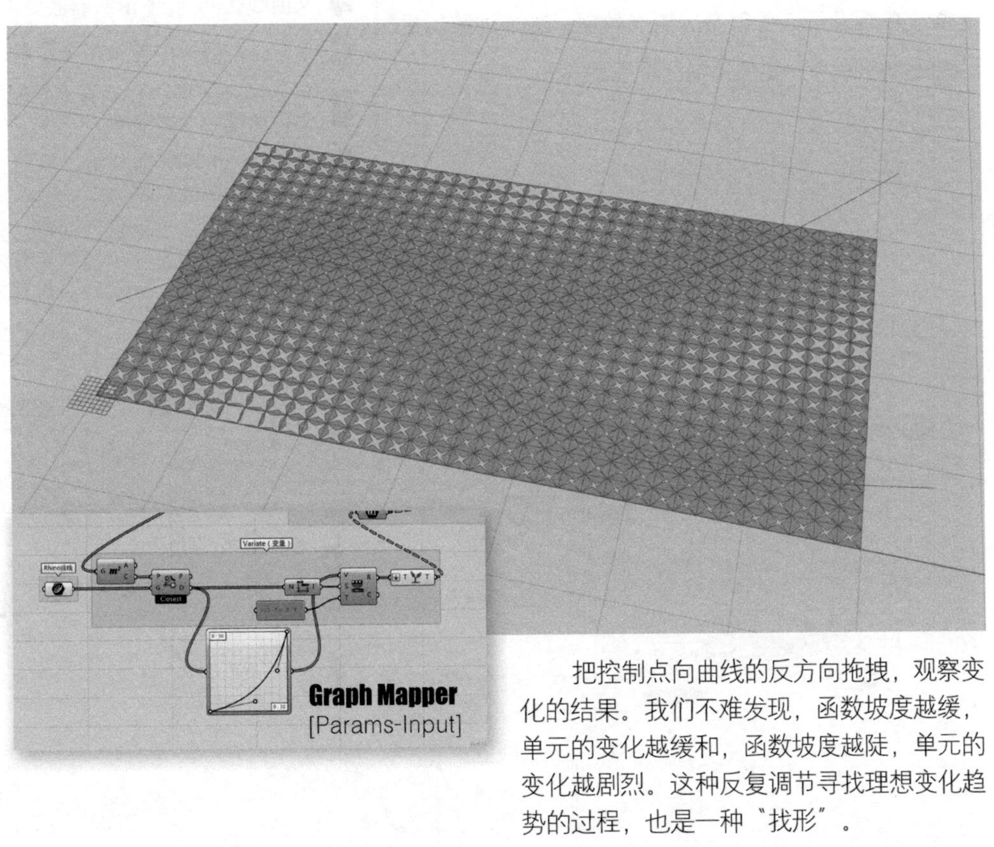

把控制点向曲线的反方向拖拽，观察变化的结果。我们不难发现，函数坡度越缓，单元的变化越缓和，函数坡度越陡，单元的变化越剧烈。这种反复调节寻找理想变化趋势的过程，也是一种“找形”。

接下来我们将前三节的内容汇总一下，深化一个更复杂的案例作为中期的小结。网架和干扰参数不变，但单元的深化引入更复杂的树形数据。这个训练的重点就是数据关系一定要清晰，不能乱。

A 绘制正方形每边中点到中心点的连线。

B 提取这条线段上一点，注意 C 端重新定义曲线区间，t 值留给参数变量。

C 提取这条线段的首末两个端点。

D 向 Z 轴方向移动 B 运算器绘制的点。移动距离留给参数变量。

E 通过 Graft 将数据分组，然后重新排序重组。新生成数据每组三个点。

F 绘制一条控制点曲线。注意这里运算器会报错，原因是 3 个控制点算法上无法生成三阶曲线，所以 D 端设置为 2。

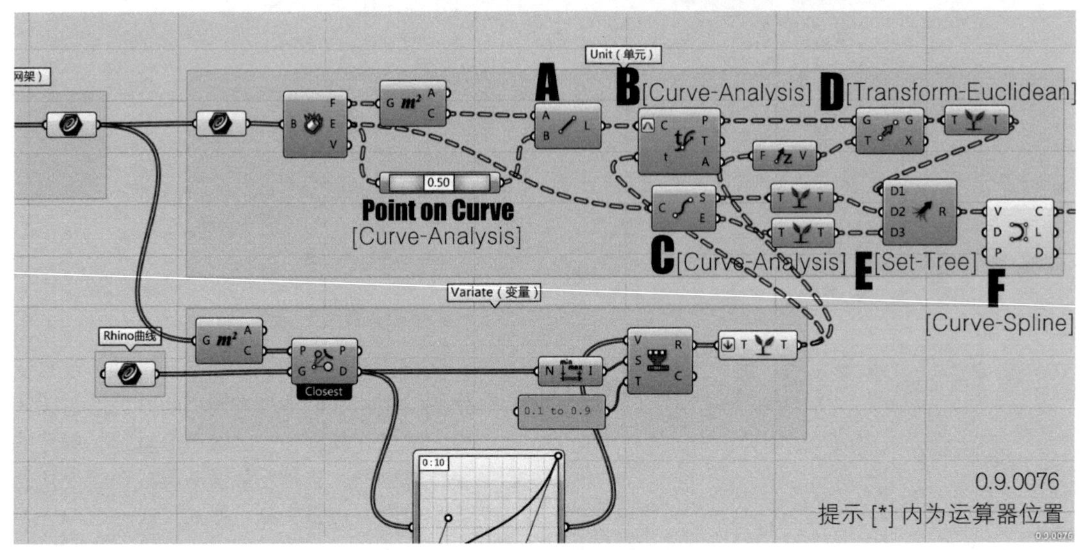

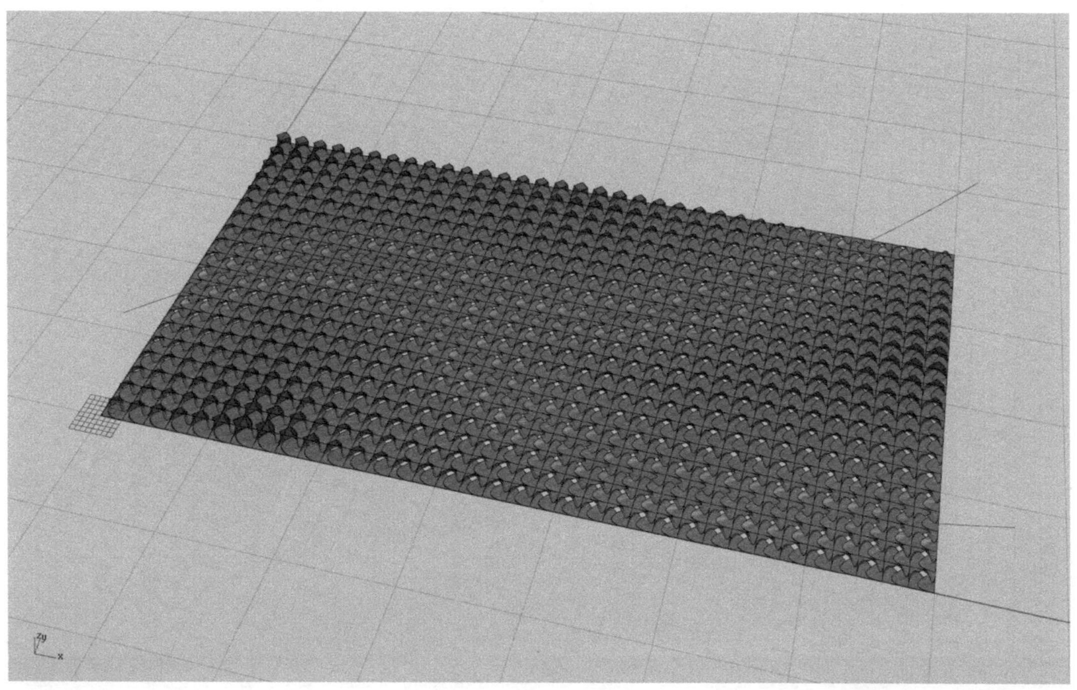

Tips 数据结构转换？并没有想象的难。

Path Mapper [Set-Tree]

这个运算器是改变树形数据结构的利器。右键 Create Null Mapping 生成一串初始路径 {A;B;C} → {A;B;C}。这里我们双击，将它修改为 {A;B;C} → {A;B}。意思是把第 3 级路径去掉。这样一些因为第 3 级路径名不同而分开的数据就会被重新合为一组。放入一组内，它们就可以闭合放样成面了。关于 Path Mapper 的具体用法，本书 Part B Level 4 中有更具体的讲解。

G 通过 PathMapper 将每个正方形四条边所生成的空间曲线分为一组，然后闭合放样。O 端为放样算法设置。Loft options 里勾选 Closed loft，放样模式选 Straight（直接）。这样生成的结果更加符合我们想要的结果。

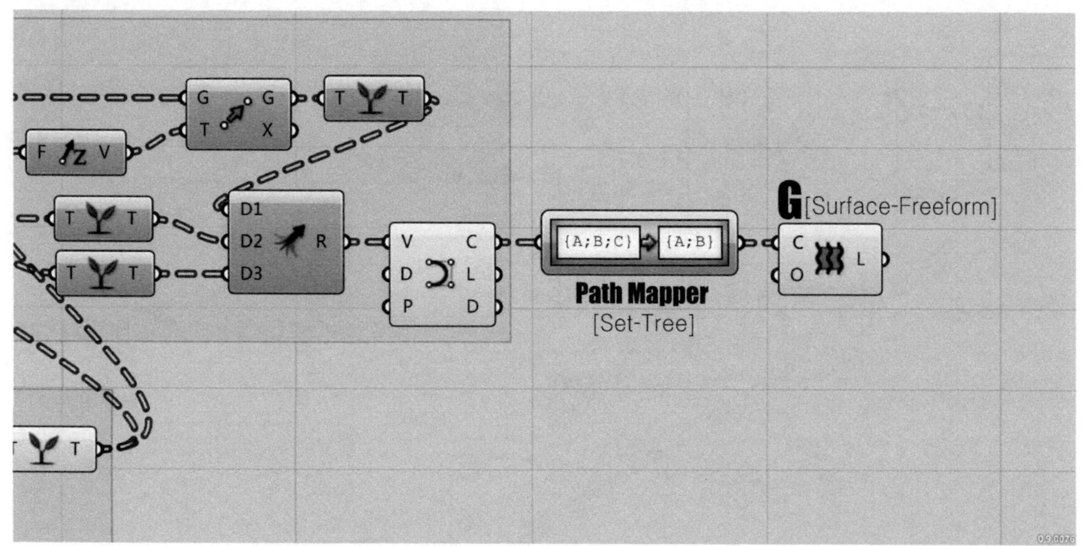

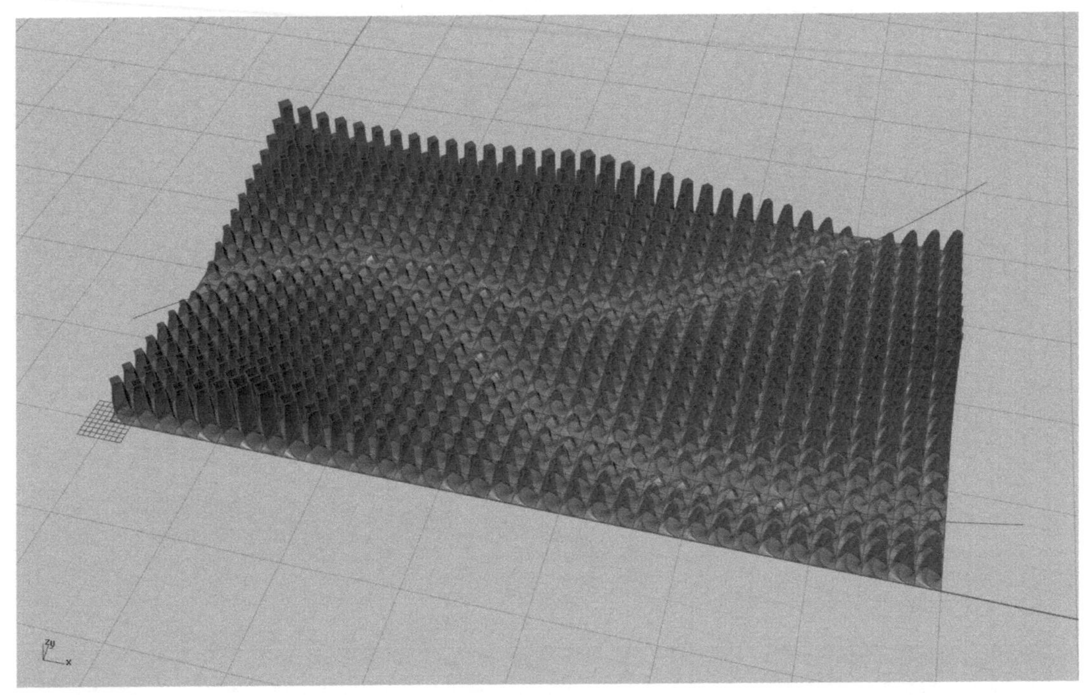

Tips 右键 Expression。这也可以？

最后我们再用一种新方法改变一下参数逻辑。在矢量 Z 的 F 端右键 Expression，在 Expression Editor 里输入 x*4 并确认。这时候所有的单元都在 Z 轴方向被拉高了 4 倍。没错，在这个输入端，所有的输入数值都乘以 4 了。我们可以通过 Expression 为每个输入端设置函数公式辅助运算。这将大大方便我们日后的操作。

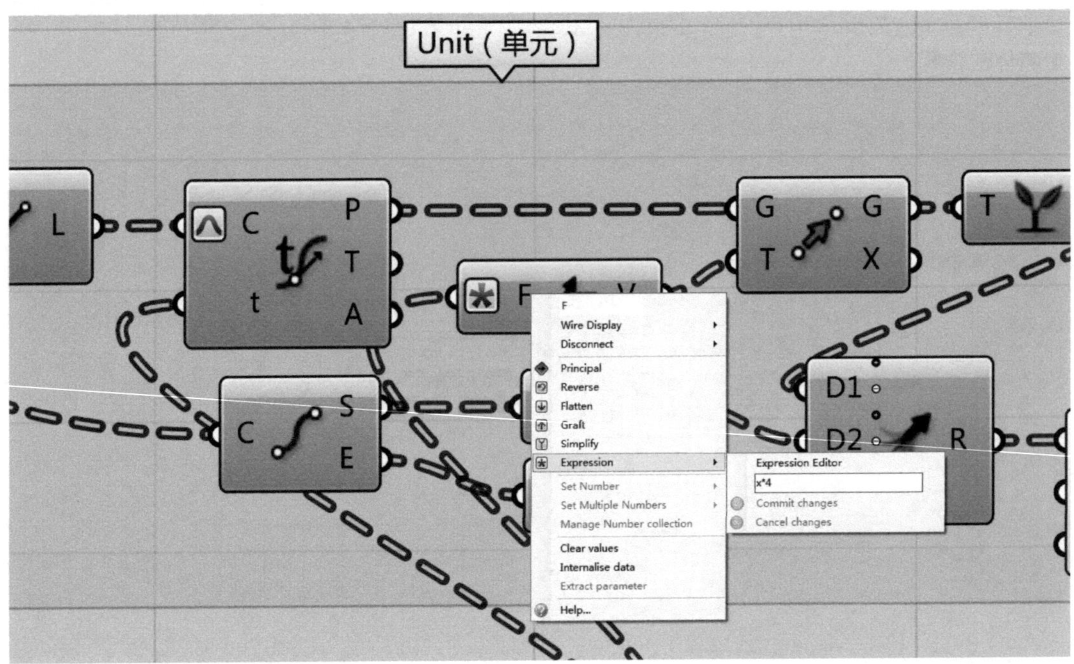

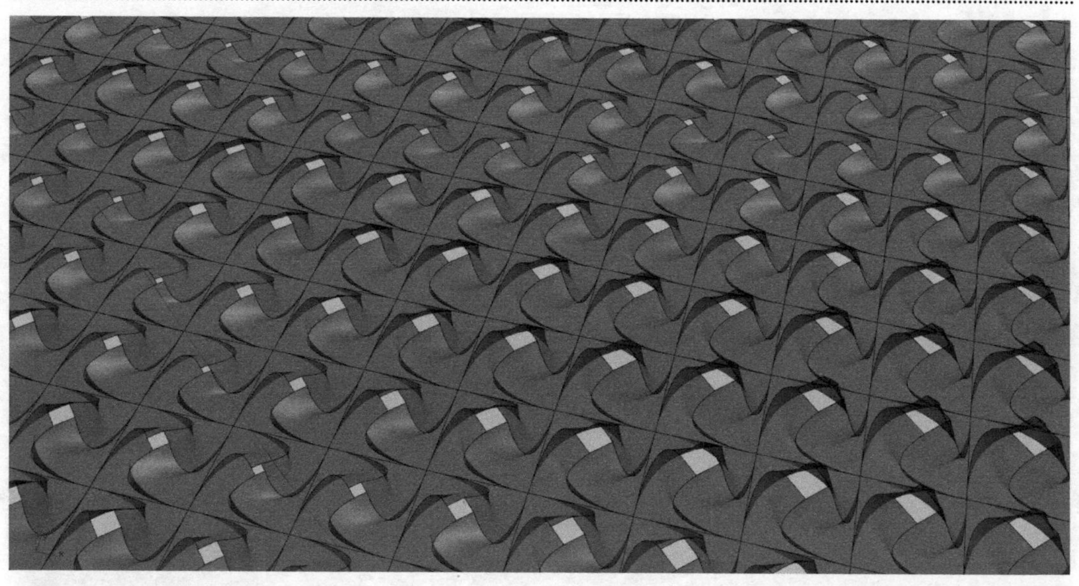

Summary

本节我们同时尝试改变单元构件和参数干扰规则两大核心逻辑。希望共同学习的朋友能感受到随着本章内容逻辑思考的步步深入，拉开了一个清晰的逻辑架构，然后分区域的一步步深入下去。这就是本章强调生成思维的重要性。它会引导我们在体系里不断地自我更新，不断地自我完善。最终，我们一直在思考一个逻辑，却可以拥有无限的可能性。

提升训练

Level 1

Level 2

Level 3

Level 4

Level 5

Level 6

异形网架植入，尝试在空间里演绎逻辑。

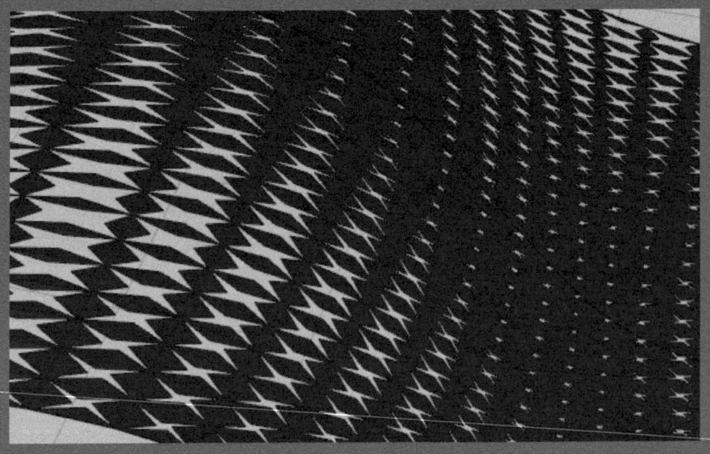

以前的训练中，我们尝试对单元部分和参数部分进行了拓展和深化，Level4 开始要将网架的深化融入其中，看看如何将我们之前的研习成果融入曲面网架体系之中。这次，我们来一起做一轮全方位的创新训练。

Generative Thinking
生成思维

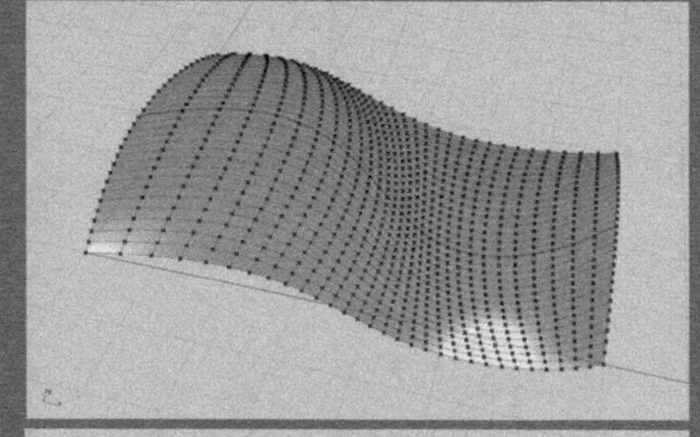

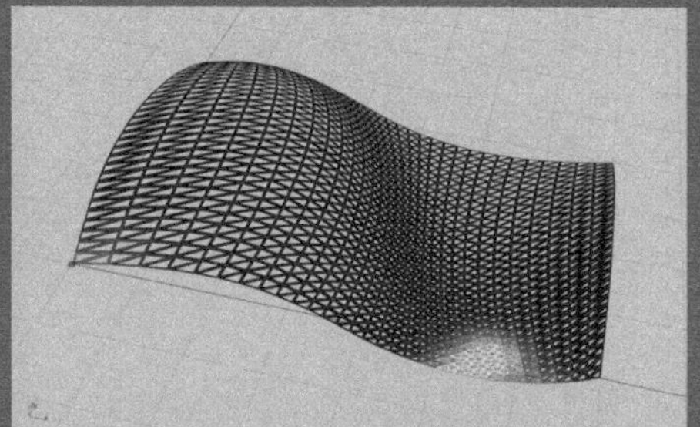

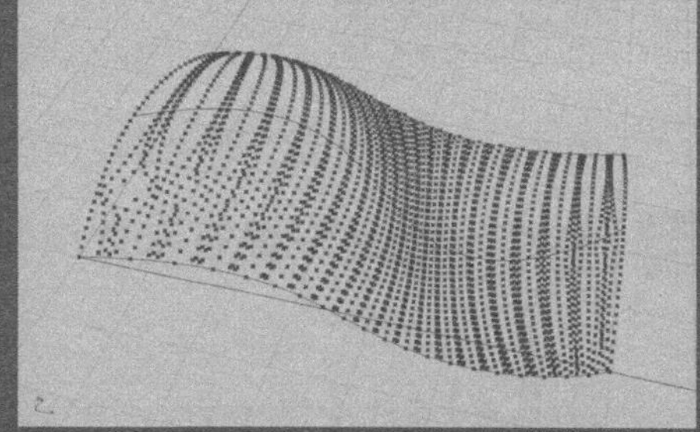

训练目标：

初级标准：

能够根据教程的提示完成案例，并理解本单元阐述的逻辑架构内容。

中级标准：

能够默写这些算法，并理解其中每个运算器的运算含义。

升级标准：

能够清晰地给他人讲述整个算法，并对每个运算器输出的数据结果完全掌握。能够自主改变其中个别运算器，使逻辑呈现其他更有新意的生成结果。

Part A

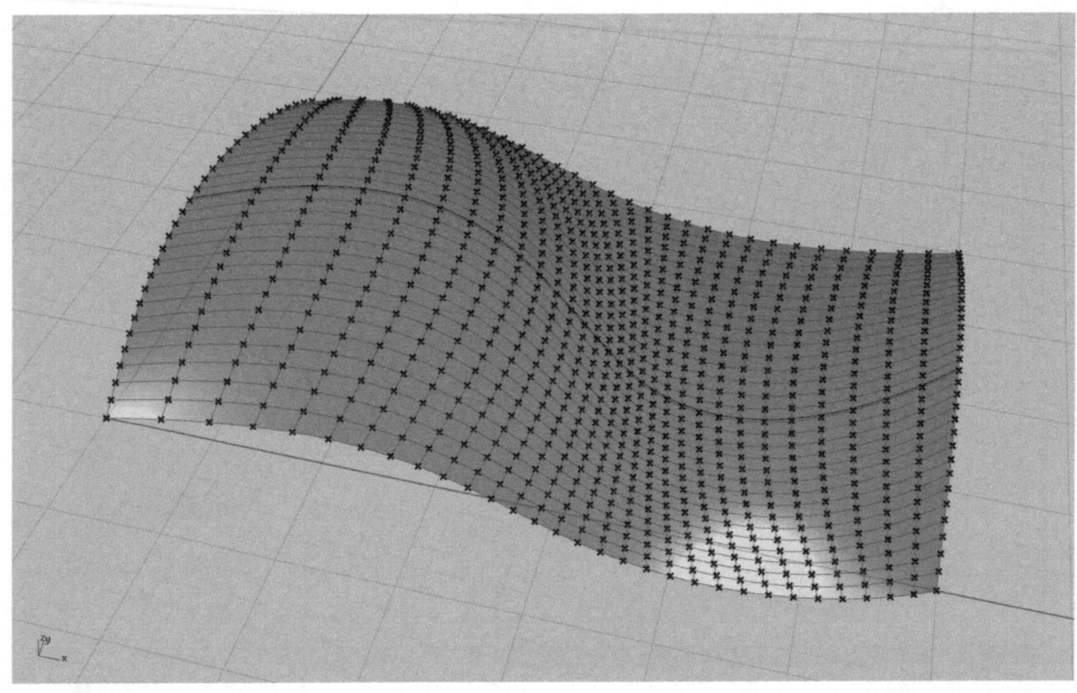

Tips 曲面 UV 是什么意思?

UV 在曲面中的含义，和 t 在曲线中的含义差不多。我们可以抽象地理解曲面表面是一个扭曲的二维空间，那么 UV 就是这个扭曲空间的横纵坐标。和 t 很像，UV 可以用来标记曲面上任意一点，同时 U 方向和 V 方向也有区间的概念。当 U 方向的区间和 V 方向的区间叠加在一起，就形成了一个 UV 的二维区间。我们 PartC 的很多内容都会和这些二维区间发生关系。

那么在这里，我们只特别强调一点，那就是 UV 的细分指的是 UV 函数区间的等分，而不是长度或距离的等分，一个曲面的 UV 细分点，其点间距是各不相同的。

A 右键 Set Mulpitle Curves，选择 Rhino 窗口中三条空间曲线。

B 通过这三条曲线放样出一个曲面。

C 将这个曲面的二维函数区间等分成若干更小的二维区间。U 端输入 U 方向划分的个数，V 端输入 V 方向划分的个数。

D 根据之前等分的若干二维区间将曲面细分成若干曲面单元。

E 分别提取这些曲面单元的几何信息。

F 提取每个单元的四个顶点，注意这里每个单元的四个顶点被独立分成一个组。

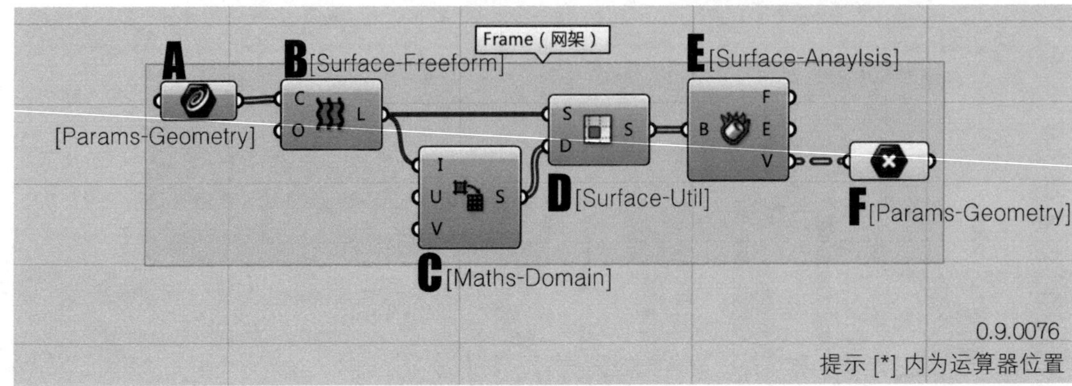

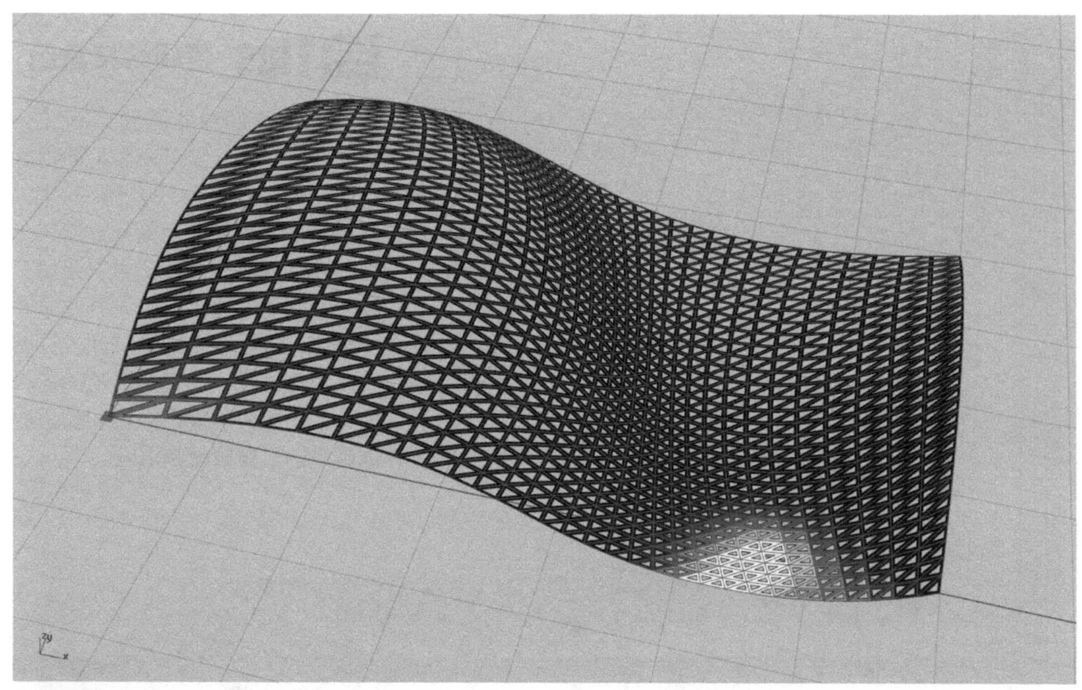

Tips 养成右键 Simplify 的习惯。

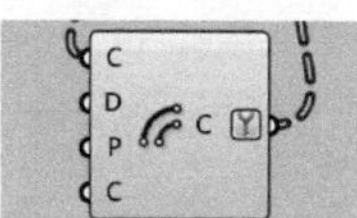

练习至此，相信大家对 Flatten 和 Graft 已经轻车熟路了。但要记住 Flatten 对 Tree 的伤害是很大的。

除非到了逻辑的末端，否则一个 Fatten 会将之前的数据结构全部损失掉。这里为大家推荐的首选，不是 Path Mapper，而是 Simplify。它可以把路径中没有分组作用的等级全部去掉，只保留分组必要的等级。这样的 Tree 经过 Simplify 之后，路径名剩几级就可以视为几级树（线性数据除外）。经常使用右键 Simplify 可以保持你的路径名干净，不容易出数据 bug。

G 提取每组数据中的前三个顶点数据。i 端输入提取数据在原列表中的序号。

H 通过 PL 线闭合连接提取的三个点，使其绘制成三角形。C 端提示是否闭合，右键 Set Boolean 设置 True。

I 偏移这个闭合三角形，使其内部生成另一个三角形。

J Graft 的意义是调整原三角形数据列表的路径，使其与偏移后的三角形数据列表路径名保持一致，这样才能有效合并。

K 在内外两个三角形之间封面。注意这里 C 端输入的是分组后的三角形数据，并且每组只有对应的内外两个三角形。

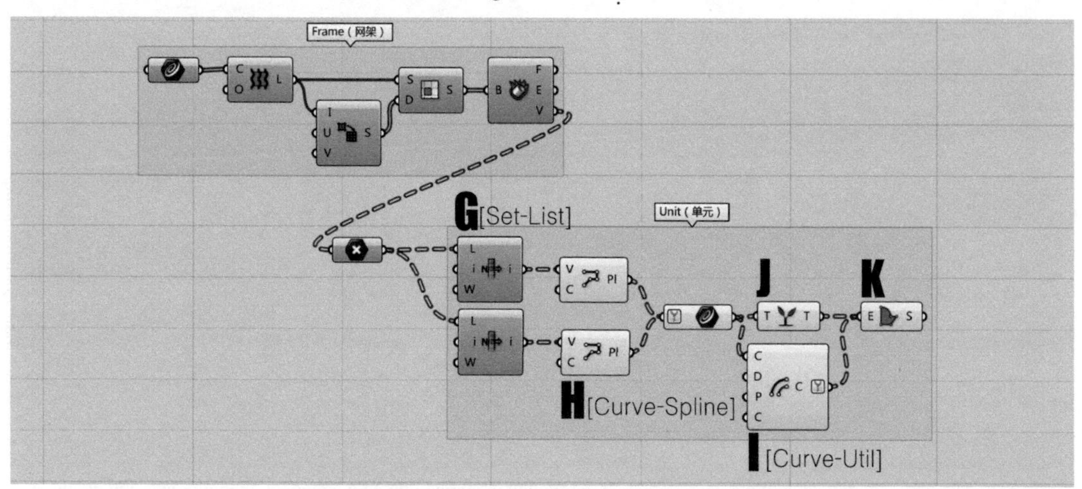

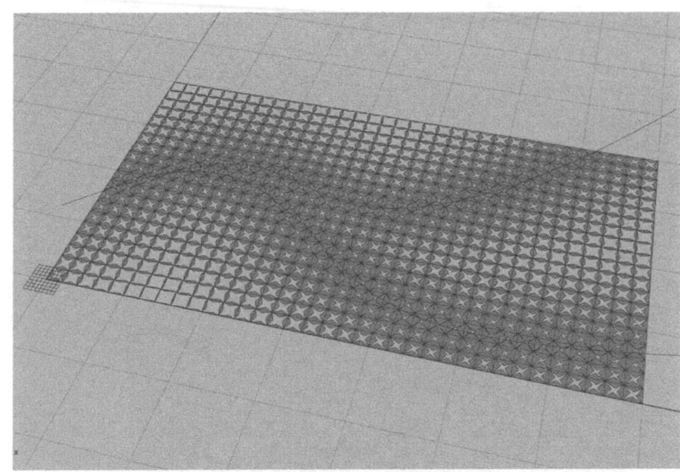

Tips 逻辑嫁接重组

刚刚我们对曲面网架有了一个初步的认识，接下来我们要把之前 Level 3 前半部分的研究成果，直接与我们的新曲面网架嫁接在一起。在这一部分，我们再次强调三要素之间的数据关系，大家注意一个重点，每两个要素区域间，只有一条数据连线！这就是清晰的逻辑架构。每部分的输入数据和输出数据越简洁，逻辑就越清晰。

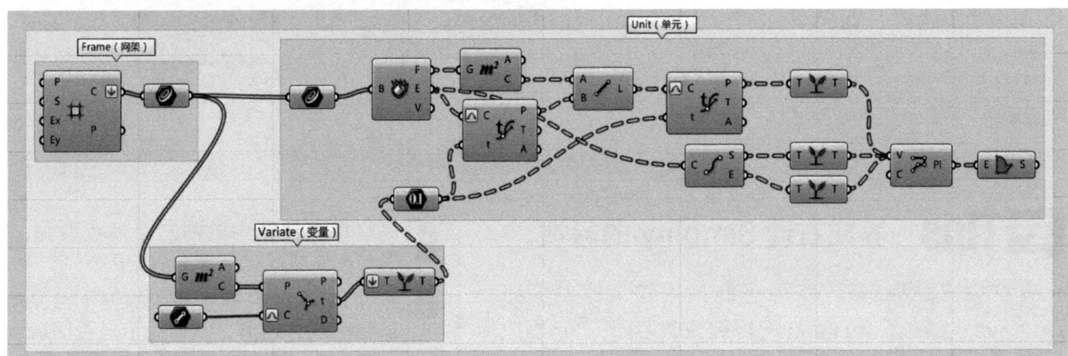

Note

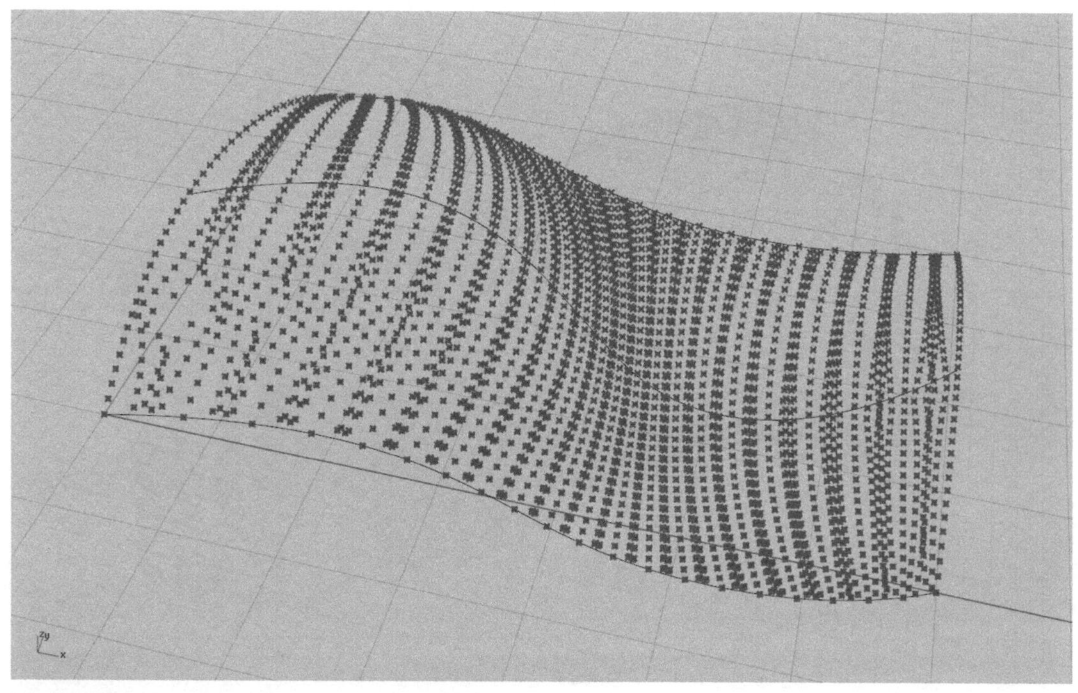

Tips 映射——通往扭曲空间的门

这里给大家开个脑洞，函数空间一直是多维的，而且未必是横平竖直的。在一个由四个维度组成的空间里，我们可以任意抽取三个维度来组成四种完全不同的三维空间，五维空间里就有十种三维空间。如果我们细分一条曲线，在每个等分点上以切线方向为 Z 轴布置参考系，我们就会感受到沿着曲线有一连串扭曲的空间参考系。所以我们的建模思维不能局限在 xyz 里，思维要更开放些。映射就是把物体从一个空间原样搬到另一个空间里，因为新的空间发生扭曲了，所以我们看到的物体也随之扭曲了。

A 右键拾取 Rhino 中的三条曲线。

B 放样成曲面。

C 将之前案例中的三角形炸开，提取各端点，注意每个三角形的端点被自动分为一组。

D 通过布尔联合的运算，将原来的平面网格融合成一个完整的矩形线框。并封面。

E 提取炸开的点在矩形封面上的 UV 坐标。S 端右键设置 Reparameterize 将曲面的 UV 区间重新定义为 U：{0 to 1}，V：{0 to 1}。

F 将得到的 UV 坐标映射到新建的曲面上，获得新的曲面点阵。S 端右键 Reparameterize 保证两个曲面的 UV 区间相互对应。

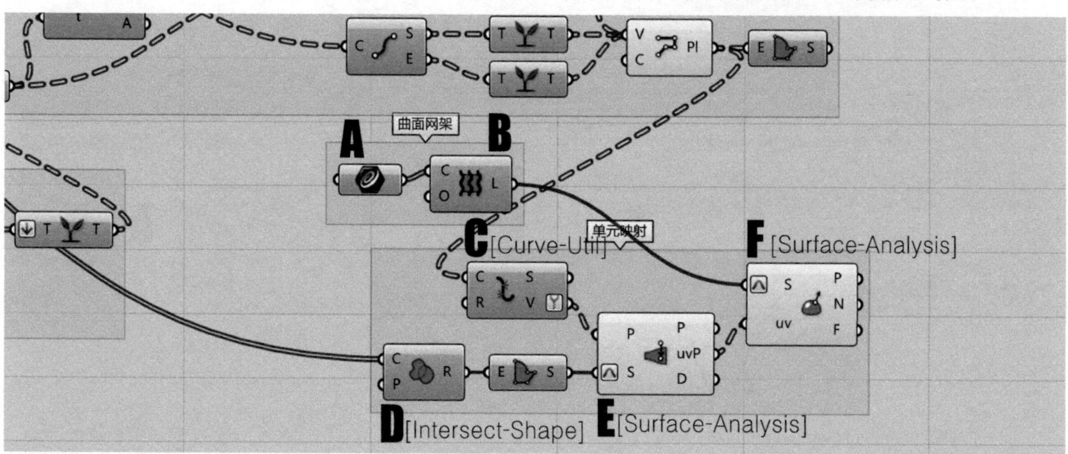

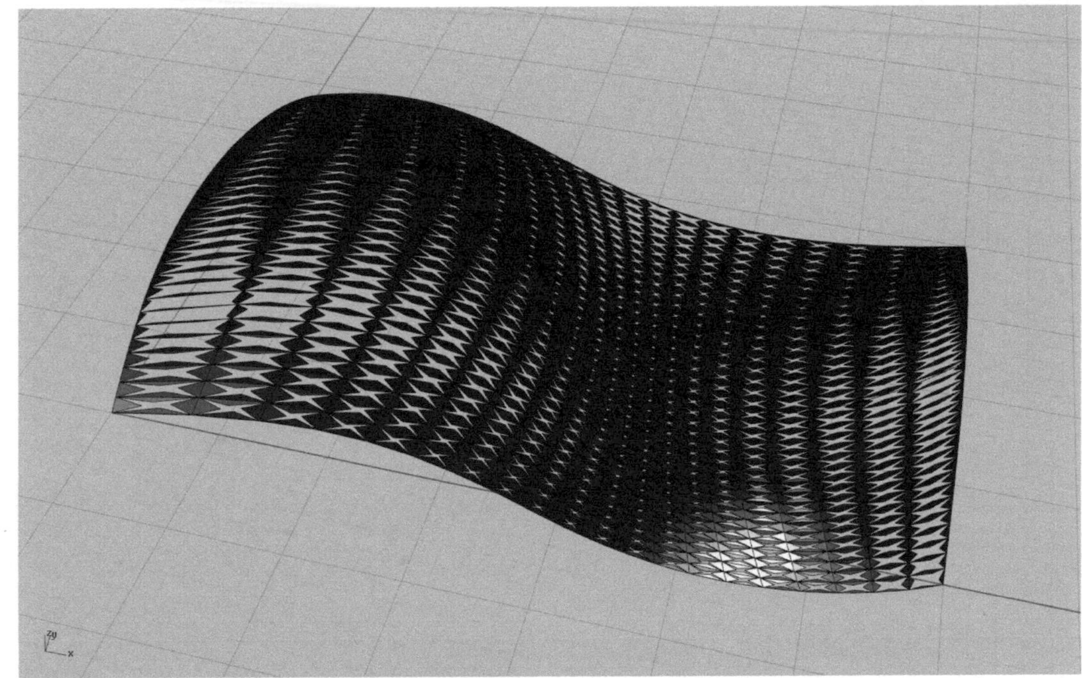

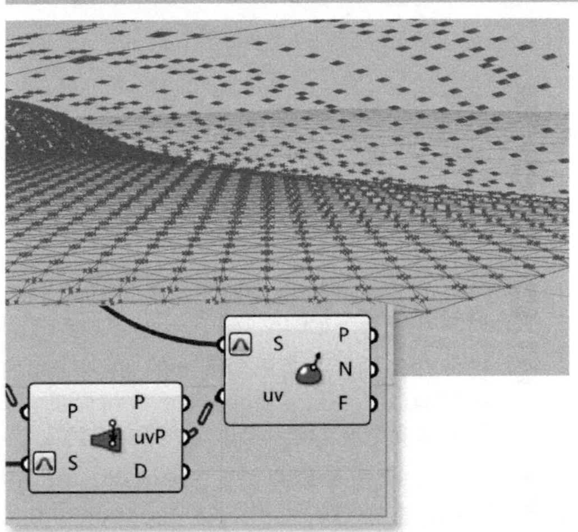

SrfCP 和 EvalSrf 这对运算器组合很常见，注意这里两个 S 端要都重新定义，确保 UV 区间可以对应上。这里建议大家可以多观察一下映射后的参考系的特征，相信会对曲面空间有更深的认识。

A 映射到新曲面上的点阵，其数据结构会保持原来的分组，即每个三角形的几个角点为一组。这样接入 PL 线运算器的时候，PL 线只会贯穿每组的几个点（和其他组不会发生关联），从而绘制出各自独立的空间连续曲面三角形。

B 最后封面就可以了。

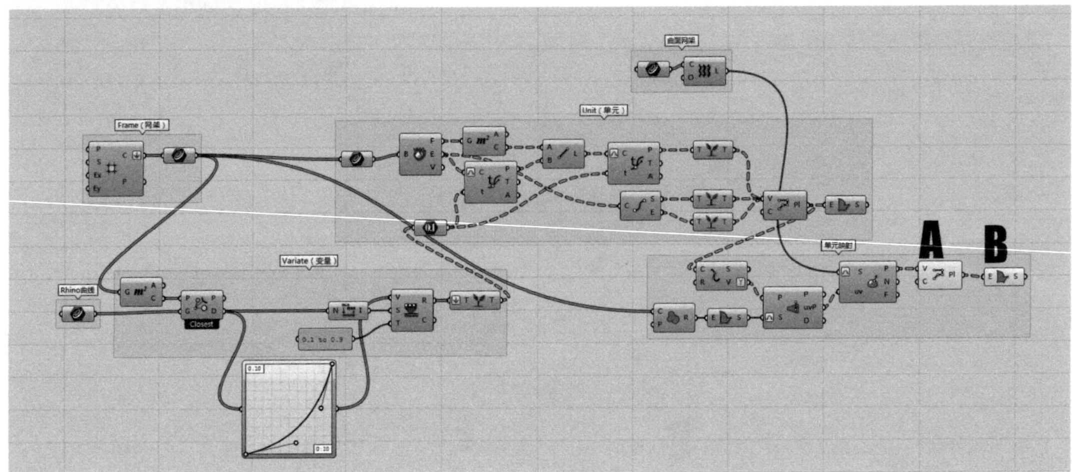

逻辑梳理

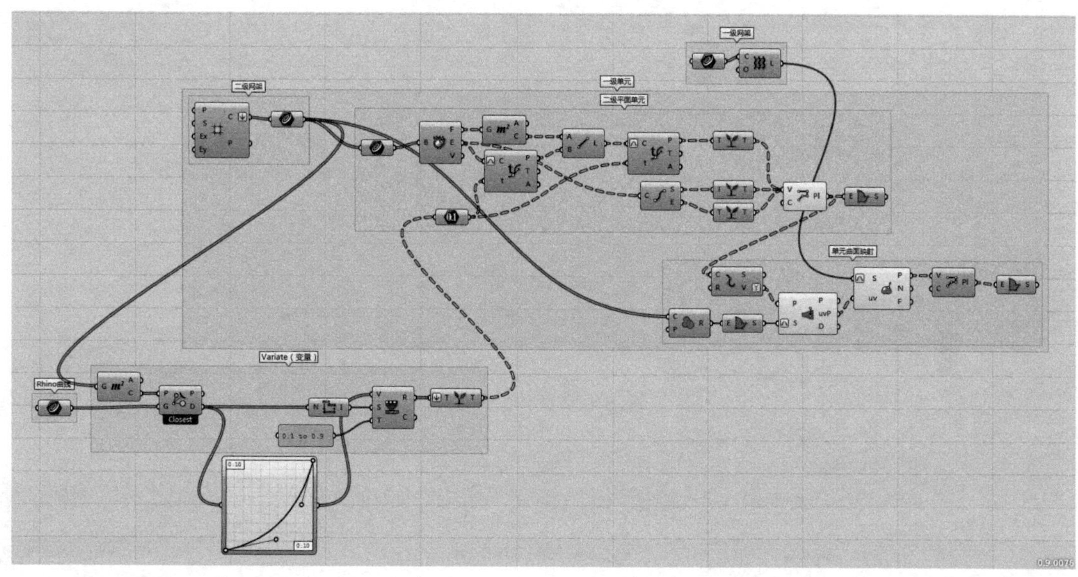

Summary

最后我们要来重新整理嫁接过的逻辑架构。注意，练习后的总结非常重要！它可以帮助我们看清算法逻辑的过程和本质。在之前的练习中，我们将 Level 3 的成果直接作为单元嫁接到新的曲面框架体系里。所以之前 Level 3 中的所有逻辑运算都应归结于新逻辑框架中单元设计部分。整体看相当于是在一个三要素闭合的逻辑体系中，又嵌套了一层闭合逻辑。能看清这一点的朋友，恭喜你！你已经具备了能解析算法逻辑架构的能力。接下来，请带着这种思维去审视其他的算法，相信你会把它们看得更清晰，想得更透彻，并发现其中的迂回和不合理。对于还有疑惑的朋友，不必心急，我们仍旧可以多做一些原创性的练习和尝试，每次训练后的总结和思考，都是在加深我们对生成思维的理解。同时 Part D 已经对大家全面开放了，如何把算法写得轻便，如何让逻辑更简单直接，那部分会有很多对比案例，欢迎大家移步训练。

提升训练

Level 1

Level 2

Level 3

Level 4

这节我们要做一个大的总结性练习，同时要将拟建动态模型的思维传递给大家。在 GH 中，每个变量的输入端，都蕴含着这组参数模型在某一维度的可产生的变化。我们同样也可以直接通过逻辑设计编写一种动态的变化趋势，让参数模型以更加生动的方式呈现给我们。那么接下来，我们就开始吧。

Level 5

Level 6

全面掌握逻辑结构，引入变量和动态思维。

Generative Thinking
生成思维

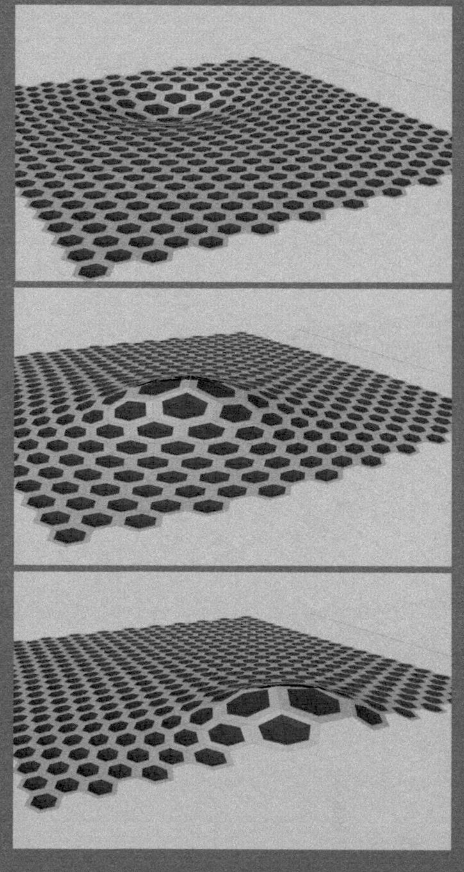

训练目标：

初级标准：

能够根据教程的提示完成案例，并理解本单元阐述的逻辑架构内容。

中级标准：

能够默写这些算法，并理解其中每个运算器的运算含义。

升级标准：

能够清晰地给他人讲述整个算法，并对每个运算器输出的数据结果完全掌握。能够自主改变其中个别运算器，使逻辑呈现其他更有新意的生成结果。

Part A

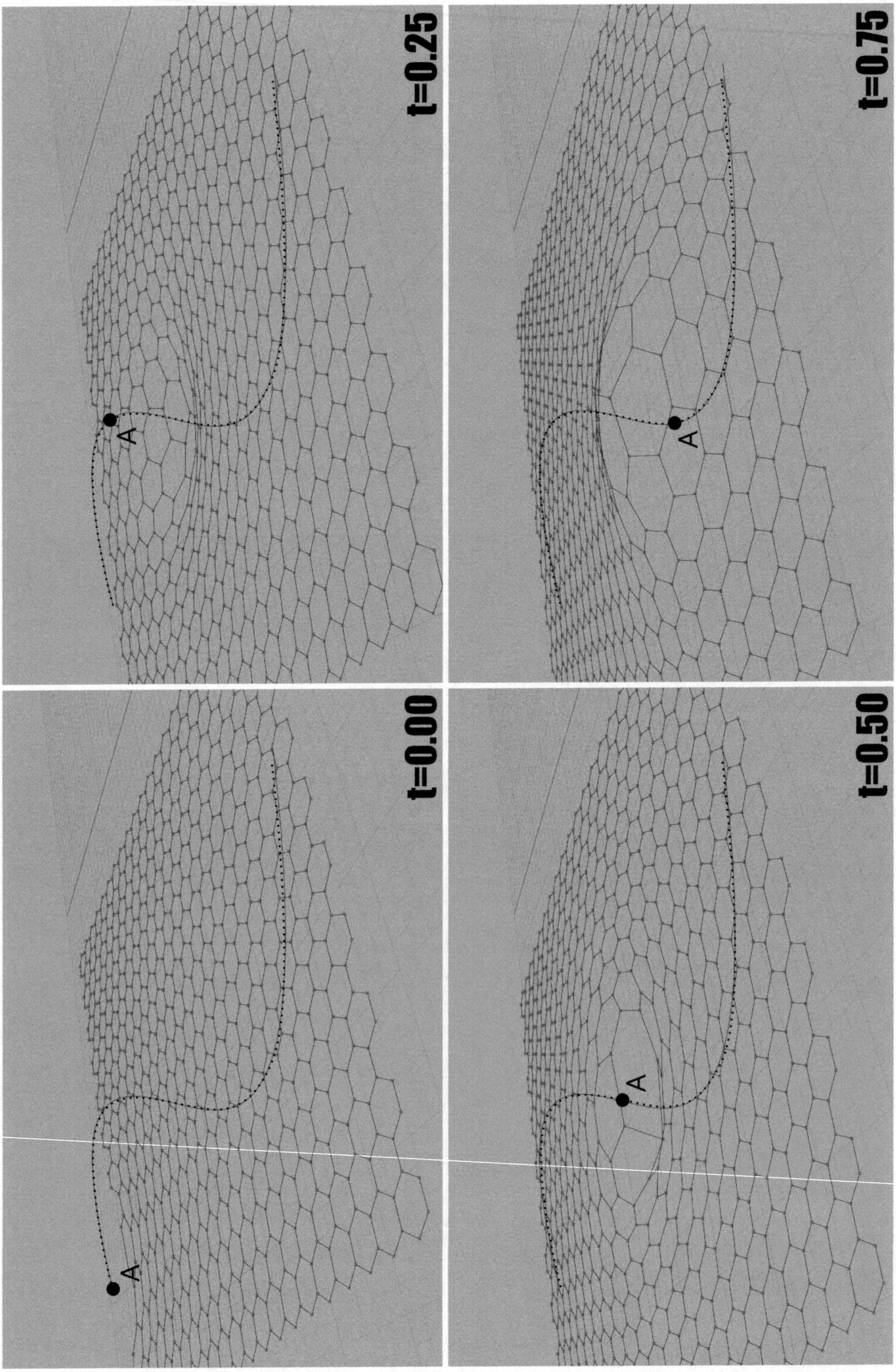

t=0.00

t=0.25

t=0.50

t=0.75

简单说明一下思路：在逻辑的最初，我们要建立一个动态的六边形网格。把平面网格上每个六边形的 6 个顶点独立成组提取出来。然后绘制一个沿曲线移动的干扰点 A，通过树形数据对每组 6 个顶点和点 A 发生干扰移动。距离点 A 越近的点，被弹开的距离越大。最后所有的点进行完干扰运算后会生成一个全新的点网，其中每个变形六边形的 6 个点依然独立为一组，最后用闭合 PL 线连接，使其形成我们所需要的动态曲面六边形网格。推拽 Slider 移动点 A，我们可以观察到动态点阵的运动变化。

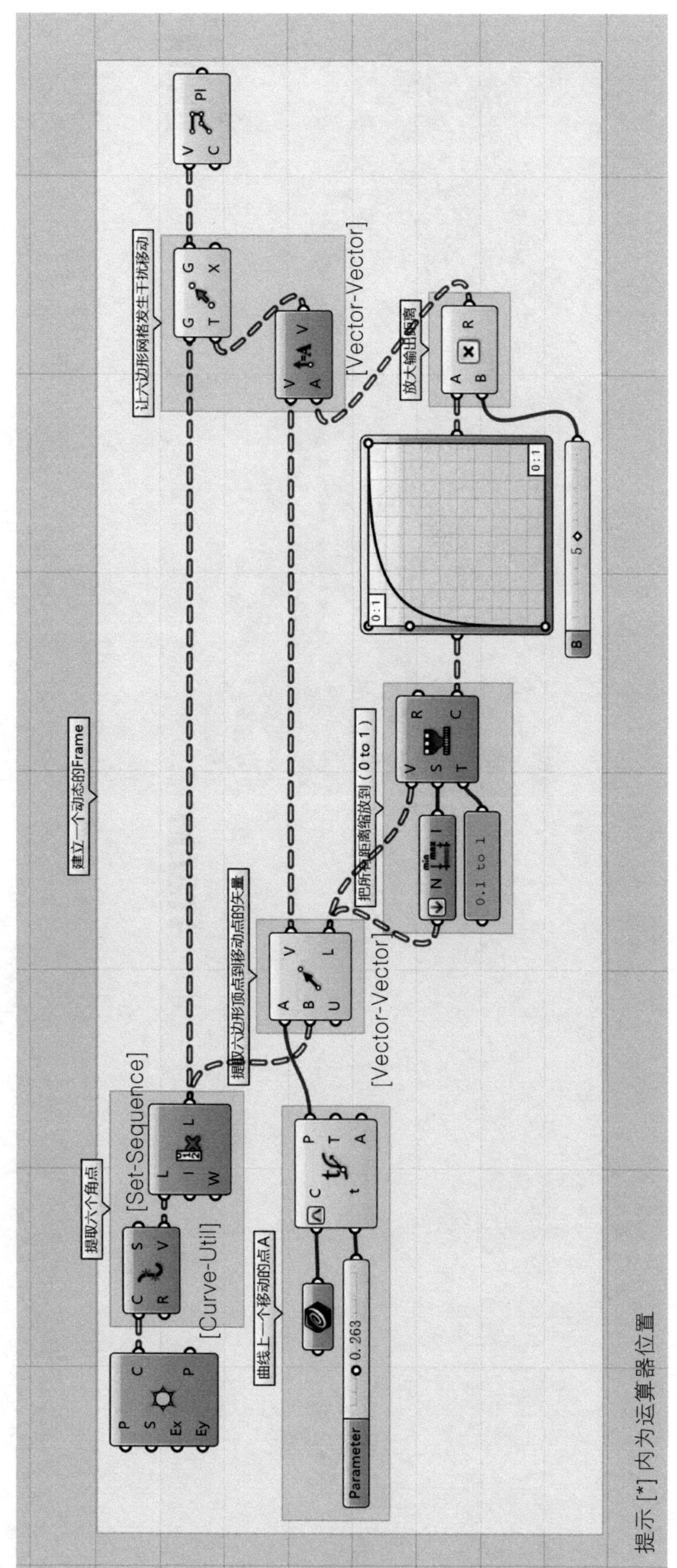

Tips

使用 Graph Mapper 的推荐方法！

Graph Mapper 很强大，但也有不尽如人意的地方。比如它的区间设置就很死板，如果遇上动态的区间就很尴尬。因为我们不能一次次地双击进入面板里手动修改 xy 的区间。那么这里教给大家一个技巧，如使用本例中的方法处理 Graph Mapper 的输入端和输出端，即可巧妙地使数据可以再次联动，原理是将动态区间统一缩放到（0 to 1），然后输出端再用乘法自由放大即可。

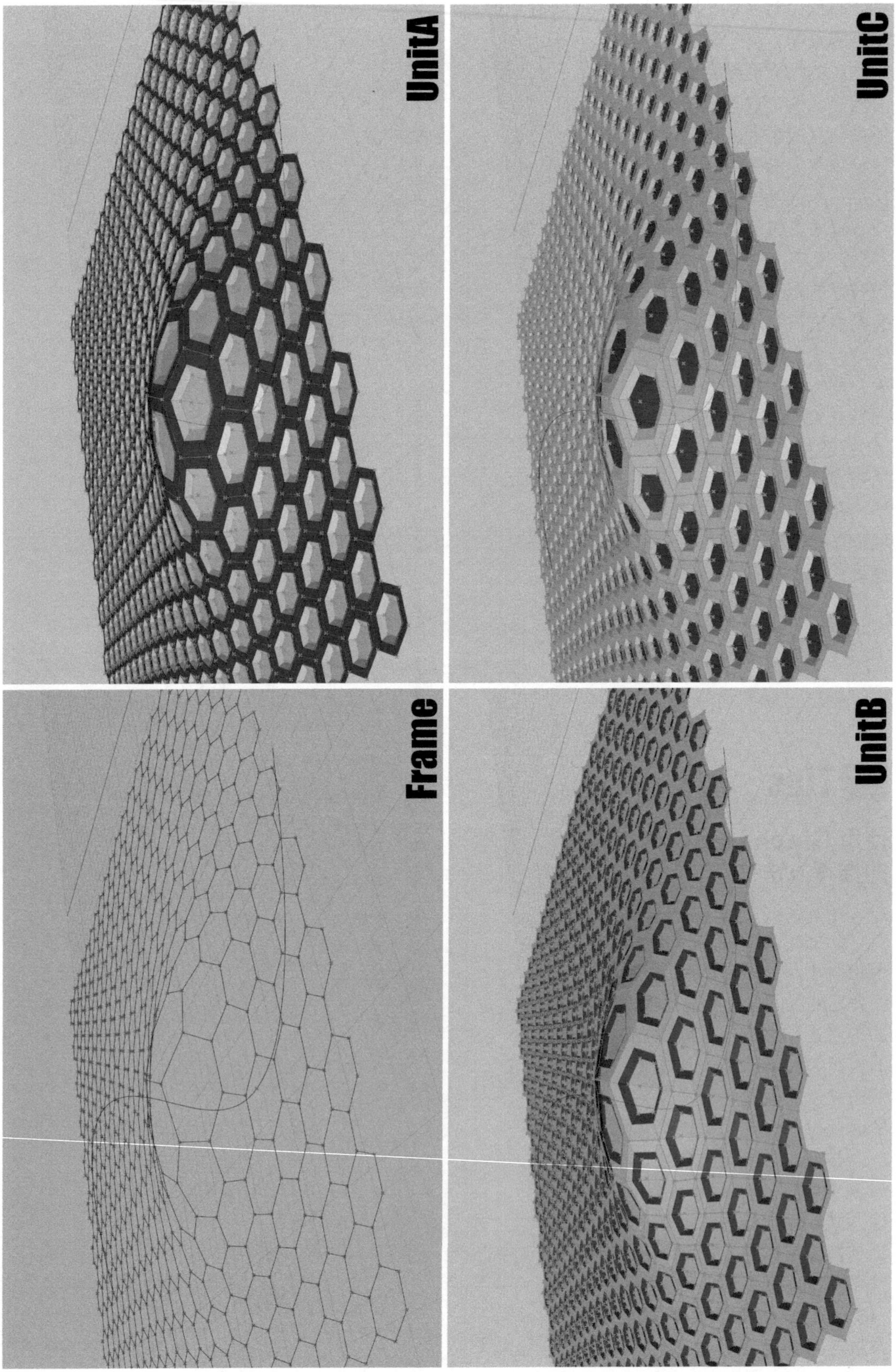
Frame
UnitA
UnitB
UnitC

有了动态的网架后，我们下一步开始绘制单元构件。这次我们把构件分为多个部分，每个都基于网格中的一个六边形单元。通过中心缩放和竖直移动来形成构件的空间结构，最后通过放样和四点成面工具形成曲面实体。在这个过程中，注意构件 B 预留有变量输入端，控制的是每个构件最中间的那组小六边形的大小。这部分构件将引入干扰参数，使其产生大小的梯度变化。

Tips

最后这个颠倒树的操作是什么？

这完全是为了配合后面的 Srf4Pt 操作。其实这里是可以用我们常见的 List Item 代替的。之所以这么做仅是为了演示树形数据一些变化的用法。

Tips

绘制构件为何要分这么多部分？

这是个好习惯，一方面能让逻辑看起来更加清晰，另一面有利于将生成的结构 Bake 到不同的图层，我们甚至可以在 GH 中赋予它们不同的颜色。我们会发现面对实际项目更加复杂的节点建模时，构件分组会变得更加重要，这部分内容大家会在 Part E 中得到对应的训练。

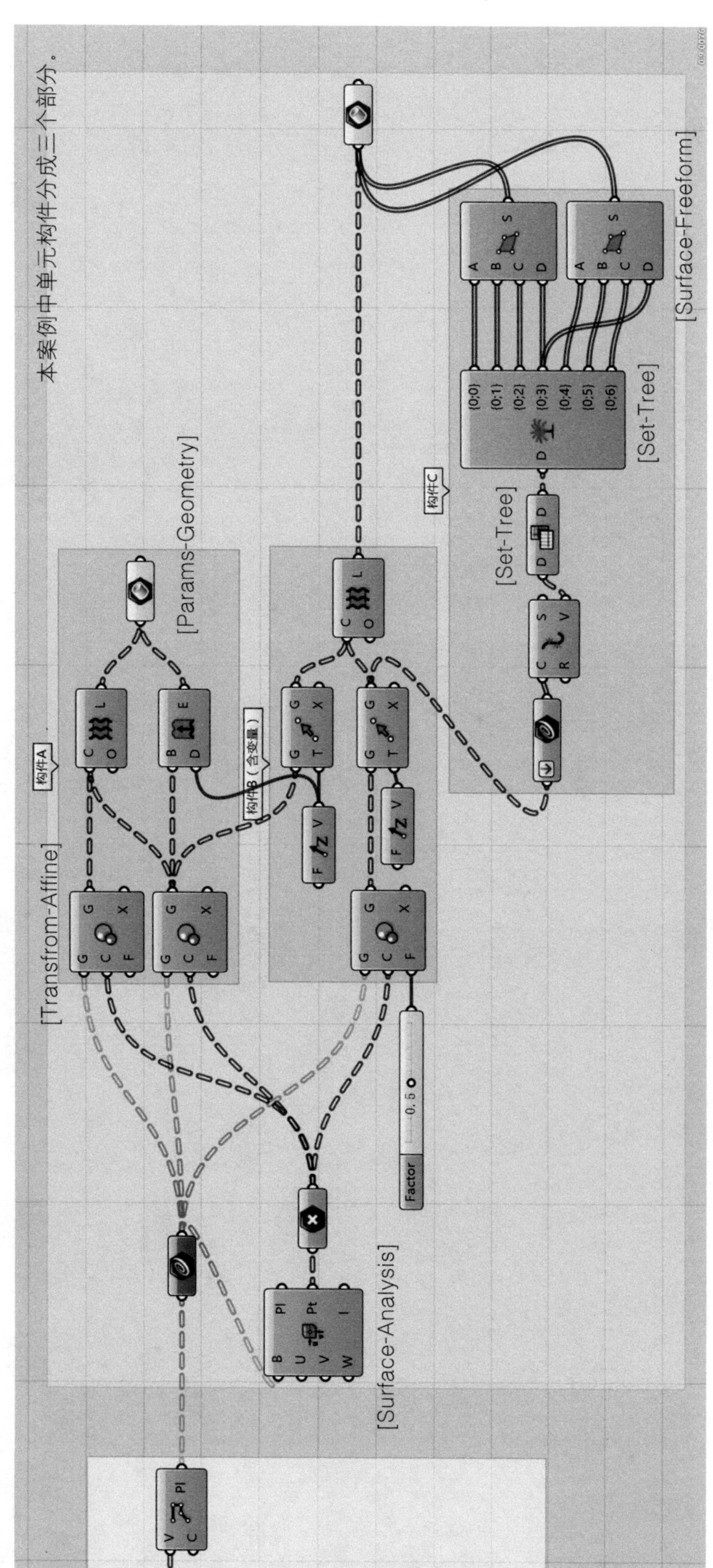

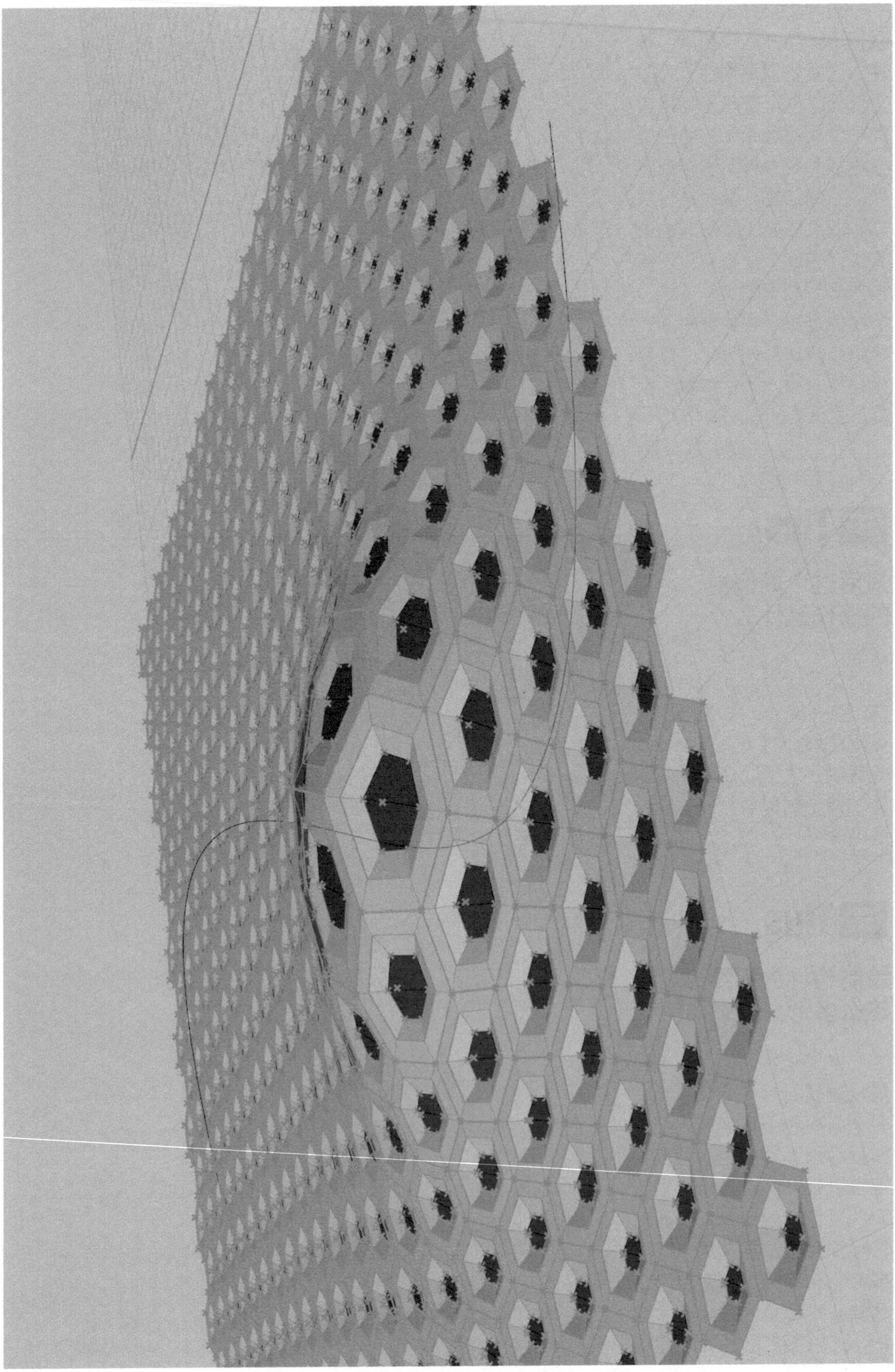

最后我们来编写干扰变量部分。因为本例的曲面网架中已经包含了一处提供动态参数的算法，所以我们考虑将这组变量直接应用于干扰单元构件的生成，让它在干扰网架的同时也能对构件实现同步干扰。所以我们从 Graph Mapper 中引出干扰数据，通过数据处理，将其转移给单元构件的变量输入端。实现一次数据的联动。

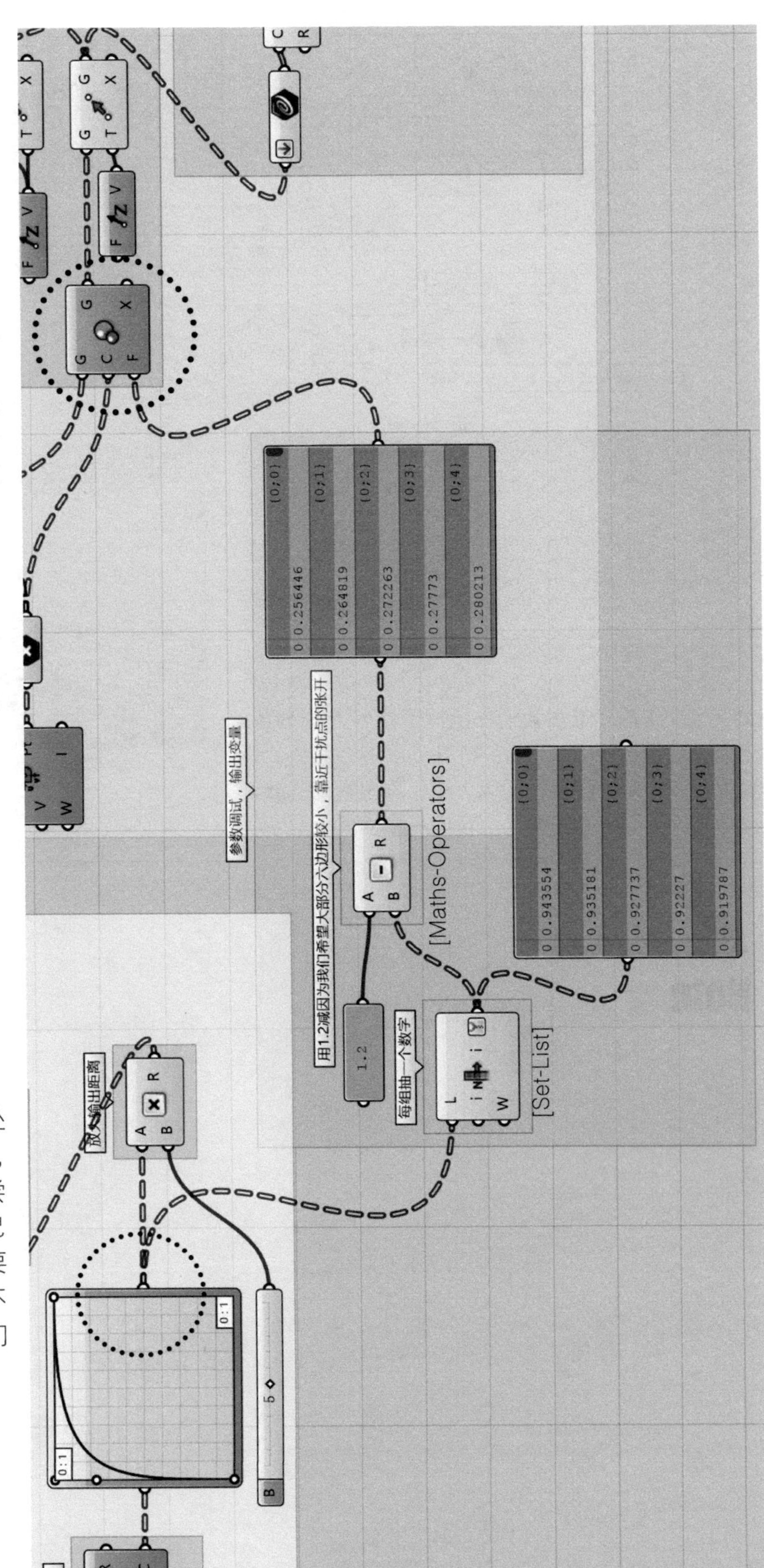

Tips

处理干扰数据的逻辑其实很多。

对于干扰数据的处理，其实有非常多的方法，大家可以放开思路去尝试。每种方法都会有自己的递变特性。当然最重要的是我们如何能通过不断地调试最终找到我们最想要的变化形态。

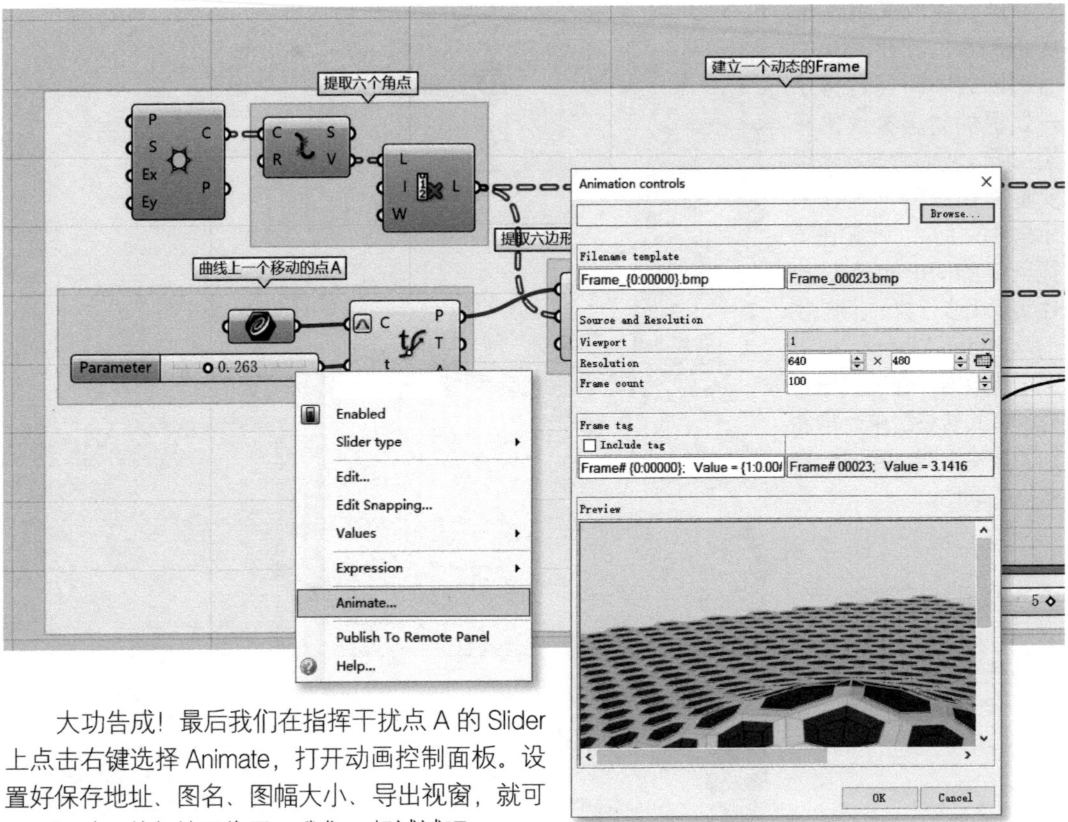

大功告成！最后我们在指挥干扰点 A 的 Slider 上点击右键选择 Animate，打开动画控制面板。设置好保存地址、图名、图幅大小、导出视窗，就可以截取动画的每帧图像了。我们一起试试吧。

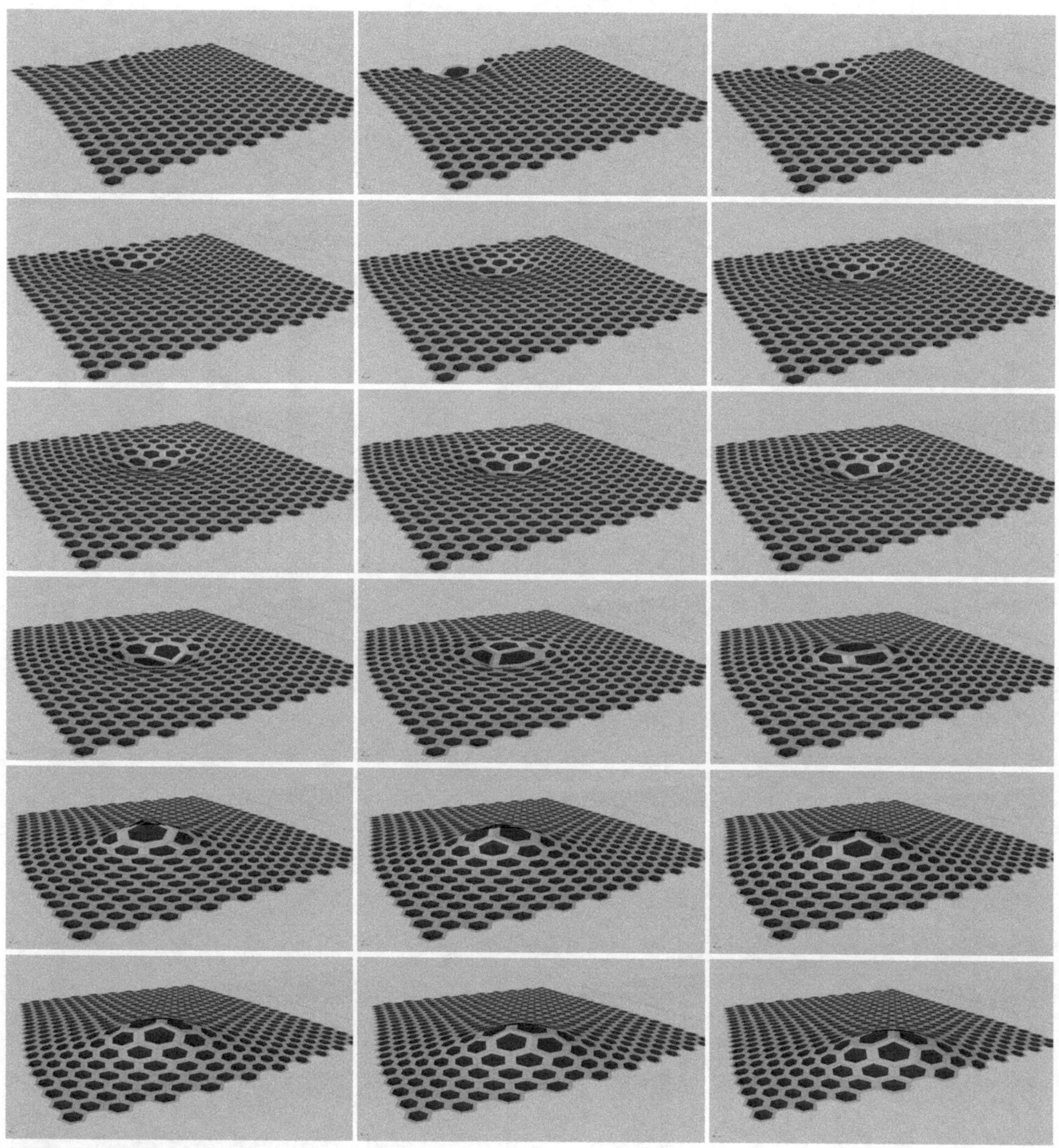

Summary

本节是对之前所有 PartA 体系的一次总结性练习，也是对动态参数逻辑的一次新的尝试，希望大家在本节的训练中加深对生成思维的理解和应用。一方面我们要把模型拆分开来看，因为这样才能更加细致地将思考深入到每个部分；另一方面我们又要看到部分之间的数据关系，把一群运算器看成一组，认清组和组之间的数据联系，认识到每个组的运算内容和运算目的，使每个运算器都能在整个逻辑编写过程中成为一个清晰的角色。一个好的编写习惯，能让你在数天之后回顾这段逻辑的时候如同刚刚写过一样，混乱的逻辑在数十分钟之后就会把你带入思维的迷宫。切记，我们可以不急着涉足未知的领域，但一定要做到，每写一步都想清楚，看清楚。因为只有这样才能让我们思考得更多，前行得更远。

技能闭合

Level 1

Level 2

Level 3

Level 4

Level 5

Level 6

Part A

Generative Thinking

生成思维

结合一次方案的创作吧！
它是我们研习的初衷所在。

从功能体量中提取网架，
从空间需求中找到新的单元节点，
结合你的审美和你的技术，
订制一套属于自己的参数 Style。

在逻辑生成的舞台里，
每一种改变都有新意；
每一次突破都是革新！
无穷的可能性等待着我们……
也因此原创变得如此简单！

NCF 期待着你的作品！

Part B

Data Structure

数据结构

提到“数据结构”，不少新人会觉得很生僻，把它和让人头痛的高等数学、微积分这些联想到一起。但其实这里的数据结构指的只是参数存放的列表格式。当我们通过计算机语言绘制 100 个大小不等的圆时，计算机实际上重复执行了 100 次画圆命令，每次运算输入的圆心和半径都不相同。那么计算机是如何确认哪个圆心和哪个半径是对应的呢？答案就是数据列表。一个列表里有 100 个圆心，另一个列表里有 100 个半径，两个列表按照数据的排列顺序依次进行对应的运算。而这个排列数据的列表，就是本章我们要深入学习的数据结构。

了解数据结构，实际上就是在了解计算机建模的逻辑。我们能控制的数据结构越复杂，就意味着我们能给计算机下达的指令越立体。在 GH 中，树形数据（分组数据）是整个平台数据操作的核心思想。这种数据结构中包含了多个并行的数据列表，可以将多组数据分开独立进行控制或运算，这使得很多复杂的重复性逻辑可以更简洁地得到实现。所以，本章将通过循序渐进的案例带大家逐渐走进数据结构的深处。数据结构理解应用得越透彻，我们的生成逻辑就会越清晰、越高效。

旧版本的 GH 没有强调树形数据的内容，在当年，列表式线性数据的循环计算已经使 GH 从传统建模工具中脱颖而出。随着爱好者们对数据操作的要求越来越高，树形数据开始浮现，这使得一部分朋友觉得树形数据是 GH 中比较复杂的领域，甚至在初学阶段会有意回避它。但如今来看，树形数据是基础，是思维根基，建议大家一定要理解消化，因为只有看懂它，才能看懂所有的运算逻辑。对于新人来讲，想一次性消化确实有难度，但一旦想通了，就会发现其实很简单，只是看模型的思维和以前不同而已。本章内容是对全书案例数据结构的总结和归纳，大家一定要重视。

Level

线性数据运算法则，
初识 Longestlist；

树形数据运算初步，
Graft 生长法则；

加深理解：
树形数据运算法则总结；

数据结构升级：二级树；
理解核心数据框架；

点网控制，
数据分组抽调；

树，无处不在。

提升训练

Level 1

Level 2

Level 3

Level 4

Level 5

Level 6

线性数据运算法则，初识 Longestlist。

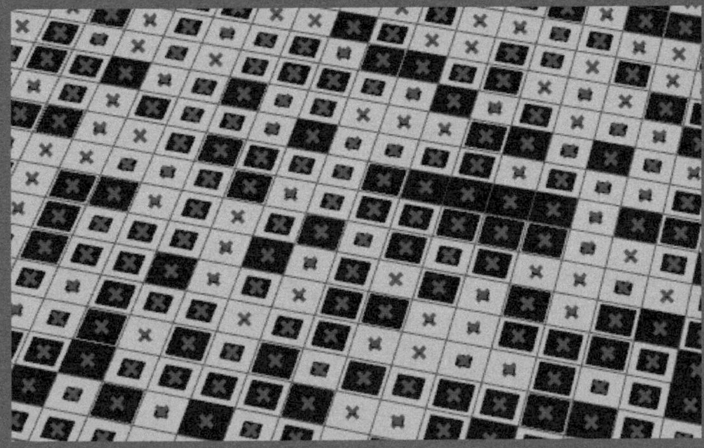

第一节，我们从最简单的线性数据开始研习。很简单，但是很重要！我们说的线性数据其实就是一组数列、一组有排序的点、一组有排序的线等。这些数据被排序并放置在一个列表中，方便我们对它们统一进行运算处理。那么接下来，我们就通过几个案例来了解 GH 的基本运算规则。

Data Structure
数据结构

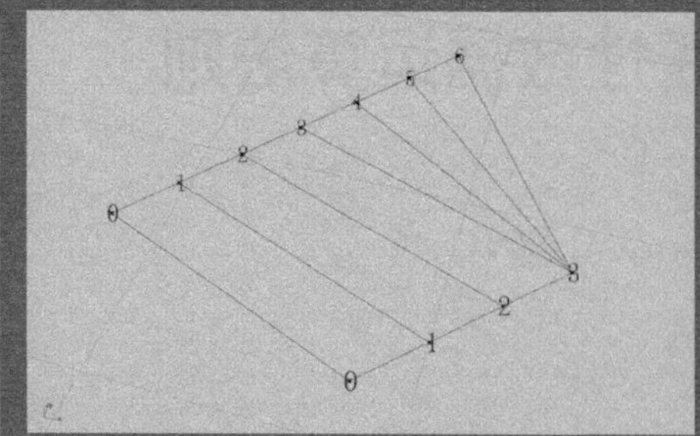

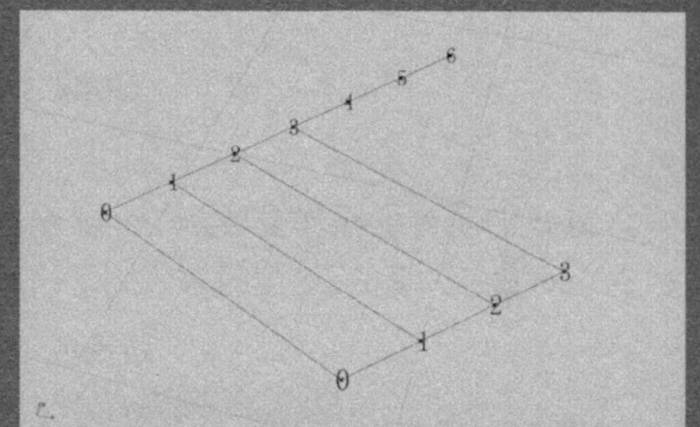

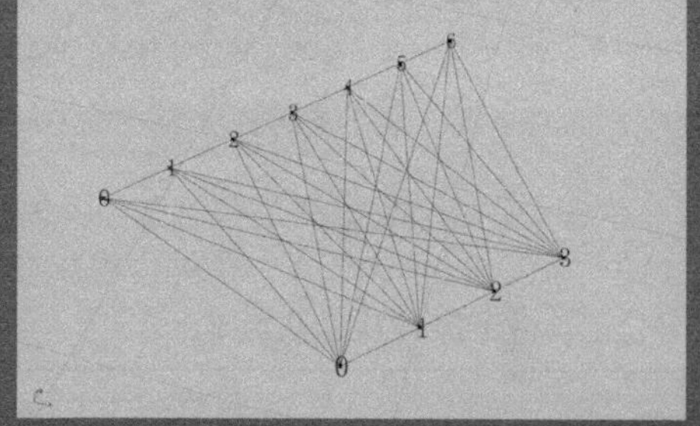

训练目标：

初级标准：

能够理解本节所讲内容，并对数据结构有初步认识。

中级标准：

能够通过已经掌握的部分运算器，换一种方式演练本节所提到的运算法则并正确预判运算结果。

升级标准：

能够对其他案例的线性数据运算部分做数据阅读的练习。并能通过运算法则解释每个运算器的运算实质。

Part B

线性数据运算法则

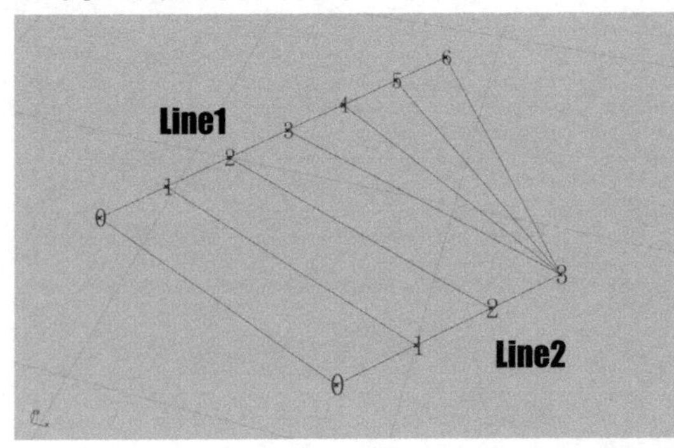

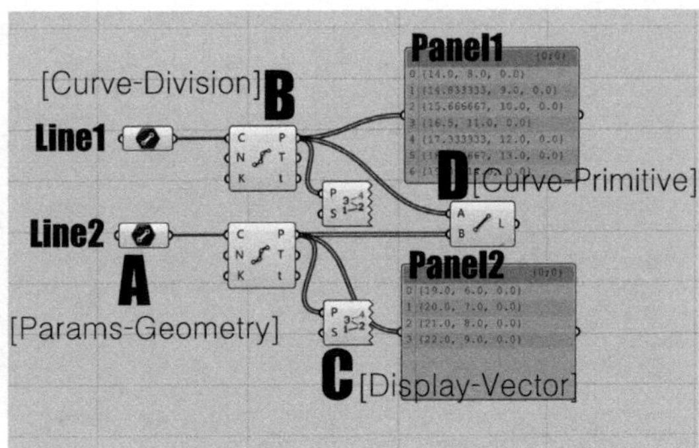

本章我们所有的操作都要用 Panel 观察 GH 是如何让数据之间发生运算的。这里简单介绍下 Panel 的三部分:

路径名（组名）

数据序号（排序）

数据内容

0 {14.0, 8.0, 0.0}
1 {14.833333, 9.0, 0.0}
2 {15.666667, 10.0, 0.0}
3 {16.5, 11.0, 0.0}
4 {17.333333, 12.0, 0.0}
5 {18.166667, 13.0, 0.0}
6 {19.0, 14.0, 0.0}

在 GH 中每个数据都是有它自己具体位置的，比如（19.0，14.0，0.0）这个点，它的位置就在组 {0; 0} 的 6 号位上，注意序号从 0 开始排。

A 点击右键 Set one Line，分别画两条相对平行的直线。注意起始方向一致。

B 在直线上绘制等分点，N 端为直线等分的份数，这里注意分 5 份的话会出现 6 个划分点。我们要给两条直线划分不同的份数，这样便于观察。

C 为了方便观察每个点在列表中的排序，我们显示一下点的列表序号，S 端设置序号显示的字体大小（建议 1 或 2）。

D 两组点连线。观察直线的连接结果。

Observe 我们看到：Panel1 中的 0（序号）点和 Panel2 中的 0 点连线，1 点和 1 点连线，2 点和 2 点连线……当 Panel1 中的 4 点无法找到对应的点时，它选择 Panel2 中最后一个 3 点连线，Panel1 的 5 点和 6 点也选择 Panel 2 的 3 点连线。

这就是 GH 中默认的 Longestlist（长列表）运算法则：多个列表发生交叉运算，列表中的数据按序号排列依次相互发生运算。当列表长度（列表中数据个数）不相等时，长列表多出来的部分与短列表的最后一个数据仍然发生运算。Longestlist 法则下，运算器的运算次数与最长列表的数据长度相等。

这种 Longestlist 规则的意义在于它使得 GH 的操作变得很方便。假设我们的 Panel 2 只有一个点，我们希望这个点与 Panel 1 所有的点连线，那么如上图操作就可以实现。所以 GH 中所有多输入端的运算器默认的都是 Longestlist 运算法则。

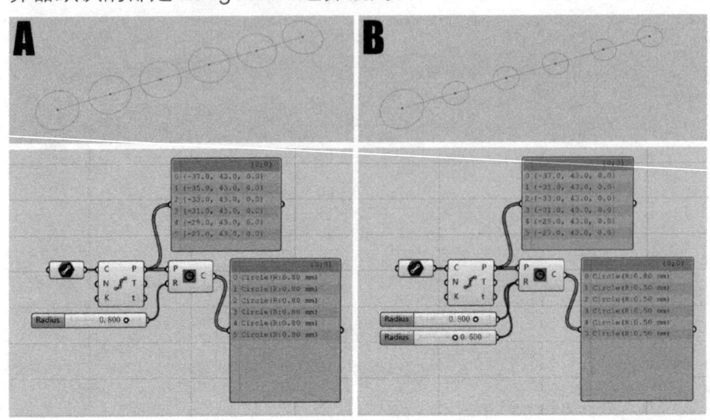

观察这两组圆的运算结果，A 组只有一个半径，B 组有两个半径，它们都遵循了 Longestlist 运算法则。

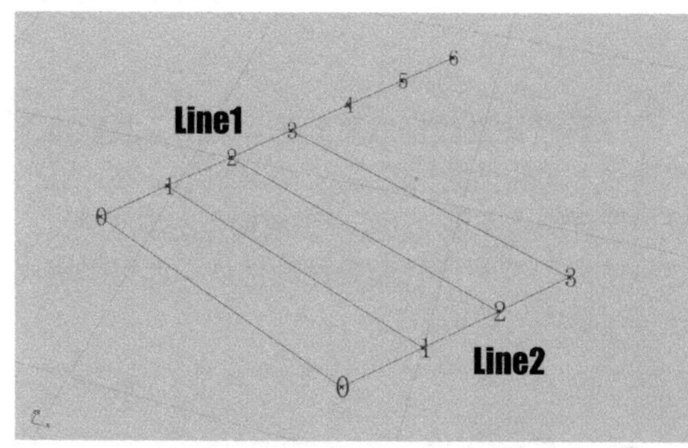

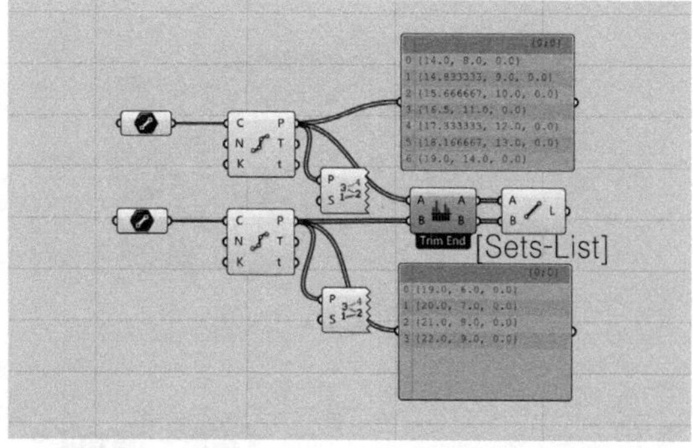

有 Longestlist 运算法则，必然有 Shortestlist（短列表）运算法则，我们在 Sets-List 里找到 Shortest List 这个运算器。把数据端经过它之后再连接运算器 Line 的 A 和 B，观察连线结果。

Observe 我们看到：Panel1 中的 0（序号）点和 Panel2 中的 0 点连线，1 点和 1 点连线，2 点和 2 点连线……Panel1 中的 4、5、6 点不再和任何点连线。

Shortestlist（短列表）运算法则：多个列表发生交叉运算，列表中的数据按序号排列依次相互发生运算。当列表长度（列表中数据个数）不相等时，长列表多出来的部分不再和任何数据发生运算。Shortestlist 法则下，运算器的运算次数与最短列表的数据长度相等。

短列表规则其实很少用到，因为我们可以通过合理的操作保证一个运算器的多个输入端数据长度一致，不必生成多余的数据。但它仍然是 GH 运算器的一种典型运算模式，大家需要了解。

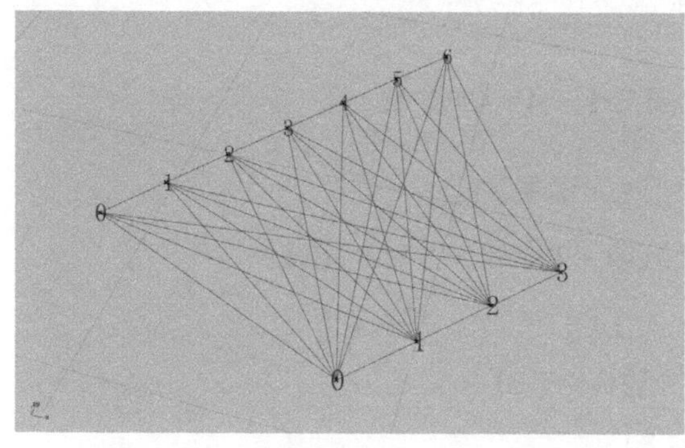

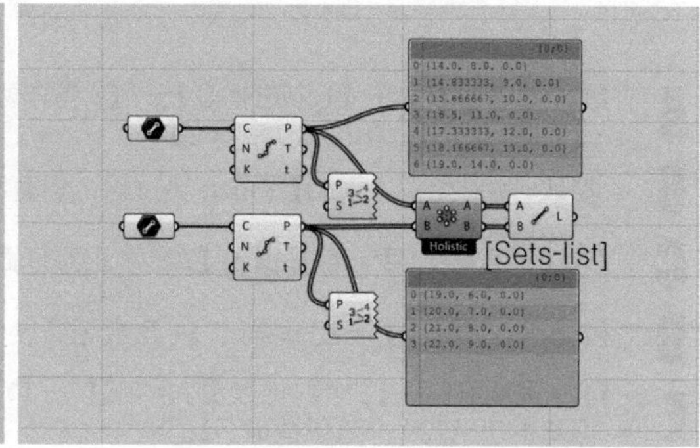

最后介绍一下运算器的第三种运算模式：Cross Reference（交叉运算）。这个模式顾名思义就是 Panel1 里的所有数据和 Panel2 中的所有数据均发生一次运算。

Observe 我们看到：Panel1 中的 0（序号）点和 Panel2 中的所有点连线，Panel1 中的 1 点同样和 Panel2 中的所有点连线，3 点也是如此……

这个运算模式在没有树形数据之前是很重要的，但目前完全可以被树形数据代替，所以大家可以仅作了解。

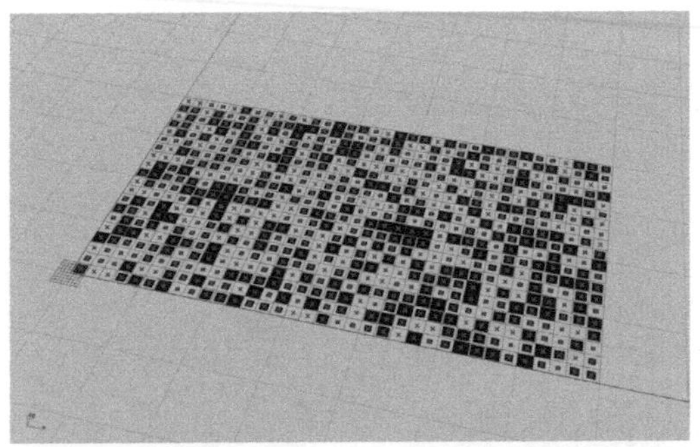

数据阅读

了解了线性数据运算的基本规则，我们接下来要做一个阅读数据的练习。以 PartA Level1 为例。这里要详细地阅读一下GH生成模型的本质过程。这样的练习有利于我们更深刻地认识计算机编程建模过程中的数据逻辑。

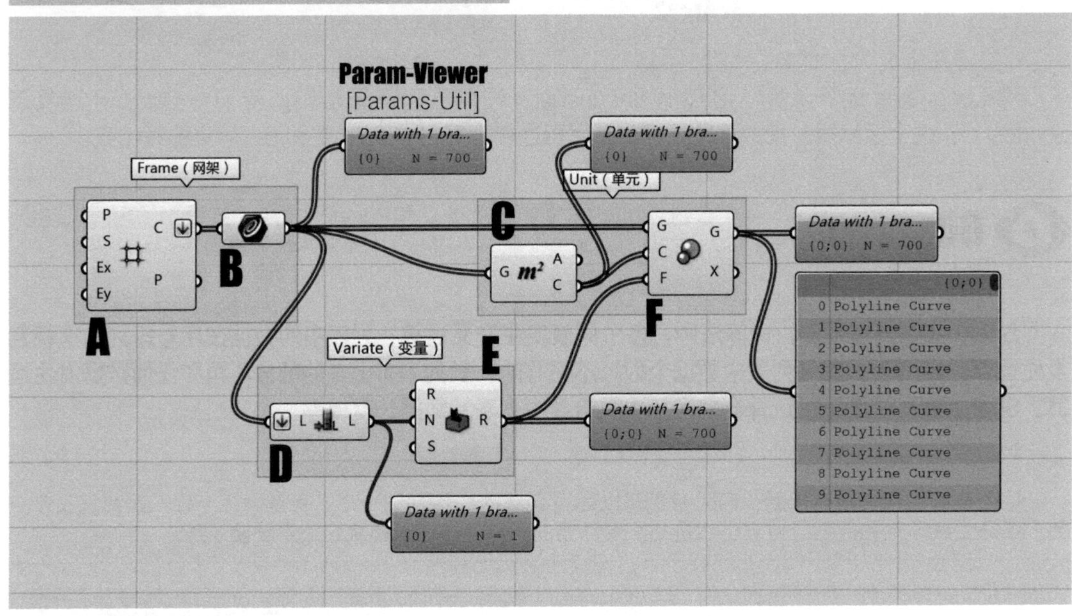

A 【1 个参考系 P】+【1 个边长 S】+【X 方向数量 Ex】+【Y 方向数量 Ey】= 运算得出【700 个正方形矩阵 C】；

B = 提取【700 个正方形 C】（非必要过程，但有利于标记重要数据）；

C 【700 个正方形 G】= 运算得出【700 个正方形面积 A】+【700 个正方形中心 C】；

D 【700 个正方形 L】= 运算得出【1 个数据长度 L=700】；

E 【1 个区间 R】+【1 个数据数量 N=700】+【1 个随机种子 S】= 运算得出【700 个随机数值 R】；

F 【700 个正方形 G】+【700 个缩放中心 C】+【700 个随机数值 F】= 运算得出【700 个随机缩放后的正方形 G】。

Tips 用 Param Viewer 查看数据结构。

Param Viewer 和 Panel 类似，可以显示输出数据内容，但与 Panel 相比，这个运算器更加重视显示数据的结构而非内容。所以当数据结构逐渐变得复杂时，推荐大家使用这个查看。特别提示：双击运算器，可以切换到图像显示模式，大家不妨一试。

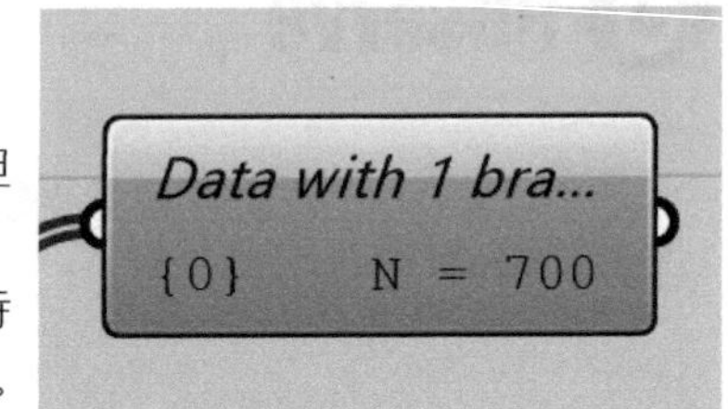

Tips 注意单输入端运算法则

在 GH 中，有少部分运算器是这样的，它只有一个输入端为主要运算端口，其他输入端均为辅助参数设置。这样的运算器需要我们另行理解它的运算规则：如下图的 IntCrv 运算器（穿越点曲线），只要给予 V 端一个点的数据列表，它就会绘制出一条曲线。无论 V 端的线性列表中有多少个点，IntCrv 只发生一次运算，这和之前的多个输入端交叉运算的法则是不同的。有人会问，那 V 端和其他输入端有没有交叉运算的现象？答案是有，但不是 Longestlist 法则，例如 P 端提示曲线是否闭合：True= 闭合；False= 不闭合。需注意，这类运算器并不多，我们会在接下来的练习中陆续遇到。虽然数量少，但这里仍然要强调单输入端运算思维中的一个重要规则：

只有当输入端的多个数据在同一个数据列表之中且路径名相同的时候，运算器才会做出一次完整的运算，不同路径名的数据列表，在一个输入端内永不发生相互运算。

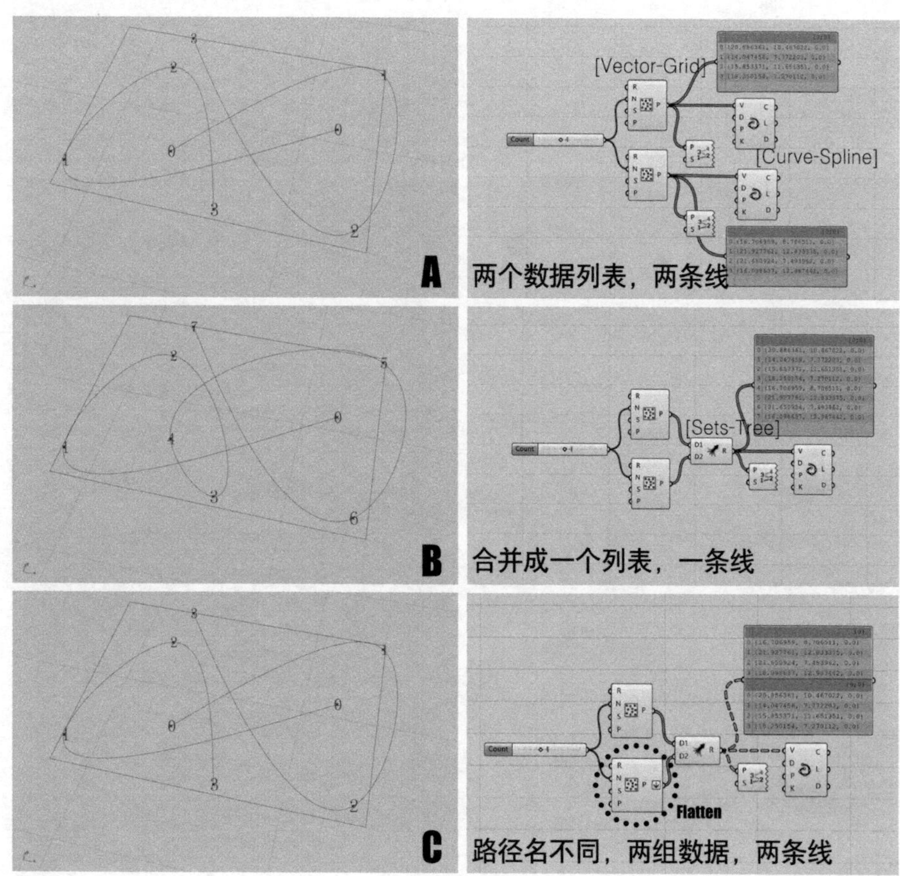

Summary

这部分内容比较简单，但却是数据运算的基础，其意义十分重要。也只有理解了线性数据的规则，我们才能继续接触更复杂的树形数据。希望大家能根据本节演示的方法，在做其他章节的练习过程中反复尝试数据阅读，看到每个运算器的运算过程，直至可以脱离 Panel 和 ParamViewer 达到数据结构预测的程度。

提升训练

Level 1

Level 2

Level 3

Level 4

Level 5

Level 6

树形数据运算初步，Graft 生长法则。

了解了线性数据，第二节我们要来继续认识树形数据。树形数据是 GH 的核心数据思想。凭借树形数据运算法则，我们可以同时实现多组同逻辑数据进行同时一次性运算操作。这会使我们的运算逻辑大大简化，生成逻辑更加有层次。虽然对于新人而言，这部分内容是最难消化理解的，但它又是基础中的基础。可以说迈过树形数据的门槛，GH 的大门就已经彻底敞开。所以接下来就让我们先认识一下什么是树形数据。

Data Structure
数据结构

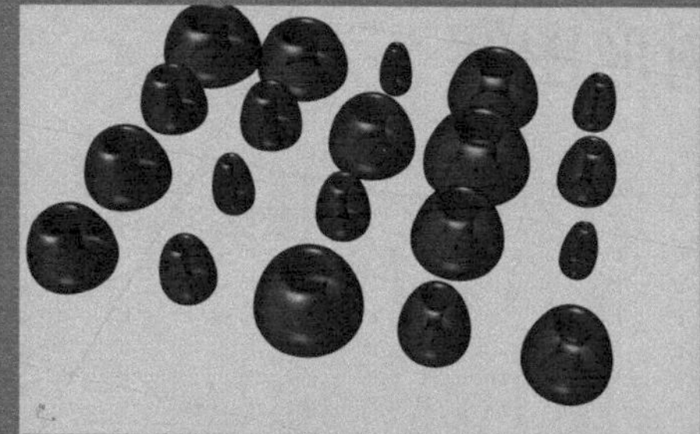

训练目标：

初级标准：

能够理解本节所讲内容，并对树形数据有初步认识。

中级标准：

能够通过已经掌握的部分运算器，换一种方式演练本节所提到的运算法则并正确预判运算结果。

升级标准：

能够对其他较简单的含有树形数据的生成案例做数据阅读的练习，并能通过运算法则解释每个运算器的运算实质。

Part B

树形图解

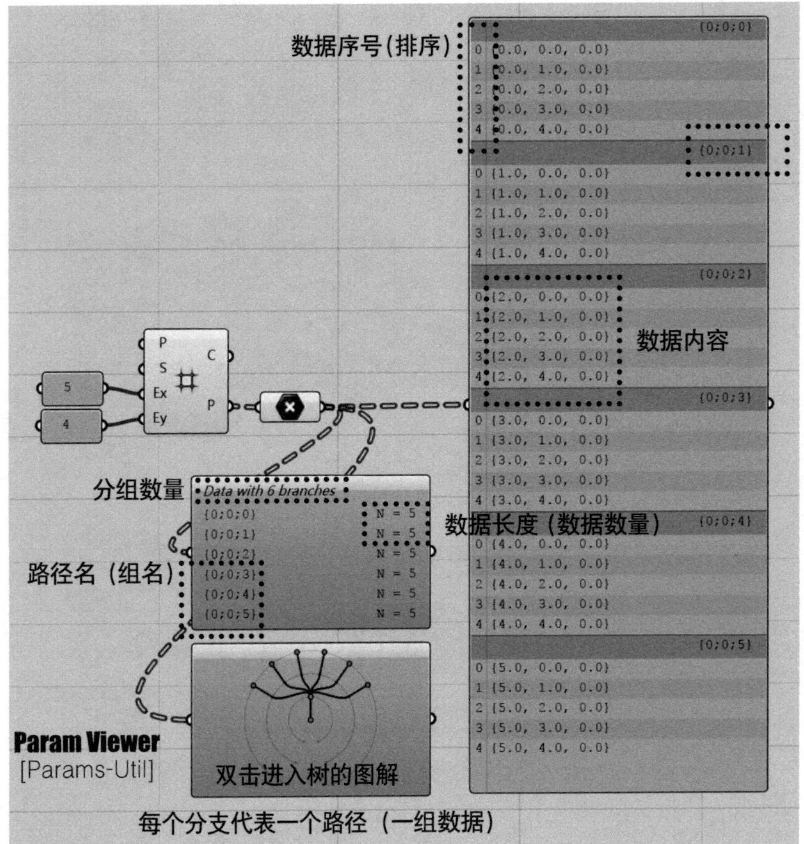

树形数据类似于多维矩阵，它由多个并行的数据列表组合而成，又称为分组数据。我们可以直观地把它看成是很多个数据列表的集合，每个数据列表有它自己的路径名作为标志。树形数据的运算过程的实质就是多个列表依次进行线性数据列表运算的过程。所以看起来很复杂，但实际上是线性数据运算反复重演的过程。

合并和排序

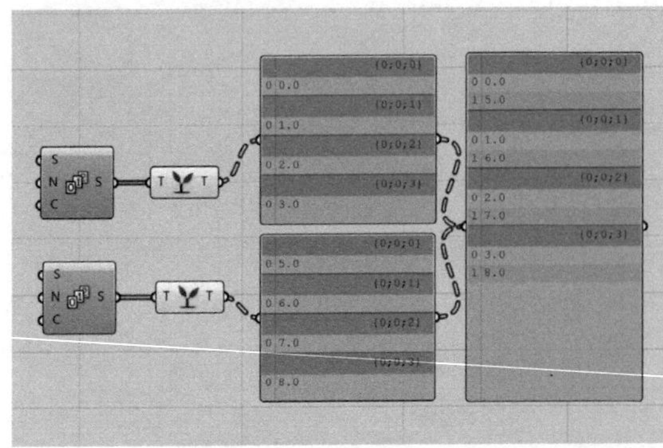

合并法则：具有相同路径名的数据列表合并后会汇入一组，组内数据排序由数据列表接入的先后决定。

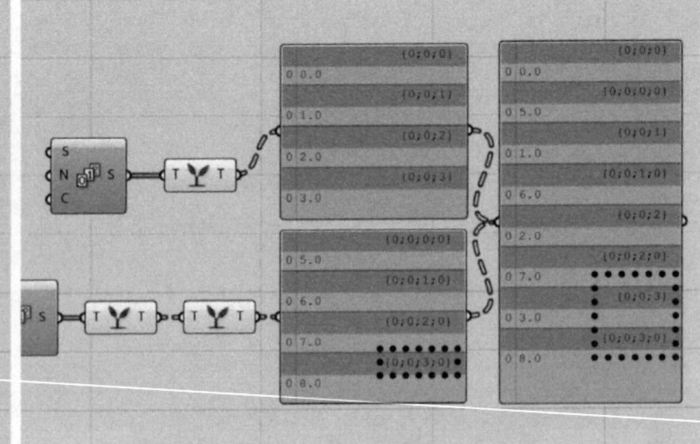

排序法则：不同路径名的数据列表合并，按照路径名的大小排序，先排级别靠前的路径名，再排级别靠后的路径名。

应用案例

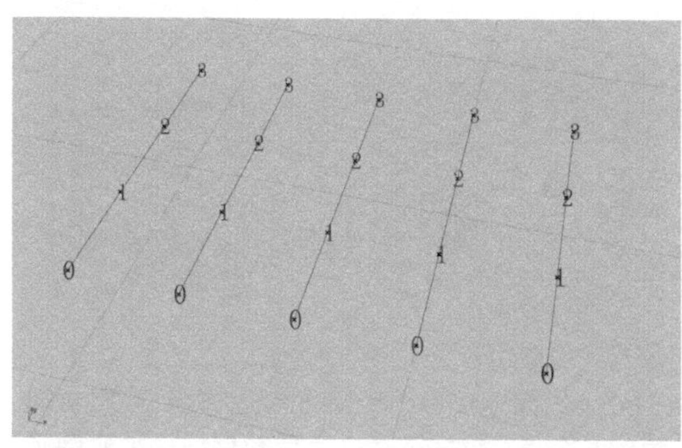

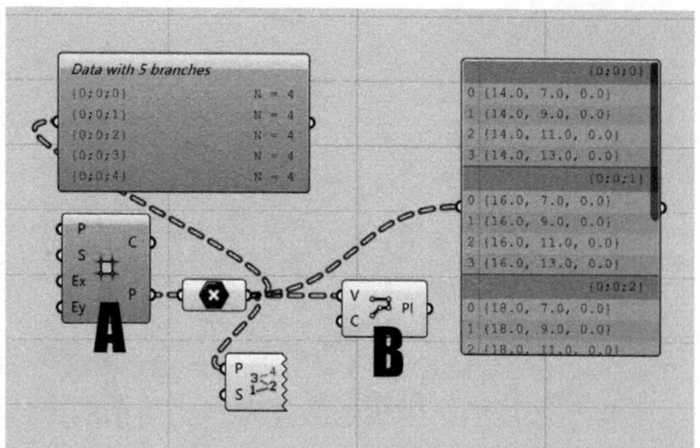

Observe 我们现在观察：这组连线的案例：都是大家之前认识过的运算器。其中运算器 A（SqGrid）的 P 端为我们输出了一个点阵的数据列表，这里注意输出数据为虚线，说明是树形数据。通过 Param Viewer 观察发现，P 端输出了 5 组数据（5 个独立路径名），每组中包含 4 个点。将这个数据列表连入运算器 B（PLine）的 V 端进行连线。发现只有每组内的 4 个点相连，每组之间没有连线。

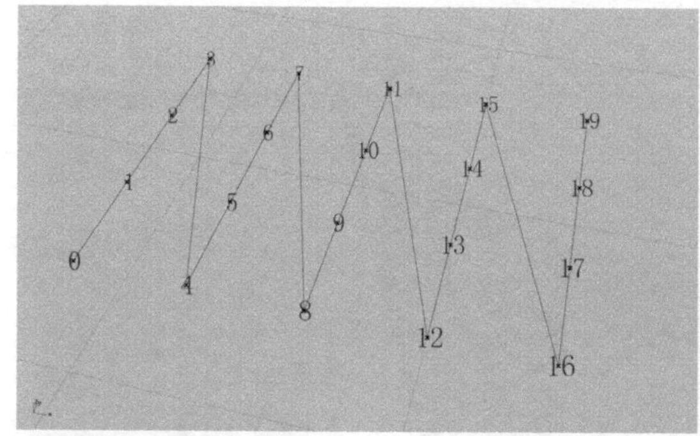

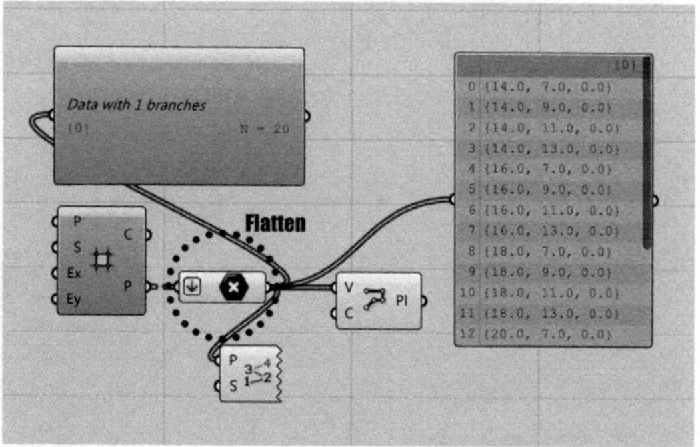

Observe 我们继续观察将 P 端输出的 Point 右键 Flatten（将所有分组数据归为一组，又称数据拍平），Param Viewer 显示数据结构发生了改变，路径名变为 {0}，所有 20 个点归为一组。这个时候 PLine 线会依次经过所有 20 个点连成一条线。

通过上面一组树形数据和线性数据的对比，我们会发现，相同的逻辑、不同的数据结构会导致运算结果完全不同。不难想象，在实际设计建模中，我们更需要的是第一组树形数据带给我们的有规则的连线。而如果没有树形数据的参与，我们则需要通过线性数据搭建同一逻辑 6 次来实现上述结果。那如果 100 条线呢，是很难想象的。如果说 GH 的列表循环计算功能把我们带入了计算机编程建模的思维世界，那么树形数据就是让这种思维能够结合设计实践的基础。只有我们能更加轻便、高效地操控这些逻辑，更多的可能性和问题才能得以实现和解决。

Tips Flatten，砍掉树的杀手！

在树形数据刚开始出现的时候，很多朋友感到不适应。因为以往大家思维都是线性的，对分组的数据感到困惑。于是 Flatten 作为我们最好的助手，一次次地帮助我们把数据拍平变成线性数据。这样数据结构简单了，生成逻辑也就自然容易理解了。但多年之后的今天，我们的需求更复杂了，操作更贴近实践，没有树形数据的介入已经无法满足我们的需求。这时的 Flatten 已经成为了导致逻辑无法修复的数据杀手。一旦我们在逻辑初期放弃了树形数据，在中期和末期就很难再将数据完美地分组。所以这里要提示大家，树形数据不再是 GH 的高级用法，它已经是 GH 的核心数据基础。

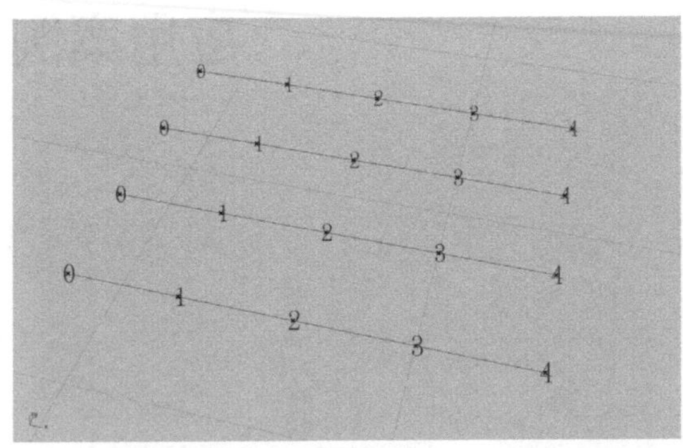

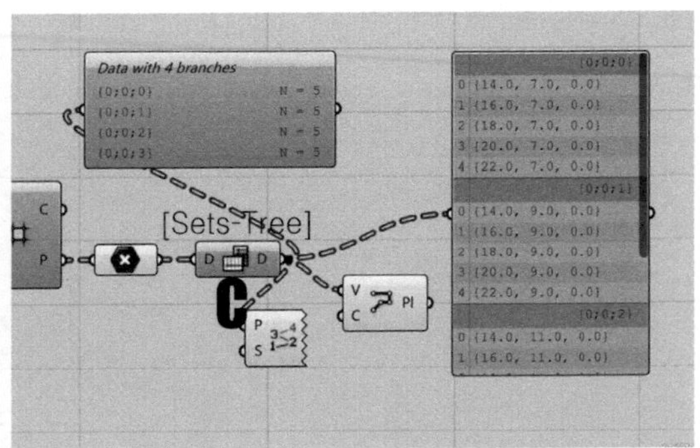

接下来我们利用树形数据做一些简单的操作. 在Ponit后面连接C(Flip Matrix)运算器，观察发现，原来数据结构是5组，每组4个点，现在变成4组，每组5个点。数据经过C之后数据结构被颠倒了。这时我们看到PLine的连线也从之前的纵向连接，变成目前的横向连接。这样复杂的数据列表转换，在这里可以一步实现，这就是树形数据的功劳了。

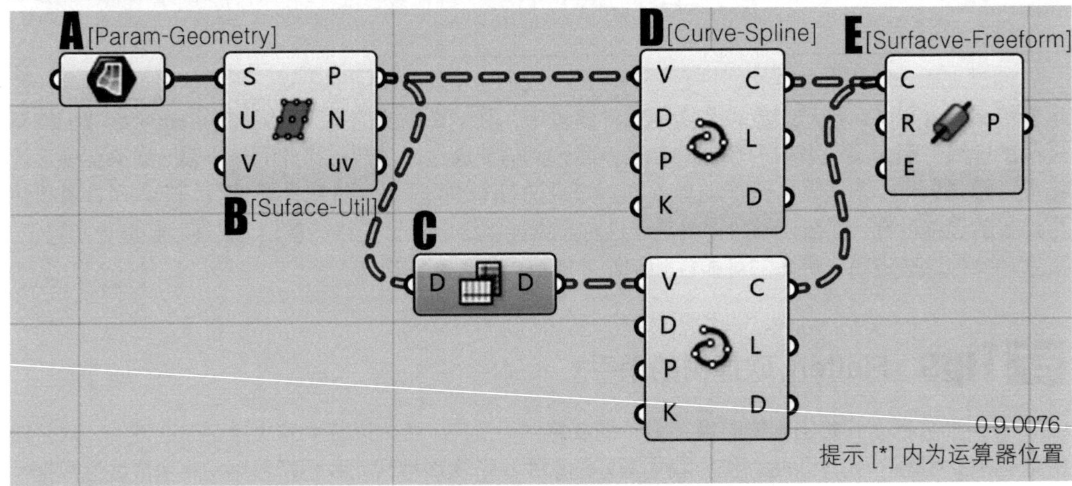

A 右键拾取 Rhino 中绘制的双曲面。

B 根据 UV 细分得到曲面上的 UV 坐标点，注意 P 端输出的是树形数据，U 方向决定分多少组，V 方向决定每组数据数量。

E 根据网格线生成圆管，R 端设置半径，E 端选择封口样式。

Graft 生长法则

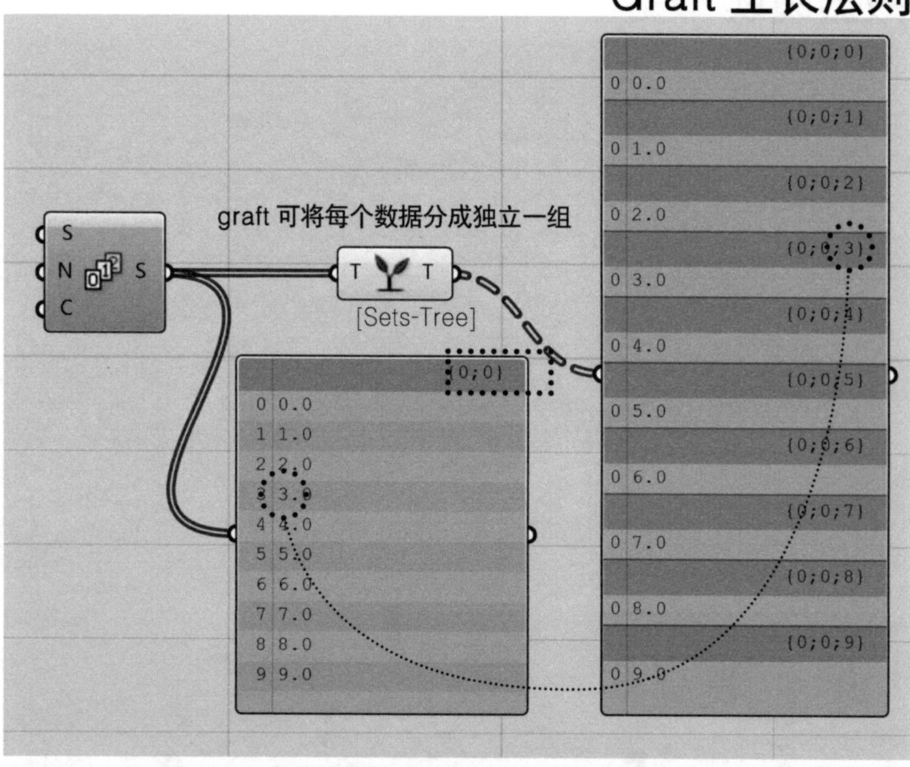

Observe

我们观察一下 Graft 生成分组数据的法则：注意数据 3.0。它原来在 {0；0} 下序号 3 的位置上，经过 Graft 后变为 {0；0；3} 序号 0 的位置上。{0；0；3} 中第三级路径名 3 恰好和原数据列表中序号 3 一致，是巧合吗？

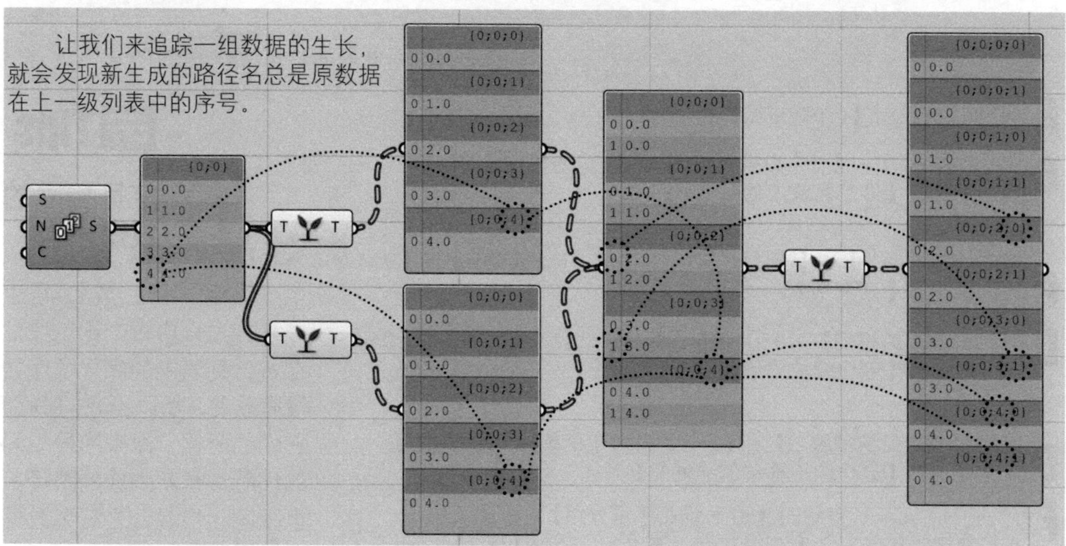

Graft 数据生长法则：经过 Graft 的数据全部被分为独立一组（每组只有一个数据），每个数据所在组的新路径名为该数据经过 Graft 前所在列表的路径名加上该数据在之前列表中的位置序号。

了解 Graft 的路径名建立规则对树形数据的控制十分必要。它能帮助我们自由地排列树形数据或把它们自由地分组合并。

数据阅读

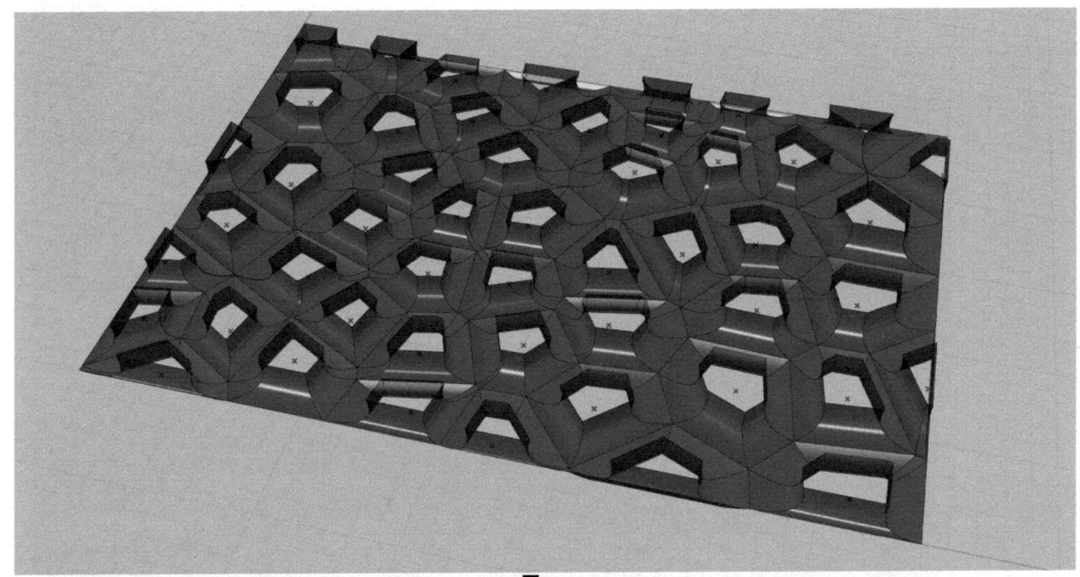

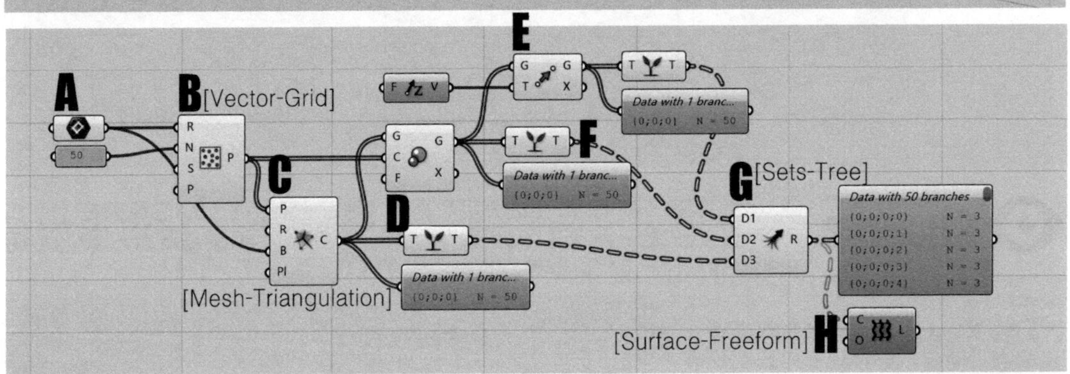

A =Rhino 中绘制【1 个线框区域】

B 【1 个线框 R】+【一个数据 N=50】+【1 个随机种子 S】
= 运算得出【50 个区域内随机点 P】

C 【50 个随机点 P】+【默认细胞半径 R】+【1 个线框 B】+【默认参考系 Pl】
= 运算得出【50 个 Voronoi 细胞晶格 C】

D 【50 个细胞线框 G】+【50 个中心点 C】+【1 个缩放比例 F=0.5】
= 运算得出【50 个缩放后的细胞 G】

E 【50 个缩放后的细胞 G】+【1 个 Z 方向 1 个单位长度向量 T】
= 运算得出【50 个向上移动的线框 G】

F 分别把 C、D、E 得到的【50 个细胞线框分组】
= 得到树形数据 3 个【50 组数据，每组一个细胞线框 T】

G 合并这 3 个树形数据（同路径名数据合并一组）
= 得到 1 个【50 组数据，每组 3 个细胞线框 R】

H = 得到 50 组【每组 3 个细胞线框放样成的曲面 L】

Tips

序号相同的数据一组?

注意，C 生成 D 再生成 E 的过程中每个细胞线框在各自列表中的序号顺序并没有改变。所以当我们 Graft 它们的时候，原来序号相同的细胞线框新生成的路径名也相同。当混合这三个数据列表的时候，原本 C、D、E 中位置对应的三个细胞线框会自动重新分为一组。H（Loft）运算器属于单输入端运算，只会放样同组线框。

Note

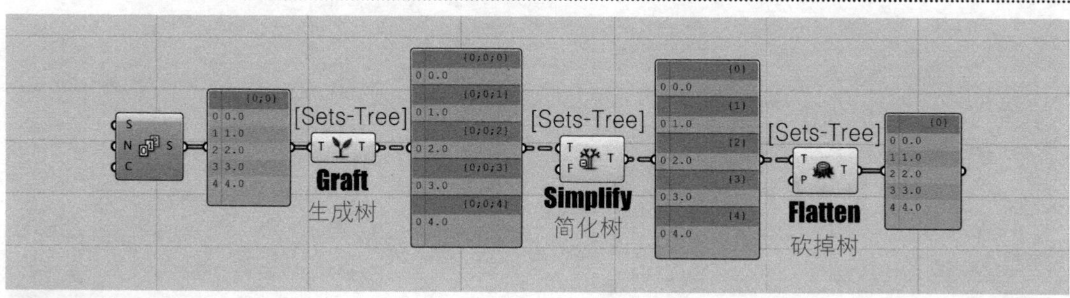

Summary

这部分内容比前一部分要难一些，但同样十分重要，需要大家反复消化理解。对于树形数据的操作其本质上就是对每组数据路径名的编辑。我们通过修改数据的路径名，使其成为不同的数据列表，又将其按照路径名的合并规则重组。我们同样会发现：线性数据其实也有自己的路径名，其实它就是只分了一个组的树形数据。能看到这一点的朋友，相信已经对树形数据的本质有了一定理解。本书的 90% 的案例都包含了练习树形数据操作的训练。大家可以一边进行其他 Part 的练习，一边反复重温树形数据的本质，相信能够更快地加深对本章的理解和应用。

提升训练

Level 1

Level 2

Level 3

Level 4

Level 5

Level 6

加深理解：树形数据运算法则总结。

上一节我们初步认识了树形数据存在的部分原理。本节我们要结合线性数据的运算法则，通过观察对比得到树形数据的基本运算法则。可以说掌握了本节的内容，数据结构就无法再为难我们了。

Data Structure
数据结构

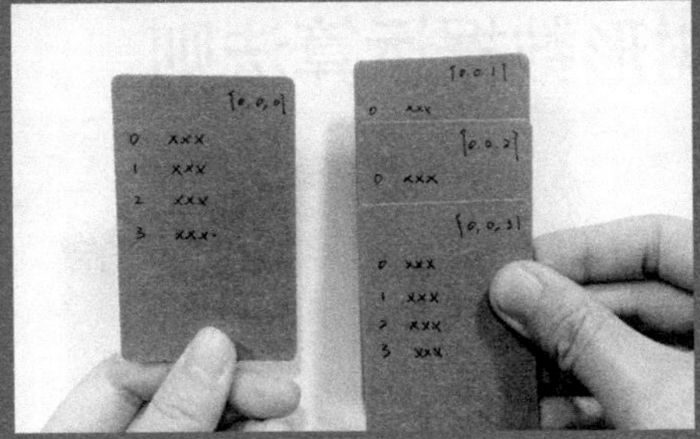

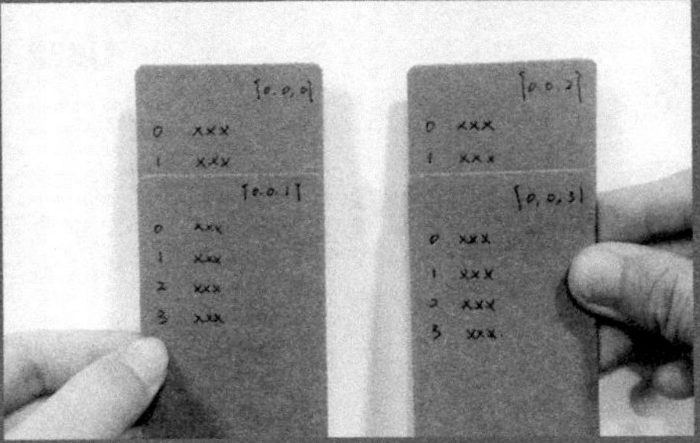

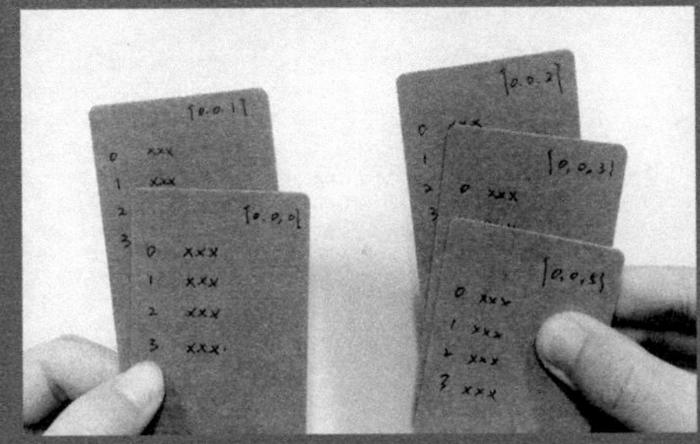

训练目标：

初级标准：

能够理解本节所讲内容，并能够理解树形数据运算法则。

中级标准：

能够通过已经掌握的部分运算器，换一种方式演练本节所提到的运算法则并正确预判运算结果。

升级标准：

能够对含有树形数据的生成案例做数据阅读的练习，并能通过树形数据运算法则解释每个运算器的运算实质。

Part B

树形数据运算法则

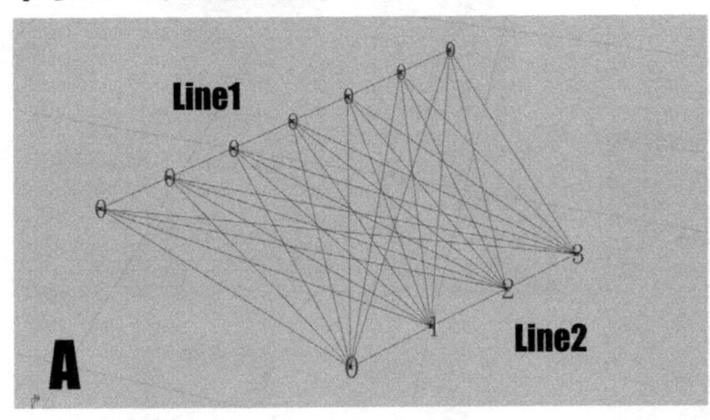

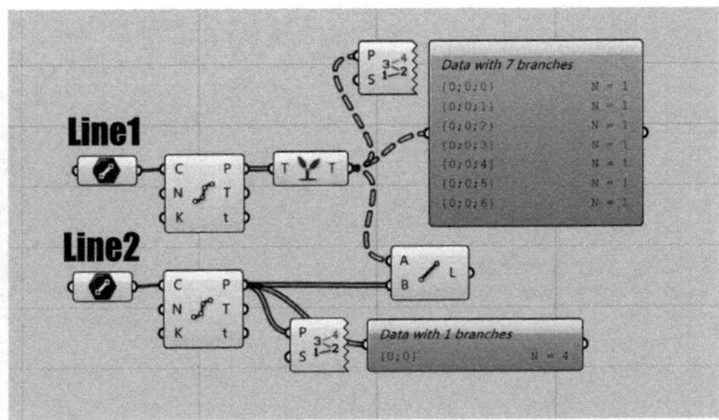

Observe Line1 上的 7 个点通过 Graft 后生成 7 组数据列表，每组 1 个点。这组列表和 Line2 上的 4 个点进行连线运算时，我们发现 Line1 每组列表中仅有的 1 个点和 Line2 上所有的点发生了连线。

所有点连线了？树形数据和线性数据交叉运算了？别急……

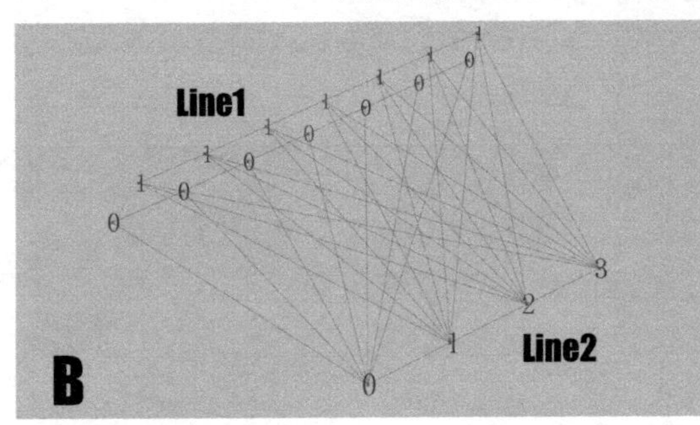

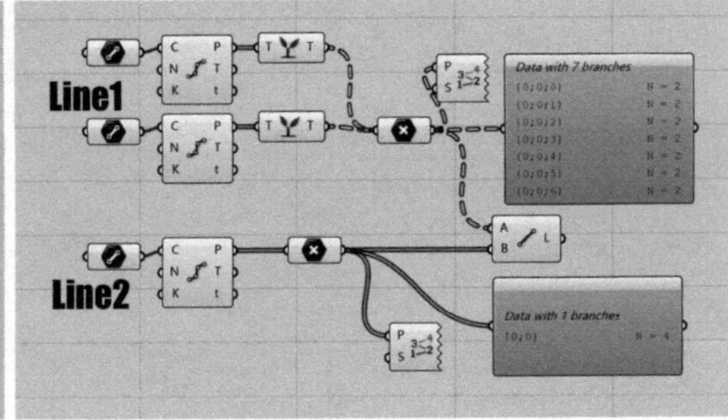

Observe 这一次我们给 Line1 两条线，这样经过 Graft 合并后的数据列表，还是有 7 组，但每组有 2 个点。这组列表和 Line2 连线，我们发现 Line2 中的 0 和 Line1 中所有的 0 连线了，Line2 中的 1 和 Line1 中所有的 1 连线了，Line2 中的 2 找不到 Line1 中的 2，它也和 Line1 中所有的 1 连线了，Line2 中的 3 也一样。

是不是和之前的什么法则很相似？对，Longestlist！

Tips 下面，我们要揭穿树形数据的本质。

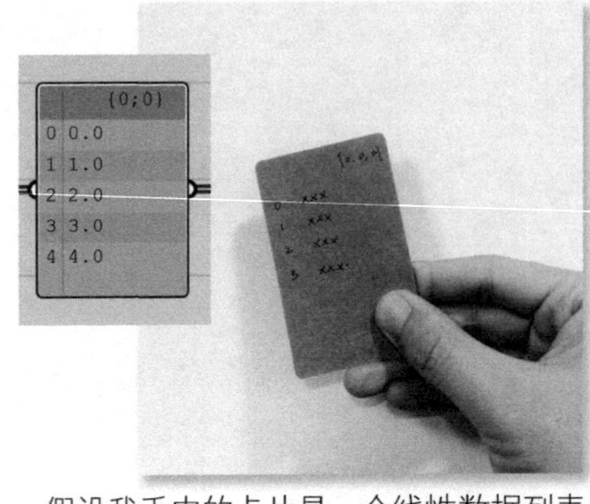

假设我手中的卡片是一个线性数据列表，

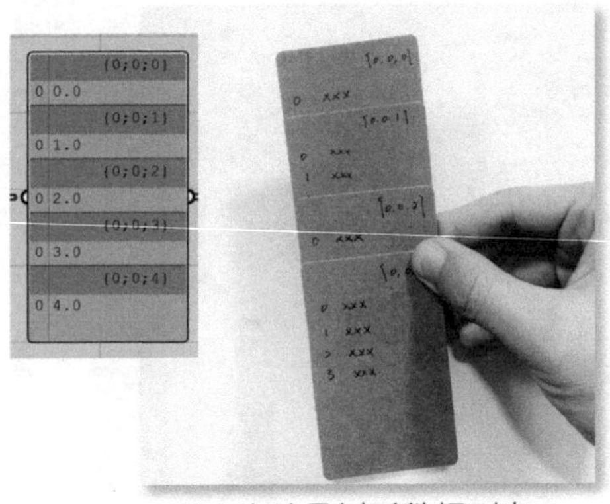

那么这就是树形数据列表。

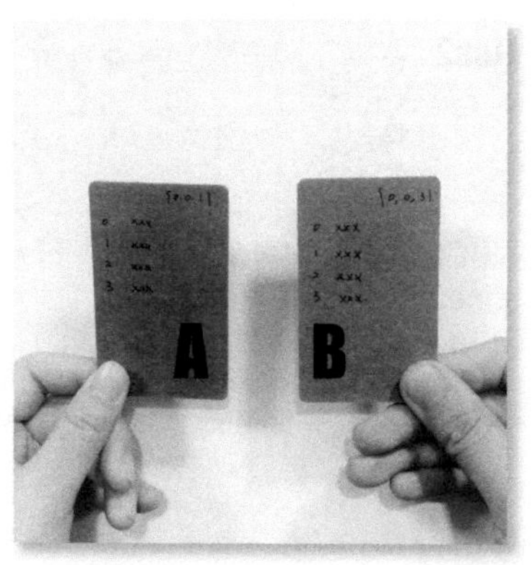

这两个列表运算我们应该很熟悉了：两个线性数据运算，数据按序号依次对应运算。当出现长短列表的时候，遵循 Longestlist 运算法则。

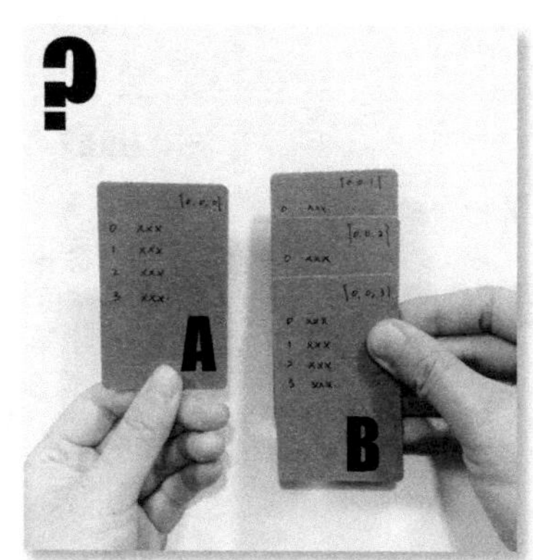

那线性数据和树形数据的运算呢？

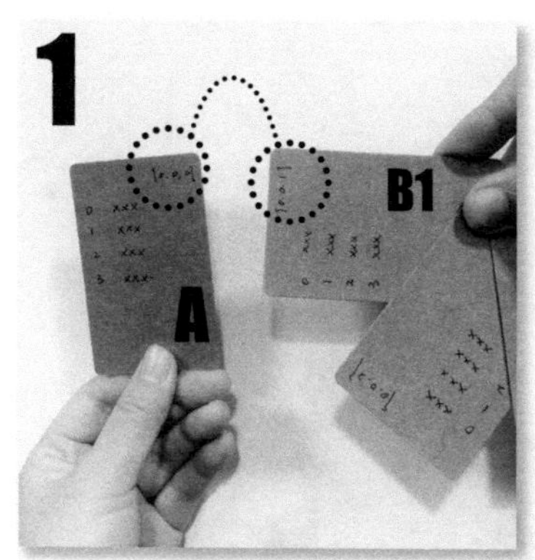

其实是这样的：首先，线性数据 A 和树形数据 B 的第 1 组数据进行一次运算。

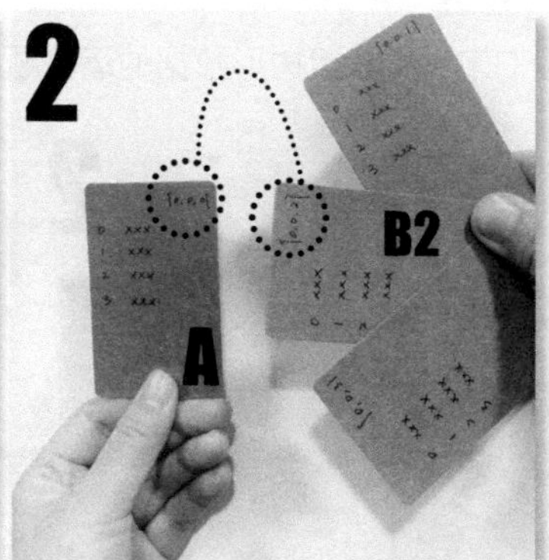

线性数据 A 和树形数据 B 的第 1 组数据运算结束后，再和 B 的第 2 组进行一次运算。

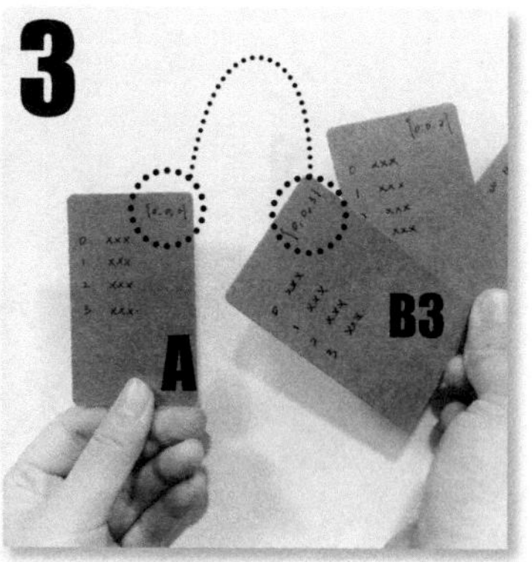

然后再和 B 的第 3 组运算，如果有第 4 组，还要和第 4 组继续运算下去……

大家看懂了吗？所以就有了左页中的连线结果：实际上 Line2 中的点列表和 Line1 中的每组点列表都发生了一次独立的运算，而且都要遵守线性数据相互运算的 Longestlist 法则。

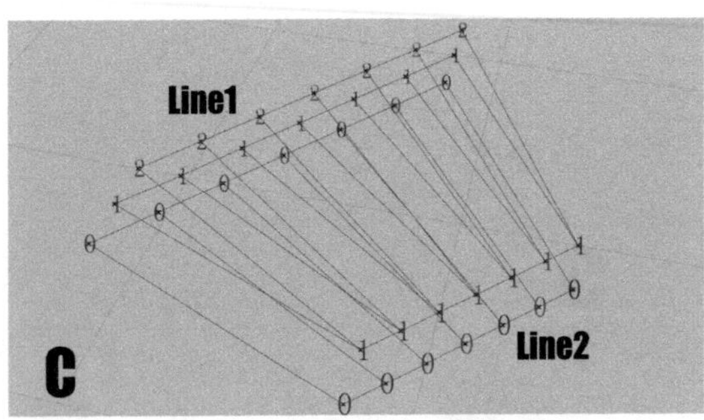

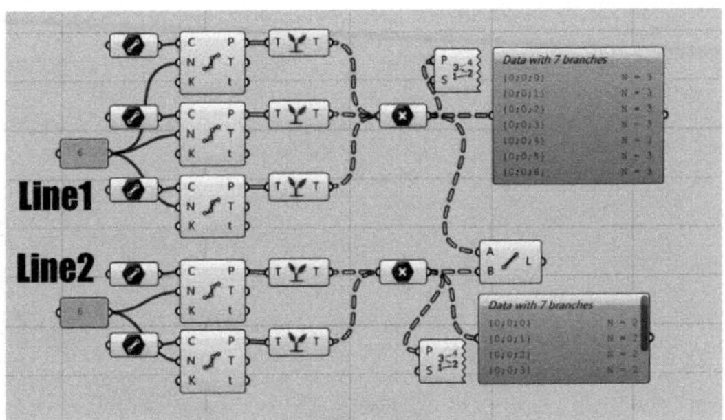

Observe 看完了树形数据和线性数据的运算，我们再来看两组树形数据之间的运算。Line1 上 7 组点，每组 3 个；Line2 上 7 组点，每组 2 个。我们发现并没有发生交叉运算，Line1 第 1 组的 0 点和 Line2 第 1 组的 0 点连线了，第 2 组的 0 点也相互连线了，第 3 组也是⋯⋯看起来两组树形数据，按照组的排序在进行列表的两两依次运算，其中每两个列表的运算都遵循了 Longestlist 法则。

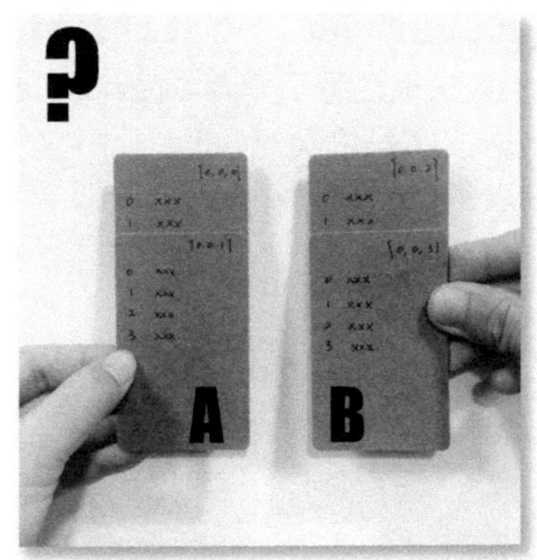

让我们来看看两组树形数据的运算顺序。

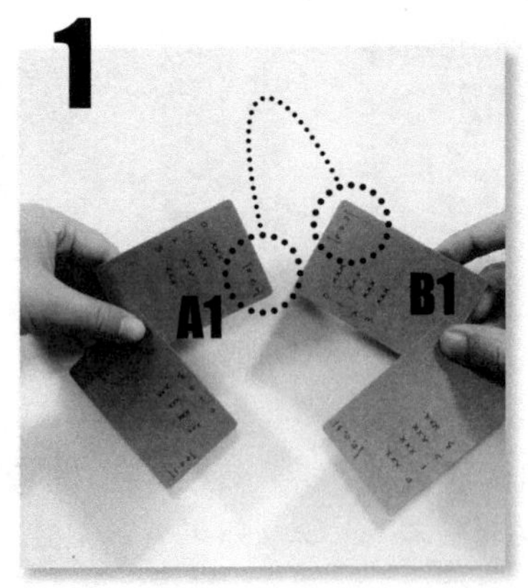

A 的第 1 组列表和 B 的第 1 组列表运算。

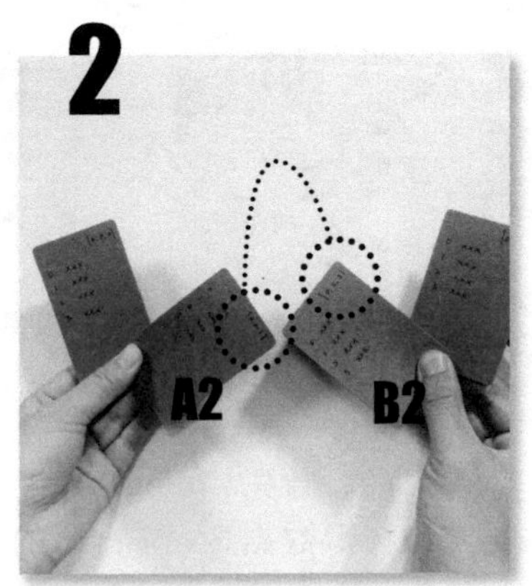

A 的第 2 组列表和 B 的第 2 组列表运算；如果还有第 3 组以此类推。

树形数据之间发生运算：按照两边的分组列表的排列顺序，第一组和第一组进行运算，第二组和第二组进行运算⋯⋯每两个列表相互运算都遵循 Longestlist 法则。

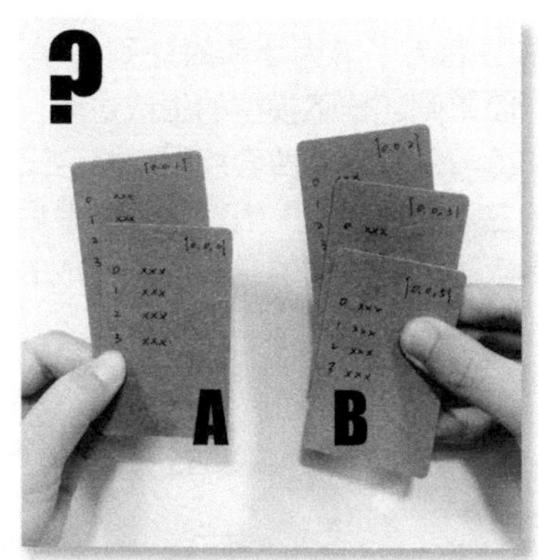

那么当两个树形数据分组数不一样的时候怎么运算?

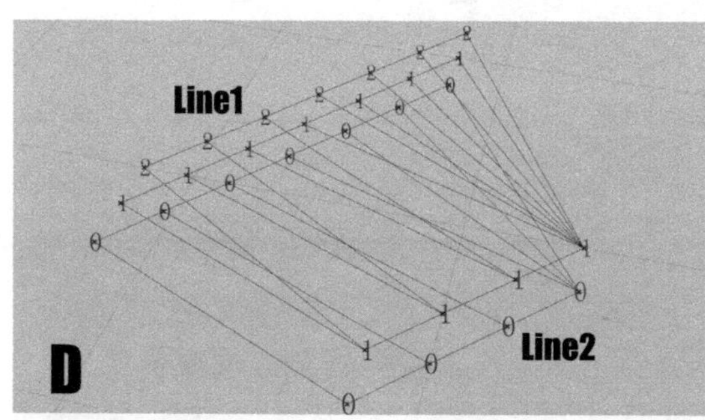

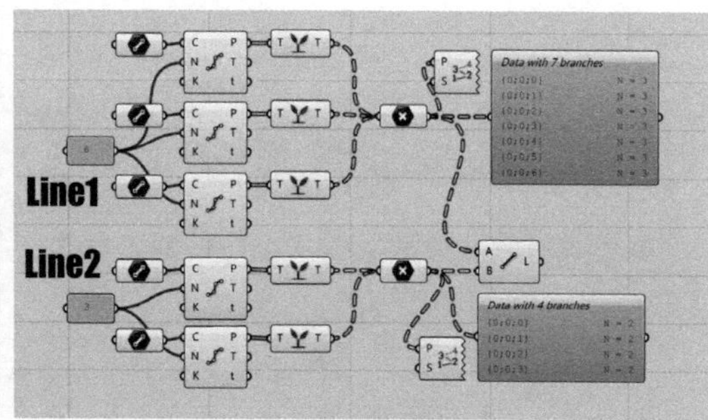

Observe 我们还是用连线的案例试验一下，这次 Line2 只有 4 组，Line1 有 7 组，我们惊讶地发现 Line1 的第 5 组在找不到 Line2 的第 5 组的时候，选择和 Line2 的第 4 组运算，Line1 的第 6、7 组也同样和 Line2 的第 4 组运算。这就是 Longestlist 法则！

Summary

总结一下：GH 平台中整个数据结构的运算法则其实就是围绕着"按顺序对应运算"和"Longestlist 法则"两大核心思维。当树形数据间能找到对应组的时候，就对应运算，找不到时就按 Longestlist 来找分组少的最后一组运算。每组列表内（也就是线性数据了）每个数据能找到对应数据就对应运算，找不到时就按 Longestlist 来找短列表的最后一个数据运算。

我们应该看到，线性数据其实就是只有一个分组的树形数据。当线性数据和树形数据运算时，因为线性数据没有第 2 组，所以树形数据除了第 1 组外都找不到对应组，只好遵循 Longestlist 法则都和线性数据唯一的一组运算。以上就是 GH 树形数据的核心思维了。绕了个大圈带着大家观察，就是为了由浅入深地消化这两点。如果大家理解起来仍有困难，可以反复编写本节连线的四个案例，预判每个输出端输出的数据结构，会起到很好的自省效果。

数据阅读

本节最后为了巩固之前对法则的学习成果，我们来做一次稍复杂的数据阅读。简单阐述一下模型的生成逻辑：由六边形矩阵得到点网，再通过整体移动和缩放生成另外两套点网。将这三个点网通过树形数据的重组使对应位置上的三个点被分为一组，连线。最后通过 Path Mapper 简单调整路径结构，使得六边形上连续的三个顶点生成的曲线被分为一组，放样成面。

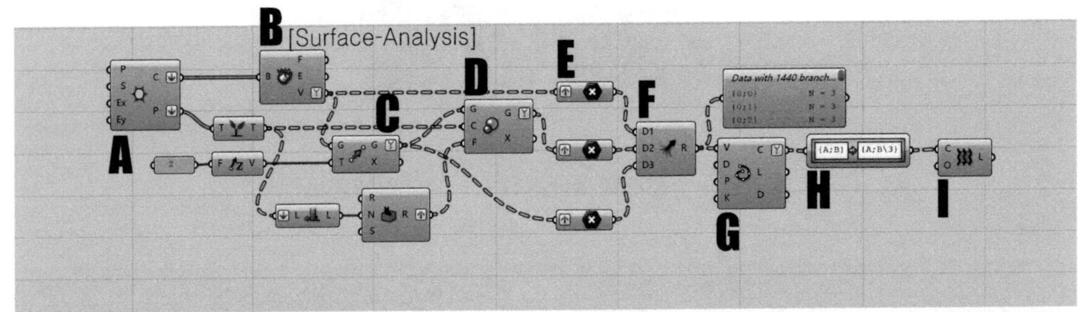

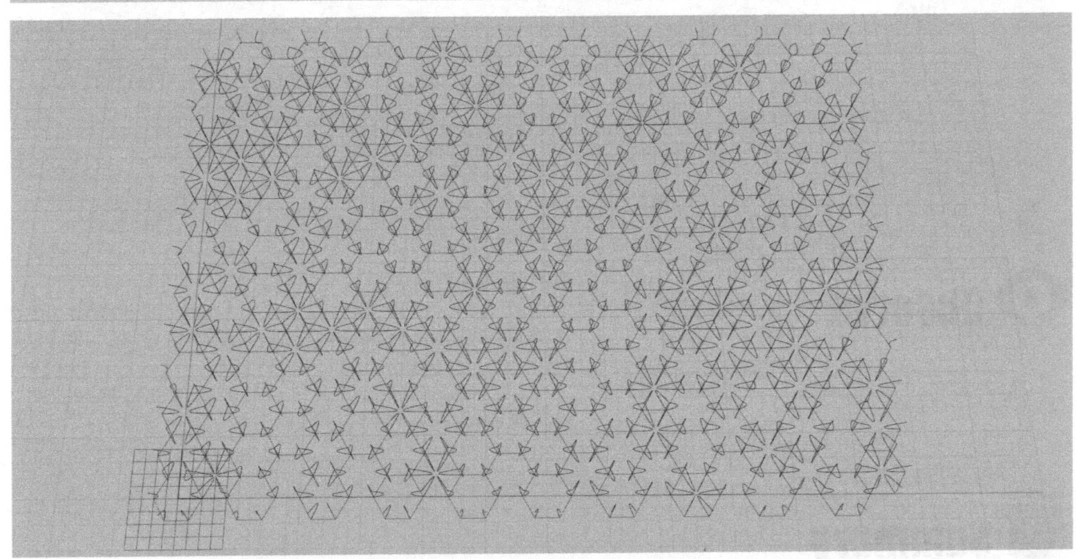

A = 运算得出【240 个六边形线框 C- 拍平】+【240 个六边形中心点 P- 拍平】

B = 运算得出【240 组点，每组为六边形 6 个顶点 - 简化路径】

C 【240 组点，每组 6 个点 G】+【1 个 Z 方向 2 单位长度向量 T】
= 运算得出【移动后的 240 组点，每组 6 个点 G- 简化路径】

D 【移动后的 240 组点，每组 6 个点 G】+【240 组，每组 1 个六边形中心点 C】+【240 组，每组 1 个随机系数 F】= 运算得出【缩放后的 240 组点，每组 6 个点 G- 简化路径】

E 3 个 Ponit 运算器分别 Graft，生成三个【1440 组点，每组 1 个点】

F 合并三个【1440 组点，每组 1 个点】，同路径名数据合为一组
= 运算得出【1440 组点，每组 3 个点 R】

G 【1440 组点，每组 3 个点 V】+【其他参数设置 D、P、K】
= 运算得出【1440 组曲线，每组 1 个曲线 - 简化路径】

H 修改每组数据的路径名，把 B（第二级路径数字）替换为 B\3（第二级路径数字除以 3 向下取整）= 得到【480 组曲线，每组 3 个曲线】

I 【480 组曲线，每组 3 个曲线 C】+【放样参数设置 O】
= 运算得出【480 组曲面，每组 1 个曲面】

读到最后，大家会觉得 Path Mapper 很神奇，树形数据也分出了多个级别。想了解这些，就继续我们的 Level 4 吧。

提升训练

Level 1

Level 2

Level 3

在掌握了树形数据之后，我们要进一步研究树形数据的等级。比方说“二级树”：这是一种大组里还套着小组的数据。它的层次比之前的数据都复杂，同时它的控制却比之前的数据都灵活。可以这么说，我们能控制的数据级别越深，我们操控的数据维度就越多。那么接下来，我们就一起走进数据分级的世界。

Level 4

Level 5

Level 6

数据结构升级：二级树，理解核心数据框架。

Data Structure
数据结构

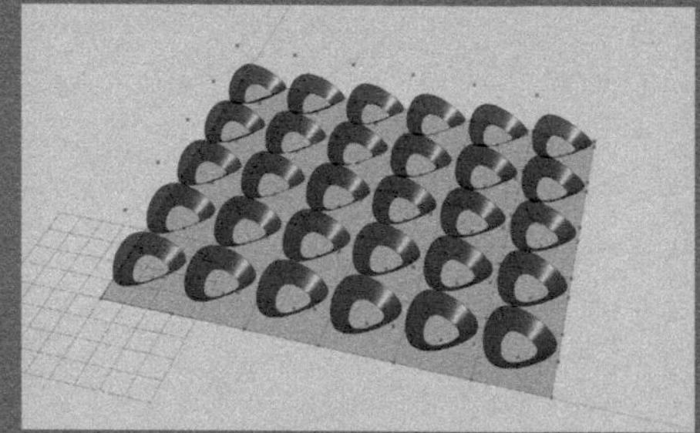

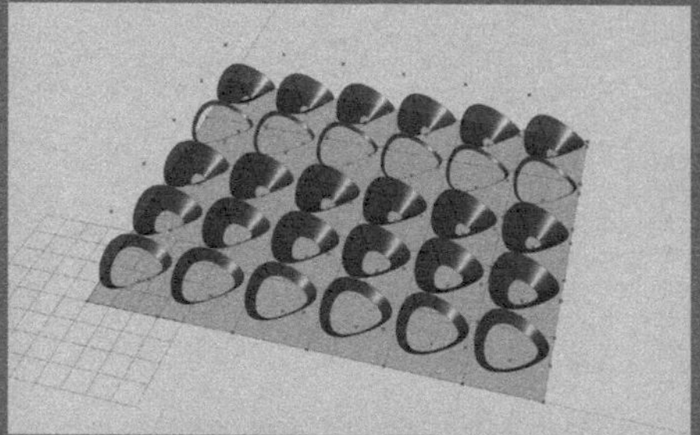

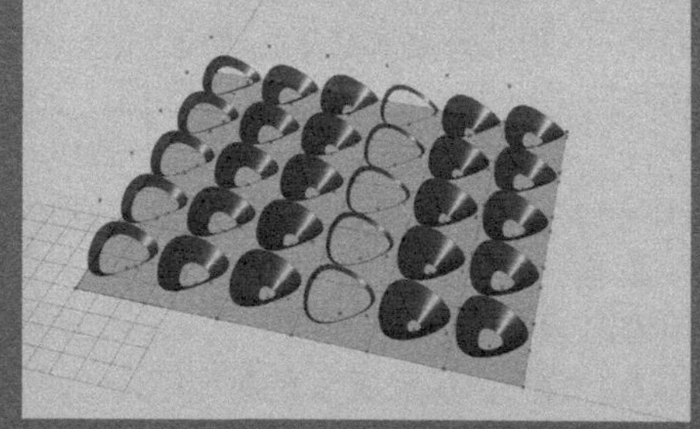

训练目标：

初级标准：

能够理解本节所讲内容，并能够理解树形数据运算法则。

中级标准：

能够通过已经掌握的部分运算器，换一种方式演练本节所提到的运算法则并正确预判运算结果。

升级标准：

能够对含有二级树的生成案例做数据阅读的练习，并能通过树形数据运算法则解释每个运算器的运算实质。

Part B

树形数据

多级分组数据的路径是逐级划分的，我们看到数据从 {0;0} 出发，一次分开 {0;0;1}，{0;0;2}，{0;0;3}……再分开至 {0;0;1;0}，{0;0;1;1}……{0;0;2;3}，{0;0;2;4}……然后再分级……整个数据路径宛如树的枝干在分岔生长，故名树形数据。了解树形数据，就是在了解 GH，了解计算机逻辑。每级的路径名，好比是数据的分类特征，计算机可以通过路径名来选择哪些数据列表可以放置在一起、哪些则要分开，随着路径分级的增多，数据的分类属性也就越来越多，合并重组的可能性也就越来越多，数据结构会更灵活，当然也就需要更多的脑力去控制、理解消化。二级树，其实已经是我们最常用的较复杂的数据结构了。三级以上的树当然也有，但应用案例就很少了。所以大家只要掌握了二级树，就可以搞定 90% 的数据结构了。

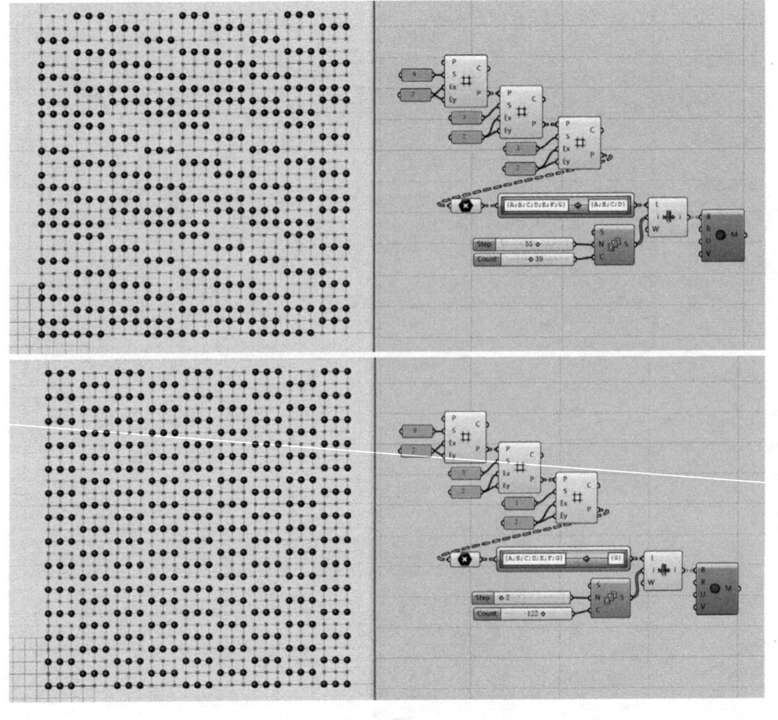

我们可以试着通过 SqGrid 的叠加快速地获取多级树，并发现这种大组套小组的数据结构并没有想象的那样不可控制。虽然数据都存放于路径的最末端，看起来和过程中的路径没有什么关系，但当我们通过 Path Mapper 把不同级别上的数据聚集在一起时，就会发现其实数据结构的存在还是会带来一些意想不到的有趣现象。

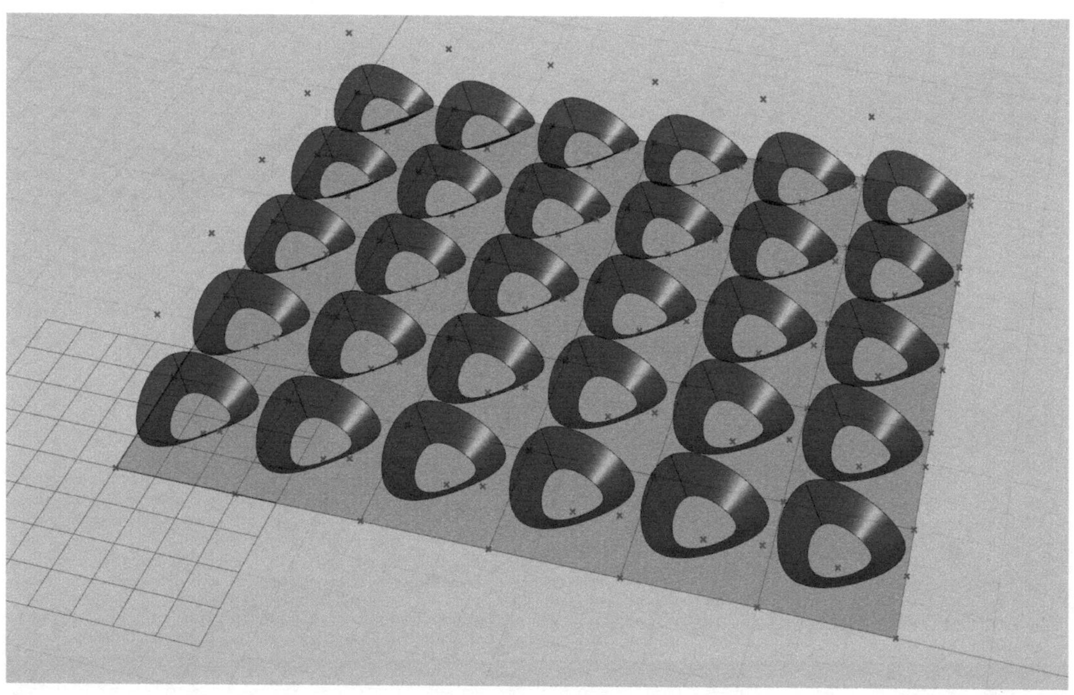

A 【边长 S=3】+【Ex=6】+【Ey=5】=【30 个正方形线框 C】

B =【F=30 组，每组 1 个平面】+【E=30 组，每组 4 条边线】+【V=30 组，每组 4 个顶点 - 简化路径】注意生成二级树。

C 【30 组，每组 4 个点 G】+【4 个 Z 方向向量 T】=【30 组，每组 4 个向上移动后的顶点】注意树形数据运算法则。

D 【30 组，每组 4 个点 V】+【P 端是否闭合选 True】=【30 组，每组 1 个曲线 C】注意单输入端运算法则。

E 【30 组，每组 1 个平面 G】=【30 组，每组一个平面中心点 C】

F 【30 组，每组 1 个曲线 G】+【30 组，每组 1 个中心点 C】+【缩放系数 F=0.5】=【30 组，每组 1 个缩放后的曲线 G- 简化路径】

G 【30 组，每组 1 个缩放后的曲线】合并【30 组，每组 1 个缩放前的曲线】=【30 组，每组一个放样后的曲面 L】注意同路径名数据合并法则。

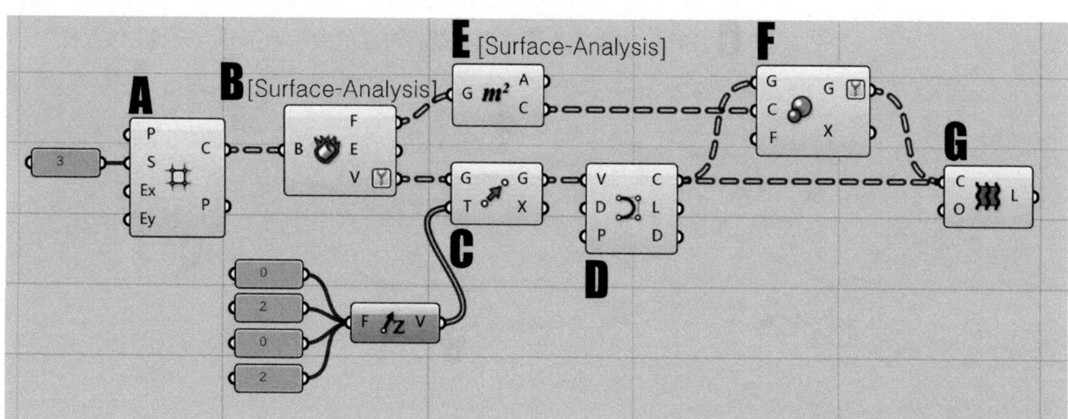

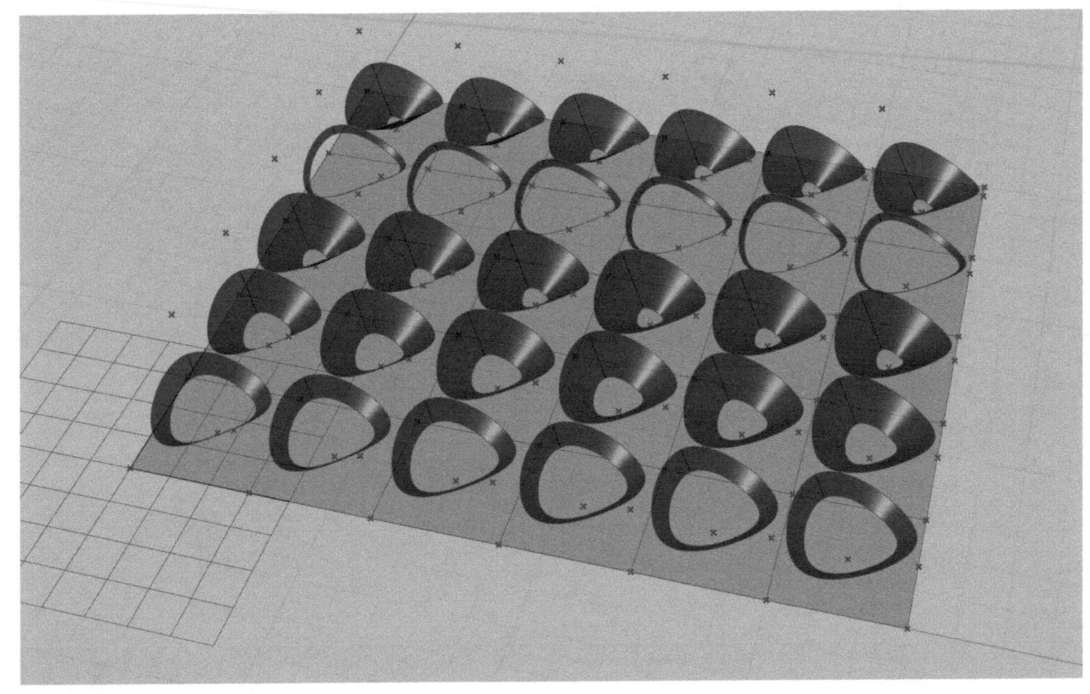

Observe

在这个逻辑的基础上，我们简单地改变一次数据结构，利用 Path Mapper，把 5 行 6 列的数据矩阵进行一次改变。将这 30 个数据通过横向的合并，使每列数据合为一组，通过 6 列分为 6 组。这样一共 6 组、每组 5 个数据的树形数据列表在和一个包含 5 个数据的线性数据列表运算的时候，随机缩放的 5 个系数，与 6 组中每组的 5 个数据一一对应。于是我们看到每列的 5 个数据发生了不一样的缩放。而因为每组都是按顺序依次和这 5 个数据进行运算的，所以每行会呈现完全一致的运算结果。这种每组都一样，组内却各不相同的运算结果，我们可以称其为“组内随机”。

A 通过 Path Mapper，改写路径，将路径 B 级不同的数据合并为一组。

B 为缩放运算提供一组随机的缩放系数，R 建议（0.1 to 0.9），N=5。

C 通过 Graft 的生成法则重新将对应的曲线两两分为一组，供放样。

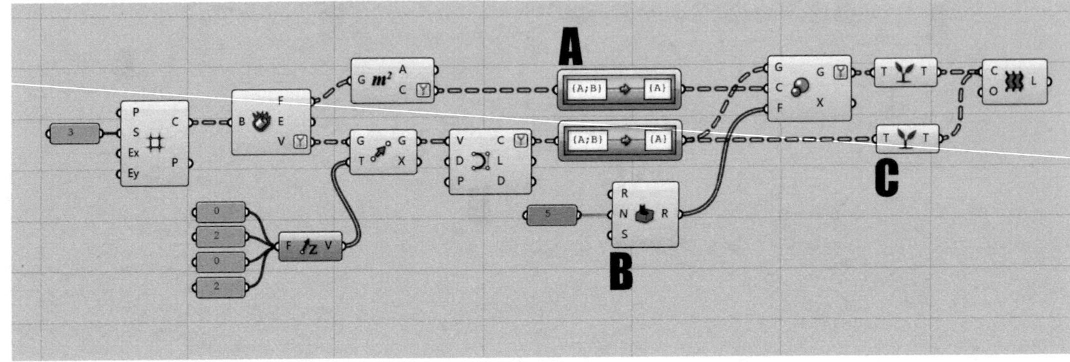

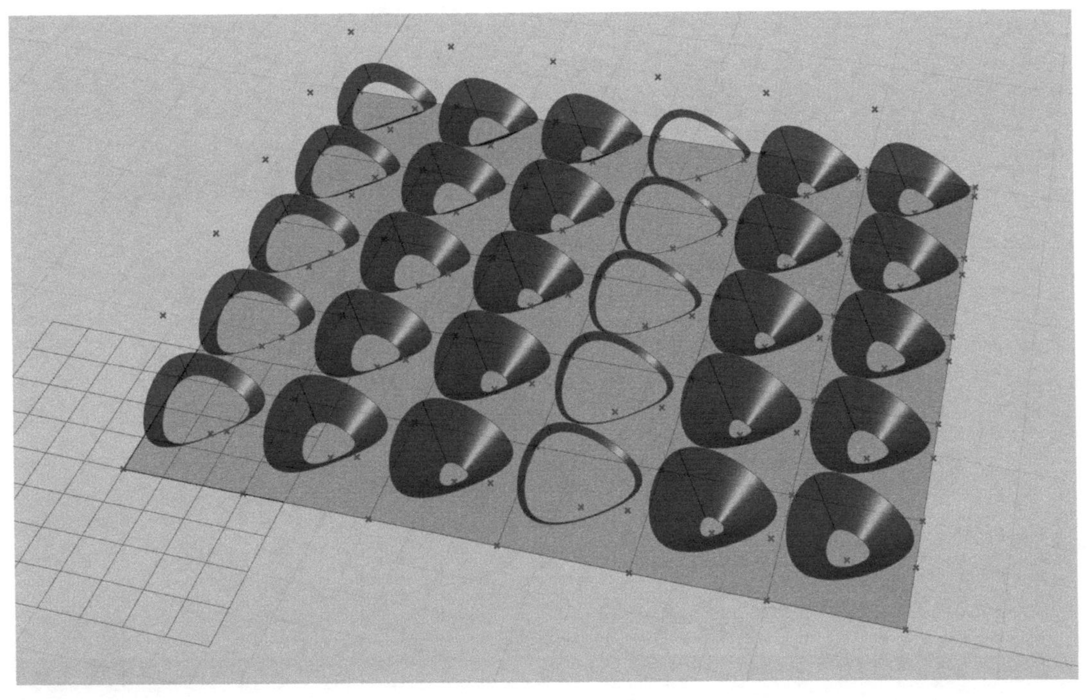

Observe

很小的一个树形数据的改变，但结果却完全不同了，6组数据和运算器B生成的6组（每组一个）随机系数进行运算的时候，运算规则遵循树形数据之间的运算法则，组与组之间一一对应发生运算，第一组缩放系数指挥第一组数据变化，第二组缩放系数指挥第二组……这样生成的运算结构，每列的结果都是一样的，但是每行里却发生了随机的变化。这种组内完全一样，组与组之间却各不相同的运算结果，我们也赋予它一个名字"成组随机"。到这里能看得懂这一个改变牵动全盘数据结构变化的朋友，恭喜你！你已经真正理解树形数据了。

B 其他保持不变，输入端N=6，R输出端设置Graft，使其变为树形数据。

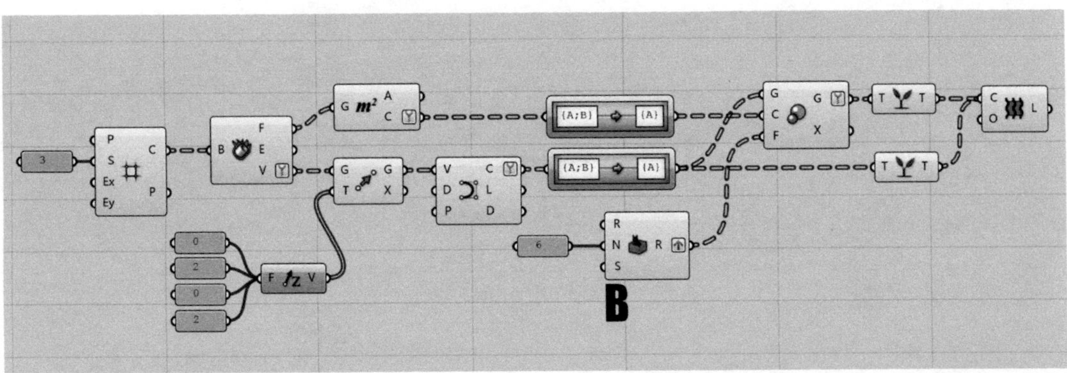

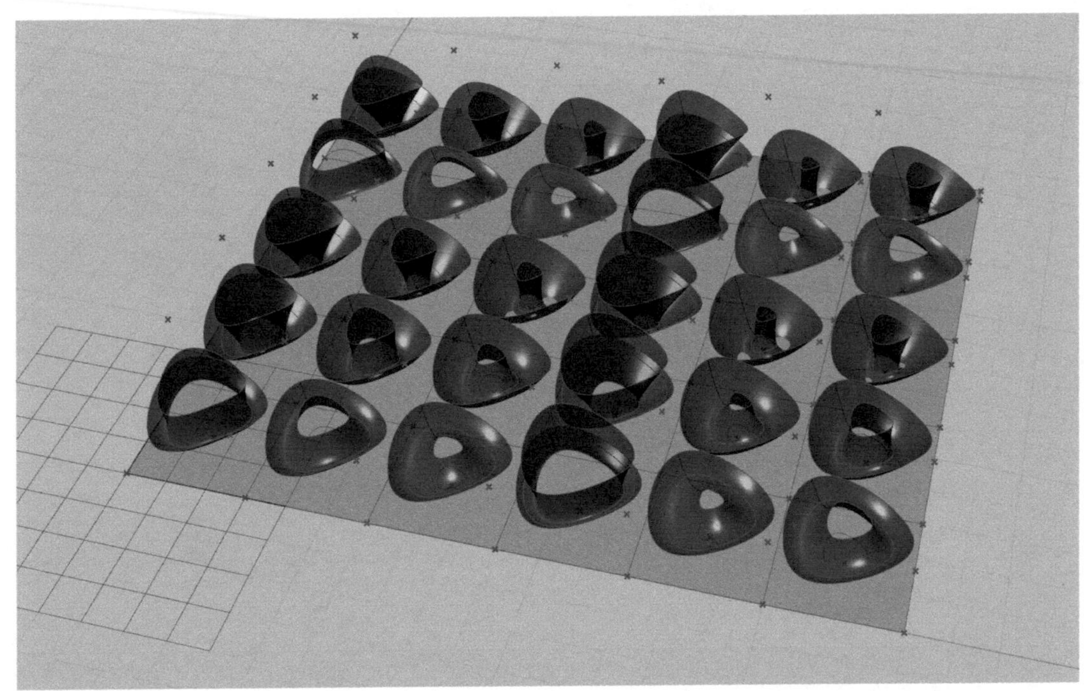

最后，我们要把〝组内随机〞和〝成组随机〞做一次融合性练习。在上述程序基础上通过移动生成一组新的矩阵数据，第一层原数据，第二层组内随机，第三层成组随机，最后统一用 Graft 调整数据使对应的 3 个闭合曲线成为一组再放样，即可得到上图各不相同的放样结果。

Tips 不要轻视 Simplify 简化路径。

GH 当中的一些运算器会自动为我们进行数据分组或生成新的路径级别，有的时候在我们忽视观察数据路径名的情况下，一些数据会自己出现如 {0;0;0;0;0;0;0;1} 这样很长而无用的路径名，这个时候，如果我们想将同路径名的数据合并到一组其实是很难的。所以需要经常右键 Simplify 简化我们的路径，把没有意义的路径级别删除掉。尤其是在 Path Mapper 和 Graft 的前面 Simplify 简直是必不可少的。这点相信大家会在今后的练习中逐渐体会到。

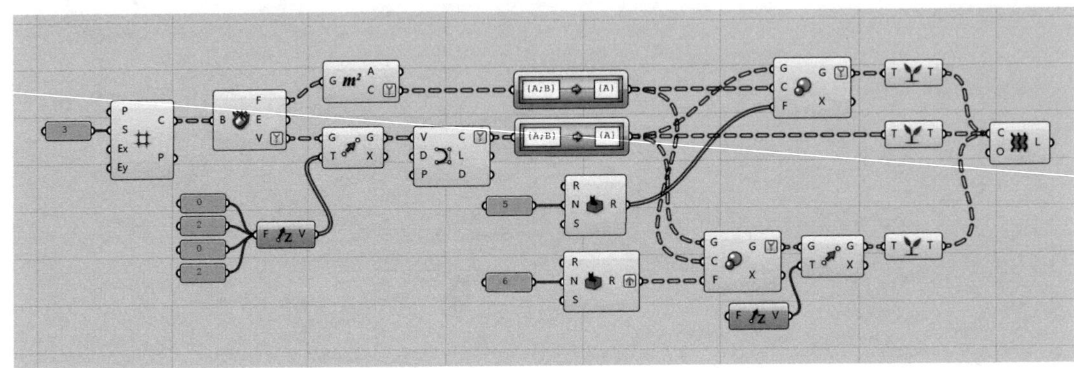

Tips Path Mapper 的路径转换规则

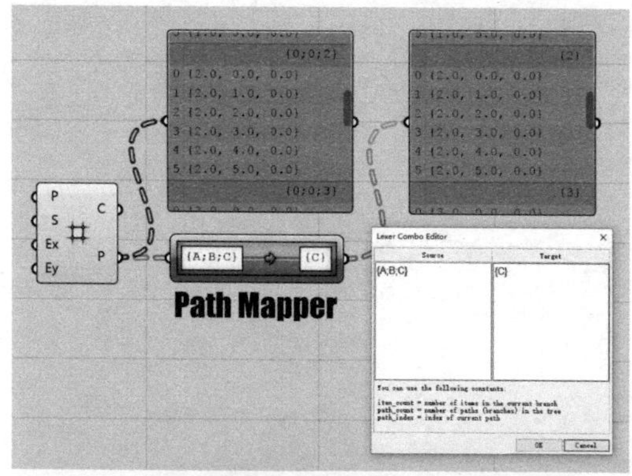

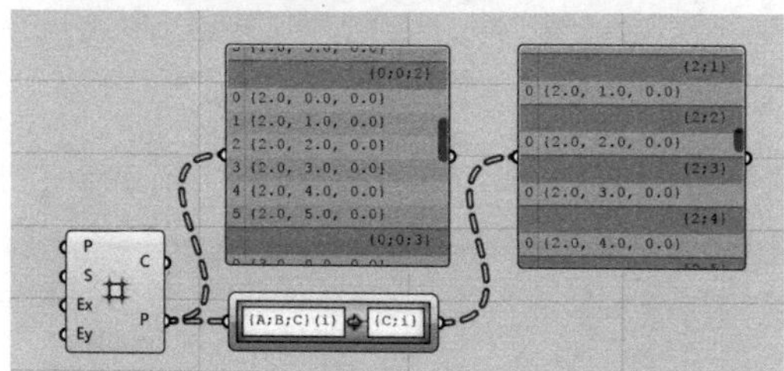

Path Mapper 是树形数据的路径编辑器。它可以自由地改变列表中每个数据的路径名和序号，从而使列表呈现数据结构完全不同的路径分组形式。其使用方法是在 Path Mapper 上右键 Create Null Mapping，即可得到一个路径名转换的命令行，如 {A;B;C}→{A;B;C}。这里 A、B、C 分别代表路径名里第 1、2、3 级字符，如右图 A 指代 0；B 指代 0；C 指代 2、3……双击 Path Mapper 弹出命令编辑面板，将 Target 下的路径改为 {C}，意思是只保留 Source 中路径 C，也就是第 3 级路径。此时 Path Mapper 会将 A、B 两级包含的所有路径名删除，只留下 C，也就是 {2}；{3}……这些。需注意由于数据的路径名发生了改变，所以根据同路径名数据合为一组的法则，整个数据结构也会相应地发生改变。另外，组成路径名的参数还可以是数据的排列序号、列表的数据长度等。更多的用法还有待大家在日后的练习中逐步理解和掌握。

Summary

到此，树形数据理论体系的 90% 已经被大家所了解。Level 5 会继续带大家接触一些拓展技巧，并反思一些问题，但都已不再是数据结构的核心。希望大家能反复消化前四节的内容，不断地在其他章节的练习中自省。对于大多数新人来讲，可能觉得平时设计就够烧脑了，再加上数据结构，思维负荷很大，但树形数据是可以慢慢习惯的。对于已经掌握这些的成手而言，很容易就可以默想这些数据流的关系。它们会变成你下达命令的帮手，加油！

提升训练

Level 1

Level 2

Level 3

Level 4

在树形数据的最后，我们来接触一下点网控制，不单单是要对数据进行分组处理，同时要对组也有明确的区分。点网的迷人之处就在于它可以生成无穷无尽的网格肌理。在空间与秩序之间，在几何与函数之间，值得探索的未知依然让人惊叹。所以特别感谢树形数据的存在，它让我们可以更加容易地触碰到这里。接下来我们就一起体会本节的案例：树之花。

Level 5

Level 6

点网控制，数据分组抽调。

Data Structure
数据结构

训练目标：

初级标准：

能够理解本节所讲内容，并能够理解树形数据运算法则。

中级标准：

能够通过已经掌握的部分运算器，换一种方式演练本节所提到的运算法则并正确预判运算结果。

升级标准：

能够对含有二级树的生成案例做数据阅读的练习，并能通过树形数据运算法则解释每个运算器的运算实质。

Part B

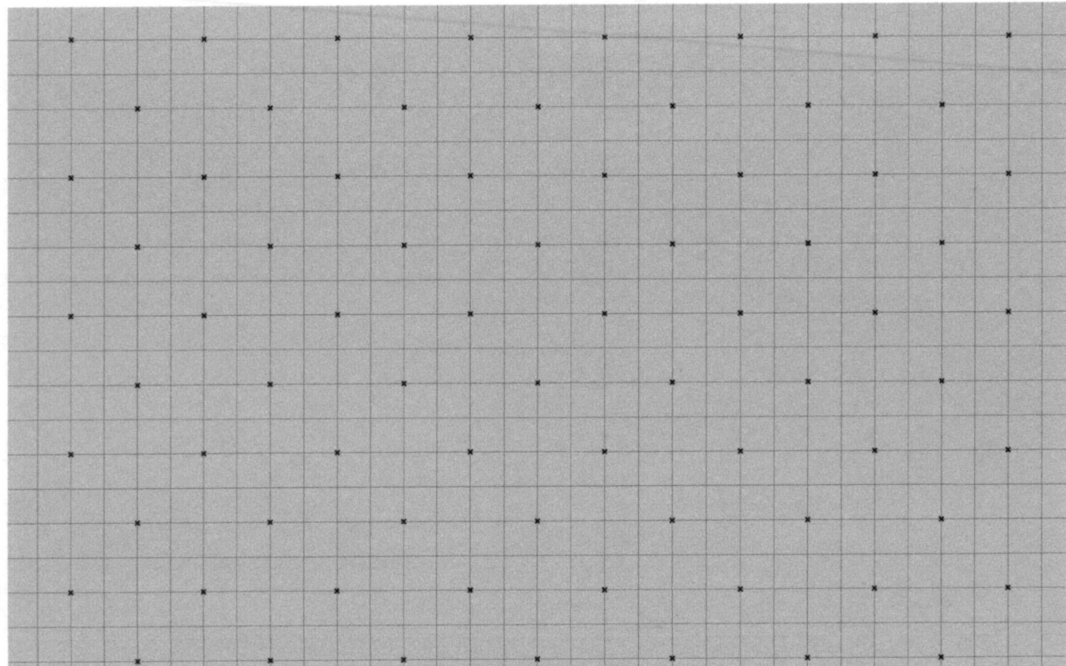

这部分逻辑不见得是必须的，我们可以通过很多方式生成相互交错的菱形点网，这里带着大家操作的这种逻辑是较为适用于普遍点网控制的一种思路。大家需要熟悉 Branch 的用法，它将树的结构变得可以抽调，方便我们随时从树上提取任意一组数据。

另外点网数据联动性的建立也很有必要，一方面可以使逻辑变得更加好用，另一方面，可以让我们把点网中隐含的数据计算关系看得更清晰。别小看这些简易的数据关联，在实际项目中它们会带来巨大的便利。

A 方形点阵，简化路径。

B 通过路径筛选，将 0、4、8、12……列点抽出；再另起一条数据流，将 2、6、10、14……列点抽出。

C 将第一列抽出点通过 Boolean 值筛选，将 0、4、8、12……行点抽出；将另一列点的 2、6、10、14……行点抽出。

D 用于提供抽出数据组的路径名。

E 保持数据联动性，方便后期修改公差。

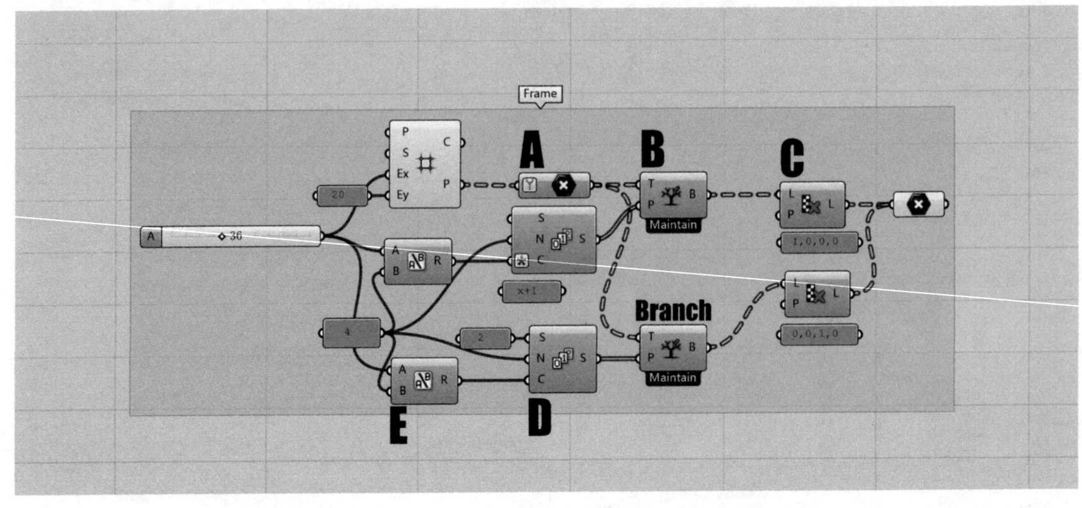

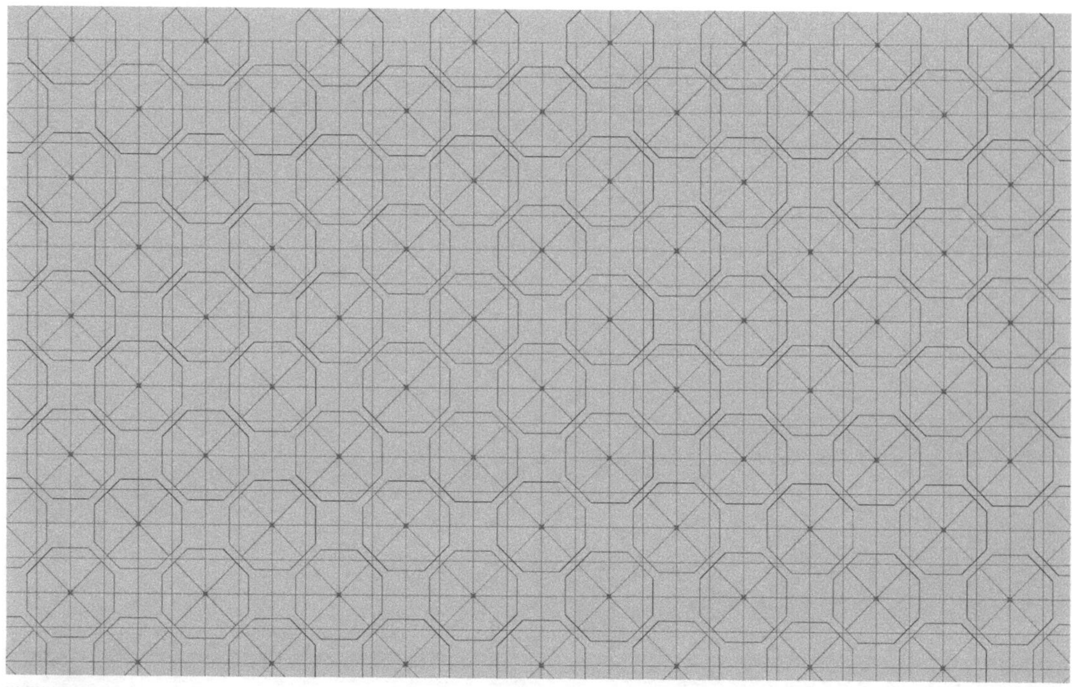

Note

F 将抽取的点阵生成八边形线框。

G 将这些八边形绕中心旋转 22.5°。

H 炸开这些线框提取各条边线。

I 连线各边线中点到八边形中心点。

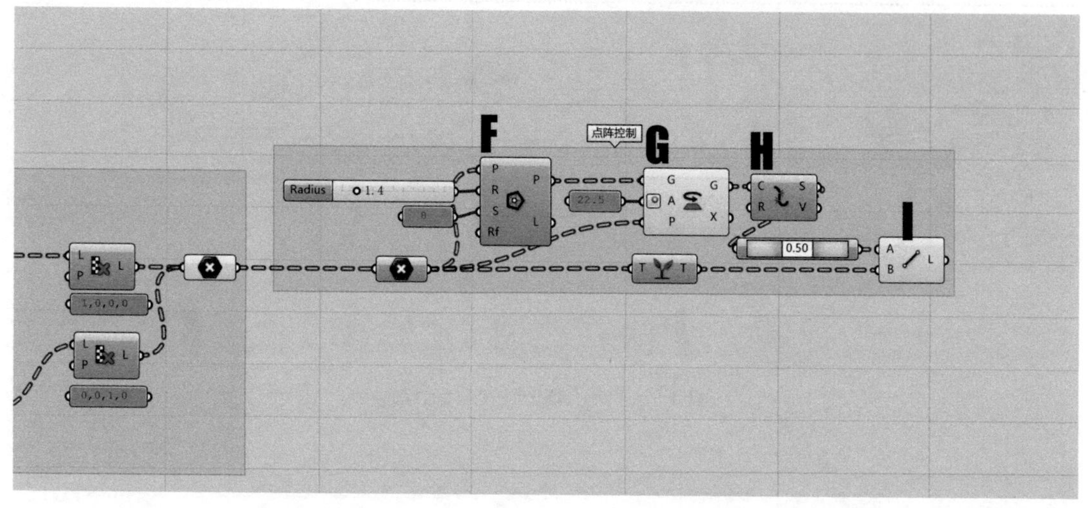

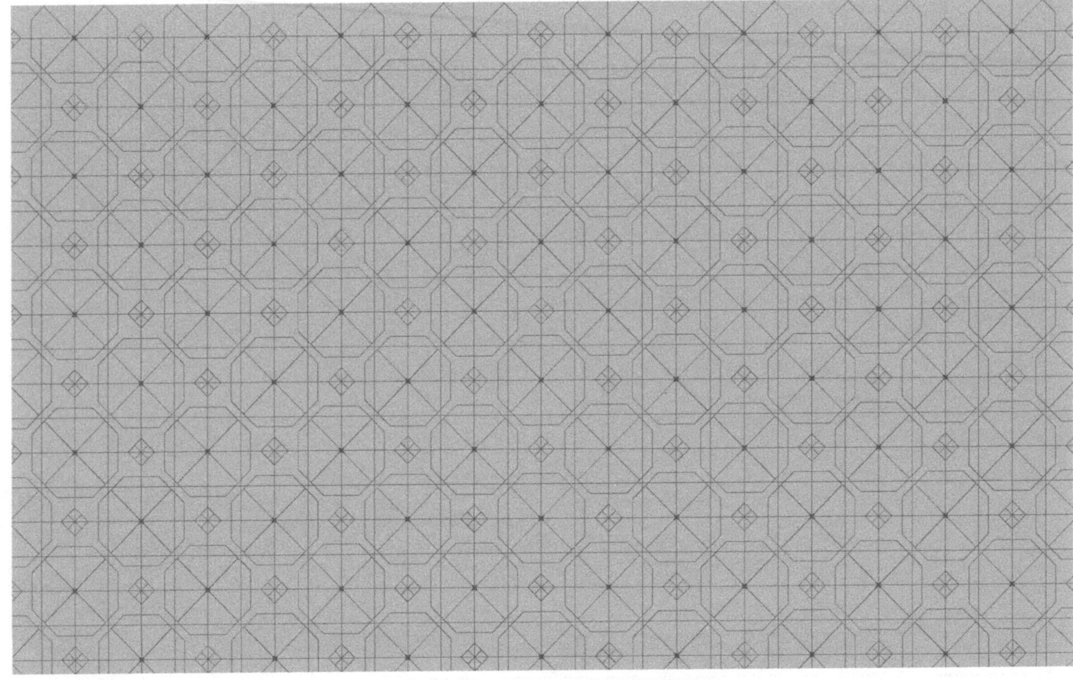

Note

J 复制步骤 C，抽取网格中和之前点阵互补的点阵。即 Boolean 值设置正好相反。

K 以新的点阵为中心生成四边形，同样提取各边中点然后和中心点连线。

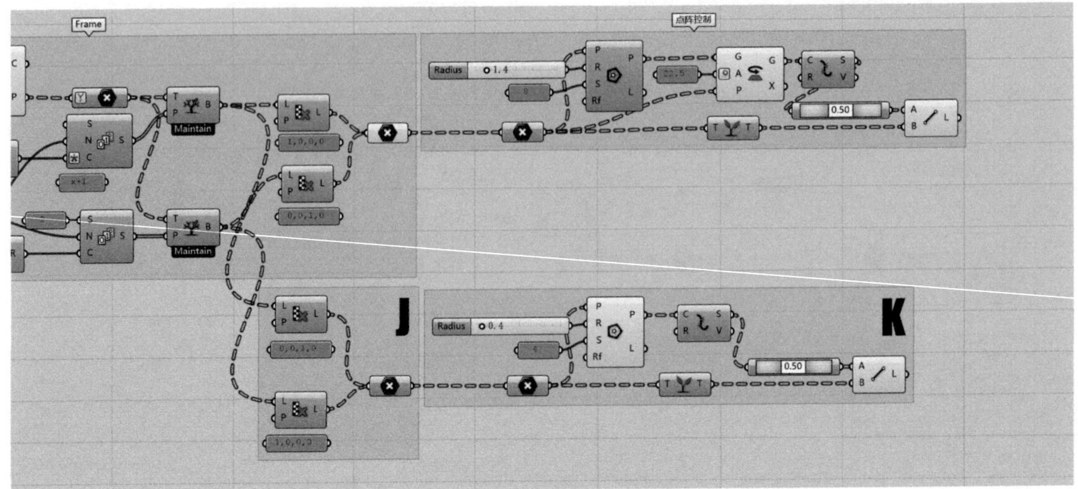

Voronoi 2D

点网是 Voronoi 网格的灵魂所在，研习其中，我们会发现它几乎可以绘制出所有的网格肌理。比如正方形点网生成的 Voronoi 网格就是正方形网格，三角形点网生成的就是六边形方格等，不一样的点网之间，蕴含的是平分线与空间的关系。

所以只要我们探寻到了新的点网的规律，就可以相应推导出崭新的网格肌理。树之花就是这样，它是点网的舞台。

L 合并八边形各顶点、四边形各顶点和边线中点与中心点连线上的滑动点，拍平后生成 Voronoi 2D 网格。

M 炸开 Voronoi2D 几何多边形，提取各线框上的顶点。

N 用控制点曲线连接各顶点，在每个线框内生成闭合曲线。

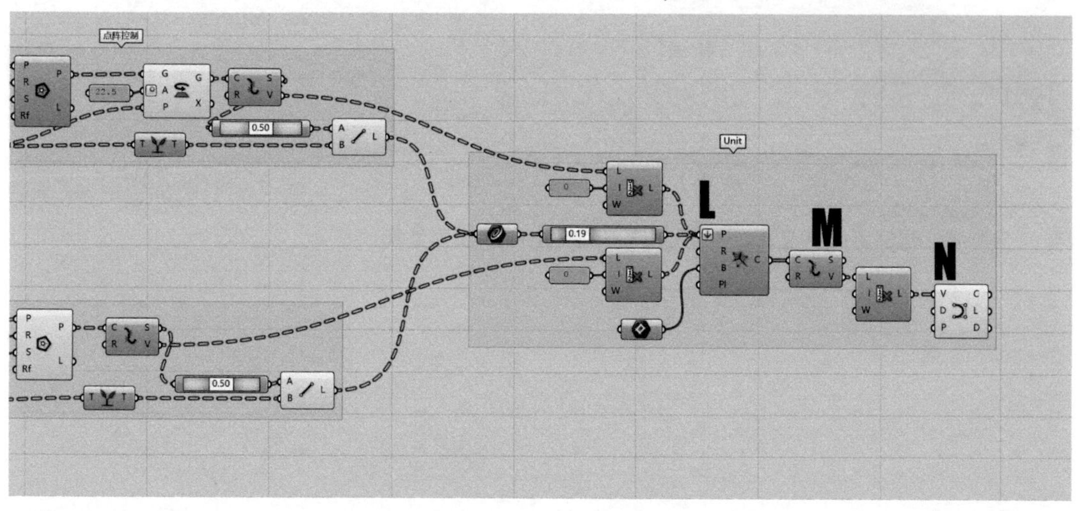

变，而未变。看似不同却又内心相同。是点的舞蹈，是树的果实。

Note

Summary

“树”是 GH 的思考方式，了解了“树”就了解了参数的思想。想必开始的时候我们都会觉得它非常陌生，但逐渐熟悉之后，就会发现它是那么得高效、亲切。久而久之就连日常的思考方式也会随之发生些许的改变，变得更加多维、更加有逻辑性。在 GH 的研习道路上，树的影子无处不在。所以大家也不必针对树去做太多的练习，相反要在各种应用实践中看清树的百态。每一次探索性的思考，都会加深对它的理解，每一次数据的阅读，都是一次核心的巩固。很快，你的创作也会开花结果，而这一天你将看见设计的新世界。

技能闭合

Level 1

Level 2

Level 3

Level 4

Level 5

Level 6

Part B

Data Structure

数据结构

去拥抱"树"吧!

它赋予参数思维生长的力量,
也终会带给我们丰硕的果实。

在计算机领域里,
我们不再是孤独地思考,
沉吟的树与我们背靠而立。

无限的逻辑空间里,
它最擅长循规蹈矩。

执着在创新的路上,
我们只需一心一意。

这是理性和感性的理想结合,
也是创作又一处崭新的起点。

NCF 期待着你的作品!

Part C

Surface Design

曲面设计

"曲面设计"这章要带大家逐步接触异形空间和表皮的设计。这是 Rhino 的专长，也是参数化设计早年被众人所了解的一面。一直以来，参数化总是使人联想到奇怪的造型和复杂的表皮，甚至一度成为"不曲不参数，不怪不参数"的思维趋势。但如今，越来越多的实践者开始转而思考它通过运算辅助设计的一面，也越来越多的爱好者开始关心它的内在。造型也好，逻辑也罢，其实都是参数化设计的特质，它通过自身独特的优势把自己呈现给我们，我们也应该用更加全面、端正的态度来面对它，既不盲从奇怪的形式，也不唾弃异形的空间。曲线，仅仅是一个构成的元素而已。设计，是要求我们理解并应用这些元素去实现空间。世间没有错误的运算，但却有不成熟的设计师。

GH 通过动态的参数模型，给曲线设计的方法提供了一种新的方式："找形"，我们通过运算，可以在平台中反复调试曲线的形态，并即时地观测曲线的各项数据指标，使其形态参数和功能参数能在反复的调制中被不断地优化，直至达到一个理想的结果。这个推敲的过程是在传统建模的设计模式中，无法想象和表达的。

9 年前第一次做曲线方案的时候，一个问题困扰了我：如何能够绘制两条完全一样的曲线？因为草图上的曲线过于随意，而建筑上的曲线，一旦落成即存在百年。我不禁意识到，必须找到一种方法，能通过设计需求和几何规则定位一条曲线的空间形态。不然，我们就谈不上会做曲线……很幸运，2009 年我认识了 GH，它把当时瓶颈期的我解放出来。在本章，我们来一起学习曲线的算法和"找形"的过程，相信大家会在接下来的案例里，逐步体会到如何进行曲面设计。

Level

曲面找形基础，
动态控制方法；

曲面细分思维，
UV 控制规则；

曲面数据提取，
空间异形构件编写；

"母线设计"方法，
线组集群控制；

线群控制，
UV 区间控制；

结合体量，
回归设计。

提升训练

Level 1

Level 2

Level 3

Level 4

Level 5

Level 6

曲面找形基础，动态控制方法。

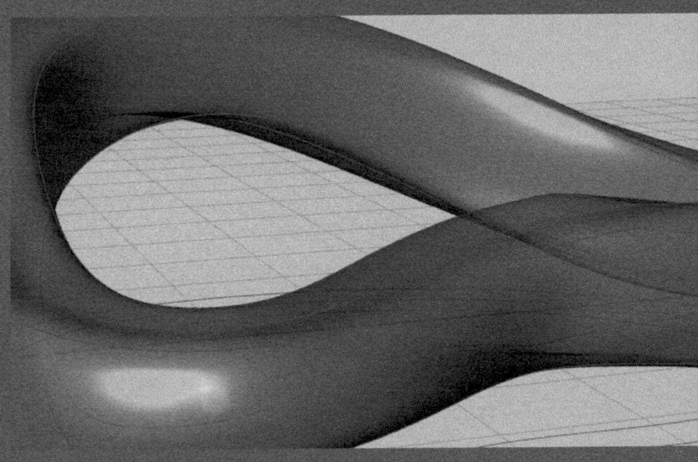

在 Rhino 平台中，Nurbs 曲线是构造模型的基础。这种通过控制点来生成的函数曲线本身就是一种空间算法。所以要想理解和控制曲线的走向，就需要对 Nurbs 曲线绘制的原理有所了解。本节我们从 Nurbs 曲线的绘制原理出发，一步步走进 Nurbs 的世界。

Surface Design
曲面设计

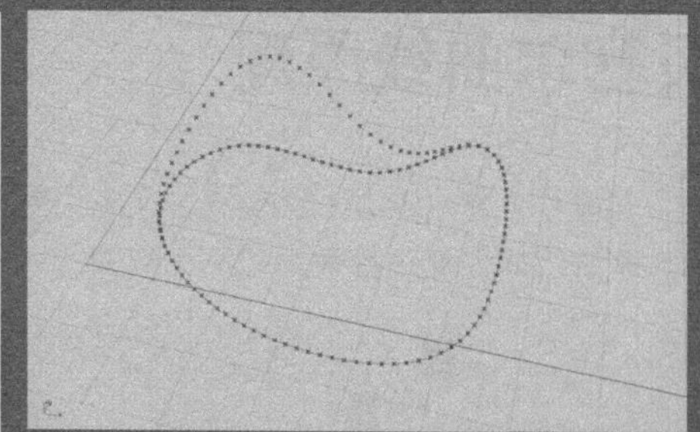

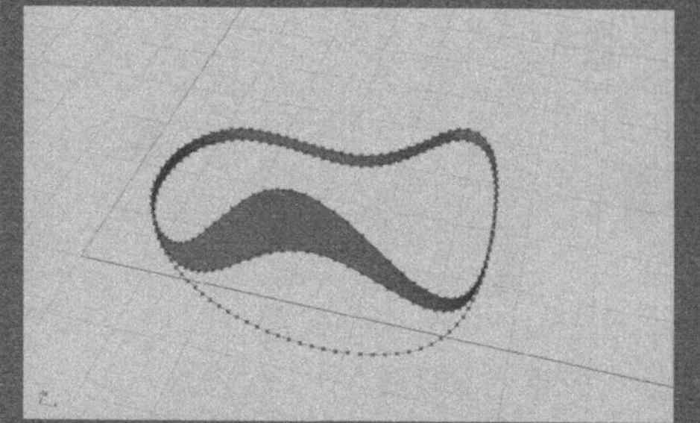

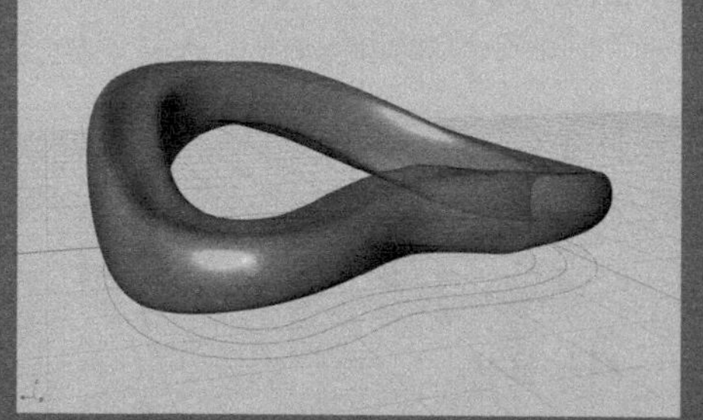

训练目标：

初级标准：

能够根据教程的提示完成案例，并理解本单元阐述的曲线生成算法。

中级标准：

能够默写这些算法，并理解其中每个运算器的运算含义。

升级标准：

能够清晰地给他人讲述函数曲线的生成算法，并对每个运算器输出的数据结果完全掌握。能够自主编写找形算法，并通过不断调试，设计出自己理想的曲线。

Part C

贝塞尔曲线原理

贝塞尔曲线（Bezier Curve），又名贝兹曲线，是 Nurbs 曲线的前身。下面编写一段简单的逻辑，为大家讲解如何通过控制点绘制函数曲线。

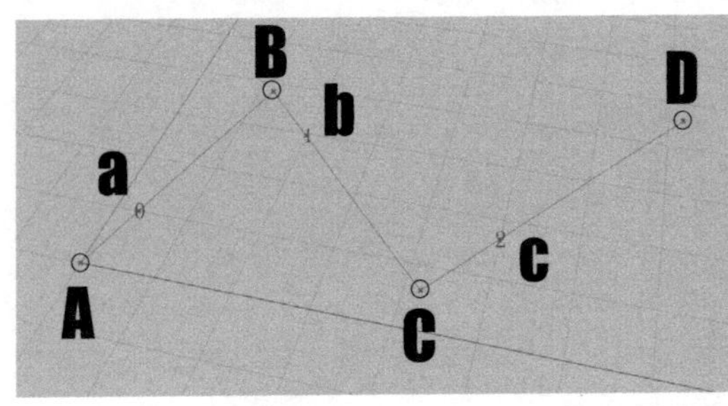

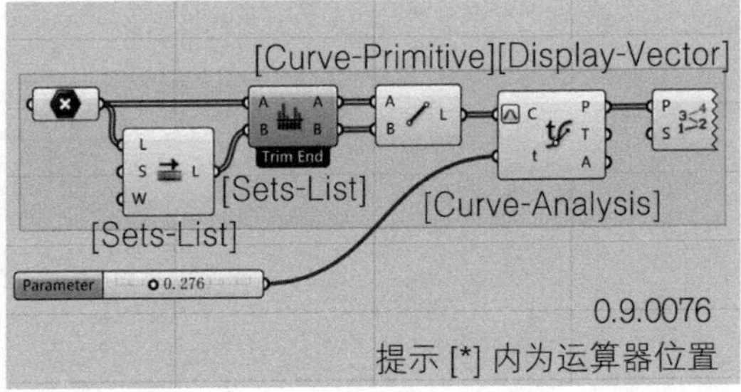

在 Rhino 中依次绘制 A、B、C、D 四个点，通过运算器 Shift List 使点列表中的每个数据向上移动一个位置（S 端输入 1；W 设置 False），然后用 Shortest List 法则连线。在每段直线上提取一个线上运动的点 a、b、c，注意曲线要重新定义区间，t 值用 Slider 设置一个 0 到 1 之间的动态小数。滑动 Slider 可以看到：t=0 时，a 在 A 处，b 在 B 处，c 在 C 处；t=1 时，a 在 B 处，b 在 C 处，c 在 D 处。

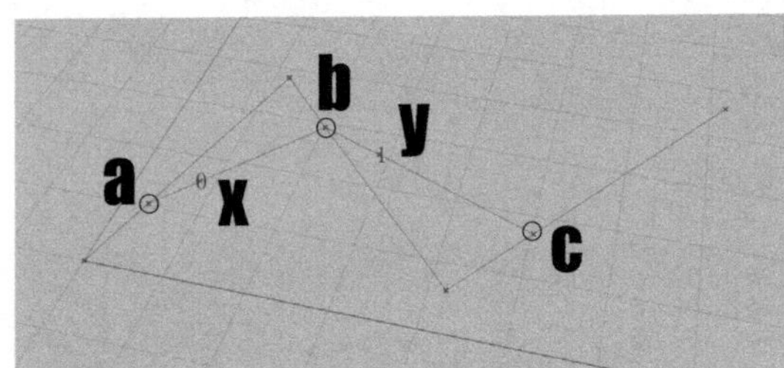

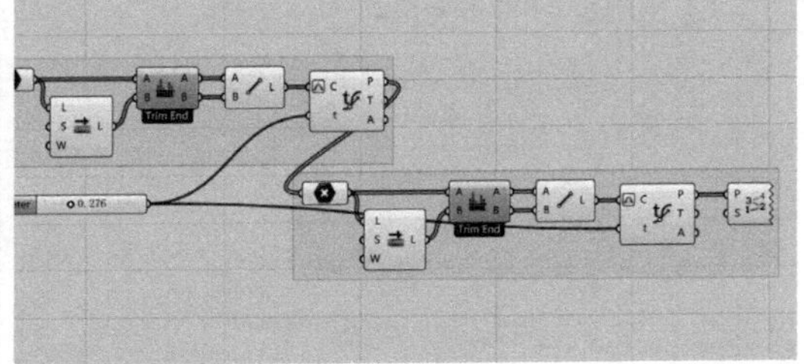

将之前除了 Slider 以外所有运算器用 Ctrl+G 命令成组，复制这个组，将点 a、b、c 连接到新组的 Point 运算器，得到进一级的运算。这时 a、b、c 依次连线，并在连线上生成移动点 x、y。注意，两组 t 值用一个 Slider 控制。滑动 Slider 可以看到：t=0 时，x 在 a 处（即 A 处），y 在 b 处（即 B 处）；t=1 时，x 在 b 处（即 C 处），y 在 c 处（即 D 处）。

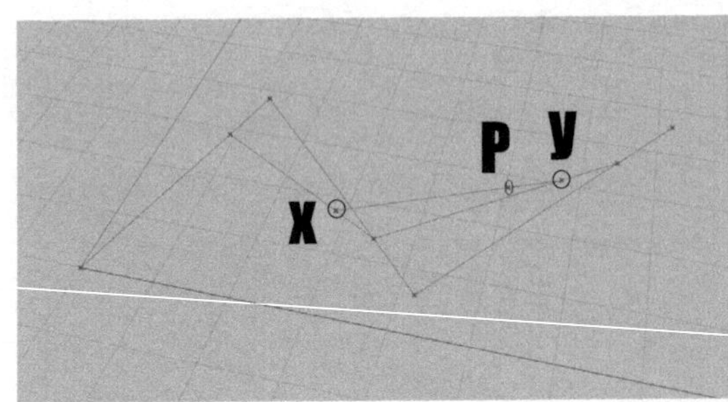

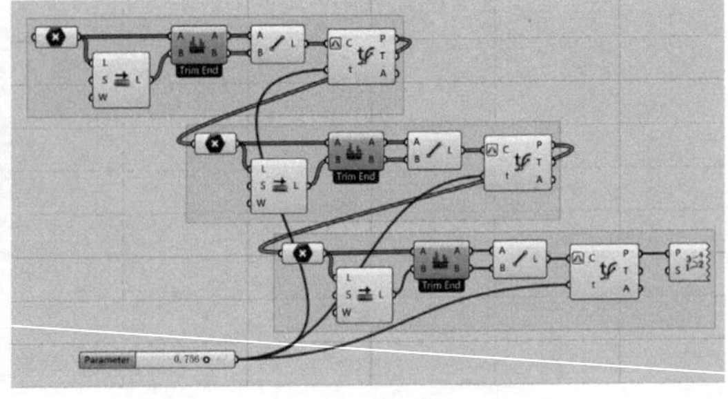

把算法再复制一次，点 x、y 连入第三组的 Point 运算器，注意 Slider 依旧控制所有的 t 值，这时，得到最终的点 P。滑动 Slider 可以看到 P 在 xy 间运动，而 xy 又在 abc 间运动，这就像一个很有意思的联动装置。观察 P 点运动轨迹，会看到一条很流畅的曲线，这就是我们要找的贝赛尔曲线。t=0 时，P 在 x 处（即 a 处，也即 A 处）；t=1 时，P 在 y 处（即 c 处，也即 D 处）。点 P 起始于 A，刚开始向着 B 运动，逐渐往 C 偏移，接着又拐向 D 的方向，最后在 D 结束。

通过树形数据，我们给 t 值赋予一个从 0 到 1 的等差数列，即可以看到多个排列在 P 点轨迹上的点。用穿越线连接，或增加数列中 t 值的数量，一条曲线的轨迹便清晰可见。

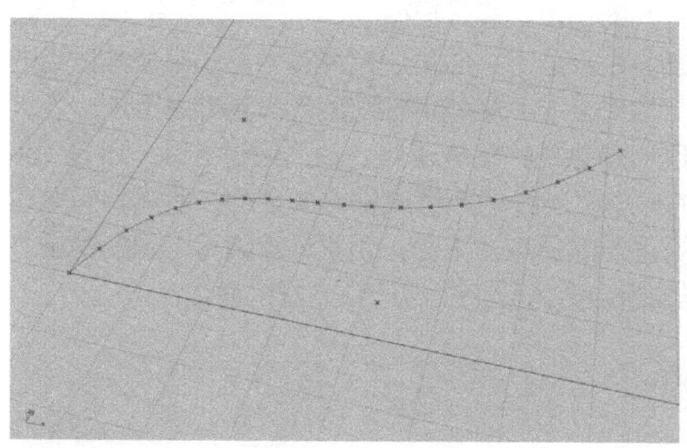

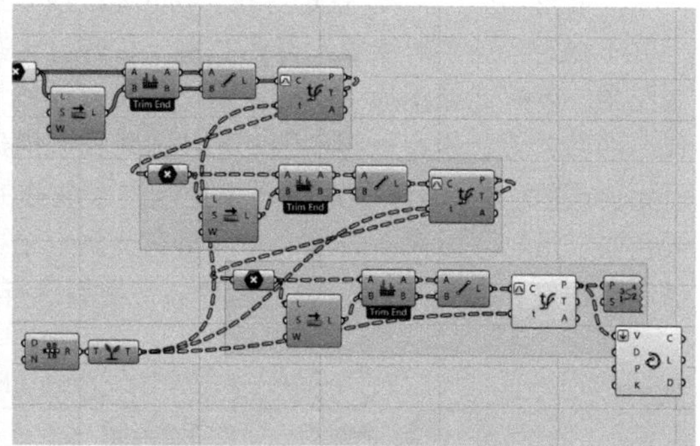

Tips 曲线，点运动的轨迹！

很多朋友觉得控制点曲线很难绘制是因为没有看到它的函数本质。其实我们可以把它想象成一个运动中的点。第一个控制点，我们决定它从哪里出发，第二个控制点，决定它出发时的方向，第三个控制点，决定出发后往哪里拐……同样倒数第三个控制点决定它从哪拐过来，倒数第二个控制点决定它结束时的方向，最后一个控制点决定走到哪里。其实大家能看得出，在这个思维里，首末的四个控制点很重要。我们再来看点的运动速度，同样时间内 t 从 0 到 1（0 to 100%），控制点间距越长，点运动的速度就越快，控制点对曲线的牵引性也就越明显。所以较均匀的控制点，绘制出的曲线也较柔和，需要突变的地方，则需要将控制点拉得很远。

Tips 再看 t 值和曲线等分。

Nurbs 曲线的算法，比 Bezier 曲线要更复杂，在每个控制点上设置了函数的权重。所以我们能够更容易地控制它的形态。从原理上讲 t 值是函数曲线的取值坐标或区间，但这样讲一些朋友很难理解，所以我们可以从点运动的角度理解，t 值可以抽象地理解为点运动的时间。当 t=0.5 时，点正好运动到了时间的一半，也就得到近似曲线的中点。在这里要特别说明一下：我们通常在 Nurbs 曲线中提到的曲线等分，其实等分的是 t 值，而不是曲线长度，可以理解为点在相同时间内运动过的轨迹。所以大家会发现很多等分曲线的每份线长都是不一样的。

Note

找形算法

"找形"顾名思义，就是寻找一种形态。很多空间的初始其实是模糊的，我们脑海里有一些意象，但并不稳定，这个时候我们需要找到一种媒介来初步地表达它，然后通过反复地修正来使其达到理想结果。就好比雕塑师手中的泥巴，它可以被反复地修正并刺激我们在它的形态基础之上进一步创作。曲线的设计也是一样，GH 可以辅助我们搭建一些曲线的生成逻辑，然后通过 Slider 和 Graph Mapper 这类易于互动的运算器来控制这条曲线的形态。当我们熟悉这种方法之后，曲线就好像在平台中"活"了过来，由我们去调整它达到一个更理想的形态。下面，大家试着编写下图的逻辑，调用的都是 PartA、B 中常见的运算器。看看这样的组合会为我们生成一条怎样的曲线。

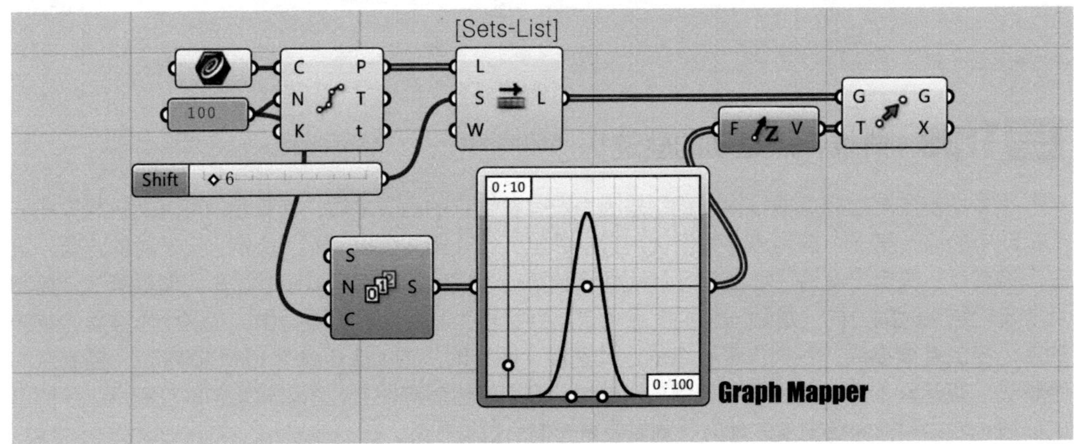

在 Rhino 中绘制一条平面曲线，用算法将其等分，然后逐点向 Z 方向升高。通过滑动 Slider 控制曲线波峰的位置，通过拉动 Graph Mapper 面板的控制点，来调整曲线的细节形态。从多个角度观察曲线的变化，直到视觉上觉得舒服为止。注意 Graph Mapper 区间的设置和曲线类型的选择，不同的设置会带来完全不同的控制效果。这个时候我们得到一个简易的曲线找形算法：一方面通过在 Rhino 中改变平面曲线的控制点来改变平面轮廓，另一方面通过 GH 找到曲线 Z 方向的起伏趋势 。

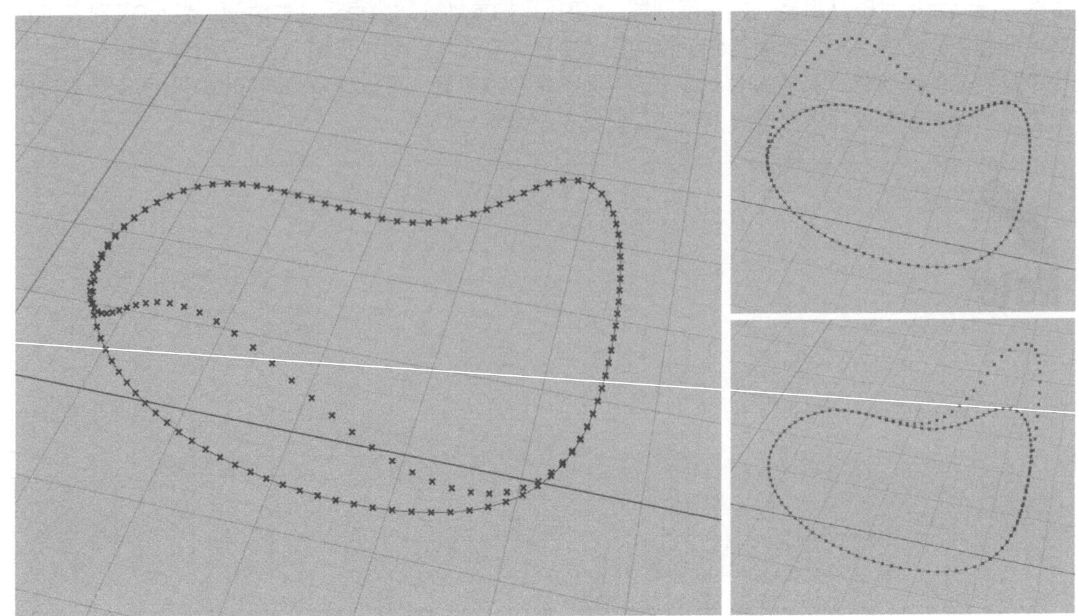

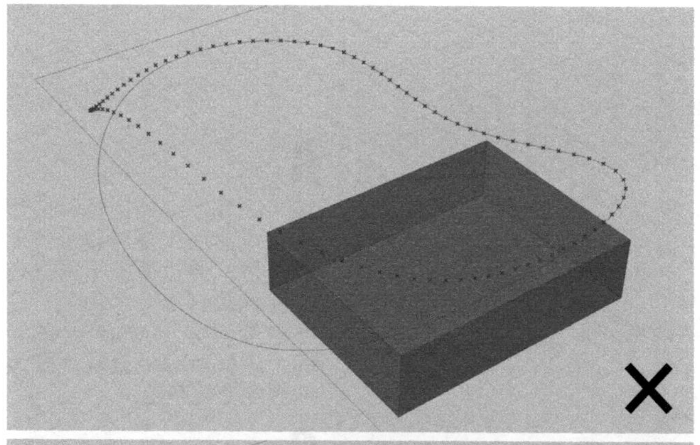

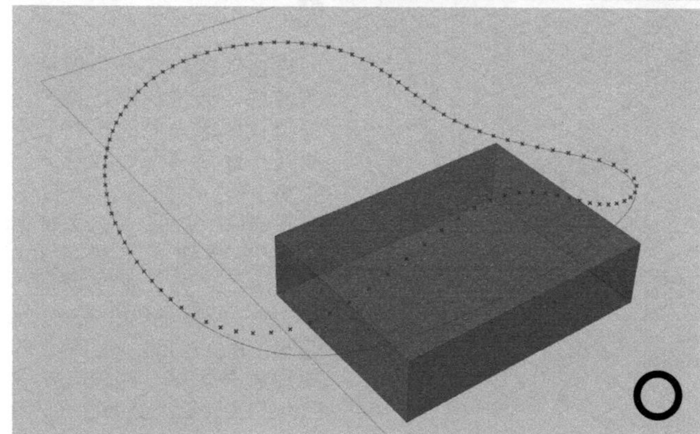

功能参照

曲线的找形，不仅仅局限于视觉，更重要的是要满足一定的功能空间需求。举个例子，我们希望找到一个同类型的曲线，波峰的部分恰好掠过一个已知的矩形空间。那么我们可以在Rhino中绘制这个矩形空间作为参考，然后调整曲线，使其符合这个功能需求。在实际方案设计过程中，没有功能需求的纯形态绘制其实是不存在的。所以我们找形的目的通常是为了得到既好用又美观的空间曲线。能参与约束曲线形态的因素越多，曲线的形态就越容易被控制。"完全自由"的形态，本身就缺失一种规律下生长出的美。

参数反馈

有些曲线的绘制需要我们关注一些参数，比如波峰的净高、某个区域的最低点高度、开合的面积等。设计会对曲线的参数提出各种各样的需求，我们可以对应地通过一些算法提取这些参数结果，对其进行实时的观测，一边观察参数反馈，一边调整曲线形态，直至它符合这些参数性征。这也是找形工作的重要组成部分。

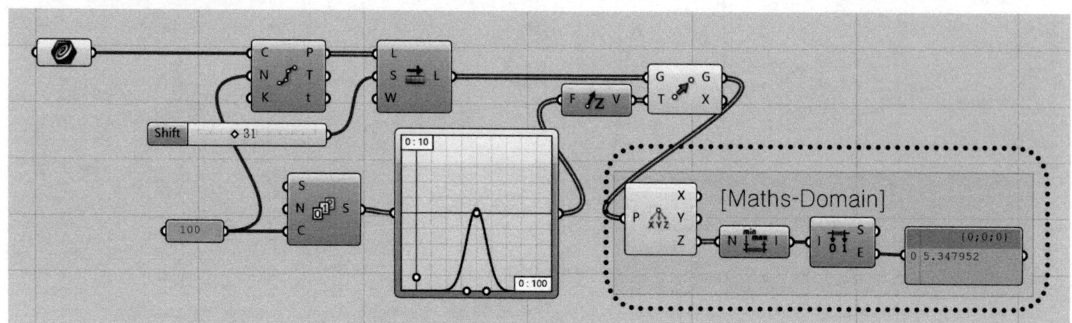

在这里要特别提示大家，"找形"是一种设计方法，它没有固定的逻辑和模式，但却是设计师的一种意识。我们通常听到的"计算机生成上百种解，我们从中选择理想答案"，"通过特定规则，让计算机帮助我们运算求得最优解"，事实上这些都是"找形"的方式。面对不同的设计目标，找形的逻辑也千差万别，往往你找到了一种找形方法，也就找到了控制某种设计元素的方式。所以它并不是用难与易来定义的，而是带给我们更广阔和更细微的创作领域和空间。独特的设计，是一定会有一个独特的"找形"过程的。

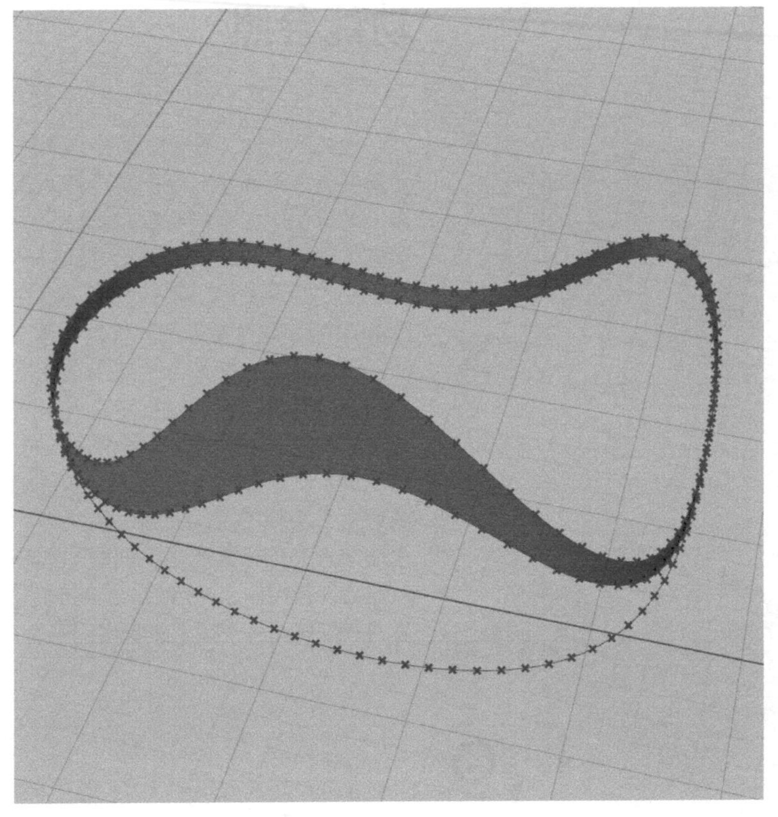

A

接下来我们继续用这种曲线来生成曲面。复制整个找形的算法。通过两条不同形态的曲线放样出一个曲面。注意改变 Graph Mapper 的区间，这样可以更直观地扩大曲线的变化范围。

B

向原曲线的内和外各偏移一条曲线，通过树形数据，让每组找形算法同时控制三条曲线。最后将两组找形算法生成的六条曲线，闭合放样成筒状曲面。注意数据结构的梳理，注意 Graph Mapper 改变了曲线类型。最后的运算器 Loft 在 O 端选择 Closed loft。此部分如果理解有困难，建议先学习 PartB Level2、Level3 的内容。

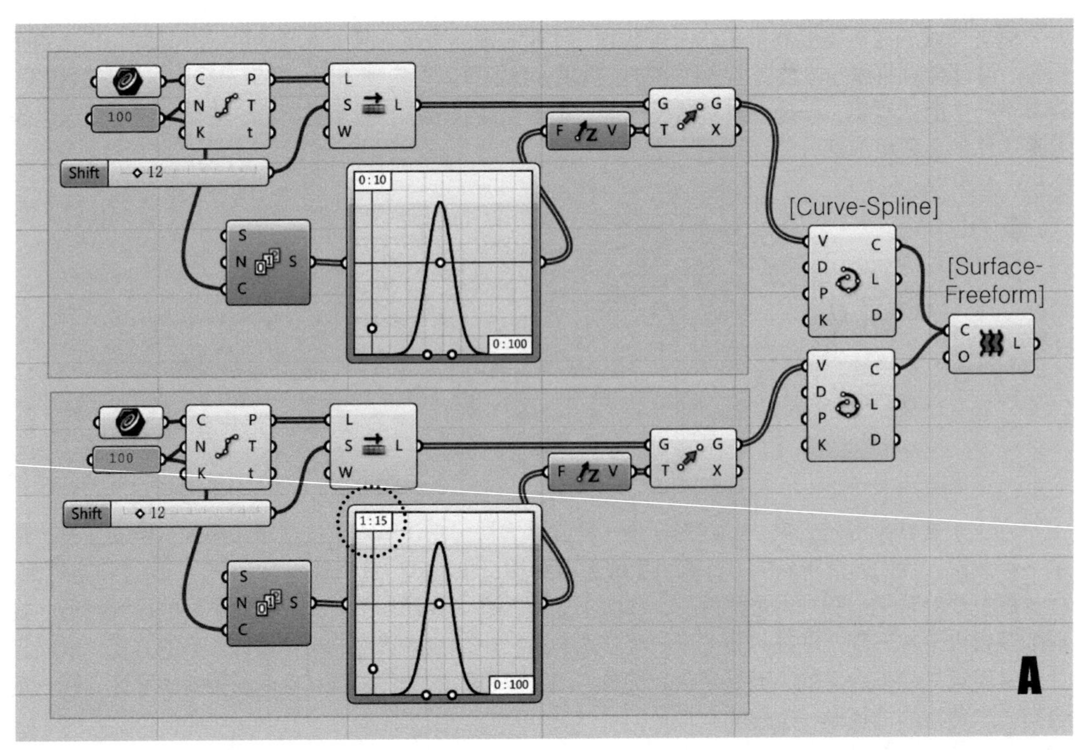

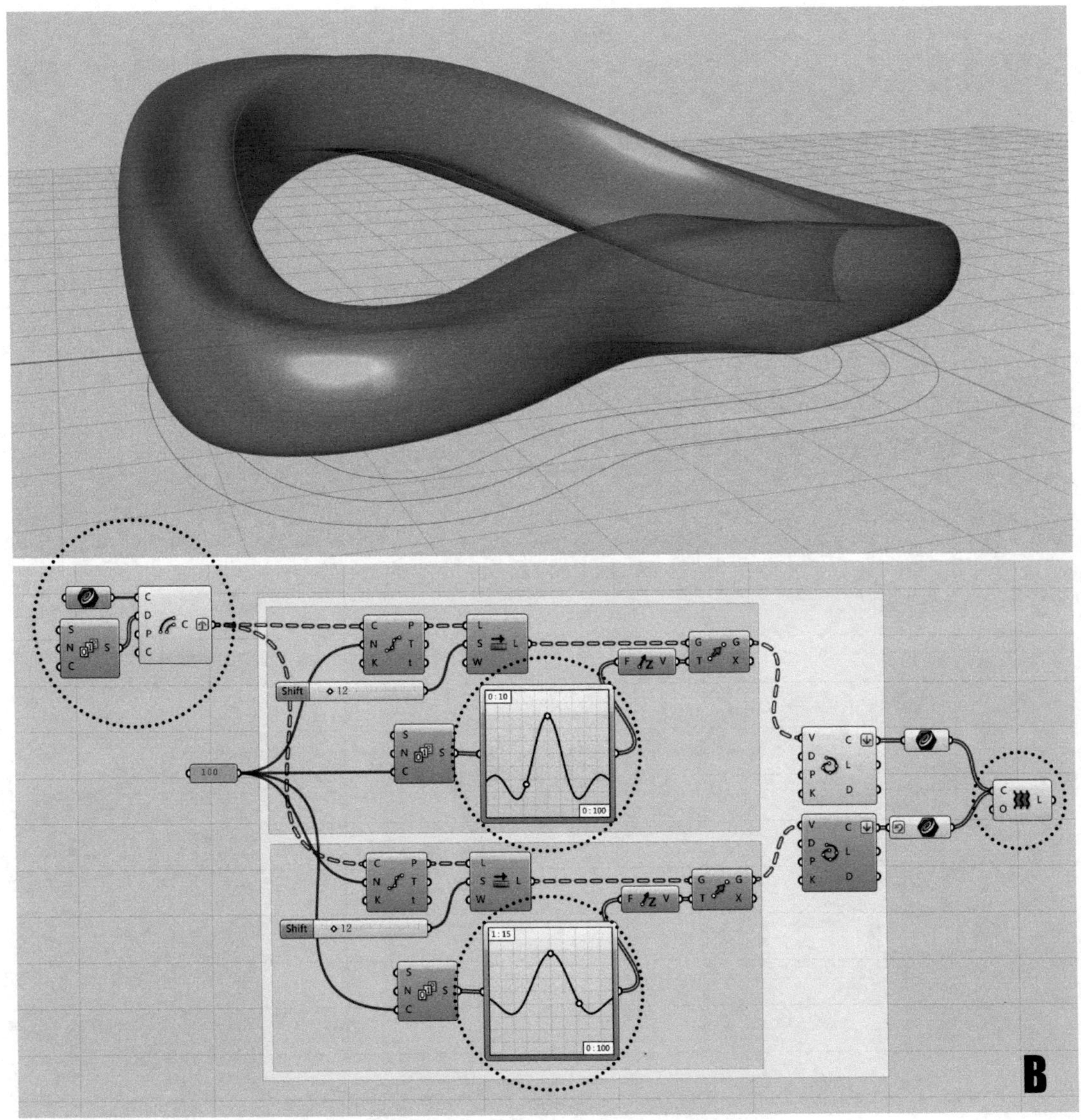

Summary

本节作为 Nurbs 曲线的原理阐述和曲线找形的启蒙，主要是为大家打开一个曲线设计的初步意识。首先曲线是流动的，我们可以从运动的眼光去观察曲线的实质，并通过它的生成规律来更好地控制它。其次曲线的设计是一个从模糊到确认的寻找过程。草图上的一笔可以潇洒大气，但要落实到设计方案上还是需要构建起一套设计方法，反复推敲思量。如果大家理解了这两点，相信接下来本章的学习就不再困难了。

提升训练

Level 1

Level 2

Level 3

Level 4

Level 5

Level 6

曲面细分思维，UV 控制规则。

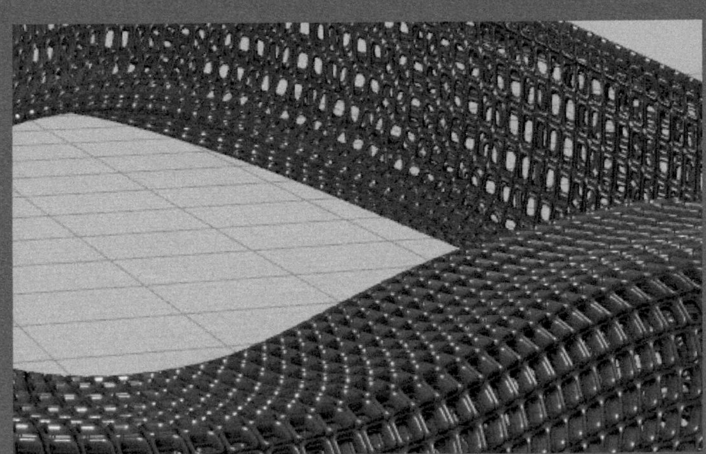

介绍完曲线，这节我们要开始引入曲面。Nurbs 曲面的很多性征其实和 Nurbs 曲线很类似，只是曲线是一维的，只有一个参数 t，而曲面是二维的，拥有两个参数 U 和 V。我们可以把曲线看作点的轨迹，也可以把曲面看作是一组曲线上的点群向另一个维度做的集群运动。理解曲线的本质，有助于本节内容的学习。

Surface Design
曲面设计

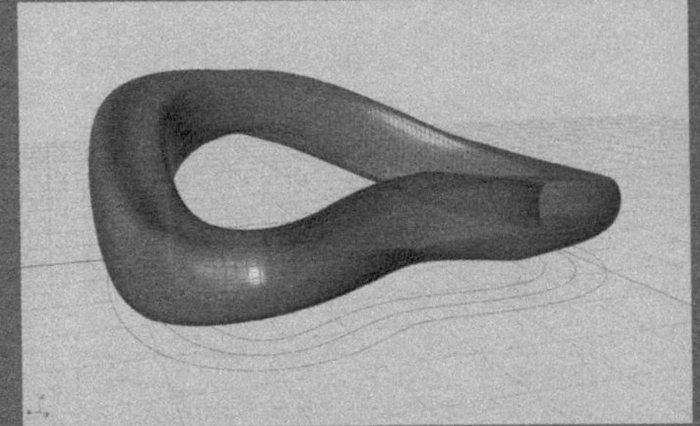

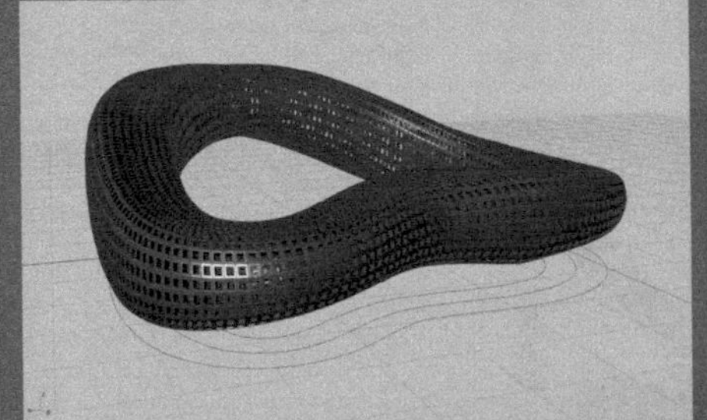

训练目标：

初级标准：

能够根据教程的提示完成案例，并理解本单元阐述的曲面细分算法。

中级标准：

能够默写这些算法，并理解其中每个运算器的运算含义。

升级标准：

能够清晰地给他人讲述曲面的细分算法，并对每个运算器输出的数据结果完全掌握。能够自主编写曲面镶嵌算法，并通过UV调试和重新设计，创作出新的表皮。

Part C

我们照例通过一个小练习来认识曲面的 UV 坐标。在 Rhino 中绘制一个曲面，将其拾取进入 GH 并对其 UV 区间重新定义：右键 Reparameterize。U 即是曲面上的横向坐标区间，V 则是曲面上的纵向坐标区间。重新定义 U 和 V 其实和重新定义曲线的 t 值是一个含义，为的是使曲面的二维区间控制在 U:{0 to 1},V:{0 to 1} 之内，便于操作。Dom² Num 运算器可以帮助我们生成一个新的二维区间，将这个二维区间和曲面一起输入 SubSrf 运算器，即可得到曲面上指定区间内的曲面。调节 Slider，观察区间的改变给生成曲面带来的变化。

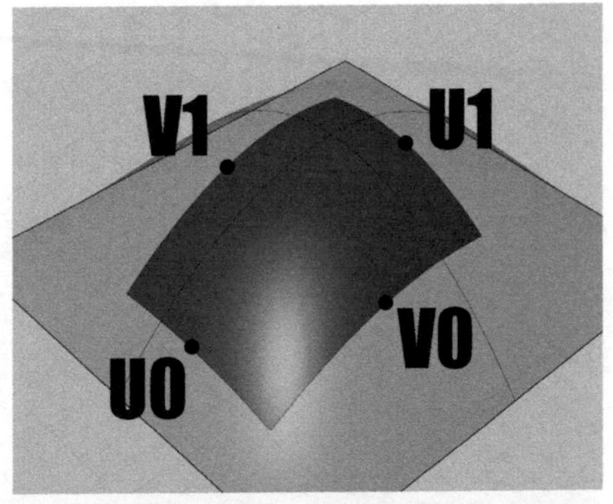

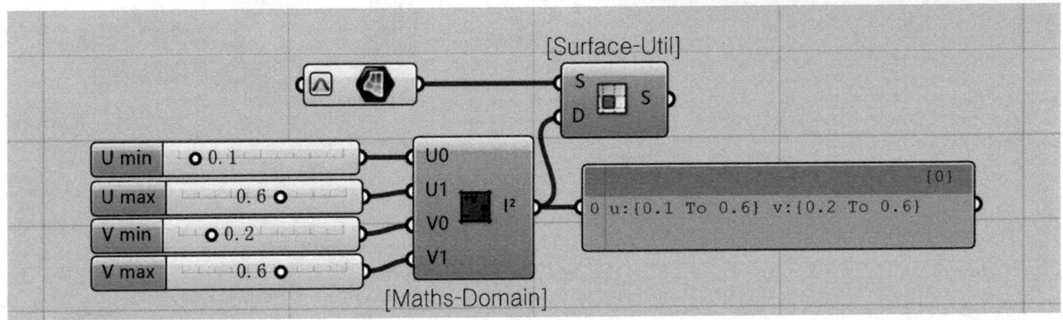

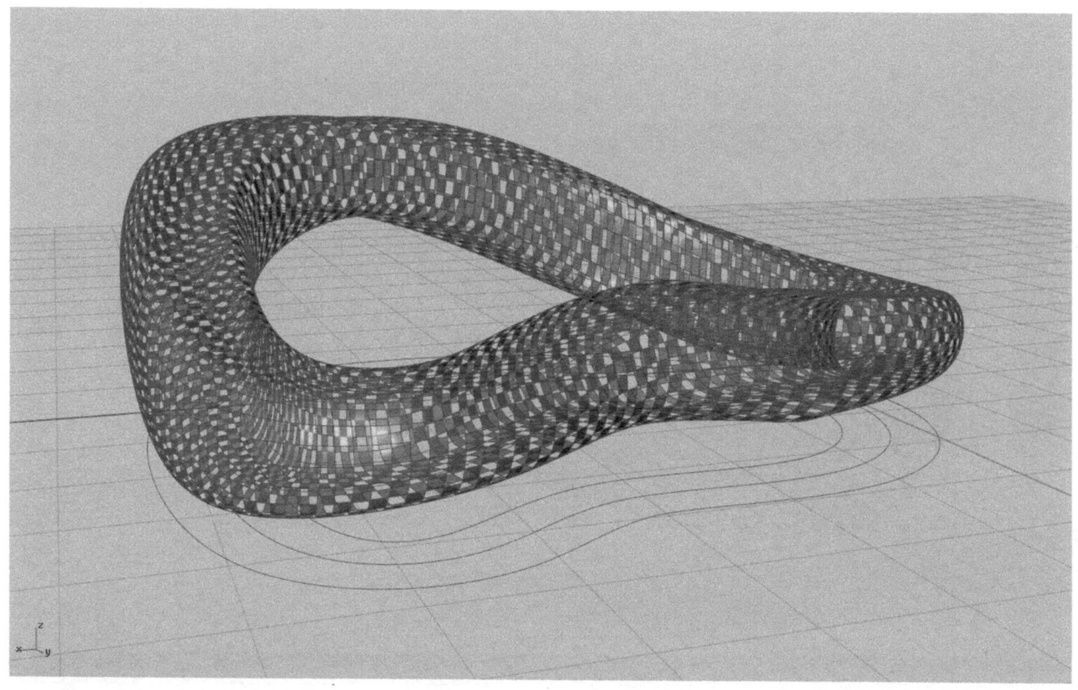

Tips 曲面细分究竟分的是什么？

曲面细分即是将曲面的函数区间等分，它通过等分曲面的 U 坐标和 V 坐标来实现。就好像把平面划分成棋盘状的格子，曲面也可以通过细分变成更小的曲面碎片矩阵。但是 UV 的等分并不是距离的等分，而是函数区间的等分，和 t 值的区间等分是一个道理。所以我们会发现虽然是等分，但每个细分后的碎片都不一样，而整体的视觉感受却是一种扭曲的均质的变化。在实际设计过程中，UV 细分往往可以帮助我们实现母题在异形空间中的渐变过渡，但并不利于设计工程常用的标准件。所以我们把 UV 细分的结果看作一种配套条件很理想的情况，需要有充足的资金和大型数控机床这样的生产条件。在配套条件满足不了的情况下，则会考虑优化整个体系，试图用更多的标准性构件最大限度地模拟或靠近这个理想结果。

A 将函数曲面的取值区间等分成多个区间。U=31，在 U 方向分为 31 份；V=201，在 V 方向分为 201 份。

B 根据给定区间裁剪曲面上的置顶区域。

C 通过贝尔列表删除数据，P=True、False 两个布尔值。这个列表会帮助我们每两个删除一次 False 对应的数据，循环下去。

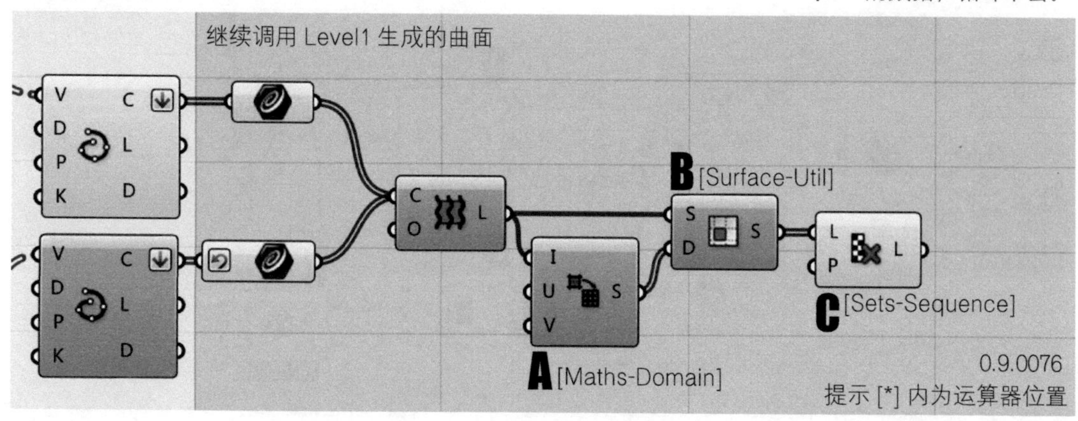

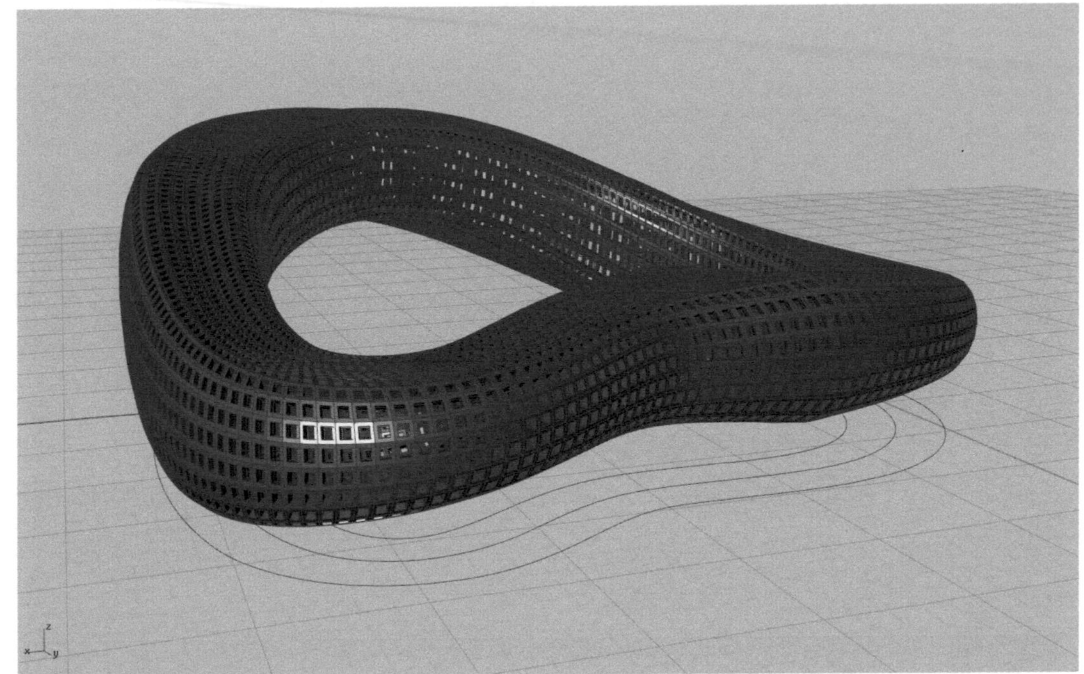

Tips 曲面也有第三个坐标 W！

扭曲的空间从何而来？我们都知道常规三维空间的坐标系是 xyz，其实曲面也有其对应的坐标系 uvw。uv 我们应该已经熟悉，它们是曲面的横纵坐标。如果我们把曲面表面看作一个扭曲的二维空间，那么在这个扭曲空间里 uv 和 xy 的意义是一样的。而 w 是曲面上任意点的法线方向，也就是和曲面垂直的方向。随着曲面扭曲变化，这个 w 也在变化。运算器 D（SBox）的 H 端，输入的就是 w 方向的高度。所以我们才能得到曲面表面上一定高度的扭曲空间。注意，扭曲后的构件在 D 的扭曲 box 的定位和原构件在 H 生成的 box 中的定位是完全一致的。这也可以被理解成一种空间的映射。在计算机看来，两者只是空间参考系发生了变化，其余都是完全一样的。

D 通过区间细分，在曲面表面生成阵列的扭曲 box，H 为空间高度。

E 在 Rhino 中绘制两条嵌套的线框。

F 将两个线框封面，生成中间开洞的方形。

G 将封面向 Z 方向拉起成体，形成一个中央有洞的体块。这就是我们要用于镶嵌到曲面上的构件。

H 生成一个能包裹住这个构件的最小 box。

I 从 H 的 box 变化到 D 的扭曲 box，会逐一生成很多空间扭曲的规则。构件 G 就是通过这些扭曲的规则被逐一的扭曲镶嵌在 D 的扭曲 box 里。

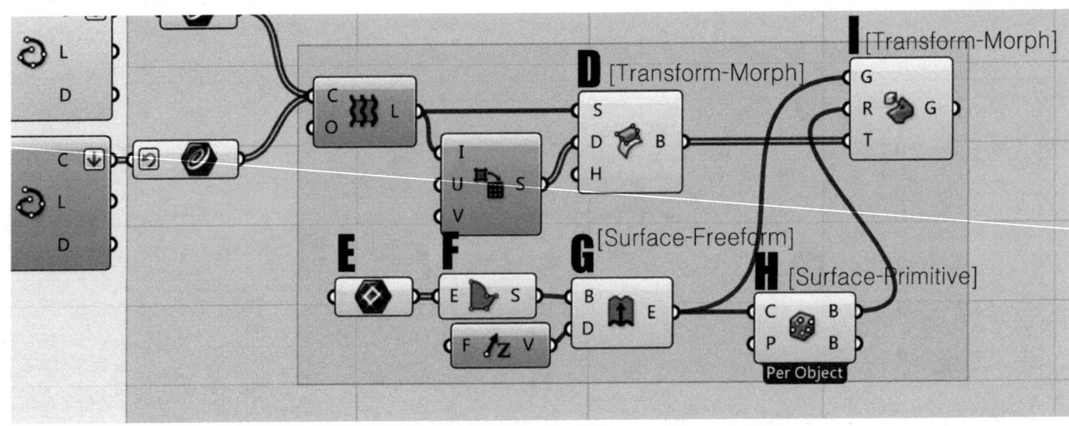

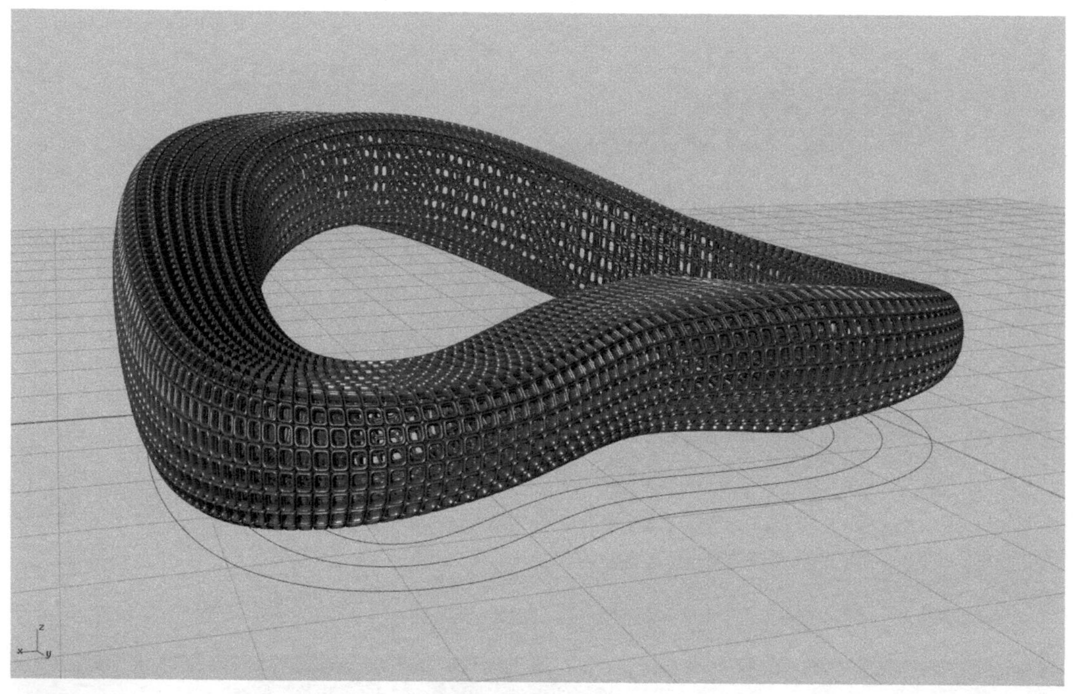

Tips 这个算法好用，但要慎用！

镶嵌这种思路大家可以想象一下，只要我们不断地更换构件，就可以在曲面表面阵列出千变万化的表皮。也正因为此，这个套路成为新人的大爱。但这里还是要提醒大家一句，实际项目当中真的很少用到这种思路。一方面靠扭曲来生成的构件很随意，缺少工程性的定位；另一方面如此简单的逻辑和高技术的数控生产工艺很难达成一种平衡。所以建议大家还是不要太依赖这套思路。转而深入地细心研习曲面的参数体系和对异形空间构件深化的设计，这些才是曲面参与设计实践的根本基础。

J 深化构件设计，给线框做个倒圆角。

K 向 Z 方向移动出另两条曲线，在 G 输出端点击右键 Reverse 将列表顺序颠倒。

L 闭合放样这四条曲线，生成环状构件。O 端 Loft options 里 勾 选 Closed loft。

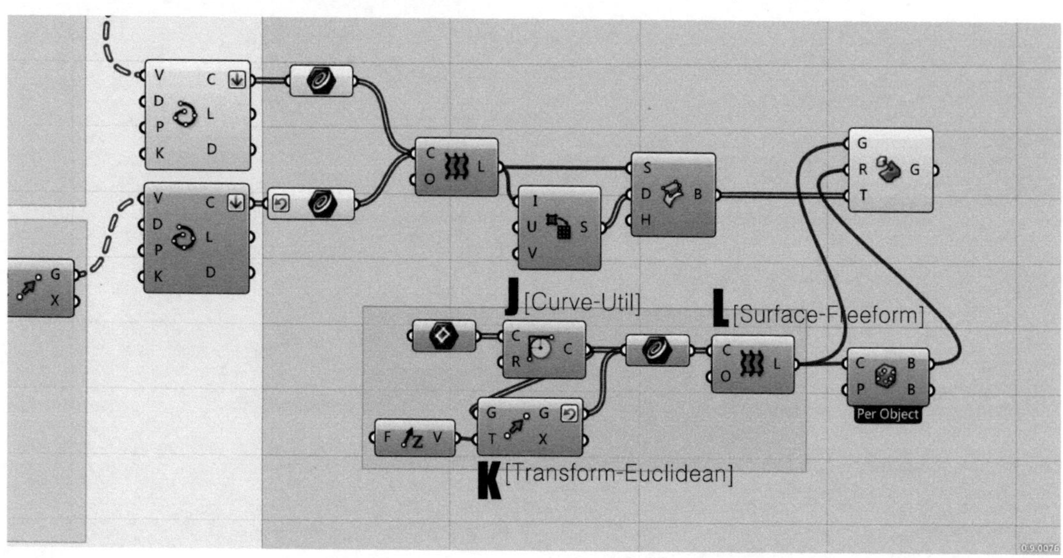

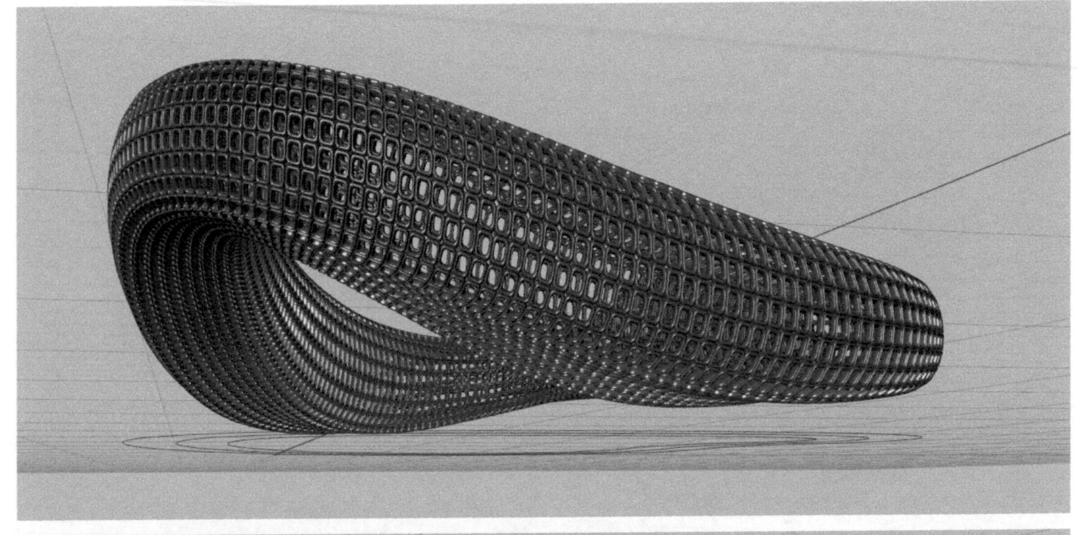

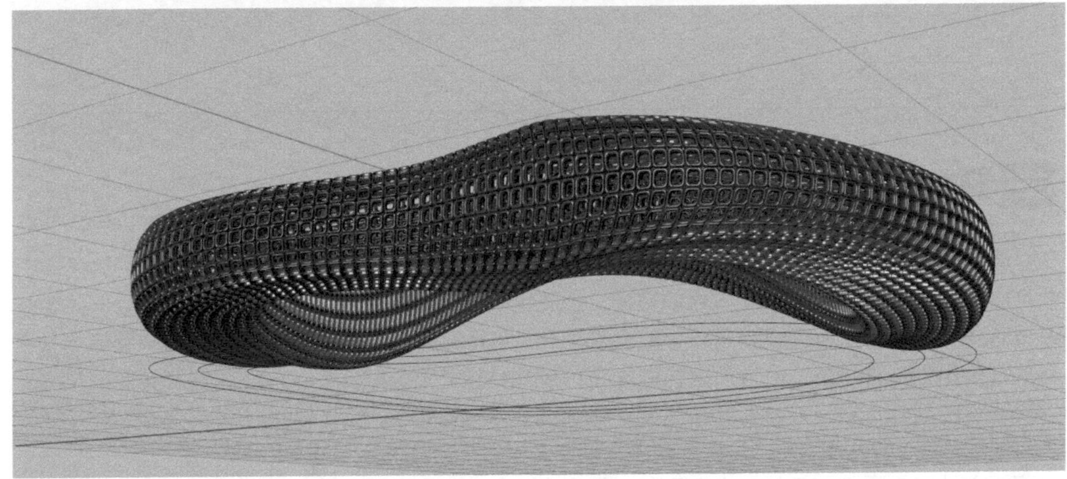

找到算法最初的曲面找形部分，改变初始参数，可以观察到整个算法会即时地重新生成新的结果。

Note

Summary

本节我们认识曲面的 UV。这个可以说是曲面骨架的函数坐标，无时无刻不贯穿于曲面设计的始终。如果深入思考一下，我们会发现所有的 Nurbs 曲面都有 U 和 V 两个固定的方向，所以我们看到的绝大部分的 Nurbs 曲面都是有四条边的，因为这样才能让它们符合一种二维网格的结构；另外闭合曲面是一种首尾相接的特殊情况；而修剪过的曲面，其实它完整的 UV 区间仍是完整的，只是显示给我们的是它的局部而已。这也就意味着我们在设计曲面的时候，更多要考虑它们的边缘和整体 UV 的结构走向，甚至通过控制 UV 来实现对曲面的更深入设计。

提升训练

Level 1

Level 2

Level 3

Level 4

Level 5

Level 6

曲面数据提取，空间异形构件编写。

除了镶嵌的算法，异形构件更多的可能性来源于我们借助曲面表皮的空间参数直接绘制。由于曲面表面每个 UV 细分点的法线方向都不同，所以我们以此为参照绘制的每个构件生成的方向和角度都不一样。构件的生成逻辑千变万化，我们有选择性地在其中植入这些曲面参数，就可以得到各种各样的效果。本节，我们就来一起编写几个案例。

Surface Design
曲面设计

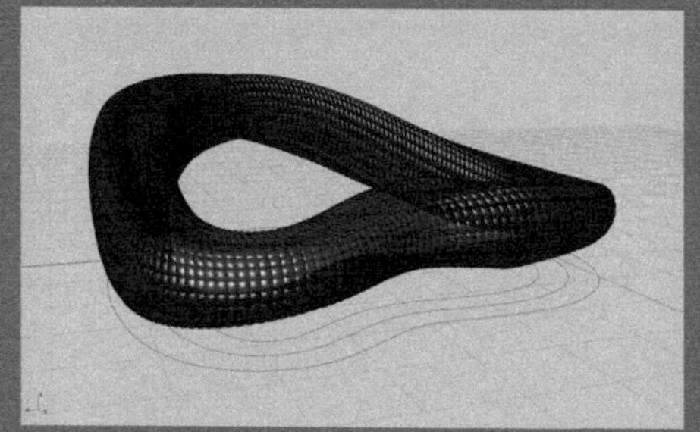

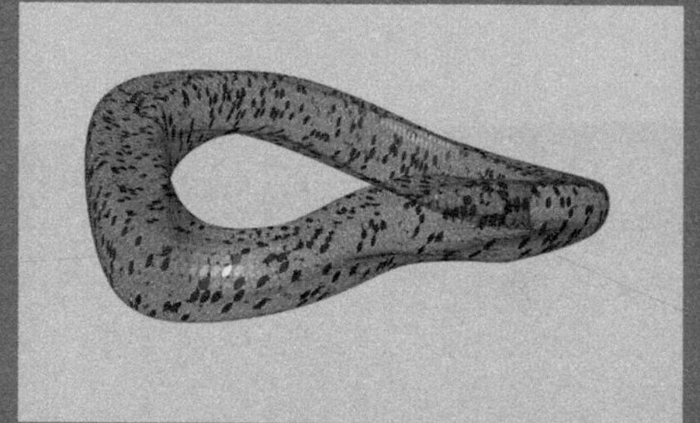

训练目标：

初级标准：

能够根据教程的提示完成案例，并理解本单元阐述的曲面空间算法。

中级标准：

能够默写这些算法，并理解其中每个运算器的运算含义。

升级标准：

能够清晰地给他人讲述曲面构件生成算法，并对每个运算器输出的数据结果完全掌握。能够自主创作出新的曲面构件生成算法，并设计出新的曲面空间表皮。

Part C

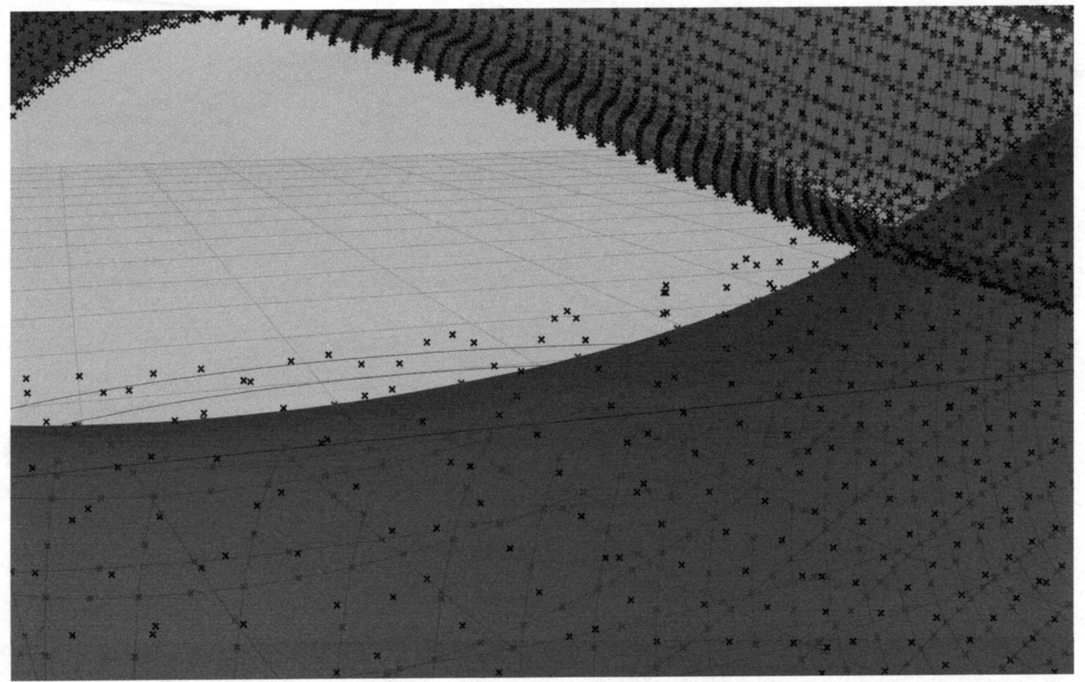

Point on Curve

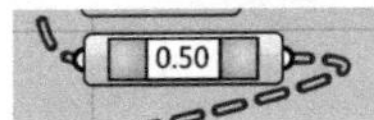

这个运算器就是将曲线区间重新定义到 0 到 1 之间，然后通过滑动的 t 值得到曲线上一点。在 GH 中有相当一部分运算器的功能可以通过常用运算器的组合替代，同时任何一种算法逻辑其实都是可以被其他逻辑替代的。

A 提取细分后曲面的 4 条边线。注意每 4 条边分为一组。

B 提取每条边的首末两点。

C 提取每条边的中点。滑动值 =0.5。

D 将 C 提取的点向曲面投影，得到投影点的曲面 UV 坐标。

E 通过 UV 坐标得到曲面上此点的法线方向。

F 给这些法线方向赋予一个长度值，生成各自方向的向量。

G 使这些点沿着这些向量移动。可以看到这些点从曲面上升起。

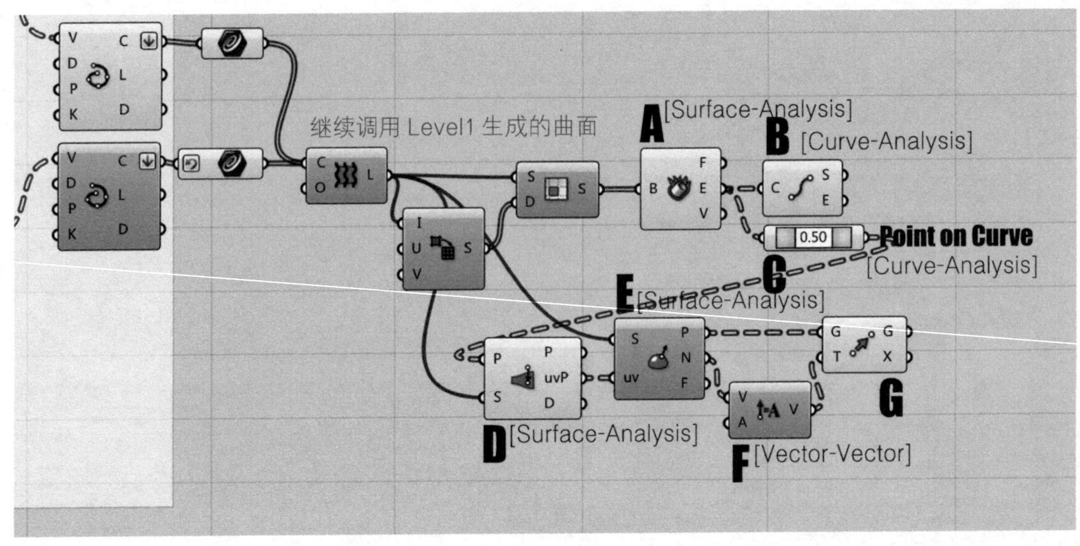

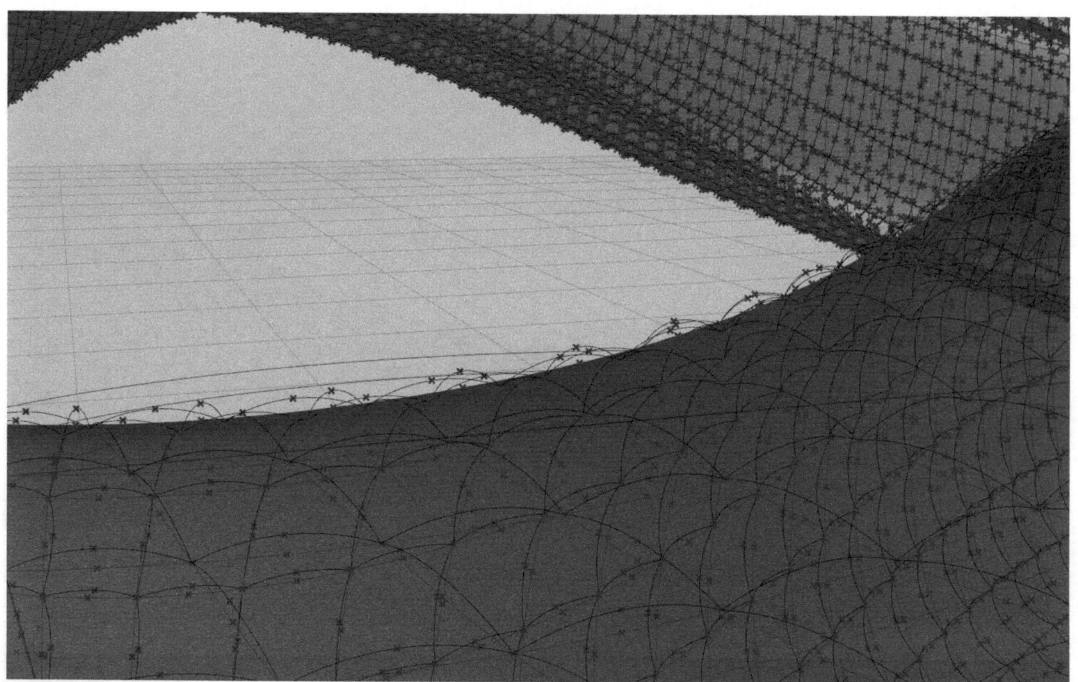

Tips 多章节知识点结合，训练效果更好。

到这个阶段，大家已经能够感受到 Part B 树形数据部分知识点的重要性。因为一旦涉及逻辑的细节编写，就一定会出现分组，也就会相应的出现多级的树形数据。所以如果有朋友觉得操作困难，可以再回顾一下 Part B 的 Level 2 ~ Level 3 吧。相信回过头来再看这套算法就会简单很多。另外本节中运算器 F 的 A 端就是预留的单元变量输入端。这个表皮一样可以植入"干扰"体系的思维，让每个构件发生变化。所以大家可以试试给这个逻辑追加一组变量参数，如果觉得有困难，可以温习 Part A 的 Level 3，相信会找到共鸣。

H 通过 Graft，把每条边的起点、升起的中点和终点归为一组。每组只有这三个点。

I 通过 3 点画弧生成空间圆弧。注意此时虽然每组只有一条曲线，但却是二级树。其中第二级将每个细分曲面的 4 条边分开。

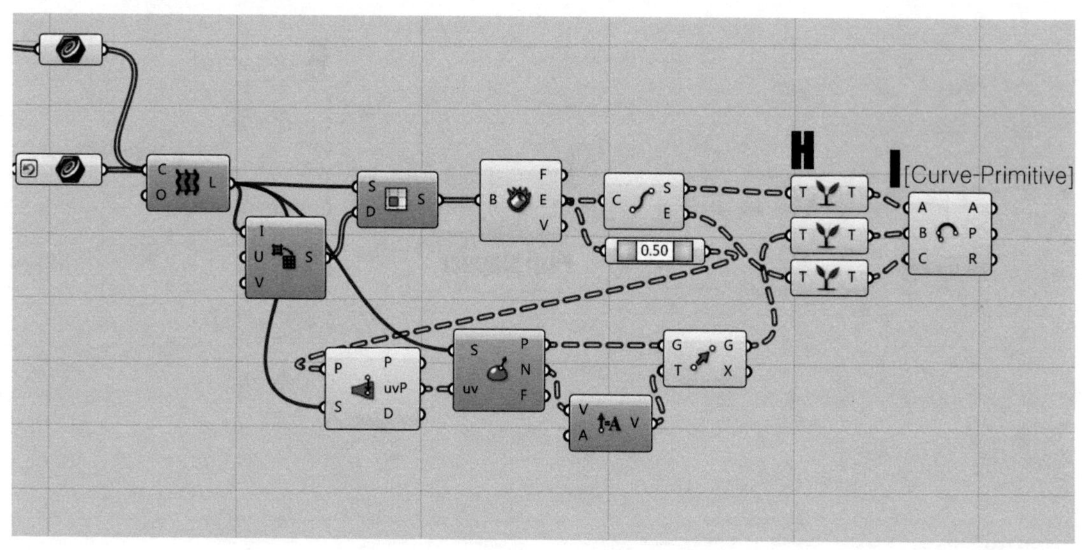

Path Mapper
[Sets-Tree]

对于 Path Mapper 的应用，大家可以通过 Part B 的 Level 4 加深对它的理解。这个运算器在未来的拓展章节会被反复地涉及和使用。可以说 Path Mapper 的存在使"树"完全活了过来，复杂数据结构的转化，在这里都可以解决，所以非常值得重视。习惯了之后，大家就会觉得树形数据是一种非常神奇的通道，它可以随时随地帮助我们调用我们想要的内容。这个时候，我们看模型的思维结构也会发生些许的变化，意识的层级更高，思维更接近计算机的逻辑，效率自然也就提高了。

J 通过 Path Mapper 将第二级树上的 4 条曲线合并为一组。

K 通过 4 个 Item 分别抽取 4 条边线，i 端分别输入 0，1，2，3。

L 通过 4 条空间弧线绘制一个曲面。

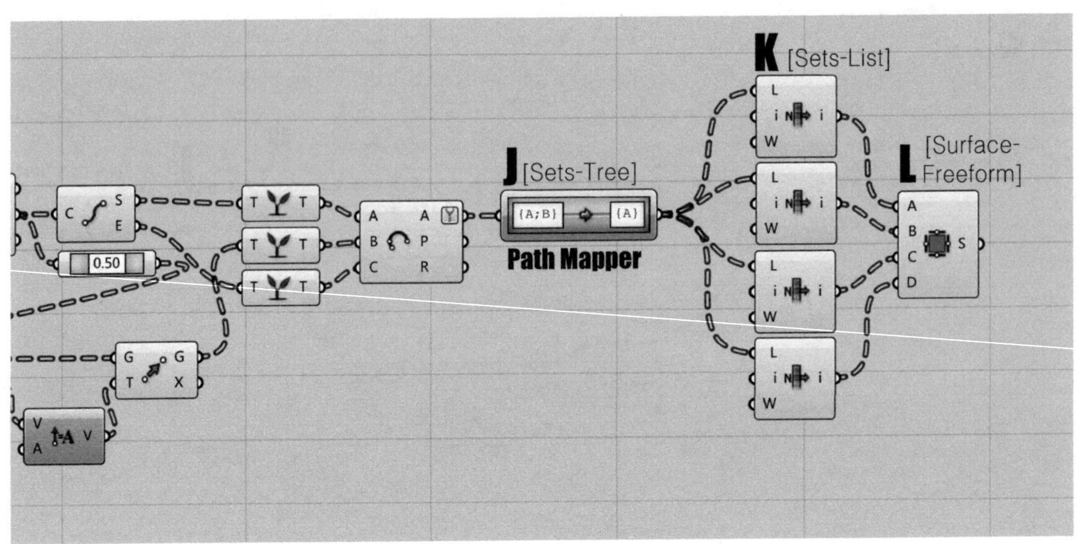

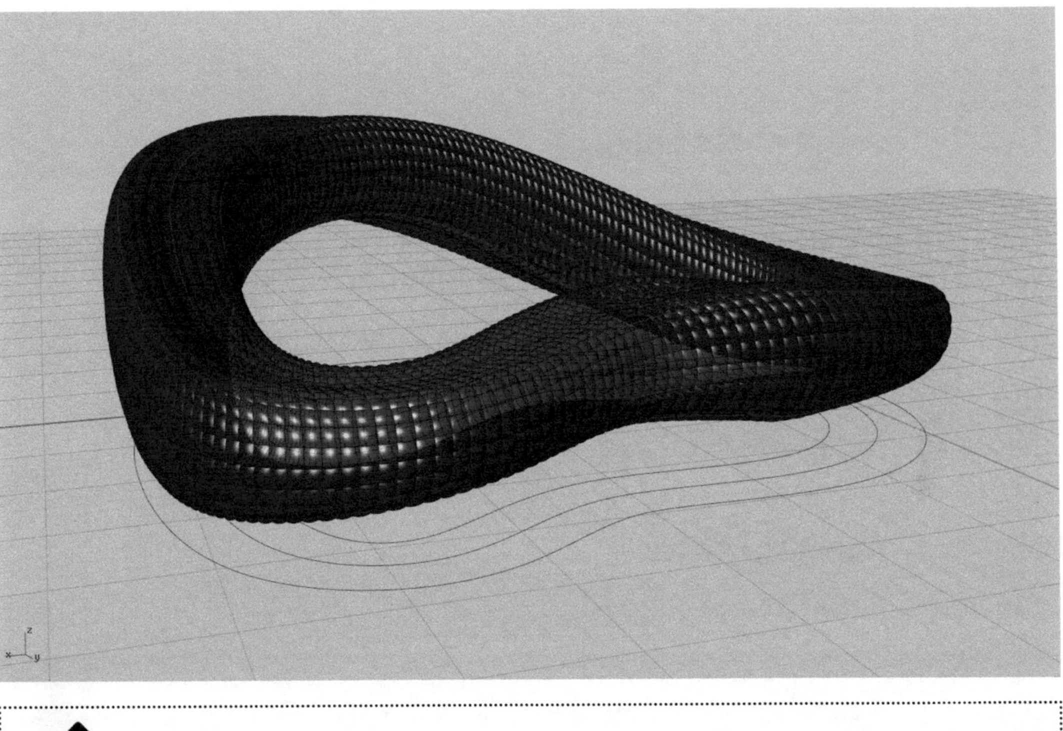

Note

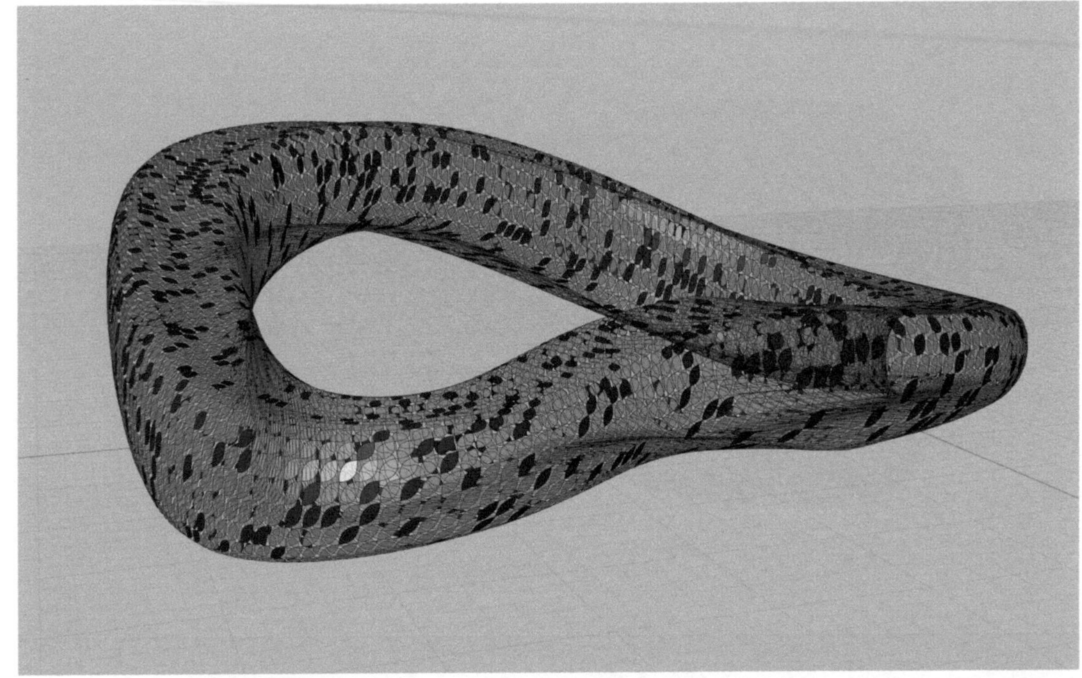

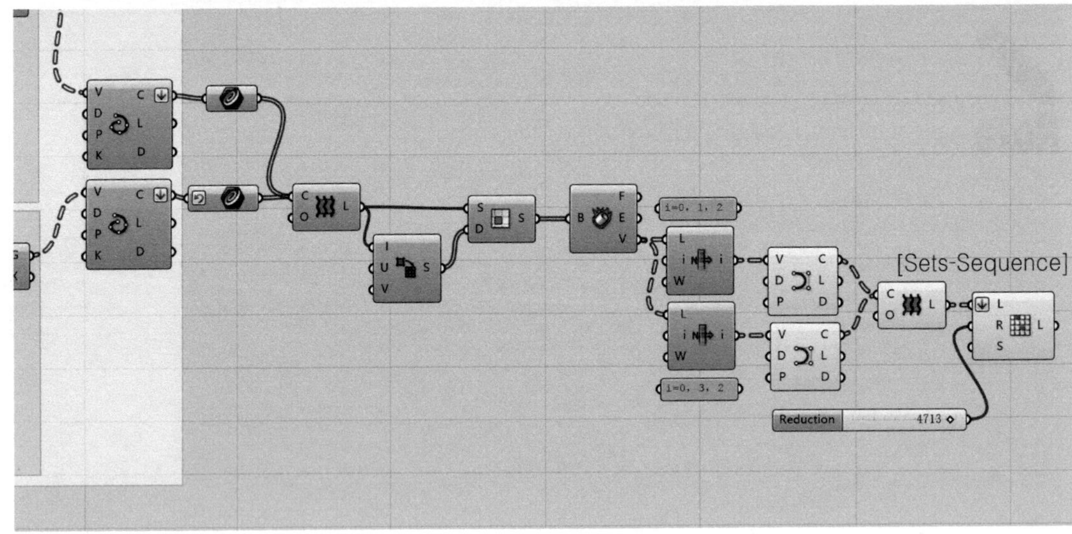

接下来我们再列举两个逻辑算法，其中都是之前用到过的运算器。通过简单的重组，得到完全不同的表皮效果。请大家自行按照 GH 图编写，也可以局部做些改动实现新的效果。

像 Part A 中所提及的，逻辑算法的优势是可以嫁接、重组。通过对逻辑不断地深化和思考，来一步步拓展创新，一步步地接近我们想要的结果。在这个过程中，设计师从框架空间开始入手，层层深入地挖掘、编写，一方面用数据实现对全局的把控，一方面用逻辑指导细节的生长。我们会发现，思考的时间会远远大于动手操作的时间。这才是参数化设计带给设计师们最美好的礼物。

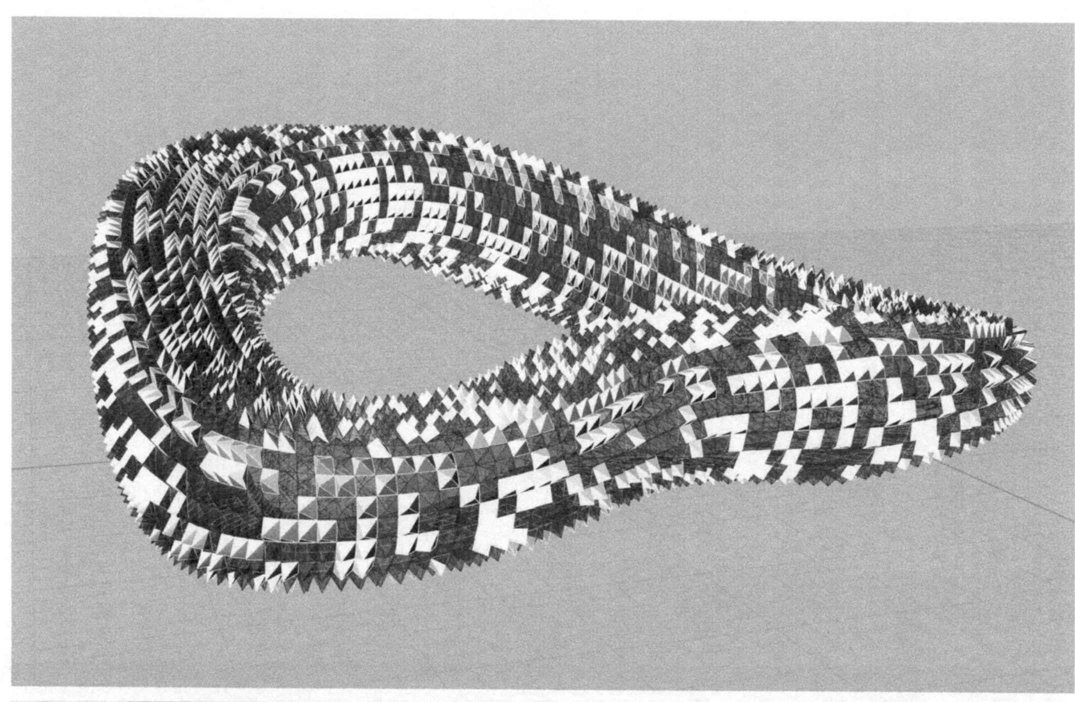

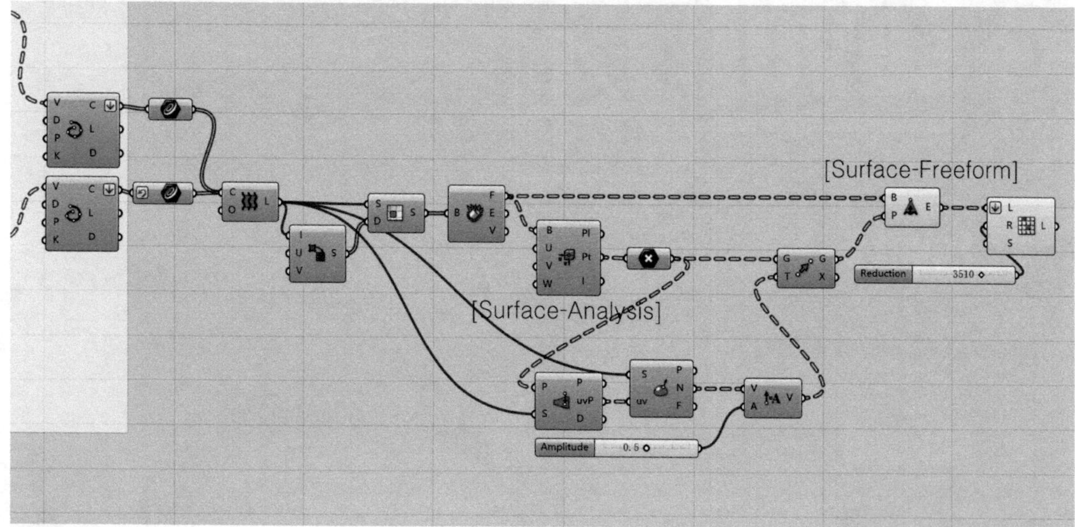

Summary

本节中所涉及的曲面空间构件编写过程，是我们在实际项目和方案设计中所惯用的思维和方法。借助曲面的空间参数和树形数据法则，实现在同一逻辑下，同时编写形态各异的空间异形体。除了最终的构件以外，编写过程中涉及的控制线、控制点，其坐标参数对于实际项目的建造具有重要的定位作用，是将其实现的数据基础。所以我们强调，这个过程的每个步骤都要完整，要清晰，要分步控制。只有这样才能让我们的设计和逻辑具备实现的可能性。

提升训练

Level 1

Level 2

Level 3

Level 4

Level 5

Level 6

有了对曲面设计的基本了解，我们来模拟一个简单的实际项目案例。这组简洁的双螺旋坡道设计出自于西班牙建筑师 Beaza 之手，体量简洁，但却颇具空间魅力。本节我们就借此空间模式做一次拓展性的实践练习。

"母线设计"方法，线组集群控制。

Surface Design
曲面设计

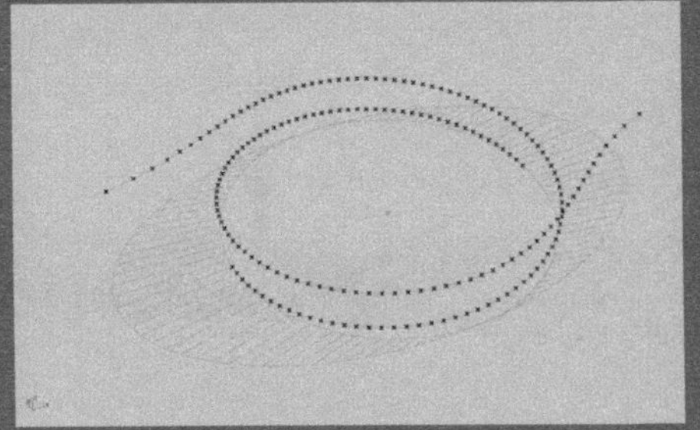

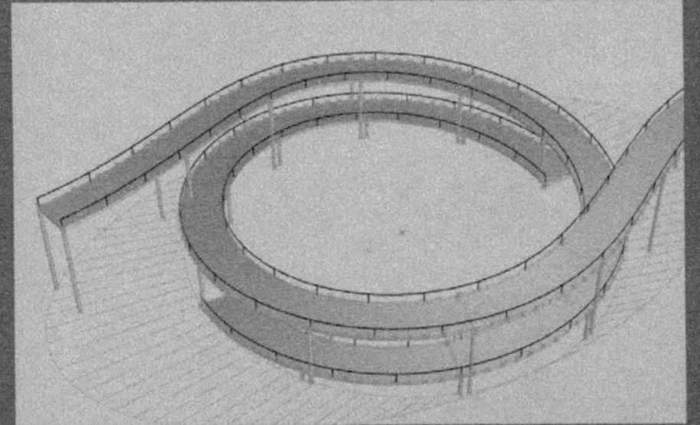

训练目标：

初级标准：

能够根据教程的提示完成案例，并理解本单元阐述的建模算法。

中级标准：

能够默写这些算法，并理解其中每个运算器的运算含义。

升级标准：

能够清晰地给他人讲述整个逻辑生成过程，并对每个运算器输出的数据结果完全掌握。能够自主改写这套算法，设计出自己理想的坡道或流动空间。

Part C

母线设计

所谓“母线”是指反应空间本质的一条或几条曲线。比如眼前的这个空间，如果我们只用两条线来描述它，那大家一定会很自然地想到两条空间交错的弧线。这两条线其实就是这个空间的“母线”。

“母线”设计是我个人多年来一直沿用的一种曲线设计方法，它强调的是用最少的曲线去表达建筑的空间形态。因为这样的思考方式会提醒我不断地将语言纯净化，极简主义也好，去装饰化也好，如果我们能用一笔去表达更多的内涵，这理应是智者所追求的方向。“母线”就是这样的一笔，虽然只有一条线，但却表达了空间核心，也是来阅读这个建筑的人们最后能够记住的那一笔。所以母线的确定往往需要很长的时间，包括一些功能和形式上的推敲和分析，它可不是信手拈来的一笔，而是对空间生成之前所有工作和思考的总结。一旦母线确定，设计几乎就完成了三成，剩下的所有线条都可以围绕母线去生长，直至形成一个完整的建筑空间。

本节特别感谢 Beaza 的这个设计，能向我们非常直观地诠释这一点。接下来，我们就来一起编写一套由此联想开的双螺旋坡道生成逻辑。

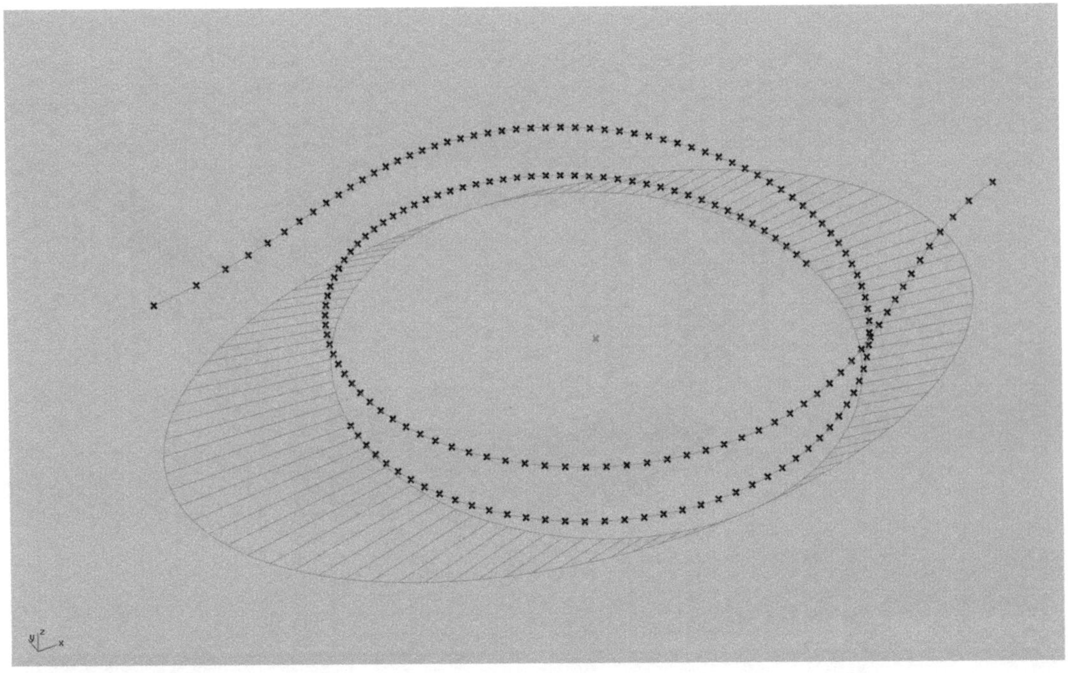

首先是母线的找形工作，我们要通过动态的参数模型来定位这组双螺旋母线。注意因为曲线的形式不同，这次我们找形的逻辑也有变化，其中最关键的是坡道顶点的曲线如何向外椭圆展开（原作中是切线）。我们尝试让母线以一种自然的弧度慢慢展开，所以这部分的找形工作就需要 Graph Mapper（运算器 G）的介入，拉动面板上的控制点，我们可以自由地调节曲线的形态。要特别注意的是 x 坐标区间的设置，最小值 0.8 决定了曲线在哪个位置上开始向外椭圆展开。另外，运算器 B 对曲线的细分数量要适度，数量少了曲线控制不足，数量多了会有突兀的形变。

A 绘制一组同心的正圆和椭圆作为几何参考。

B 等分曲线的坐标点，作为生成母线的控制点。

C 将正圆和椭圆的等分点连线。

D 循环数据列表，使其数据长度和 G 提供的 t 值数量吻合。

E 在这组连线上绘制一组由动态 t 值提取的点。

F 为 G 提供一组有指定数据长度的等差数列作为 X 轴参数。

G 通过函数曲线改变 X 轴数列的递增关系。

H 连接向上移动后的两组点，绘制两条曲线。

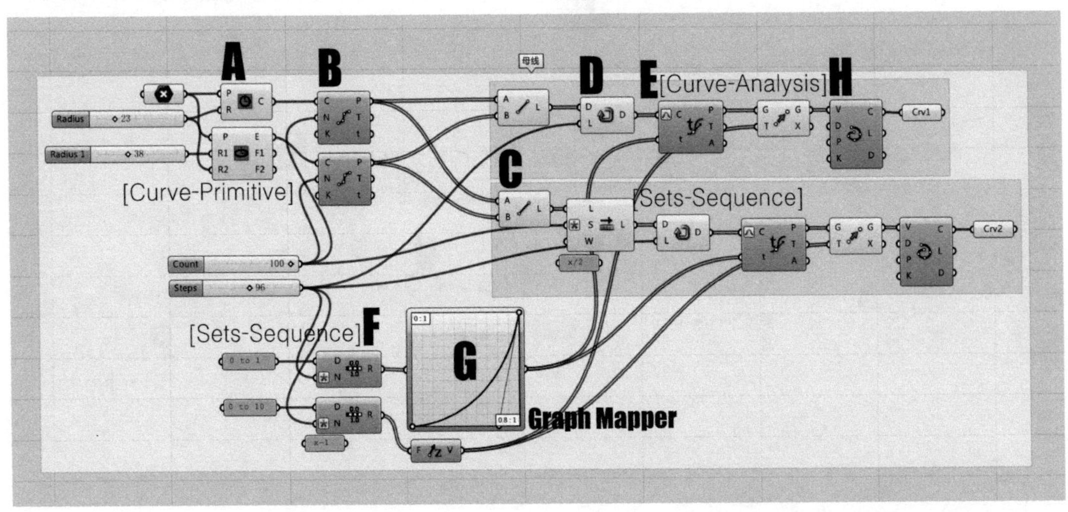

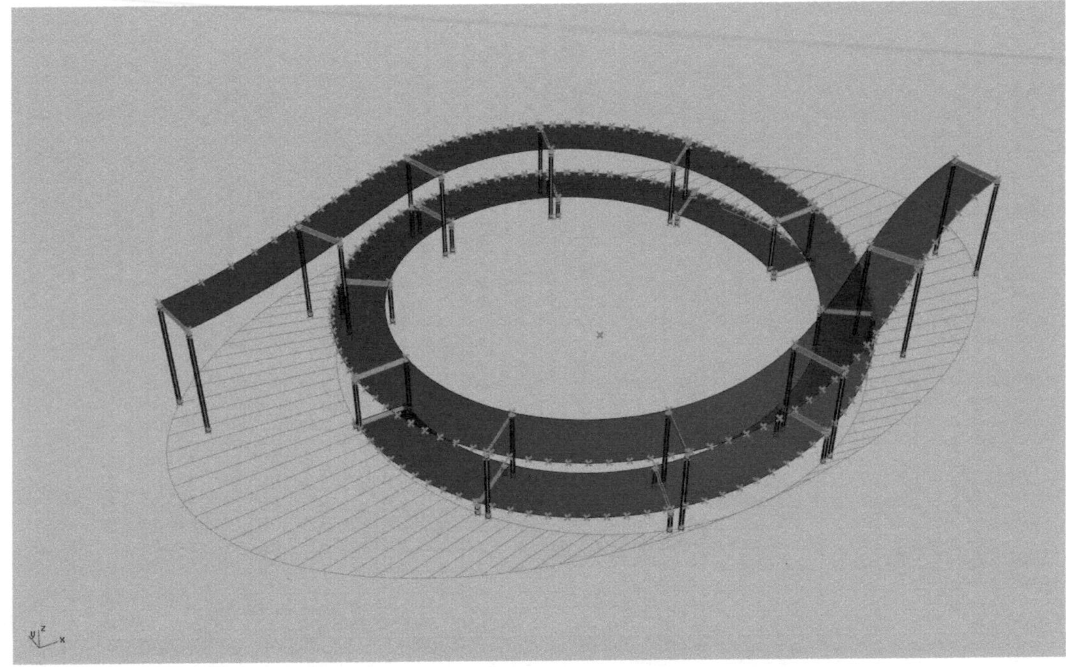

有了母线，就有了最基本的空间参照。之所以称其为母线，是因为它在 GH 中是我们接下来所有子线生成的数据源头。一切都参考于它，一切又都在强调它。这就是母线设计的核心思想。对于这个坡道而言，它的栏杆、弧梁、柱子的高度、坡道的坡度都要由这两条双螺旋曲线来确定。所以有的时候把母线看作是空间的定位轴线也不为过。它的价值越大，意义也就越大，定位它的工作也就越重要。这一点，大家日后一定会在实践中有更深的体会。

I 将两条母线向内偏移出坡道的宽度。

J 将原曲线和对应的偏移线归为一组数据后放样出坡道。

K 通过 UV 细分得到曲面细分点，U=1，V=10。

L 改变数据结构，使 U 方向两点分为一组。i 指代列表序号。

M 连线曲面 的 U 线，向下拉伸生成坡道的梁。

N 将曲面的细分点移动至梁下。

O 通过 xyz 点坐标的修改，将细分点移动至地平高度。

P 竖线连接细分点和地面对应点，根据竖线再生成圆柱。

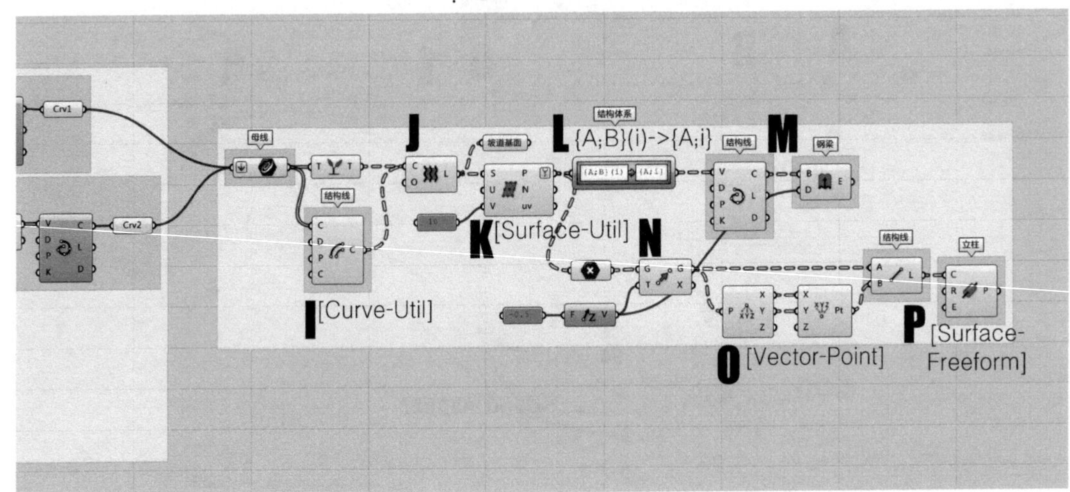

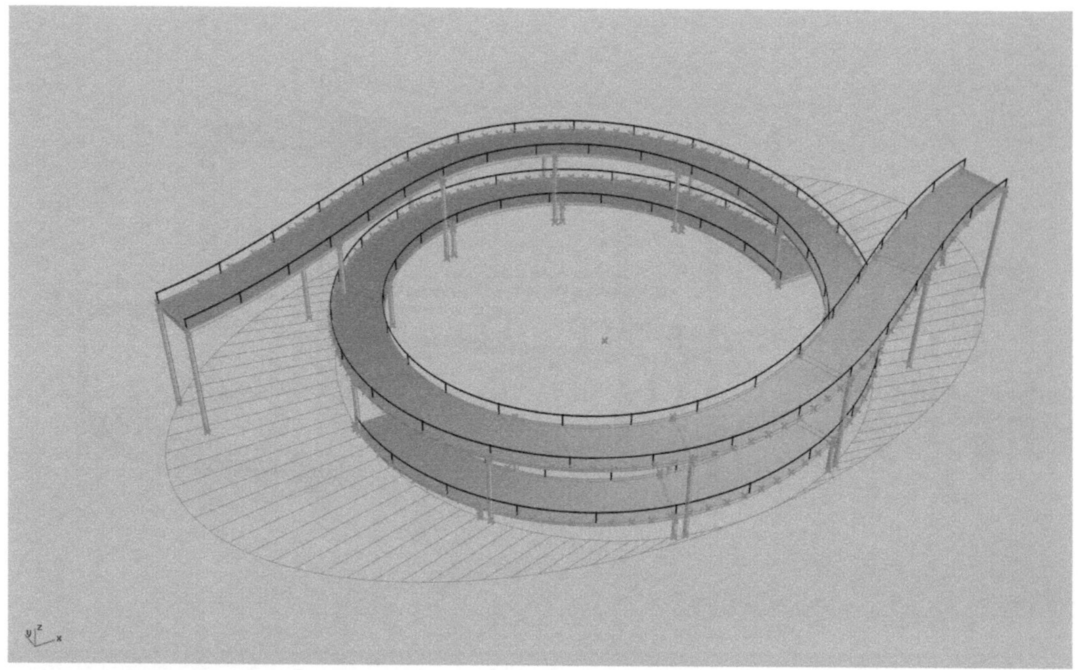

部分子线从母线基础上求得之后，会成为下一级别建模的重要参考。这样在次一级的空间体系里，就出现了次一级的〝母线〞。在逻辑编写过程中，随着建构体系的层层深入，我们需要即时地标注这些重要的生成线，方便我们随时识别和调用。

最后我们需要将逻辑中所有的生成构件做必要的文字标注。然后将它们 bake 到 Rhino 不同的图层里用于渲染。

Q 将母线向内侧偏移到栏杆所在的位置。

R 向上移动至栏杆高度。

S 等分栏杆上下两条基准线。

T 连线得到竖向支撑并生成圆管。

U 向下拉伸出扶手高度。

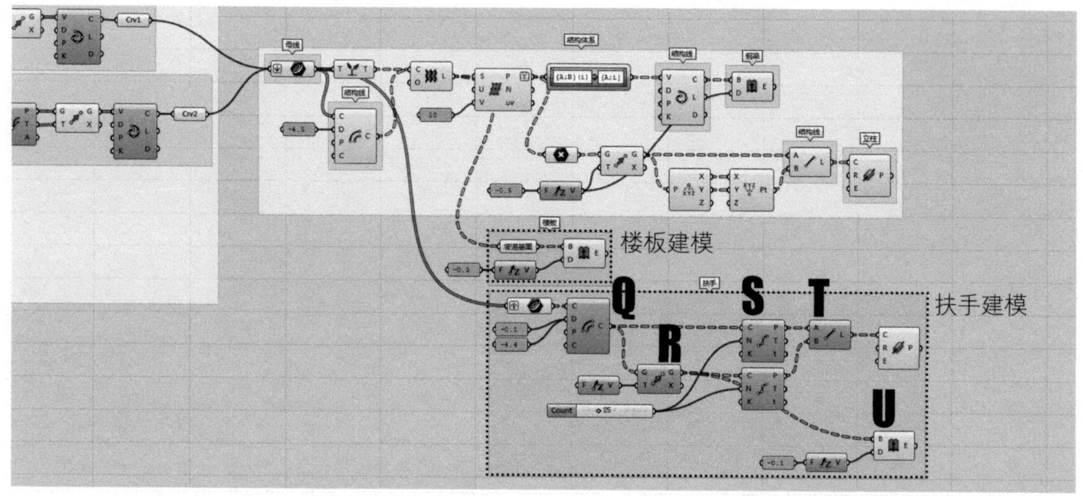

Note

Thanks to Beaza

Summary

母线设计带给我们一种曲线设计的思维方式，它的优势是可以将空间形态描述推敲得更加清晰，更加贴合实际，同时又能让空间里的数条曲线找到一个共同的旋律来表达同一个核心思想。这实际上是对曲面异形空间的一种整理和优化，所以在这里推荐给大家，不妨一试。

本节的内容是对母线设计思维的一个简短总结。对于复杂、灵动的空间曲线，我们如何将其用于自己的设计之中，让它们按照我们的思想去流动、去编织，这一直是所有曲线设计所需要思考的核心问题。当然，了解它的函数算法是其一，抓住母线的控制脉络是其二，还有更重要的一点是我们自身对设计的感觉。有句话讲："做曲线，不可以不美。"无论是生成也好，找形也好，对于最后的设计结果而言，除了满足功能，"美"其实是必要的条件，也是我们选择这种建筑语言的缘由。所以大家千万不能忽视自己对美学素养的培养。

提升训练

Level 1

Level 2

Level 3

Level 4

Level 5

Level 6

在这一节，我们要尝试一些更加复杂的逻辑操作。比如如何来对一组曲线实现集群控制，如何利用 UV 区间对曲面进行更加灵活的细分操作等。这些内容都是对本章知识点的拓展和深入理解。希望能够帮助大家发散思维，在已学知识点的理解和探究中挖掘创新的突破口。

线群控制，UV 区间控制。

Surface Design
曲面设计

训练目标：

初级标准：

能够根据教程的提示完成案例，并理解本单元阐述的建模算法。

中级标准：

能够默写这些算法，并理解其中每个运算器的运算含义。

升级标准：

能够清晰地给他人讲述整个逻辑生成过程，并对每个运算器输出的数据结果完全掌握。能够自主改写这套算法，设计出自己理想的曲面空间。

Part C

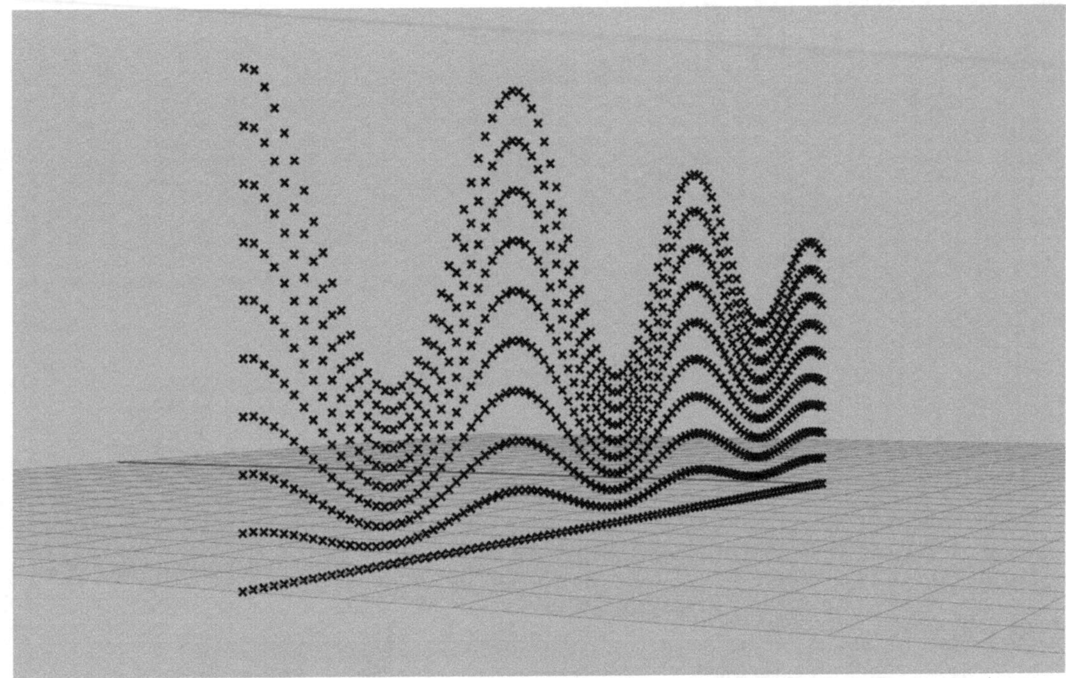

下面是大家已经熟悉的找形算法，稍有不同的是这里植入了树形数据。Series 运算器为我们提供一组等差数列用于放大细分点向上移动的倍数。这样 Graph Mapper 就可以同时控制 10 条曲线形态，看起来更像是在控制一个曲面。改变函数曲线的控制点，我们看到生成的曲线点群发生相应的动态变化。当然在这一步，我们也可以不用等差数列，而是在后面追加一个 Graph Mapper 使其变成一组更富有变化的函数数列。这样生成的线群，就不会很均质，会出现局部密集、局部宽松的情况。大家可以尝试去改变。

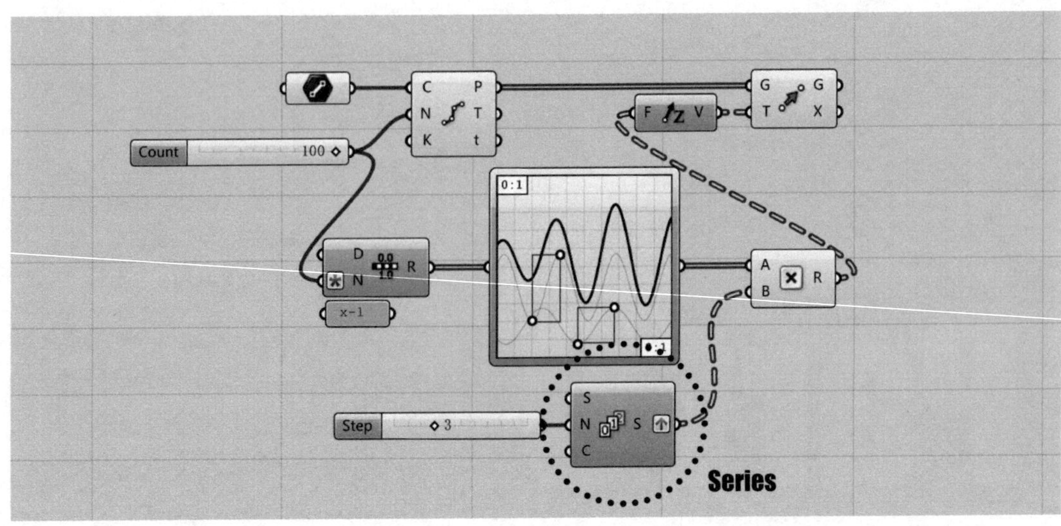

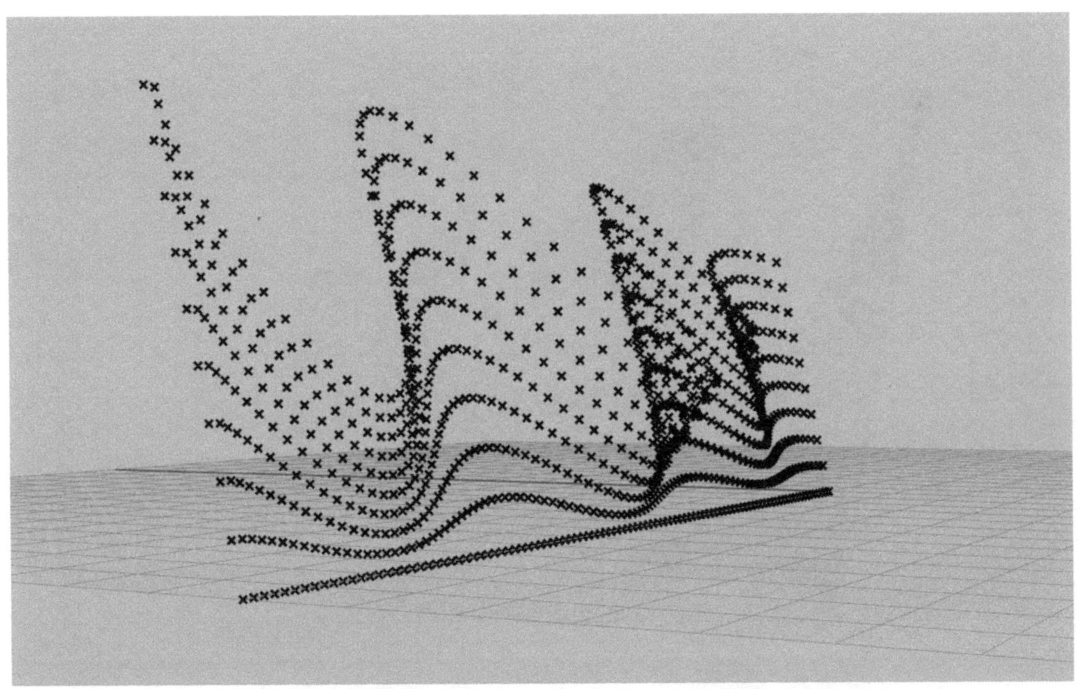

接下来，我们为这组曲线点群增加另一个维度的变化。复制一个新的 Graph Mapper，使原本沿 Z 轴升起的点群再向 X 轴移动一次。这时，两个曲线面板一个控制高度变化，一个控制立面凹凸。注意新生成的数据流，要和之前的数据结构保持一致，并且尽可能地利用原算法中的已有参数。比如 Serise，虽然可以为新的数据流另起一组等差数列，但这样会导致我们之后在改变其中一组 Serise 数据长度的时候，另一组无法出现数据联动的现象而产生逻辑 bug。所以在没有必要单独建立参数的时候，尽量少地大量复制或新起运算器是个好习惯，可保证逻辑的简洁性和数据的联动性。

Note

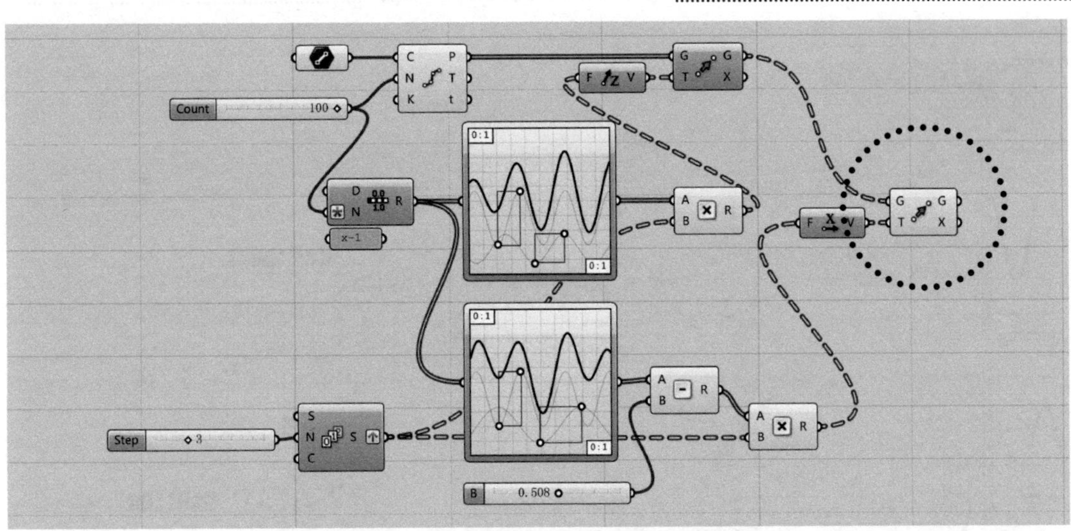

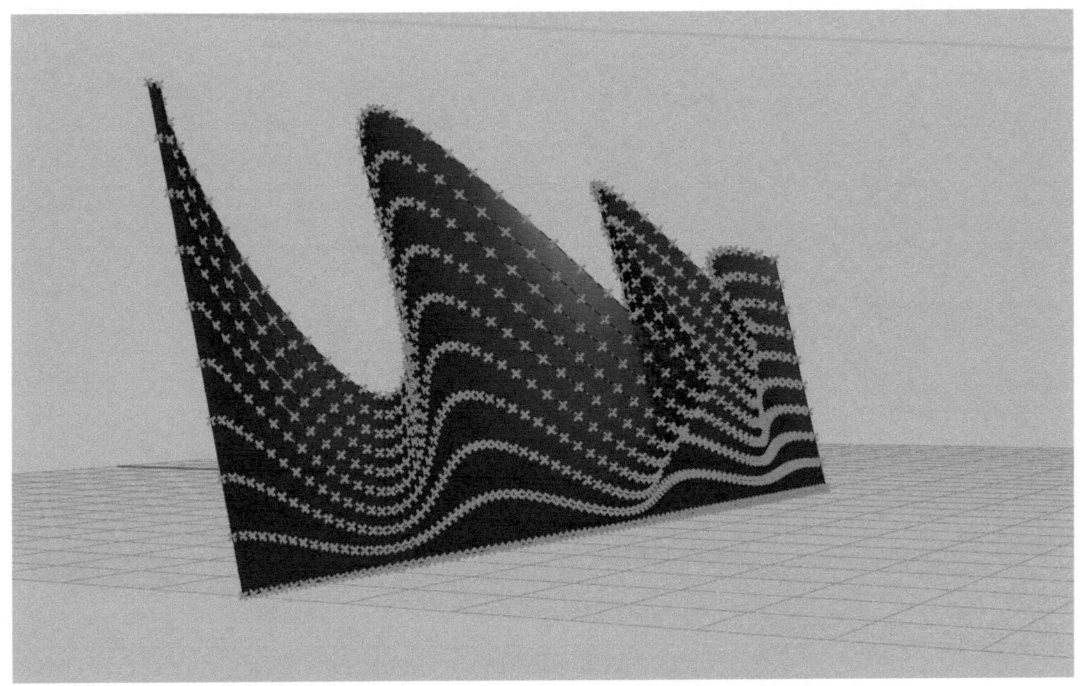

放样是大家已经比较熟悉的操作了，这里采用了分段放样的逻辑，其实和之前有很大的不同：这里通过运算器 Shift List 和树形数据使临近的每两条曲线单独放样，这样生成一段段的曲面，而不是一个完整曲面。这样做的原因是接下来我们要做曲面的细分，而一个完整面细分后的 U 线会和我们之前找形生成的线群有很大的出入。而我们的初衷是希望细分后的构件能贴合之前的线群形态。所以这里我们需要生成 9 条带状曲面，这样才能保留它们各自的边缘线，也就是之前定位用的线群。注意线群拍平后用运算器 Cull Index 删除第 1 条线（I=0），然后 Graft；运算器 Shift List 把数据顺序上调一个位置（S=-1），W 端选 False 取消循环再 Graft。这样合并正好 9 组曲线，每相邻两条曲线都是一组。

Note

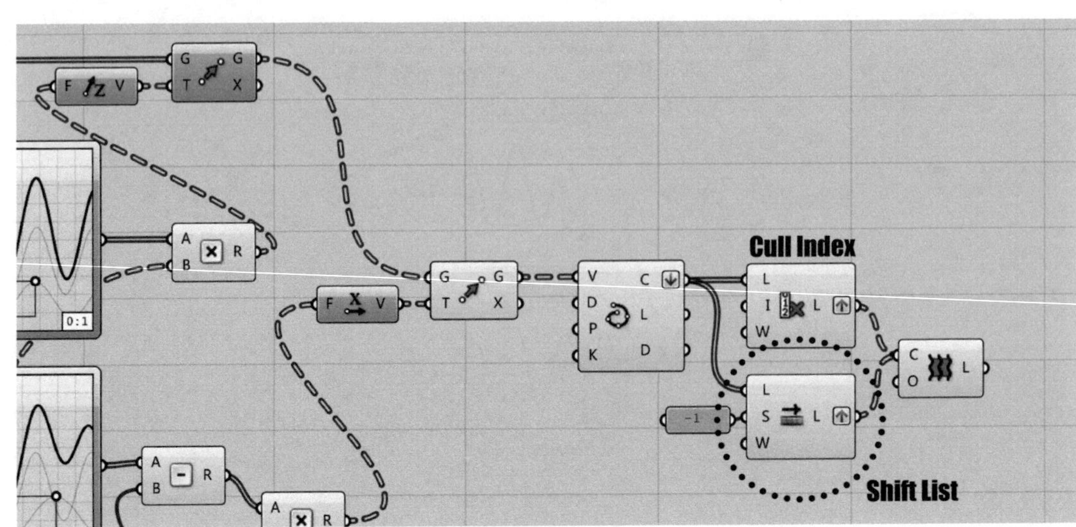

曲面细分的原理我们应该已经了解了，现在通过这个案例演示一下 UV 的进一步调试。运算器 Isotrim 需要我们给它提供曲面的 UV 的区间来得到曲面碎片。运算器 Divide 可以为我们提供一系列细分后的区间，这里我们将这些区间统一拆分成 U0、U1、V0、V1 四个值，通过基本加减法调整它们，再拼合回各自的二维区间。这样 Isotrim 得到的新区间就不再是简单的等分了。它们可以相互交错、咬合，甚至脱离。所以二维区间也是可以自由编辑的，控制了它就可以在曲面上阵列各种模式的碎片了。注意曲面的区间重定义 Reparameterize，只有将 UV 都定义到 0 to 1 之间，才更容易通过参数控制它们。Slider 也不要太多，能统一控制的尽量统一。

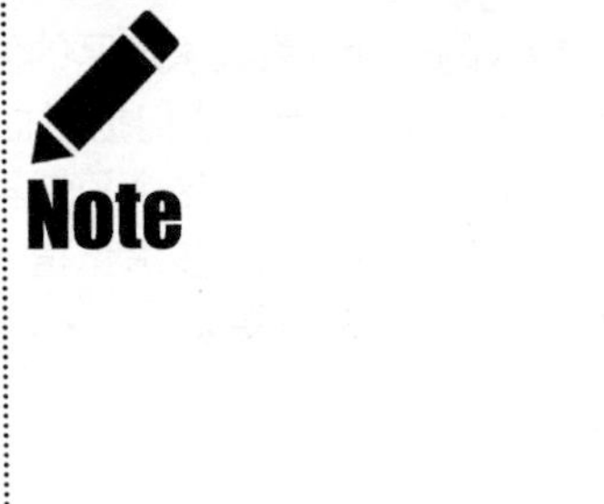

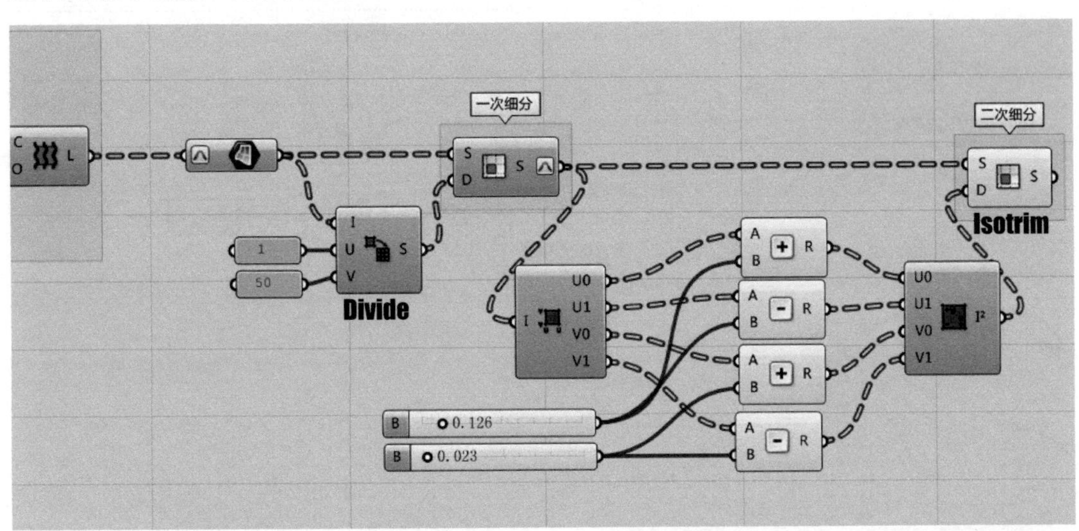

构件的设计就看大家自己的发挥了。通过线群找形，UV 控制，我们把对曲线的控制加深至一个新的层次。在这个领域里，以往所有的简单逻辑都可以进一步深化植入进来。值得探索和重组的逻辑就更多了。

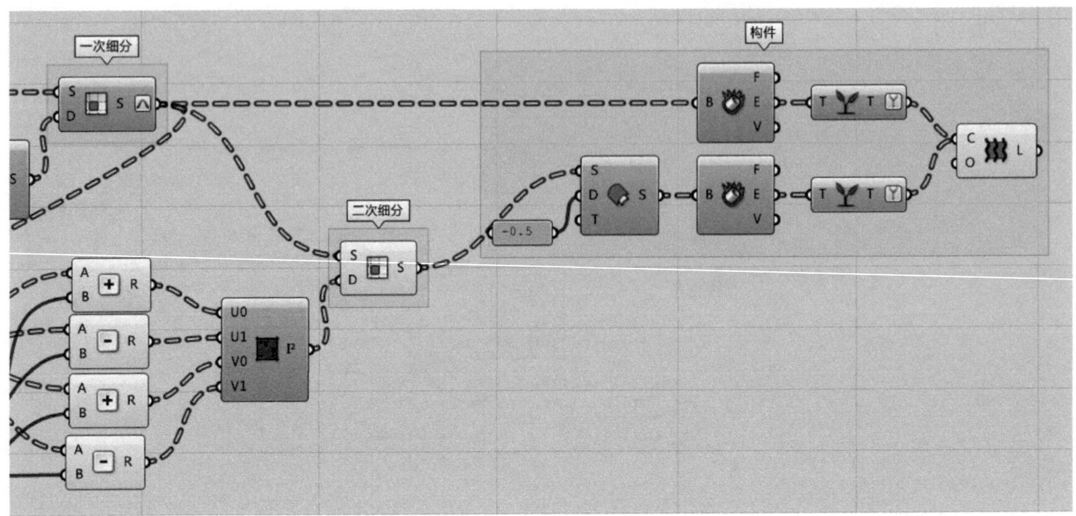

两个经典题目，供大家思考。怎么通过UV控制实现？

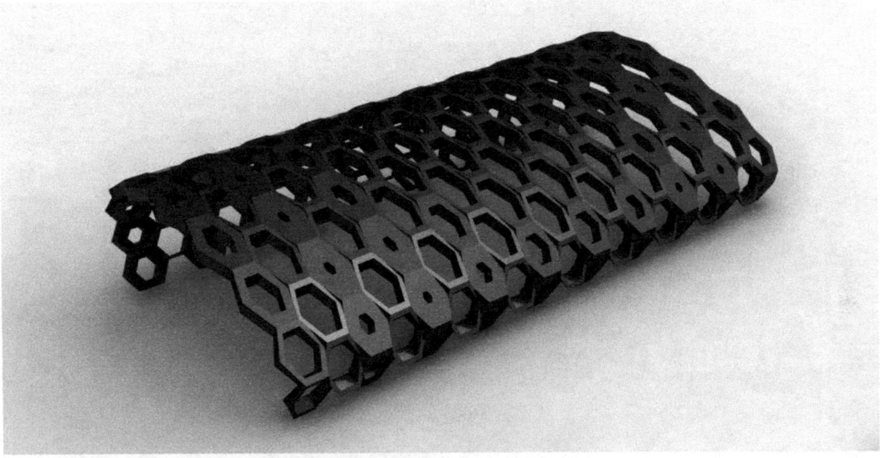

Summary

在GH的逻辑里，不从UV出发是很难走得远的，母线也好，结构线也好，我们一直通过控制点生成控制线，再放样出曲面。在这个过程中我们会不经意地发现，其实我们不单单是在设计曲面的形态，更多的是在关注曲面的结构（UV），因为这样可以使我们的设计更容易被实现，这也是设计师应该考虑的最基本要素。不过好在通过逻辑生成的曲面，我们一定知道它们是怎么来的，也就一定找得到它们的基础参数，从而定位它，实现它。

技能闭合

Level 1

Level 2

Level 3

Level 4

Level 5

Level 6

Part C

Surface Design

曲面设计

再来尝试一次曲面设计吧，
这次真正地理解它，运用它。

它是空间里最灵动的元素，
也是建筑语言中最感性的表达。

谁说它只是浮夸的造型，
谁又说它无法兼顾功能的实用性?

参数化就给予你一个合理的答案。

在曲面设计的过程中，
每个人都会看到不一样的风景。
而正是这道只属于你的风景，
才决定了你的魅力所在。

NCF 期待着你的作品!

Part D

Logic Optimization

逻辑优化

生成逻辑和我们解决问题的思路很像，有时候我们会把简单的问题想复杂，有时候我们也无法一眼看清复杂表象下的简单本质。所以对编写一个参数模型而言，将其实现是第一步，然后就是读懂它，看清它，反思是否有更多的可能性去增强它的功能，或是简化它的生成。“逻辑优化”并不是基础思维，但却是让我们走向远方的必经之路。就像传统设计创作过程中，我们总是很难达到设计的深处，这并非是因为缺乏钻研探索的能力，而是因为我们的初衷不够清晰，设计的初级思维还很杂乱。所以我们需要把那些糟糕的思维和习惯踢出我们的脑海，优化初级逻辑，只留下最清晰、最初始的模式和语言。这样，方能前行得更远。

在 GH 中，实现同一个模型结果有太多的方法。这些逻辑中有的复杂，有的简单，但也并不是简单的就一定是适合的。我们强调“逻辑优化”，是为了找到最适合的方式去恰如其分地解决我们的设计问题。当然这里还是有一些基本的原则和方法的。本章我们就来逐级探讨各种逻辑之间的比对和优化，希望能帮助大家建立起一套“逻辑优化”的思维。

优化这个概念是近几年提出的，随着越来越多的 GH 高手问世，再复杂的肌理都可以很快地被模拟出来。而在这个时候，一些朋友开始关注逻辑的简约性。我也留心总结了一些常规的优化思路和规律。其目的，一方面是让计算机运算得更快，另一方面也为了看清它们的算法本质，既可以加深理解，又方便将这些内容分类。它还能不能再简洁一些？这始终是一个非常有诱惑力和挑战性的问题。

Level

1 理解数据联动的意义，让变量更加清晰；

2 了解逻辑优化原则，减轻计算机运算负荷；

3 合理利用树形数据，避免重复性操作；

4 “最小单元”思维，挖掘更简洁的生成逻辑；

5 清理重复数据，获得最干净的结论；

6 逻辑打包，封存你的能力！

提升训练

Level 1

Level 2

Level 3

Level 4

Level 5

Level 6

理解数据联动的意义，让变量更加清晰。

首先，我们要规范编写算法的习惯和思路。一个好的习惯，会帮助我们轻松地避开许多思维的黑洞和泥潭。要知道在头脑晋级的过程中，很多数据结构复杂的算法理解起来需要花费头脑中大量的 ATP，在这个过程中，一个数据出现问题，或是忘了该接入哪个输入端，可能一段未搭建好的逻辑就无法完成了。本节作为优化思路的开端，就是要避免这些悲剧发生。

Logic Optimization
逻辑优化

Part D

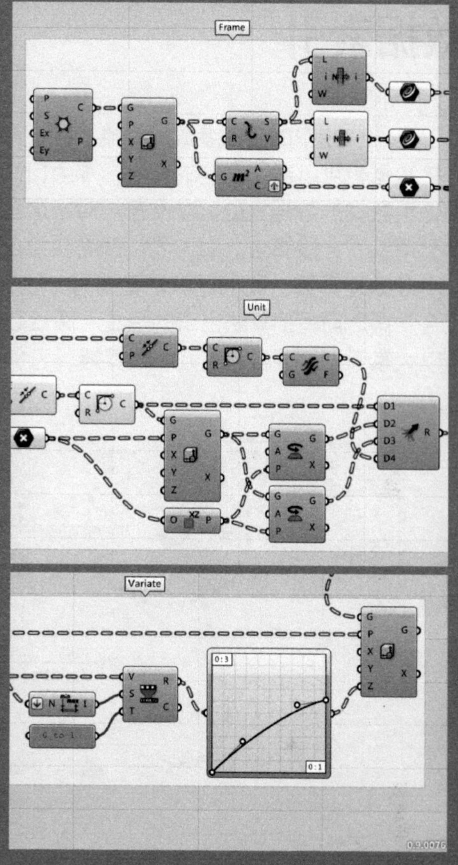

训练目标：

初级标准：

能够根据教程的提示完成案例，并理解本单元阐述的优化思路。

中级标准：

能够默写这些算法，并理解其中每个运算器的运算含义。

升级标准：

能够清晰地理解并给他人讲述这些基础操作的用意。能够根据实际情况有选择性地将这些操作应用于新的算法编写过程中。

数据索引

下图圆圈中的这些参数运算器，并不具备运算含义。也就是说没有它们的话，前后运算器直接连接数据也可以实现完整的算法。那为何又要加上这些运算器呢？其中最主要的作用，就是提示我们这组数据的数据类型，以及它们对于这套逻辑而言的重要性。我们已经知道逻辑是可以拆解的，那么每编写一段算法之后，我们都需要为自己该阶段生成的结果做好标记，最简便的方法就是引出一个参数运算器。我们可以试着编写一段长度超过 30 个运算器的算法，然后隔一天再回来看。新人会觉得之前写的算法出奇的陌生，阅读数据就好像重新编写一样困难 。这就是没有标记的后果。所以大家千万不要吝啬这几个运算器，它们对于唤醒我们的记忆会起到很大的作用。

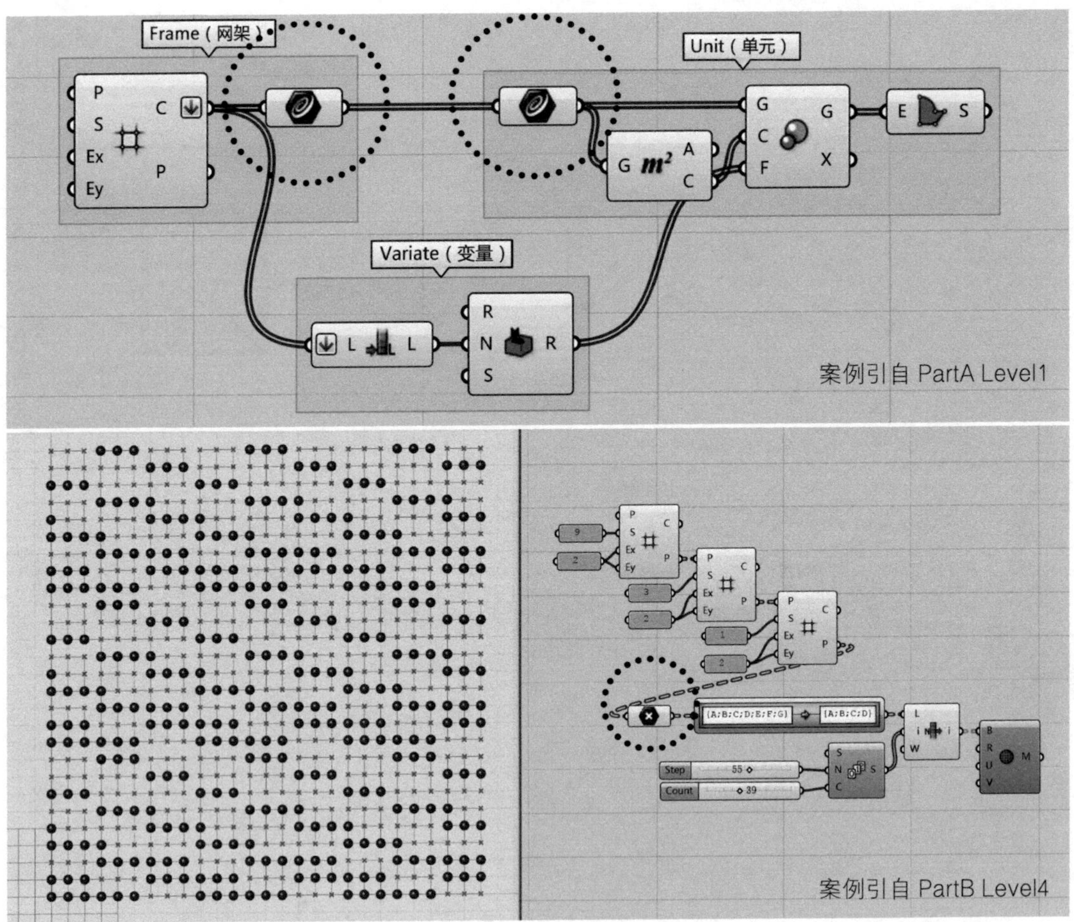

那一般什么地方需要数据索引呢？将个人习惯整理如下，供大家参考：

1. 一段算法的开头或结尾有重要输入或输出数据。
2. 某一运算器输出端很多，而其中一组数据是重要的输出数据，这时可以索引出来方便单独显示。
3. 一组数据需要分出较多个数据流，且输出的方向很多，很乱。
4. 前一运算器输出端内置算法不全，需要单独索引运算器，对其进行添加内置算法。
5. 前一运算器输出端数据类型不理想，需要索引指定数据类型的运算器，对其进行数据类型转化。

数据联动

数据联动的意思就是让有一定关联性的数据尽量联系起来。前一个数据改变，后续的运算器相应改变。如下图 A 例：List Length 的存在是为了读取上一个运算器数据列表的数据长度，然后传达给 Random 一共需要多少个随机数据。从逻辑上讲，SqGrid 生成多少正方形，Random 就应该输出多少随机数据，所以我们用 List Length 把 SqGrid 的 C 和 Random 的 N 关联起来。这样 SqGrid 数据长度一旦修改，后续的数据就都可以联动。不然就会出现 SqGrid 改变时，还要去 C 端读取数据长度，再人工修改 Random 的 N 的情况，这样就会很麻烦。在一个逻辑算法中，这样的数据关联非常常见，我们的原则是能够实现算法对接自然过渡的位置，都要用这种数据联动的方式使其关联起来。这样就可以使数据时刻畅通，易于修改。

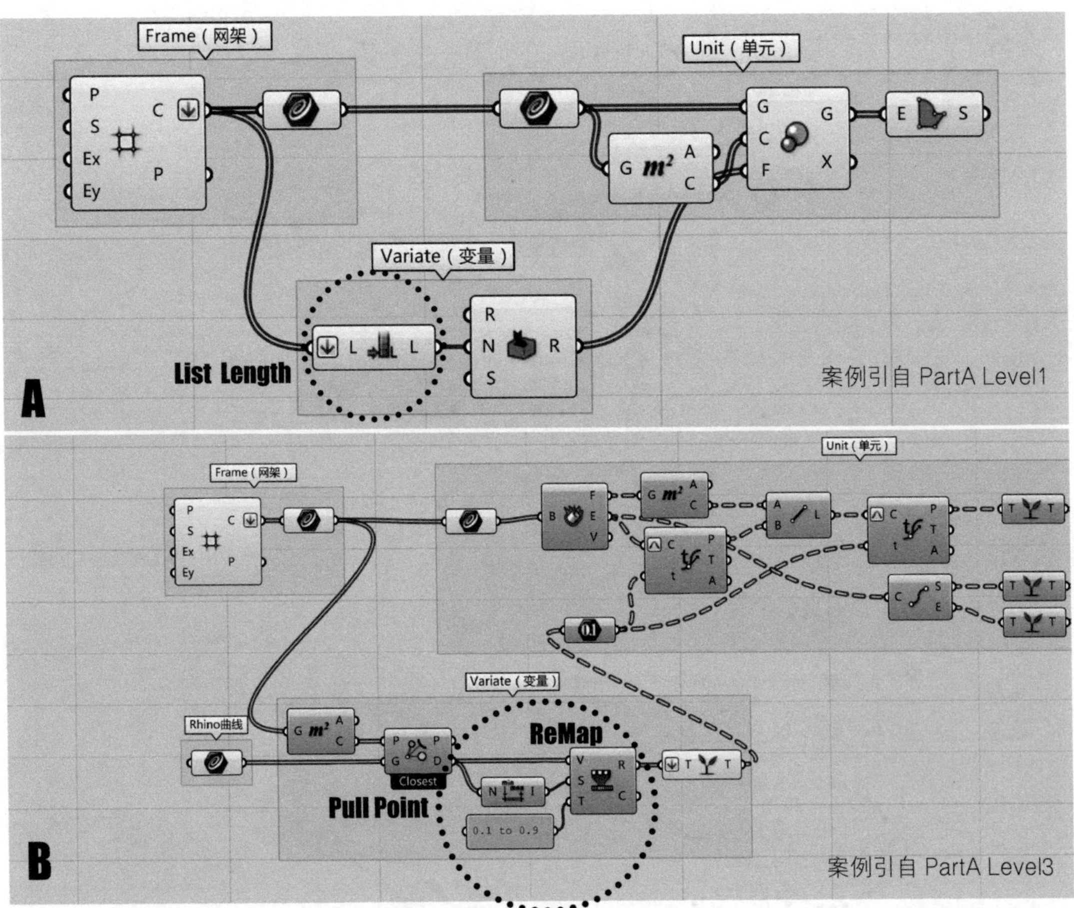

案例 B 这里也是又一种情况。在曲线干扰的逻辑里，一旦我们在 Rhino 中改变了曲线的形态，那么 Pull Ponit 求得的距离就会发生区间上的改变。所以这里用 ReMap 做了一个动态的区间的缩放。无论曲线怎么改，投影点的距离怎么变，最远点的距离映射到 t 值区间的时候都对应着 1（最大值），最近点距离对应着 0（最小值）。这样就会避免曲线变化后，出现距离区间浮动过大，需要手工修改区间的情况发生。

当一套算法调节起来简便了，自然会好用很多。对于数据联动，方法没有定式，种类也很多，需要具体情况，具体优化。不过如果我们在一套逻辑算法中因改动了某个数据而导致了 bug，就说明我们的数据关联性不是很好。这时就需要我们去思考怎么优化了。

精简变量

变量指的是算法逻辑中需要变化的参数，它和定量是对应的。在 GH 当中典型的变量运算器有 Number Slider、Graph Mapper、Point on Curve 等，这些都可以通过拖动控制点来实现输出数据的即时变化。可以看出变量往往用于我们对不确定数据的测试工作（比如找形）。在一套逻辑中，变量越少，其算法的功能性越清晰；变量越多，算法的适应性越强，但也越混乱。所以我们强调，针对算法的不同目的要对意义不大的变量输入端做适当的精简工作。没有必要变化的参数，不要随意连接 Slider；可以一起变化的参数，尽量使用同一个 Slider。这样在优化后的算法中，每个 Slider 或 Graph Mapper 都是一处至关重要的逻辑变量输入端。做好简要的文字标记，提示自己该变量的功能。

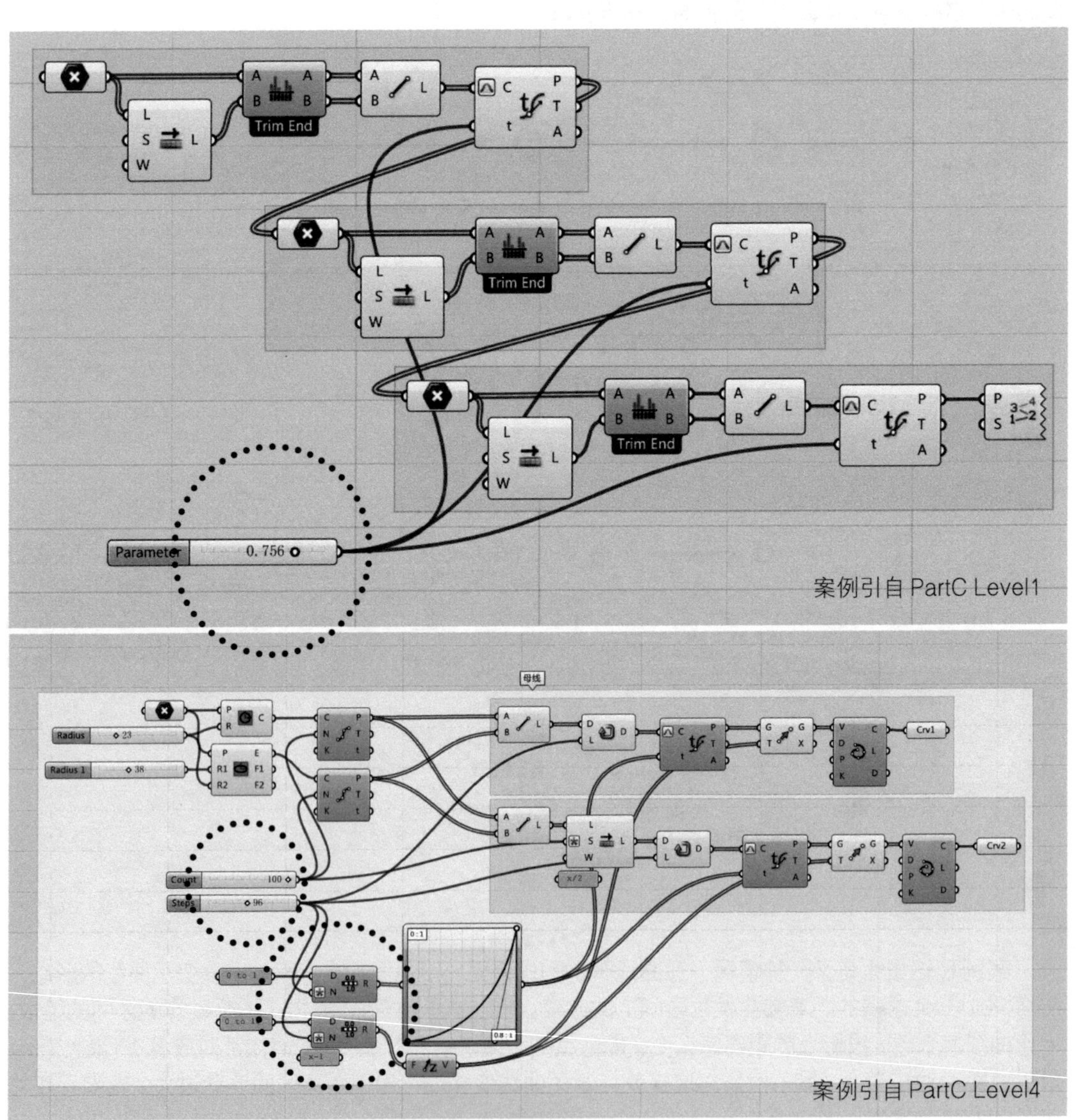

案例引自 PartC Level1

案例引自 PartC Level4

排列分组

多数初学者习惯随意地布置运算器的位置，这样其实会给编写工作和后续的读取工作造成很大的麻烦。其实每个运算器就好比是一个词汇，单独看的时候意思很孤立难以理解，但是当我们把它们排列进一个句子时就很容易理解它的含义。算法也是一样，一连串的运算器其实在描述一个完整的生成过程。将关系密切的运算器排列在一起并分成一组，有利于我们对算法的理解和回顾。其实很多复杂的算法在数据线连接好之前都有一段很费脑力的模拟数据流的思维过程，在这个过程中，如果我们可以轻松地识别和调用之前的数据，那么就不会遇到太大的阻力。但相反，如果我们调用数据时需要切换思维去想之前那个数据在哪，就有可能瞬间思维混乱，浪费时间。这些相信大家都会有体会。所以整理逻辑不是一种累赘，而是帮助我们把前期逻辑编写得更稳的必要手段，而只有这些基础逻辑是清晰稳定的，我们才更容易在此基础上考虑复杂的数据算法。

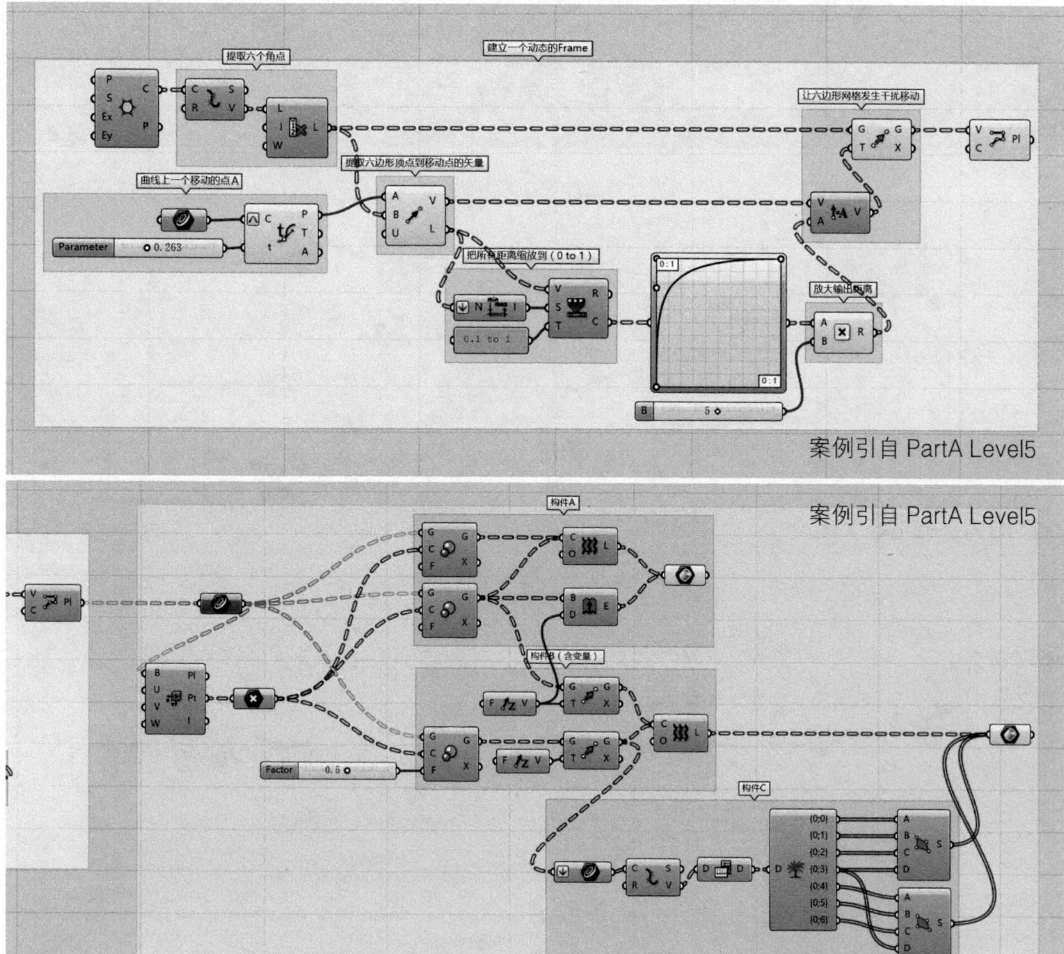

提供几条整理思路的方法，当然每个人思维不同，找到适合自己的就可以：

1. 逻辑相近的靠在一起，没有必要看到连线的位置可以靠得更近。
2. 逻辑环节相似的不同数据流，建议并行布置，方便数据汇合。
3. 一个阶段算法有了成果后就独立分为一组，组与组之间的数据连线越少越清晰。

接下来我们通过一个案例练习逻辑优化的一些基本操作。

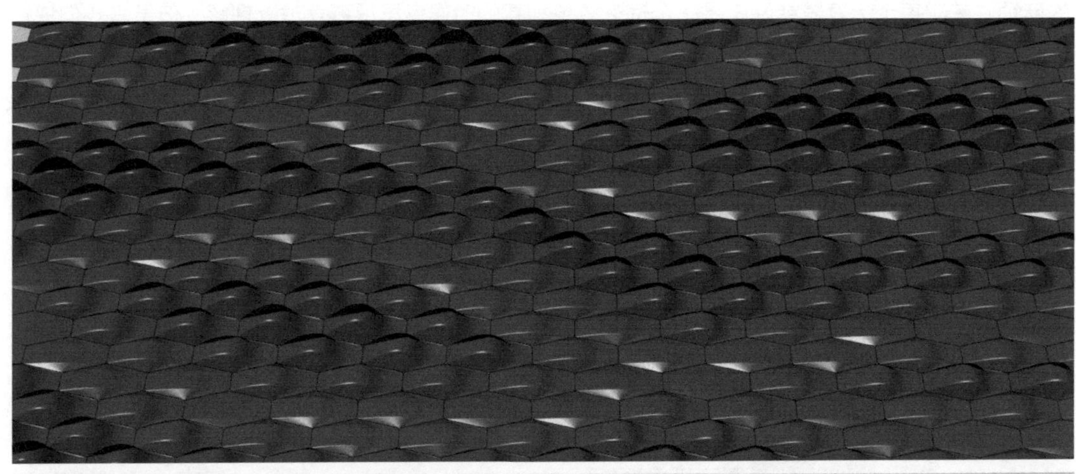

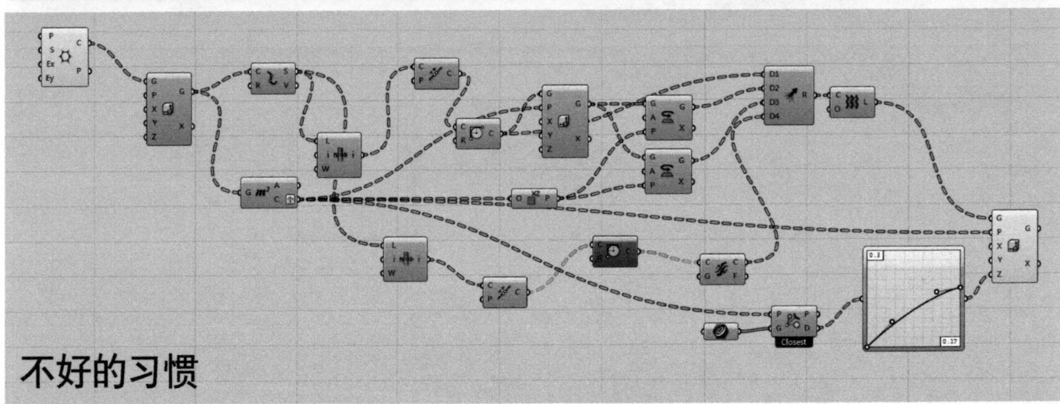

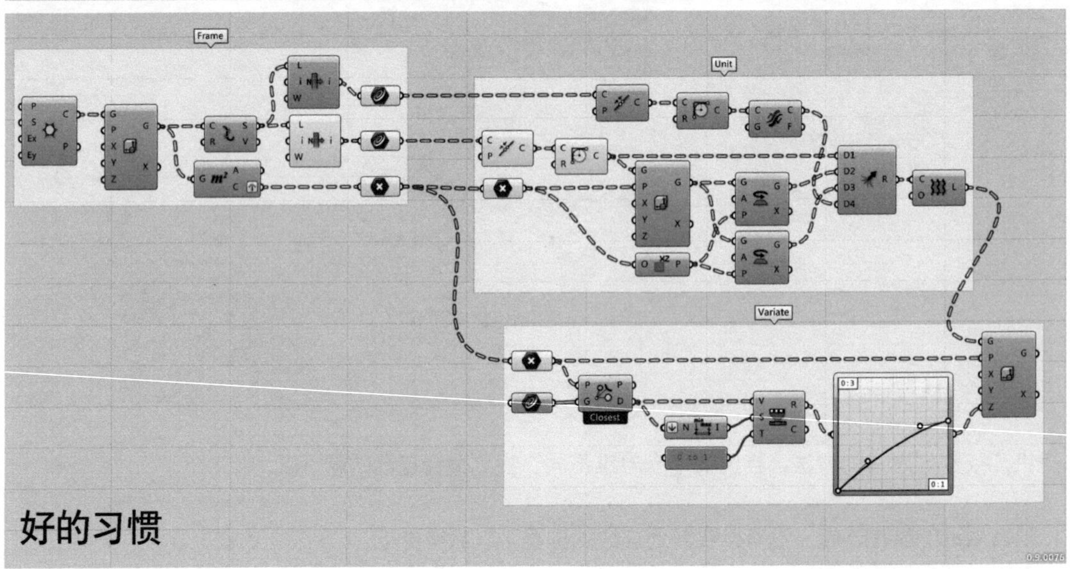

Summary

好的开始是成功的一半，在日常的练习中打下好的基础，方能应对工程实践中的复杂算法和长周期下的算法调整和反复。其实无论是数据索引、联动，还是精简变量、排列分组，其核心目的只有一个，让你的算法逻辑看起来更加清晰，调试起来更加简单、方便。因为 GH 的成果不是那些看起来花哨复杂的模型，而是这些模型生成的逻辑和随变量运动着的可能性。动不起来的蚱蜢，不是好蚱蜢；理不清算法的参数化，也不是参数化。所以这一点，希望大家能牢记，在接下来的练习中一定会逐渐体会到。而当我们能理清各种逻辑让参数模型随个人意愿所动的时候，我们也就离高手不远了。

提升训练

Level 1

Level 2

Level 3

Level 4

Level 5

Level 6

了解逻辑优化原则，减轻计算机运算负荷。

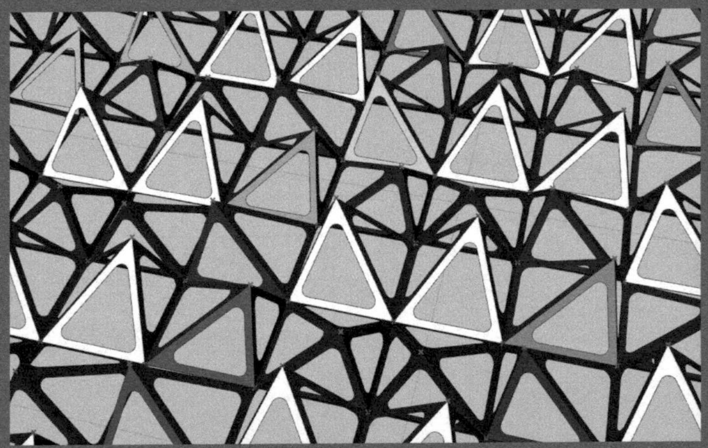

讲完操作习惯的优化，本节我们要介绍计算机层面的算法优化。在 GH 中，有诸多的数据类型，每种数据类型占用计算机资源的大小是不一样的。假设一台设备可以带动数十亿个字符，那么它就只能带动几百万个点，或者十几万条曲线，或者不到一万个曲面。所以同样是算法，有的对计算机而言很“轻”，有的则很“重”，本节我们就来看看如何从数据类型上优化我们的算法。

Logic Optimization
逻辑优化

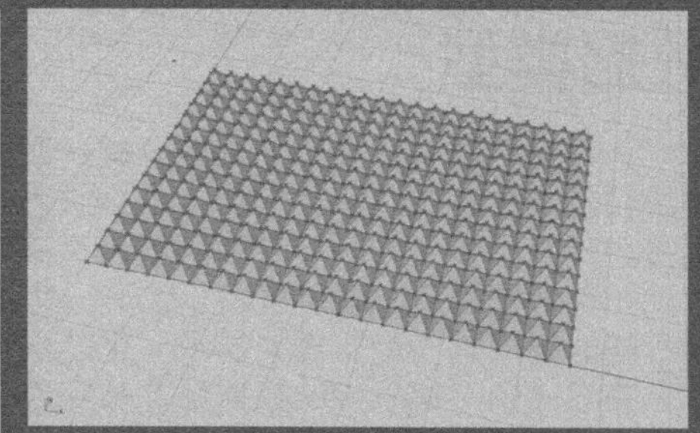

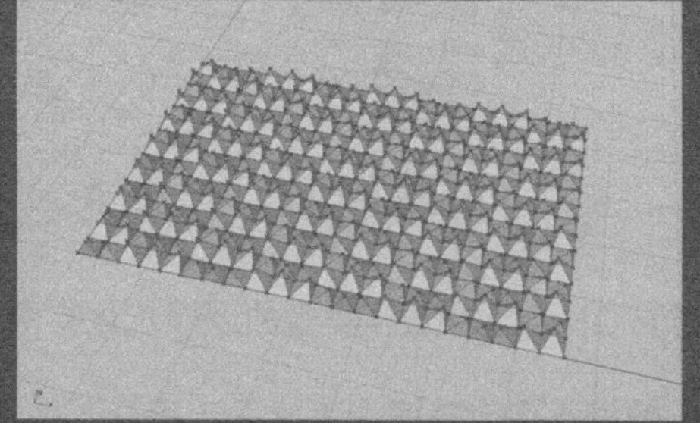

训练目标：

初级标准：

能够根据教程的提示完成案例，并理解本单元阐述的优化思路。

中级标准：

能够默写这些算法，并理解其中每个运算器的运算含义。

升级标准：

能够清晰地理解并给他人讲述这些优化算法的意义。能够根据实际情况有选择性地将这种思维应用于新的算法编写过程中。

Part D

数据类型

为了演示说明，我们把数据分成这四个级别：字符级最小，也最省资源；数组级由多个字符级拼组而成，所以稍大一点；函数级涉及一系列的公式计算，所以计算机的负荷会骤升，这也是为什么很多空间分析算法喜欢用点来做的原因；最后的视觉级，它们的材质显示是负荷最大的那部分运算量，模型建细了就卡，其实道理就在这。视觉级的参量越多，建模压力就越大，所以随时隐藏这些运算器的显示，也是建模过程中不卡机的一个重要手段。

在 GH 中，每一步的数据都是被完整记录的，相当于很多重复的模型叠加在一起。而它们的每步修改都会使计算机做一次重复的运算。所以有时候数据多了一位，或者误连了树形数据，都会让计算机卡死。所以说，GH 的运算和其他编程语言工具相比是比较耗资源的。这也就要求我们在必要的时候能够优化算法的数据类型，尽量减少计算机的负荷，使原本需要运算半个小时的算法，能在几分钟内得到结果。千万别小看这些小操作，在计算机运算的逻辑里，优化一点可能就是质的飞跃。

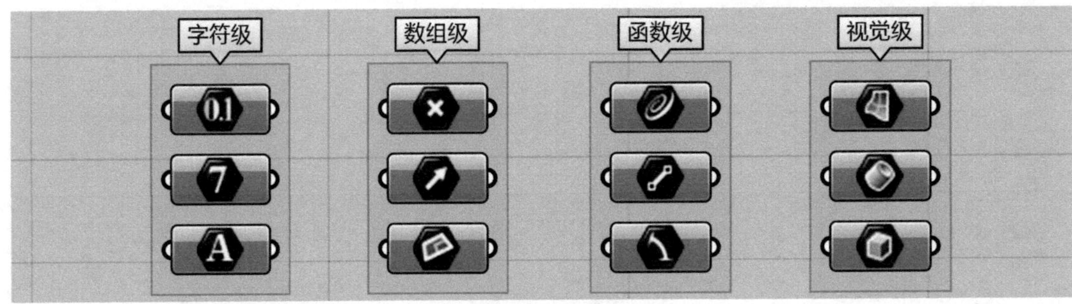

对于 GH 算法中数据类型的逻辑优化有两个核心原则：

1. 数据类型应随逻辑生成逐步提升。由最基础的字符和点开始逐渐升级到函数曲线，最后生成需要视觉材质的曲面。尽量不反向降级生成，为了一条线而从面上去提取，那生成面的这部分消耗就浪费掉了。

2. 尽量回避有附带算法的运算器。比如你只需要点，但它却点、线、面都生成了，那多余的数据运算消耗就浪费掉了。

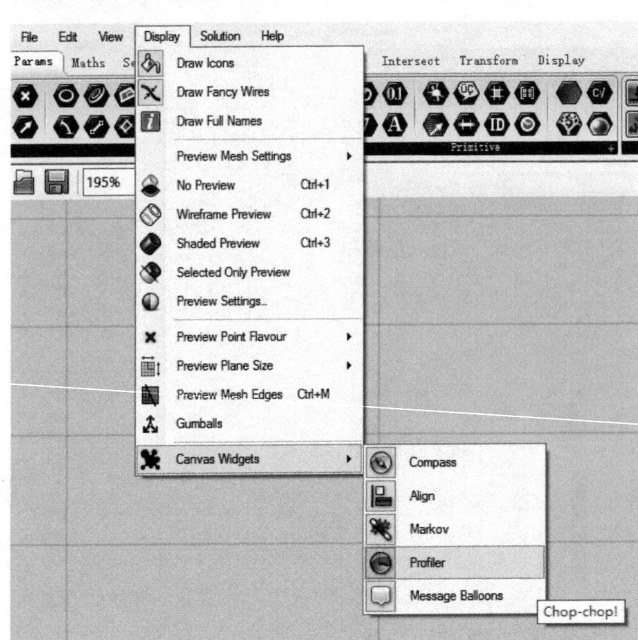

Tips 观测运算的速度

在菜单栏 Display 里勾选 Profiler，可以开启运算负荷显示，系统会自动提示我们哪些运算器占用了主要的计算资源，从而提醒我们是否可以用其他更轻便的算法取而代之。根据我们的优化原则，应该是逻辑后端的运算器运算时间相对较长，靠前的则较轻便易于修改。

我们举一个例子进行普通逻辑和优化逻辑在运算用时上的比较。

0.9.0076

提示 [*] 内为运算器位置

上图中 DeBrep 运算器把线框生成 Brep 然后输出面、线、顶点，占据运算负荷的 17%，这里其实我们可以单独提取线框的顶点，而不一定需要将数据类型升级；Area 运算器虽然直接生成了线框中心点，但同时计算了无用的线框面积数据，占据运算负荷的 32%（很耗资源的算法）；最后的 Extr 运算器生成四棱锥，用时 0.2s。可见这套逻辑算法虽然看似简单，但并不适合承载数据量较大的运算。

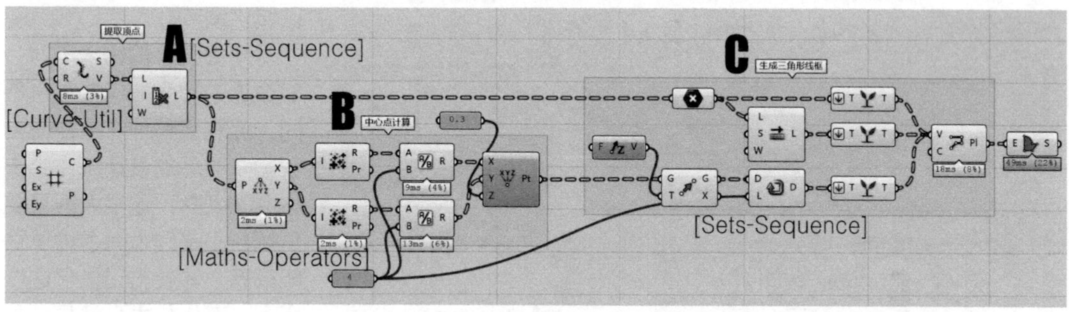

优化后的逻辑中 A 通过线框提取顶点，绕开了生成 Brep 的思路；B 通过点坐标求均值的运算生成线框中心点，消耗很小；C 通过树形数据重组生成四棱锥各个面的线框，最后封面。得到完全一样的结论，运算耗时是原来的 2/5。这个比值差距会随着计算数据量的增加而继续拉大。所以当我们需要运算大量数据的时候，即便是需要更多的运算器参与进来，也需要对数据类型进行优化工作。

在 GH 中没有哪种算法是唯一的，当一种逻辑的生成出现困难或者 bug，最好的办法即是思考能否用更初级的数据类型处理这些逻辑。接下来我们为这个算法嫁接两种不同的随机算法进行比对，观察各自的性征和优缺点。

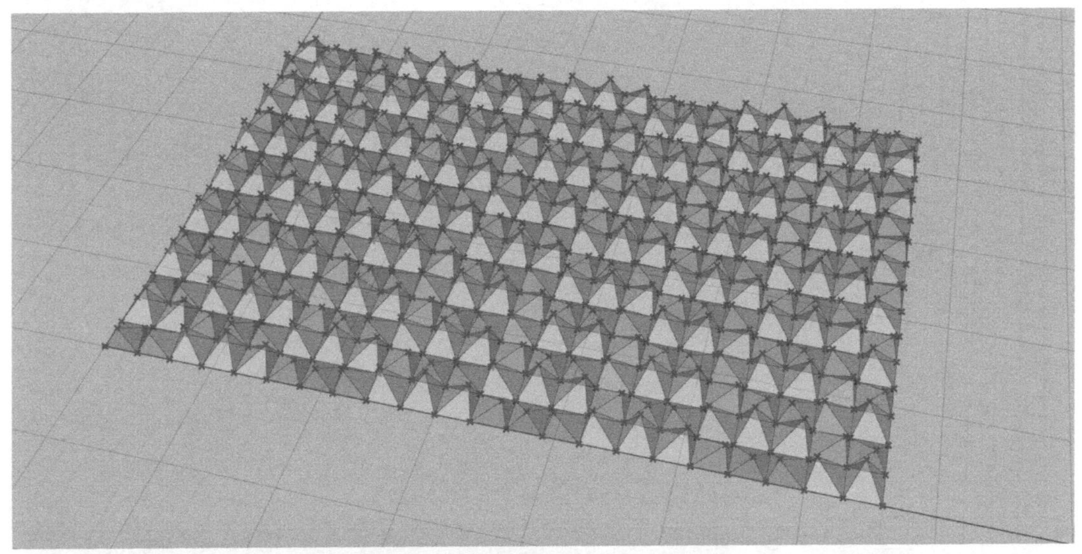

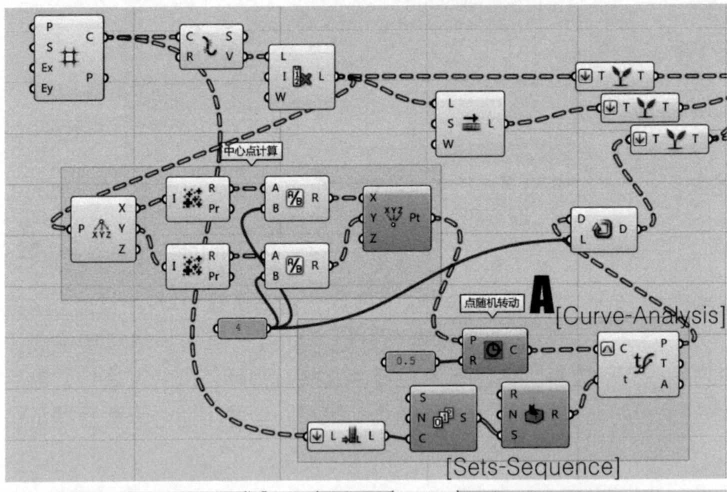

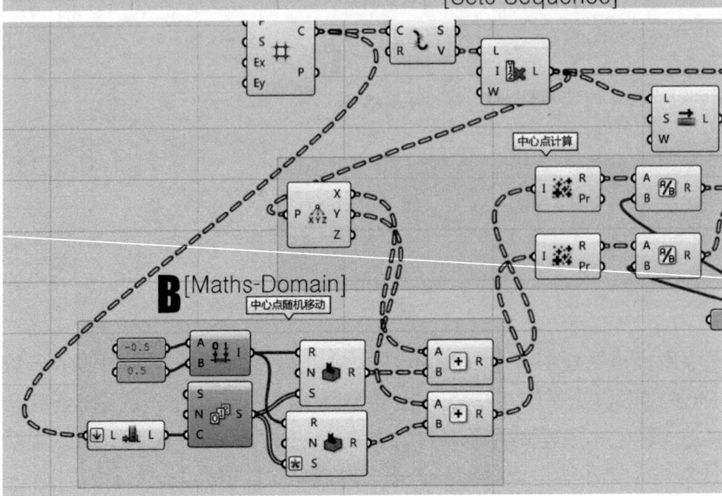

A 组在中心点处绘制一个圆，并通过一个随机的 t 值生成一个新的随机点。如此生成的四棱锥产生了随机的扭动，但扭动的幅度一致，只是方向不同。同时扭动幅度可调节。

B 组在中心点的计算过程中对其坐标进行随机的干扰，使其直接变成随机点。如此生成的四棱锥扭动的幅度各不相同，但扭动的范围区域可调节。

随着设计的需求不同，对数据的可变区域要求也不同。究竟用哪种方法，需要我们在实际的设计工作中去体会和判断。这里大家只要了解，正是因为有多种思路能解题，才会出现优化这个概念。而优化本身就是一种相对的比较，并非绝对的好或坏，只是为了让我们因地制宜地探寻更适合的思路而已。

最后我们把这个案例进一步深化，为它编写个 Unit 单元。

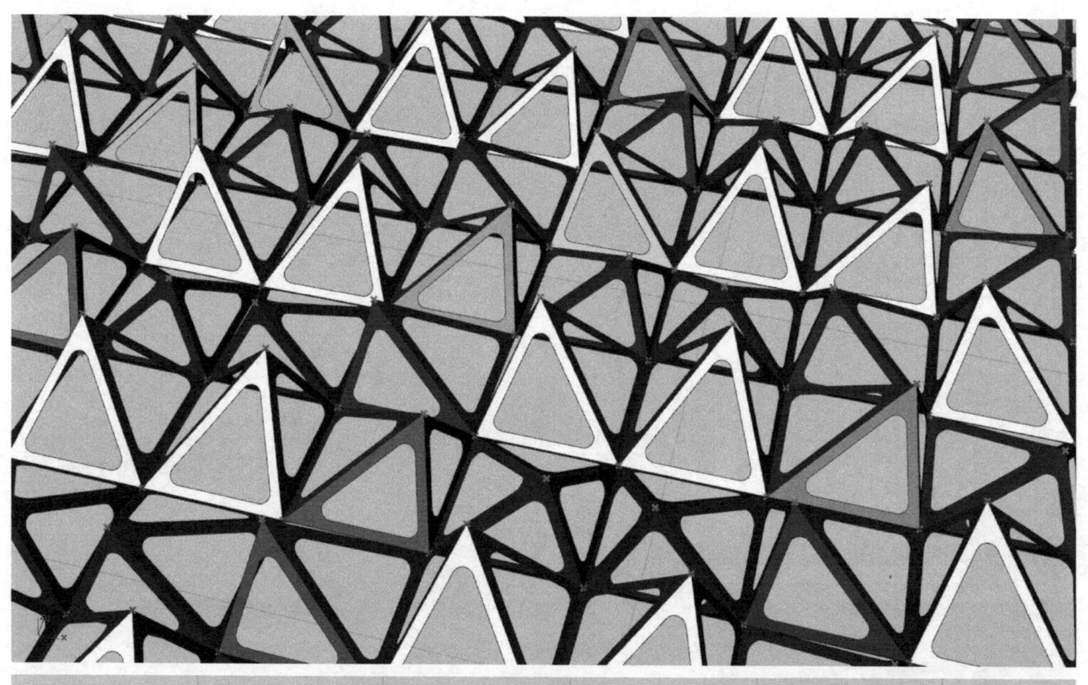

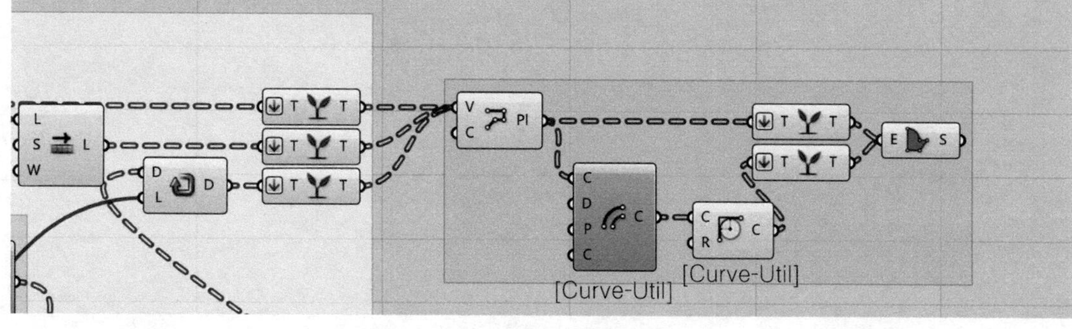

Summary

通过数据类型降级来提高速度的道理其实很好理解。很多高手就是为了追求更快、更纯净的算法而走上了编程的道路。因为 GH 的每个运算器都包含了非常多繁琐的打包代码，所以沉重也是自然的，越智能，越好用，而适应性越广的工具，往往是要牺牲掉一些纯粹的。但这些不会阻拦我们去思考如何让算法变得更轻巧，更加适合我们的应用。也许不久后，我们会进入只有函数和点阵坐标的空间殿堂，去和复杂的空间几何运算直接对话。但在到达那里之前，GH 还是一条必经的路，还是在不断地带给我们惊喜。

提升训练

Level 1

Level 2

Level 3

Level 4

Level 5

Level 6

合理利用树形数据，避免重复性操作。

本节我们来认识一下数据结构的优化。相信现在的大家已经对树形数据并不陌生，但是否真的能把树形数据用得恰到好处还是一个未知数。因为我们日常一直处于线性的生成思维习惯中，并不容易意识到多组单元构件和参数变量间可以同时对应地进行相互运算，所以往往会在不经意间被带入到单线程的思维模式里。本节通过一个案例讲解数据结构的优化，大家可以在其他章节的练习中慢慢体会树形数据的特性。

Logic Optimization
逻辑优化

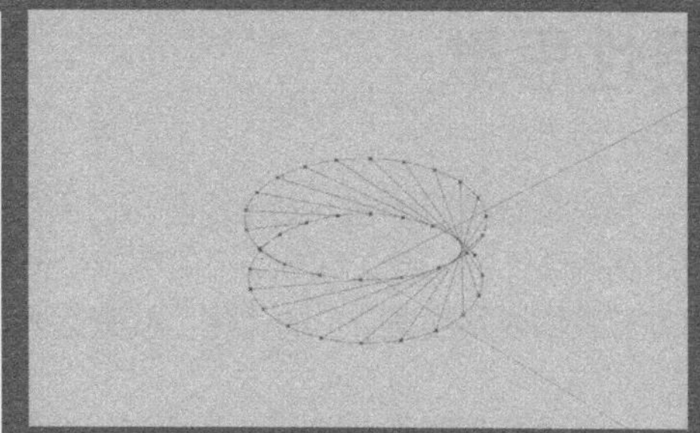

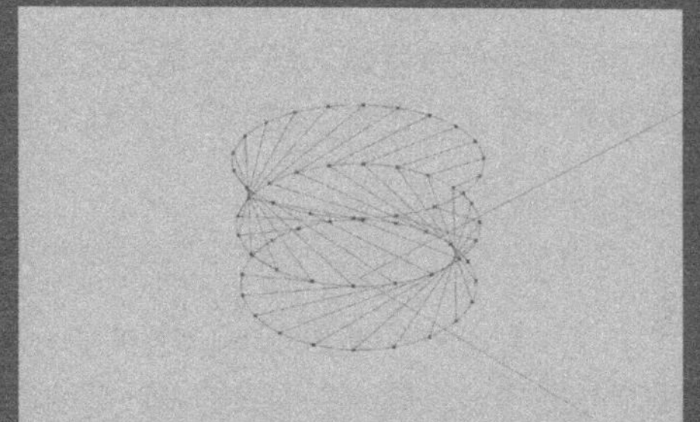

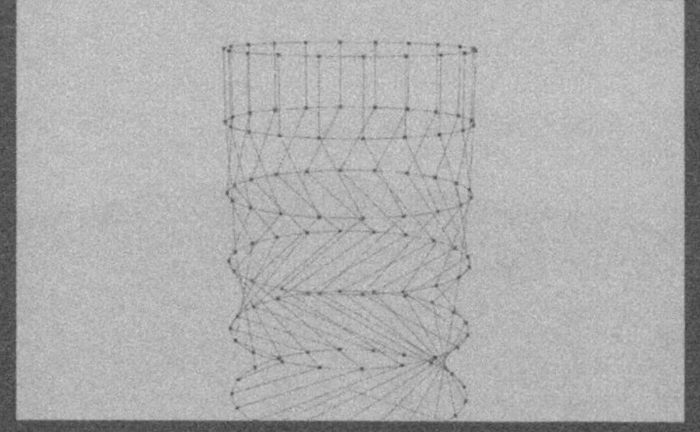

训练目标：

初级标准：

能够根据教程的提示完成案例，并理解本单元阐述的优化思路。

中级标准：

能够默写这些算法，并理解其中每个运算器的运算含义。

升级标准：

能够清晰地理解并给他人讲述这些优化算法的意义。能够根据实际情况有选择性地将这种思维应用于新的算法编写过程中。

Part D

惯性思维

惯性思维是我们在不刻意提醒自己反思的情况下容易进入的一种思维模式。因为我们以往的建模思路是线性的，所以习惯以一种类似生长或深化的眼光看待模型的生成过程。这种模式并非不好，但本节我们谈到数据结构的优化，就有必要借鉴一下计算机的思维。

本例中我们要竖向叠起多个圆环，其中每两个圆环之间都会有一些斜向的连线，随着圆环的逐渐升高，斜线的角度越来越小，最后垂直。这就是如何来描述眼前的一个简单的线构，这个描述的过程就是一种生成逻辑。我们接下来按照这种思路演示一下。

首先，绘制一个基准圆，向上移动一次。然后将两个圆一起求取等分点。用运算器 Shift 对移动后圆上的等分点做一次列表的循环推动。最后上下连线，即可得到一组这样的圆。

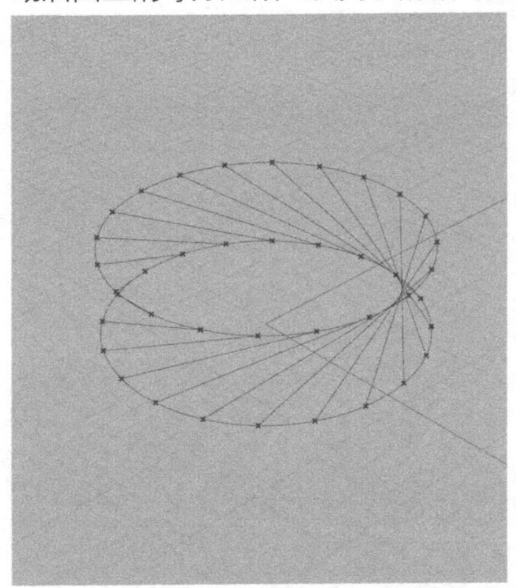

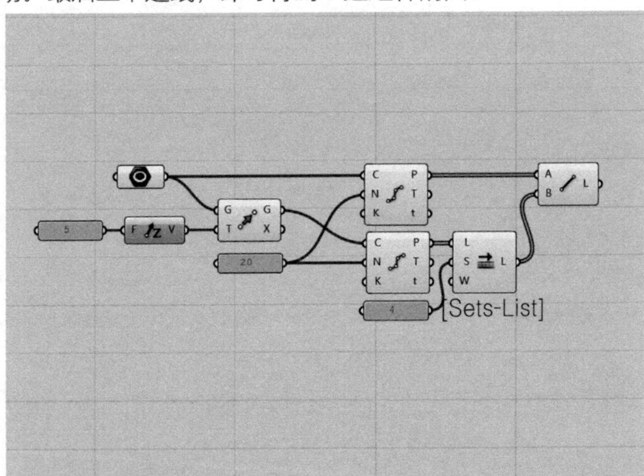

接下来，我们把生成新圆并等分再推动列表的这条数据流再复制一份，改变 Z 方向移动的距离，使其生成一套新圆，最后调整运算器 Shift 的参数，使连线角度比上一组略微缓和。这样我们就很简单地又得到了一组圆。

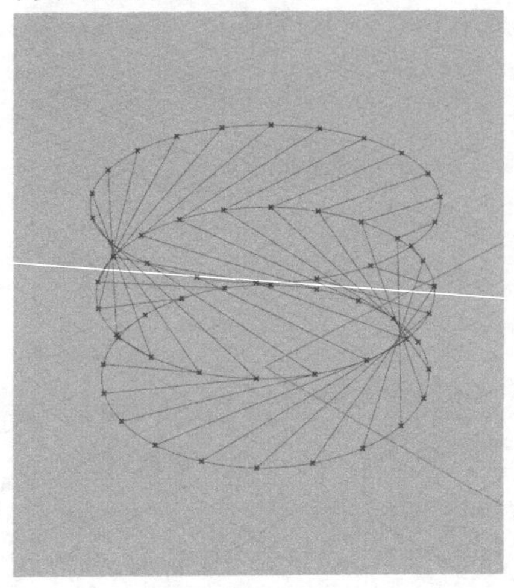

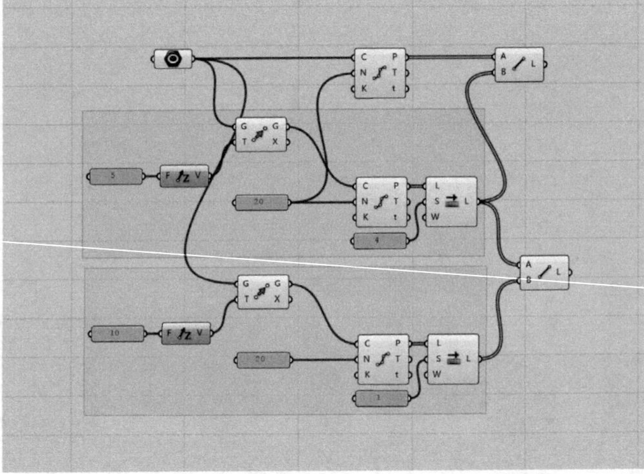

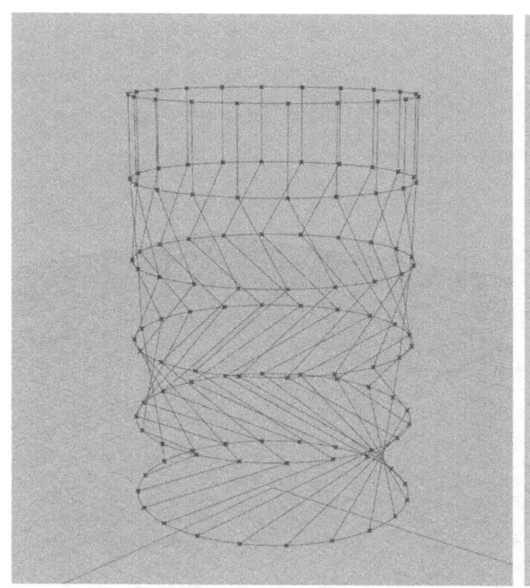

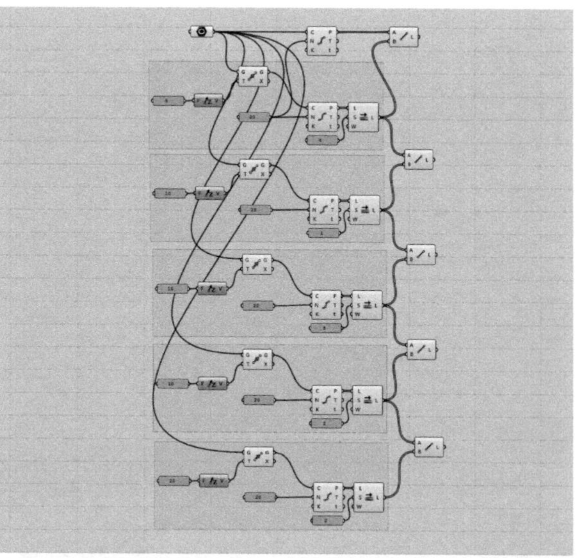

最后，面对一个只有 5 层，每层参数需要单独手动设置的算法来说，我们索性将生成新圆的数据流复制 5 次，单独赋值移动的高度和运算器 Shift 推动的列表。最后得到这样一个具有典型摆布特征的逻辑算法图。

在早年树形数据还比较低调的时候，大部分老手的惯性思维就是这样的。很好用，也容易理解，但是一旦我们要修改被频繁复制的数据流就麻烦了，得一条条地修改，即便是修改好了再重新复制，也得为每条数据流重新赋予数据。所以这样的算法图就好比顽固的石头，很难雕琢、深入，这也是我们要考虑把它生成树的原因。

所以，当一组相同逻辑的数据流被重复使用超过 3 次的时候，就建议大家要考虑对其进行数据结构优化了。在力所能及的情况下，尽量减少数据流的重复。这样做一方面可以使逻辑更清晰，数据联动性更高；另一方面便于我们的修改和深化。另外对于数据流很长的算法，建议不要整条复制，而是从中找到分歧点，将数据流拆分再汇合。这些都是树形数据的应用技巧。

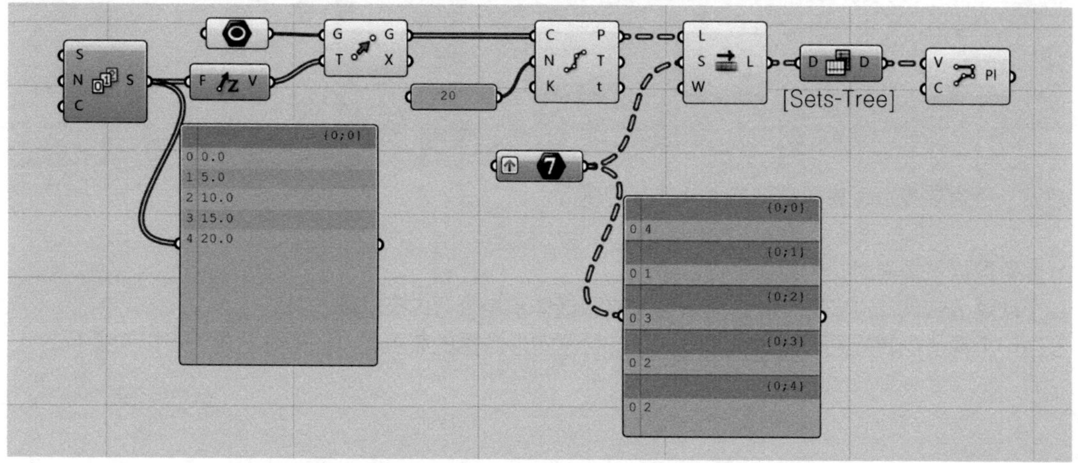

还是这个例子，我们通过树形数据给其赋予更大数据量值的运算。得到的结果和之前的逻辑也会有质的区别。在 GH 当中，树是核心。它可以把数据组织、分类、汇合在一起，使我们的算法逻辑能够一次性处理庞大的数据量。这也是我们要对逻辑算法做数据结构优化的原因，只有这样才能让我们的逻辑发挥出最大的价值和可能性。

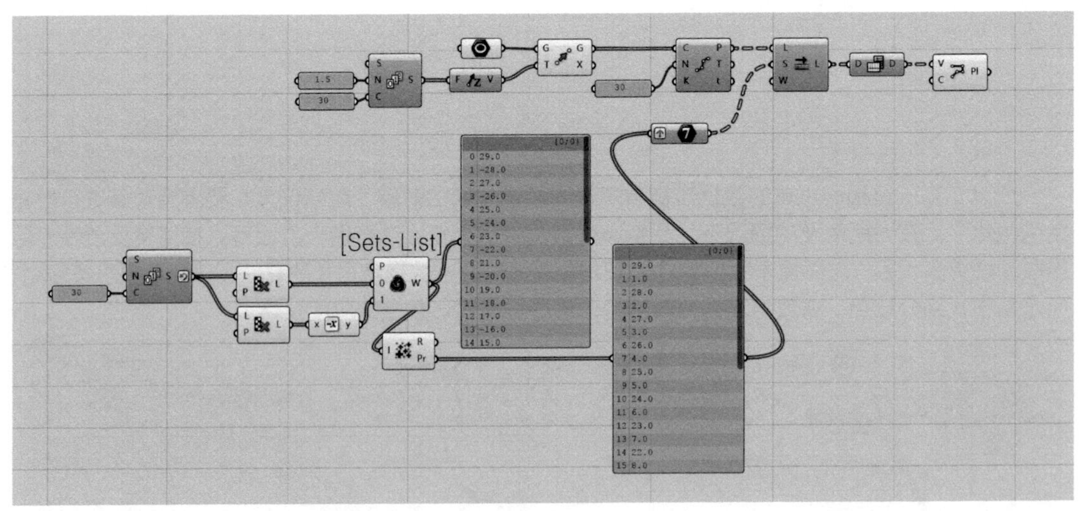

总结一下需要重点考虑数据结构优化的几种情况：

1. 多条数据流重复时，考虑是否可以合并。
2. 手动赋值或调试过多时，考虑赋值数列或调试体系是否有内在的算法关联性。
3. 当一个算法逻辑成熟、日后常用时，考虑检测树形数据的兼容性（树形数据是否可以走通）。

Note

Summary

Part B 对树形数据规则的讲解是 GH 思维的核心，大家一定要反复温习以达到融会贯通。对数据结构的优化工作，看起来很像是减少运算器，合并数据流，但其本质是为了让算法发挥更大的效能。比如有些算法起始端输入单个数据就可以得到目标结果，输入多个数据就不行，或者有些算法输入树形数据就出现 bug。这些其实都是数据结构不匹配导致的，都可以用树形数据的运算思维对其进行进一步梳理和优化。如果你的逻辑每条数据流都可以输入树形数据，那这个算法就好比是"插件"级的，你就可以随时调用，随时生成新的结果。当然这个时候，你应该已经对数据结构优化理解得很透彻了。

提升训练

Level 1

Level 2

Level 3

了解过算法的一些常规优化工作之后，本节我们来认识一下思维逻辑的优化。同是一种复杂的构造肌理，从不同的角度去思考、解析它的生成逻辑，就会得到完全不一样的建模思路。那么，如何能找到更加简洁、高效的生成逻辑呢？这一直是最具挑战性的课题，也是破译肌理代码最有意思的部分。本节我们就来一起做一个尝试。

Level 4

Level 5

Level 6

"最小单元"思维，挖掘更简洁的生成逻辑。

Logic Optimization
逻辑优化

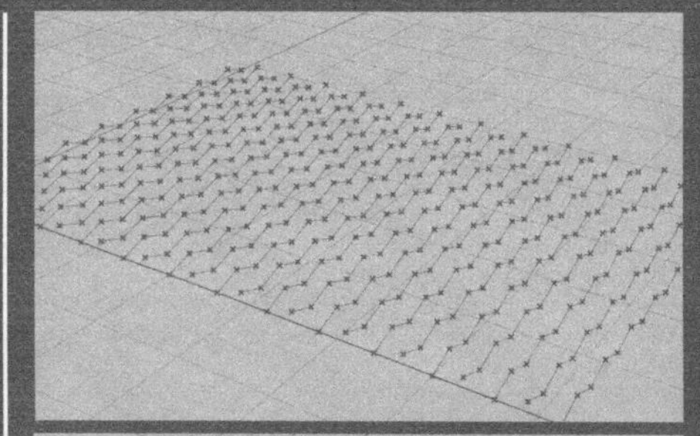

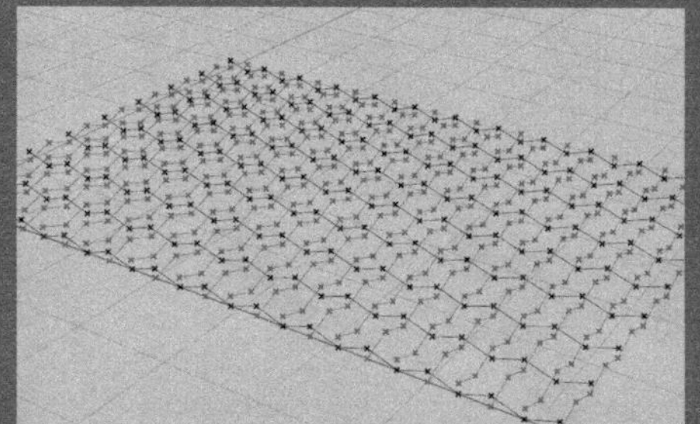

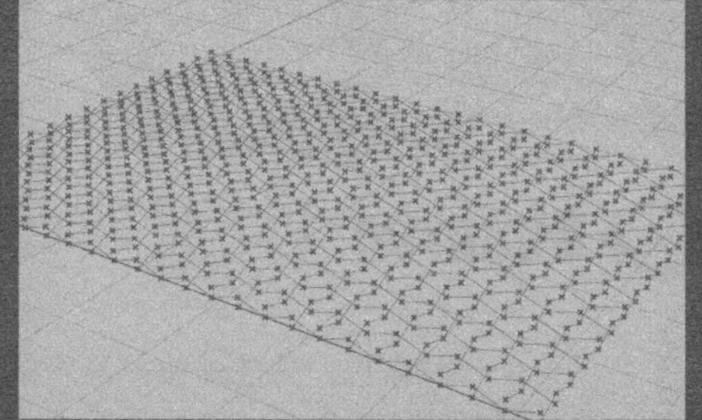

训练目标：

初级标准：

能够根据教程的提示完成案例，并理解本单元阐述的优化思路。

中级标准：

能够默写这些算法，并理解其中每个运算器的运算含义。

升级标准：

能够清晰地理解并给他人讲述这些优化算法的意义。能够根据实际情况有选择性地将这种思维应用于新的算法编写过程中。

Part D

Observe 首先来观察一组目标模型：网格编织。这个模型的网格（Frame）一目了然，是正交网格，但它的组成单元究竟是什么呢？

编织现象十分常见，往往是由多维度的贯穿线交织合成，每个维度上又有一正一反两条线交替叠加，最后形成编织现象。也就是说线组成了网格，每个维度至少两种线，至少两个维度。我们按照这个思路编写一个算法。

A 本例我们要建立一个纵横交织的网格肌理，首先是基于正方形点阵。

B 通过树形数据的路径，把点阵的奇数组单独抽出来。

C 把奇数组中的偶数位点抽出并向上移动，奇数位点保持不变。上面的 Cull 运算器 P 端设置 0（false）和 1（true）；下面的 Cull 运算器 P 端设置 1 和 0。

D 把移动后的奇数位点和偶数位点重新穿插排列回原来的列表顺序里。最后连线。这样就得到第一组纵线。

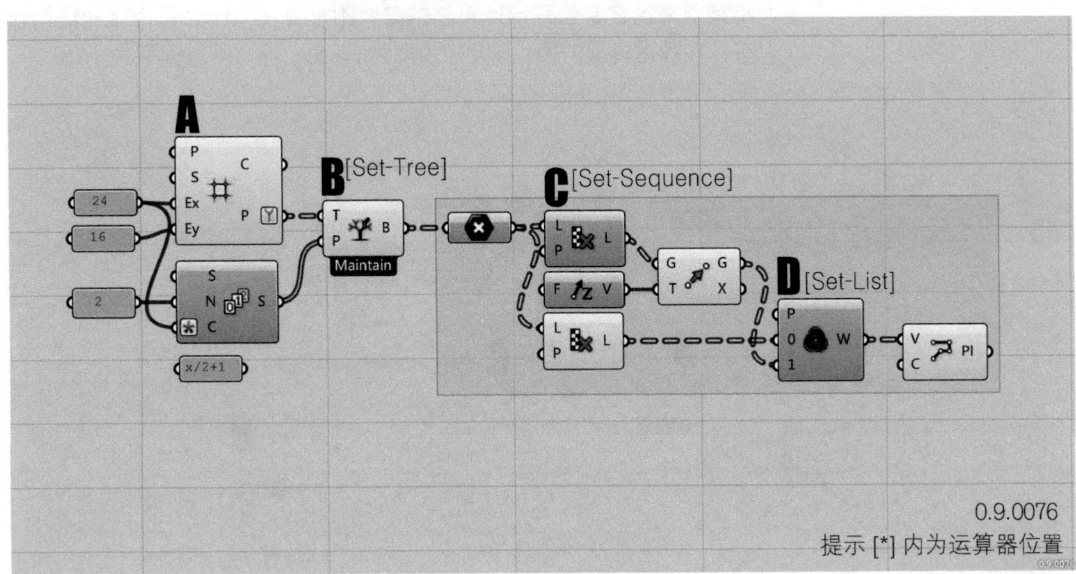

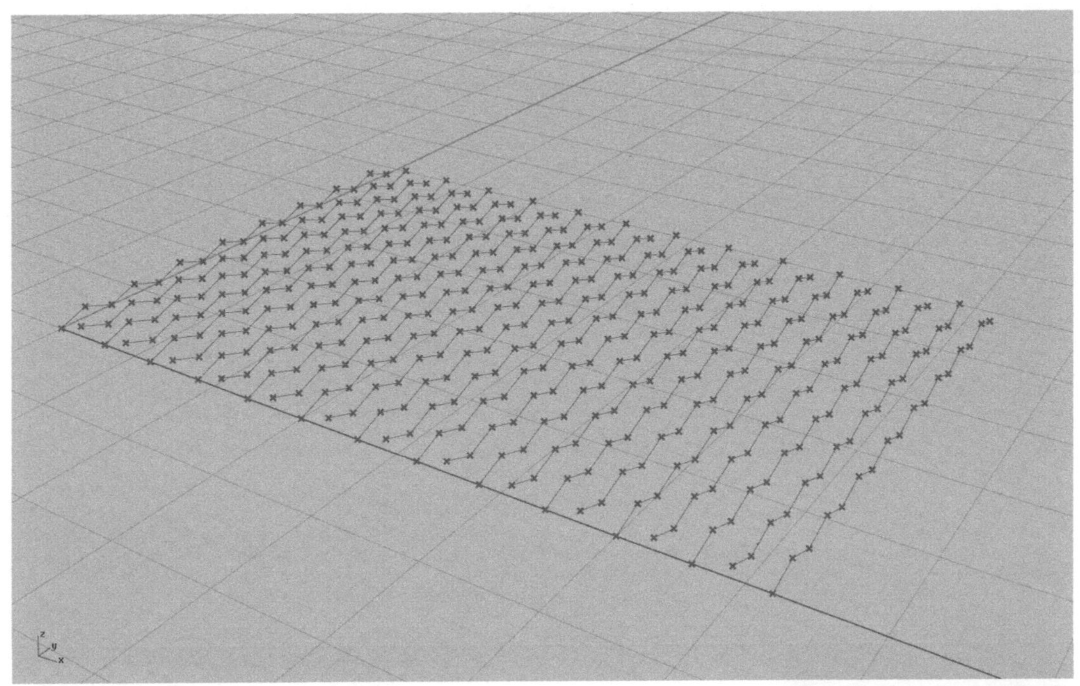

第二步，我们将运算器B以后的数据流复制一份，通过对运算器Series上S端的修改，提取点阵的偶数组。将C处P端的Boolean值反转，使偶数位点向上移动，奇数位点不变。然后D在混合列表的时候注意顺序。这样就有了另外一组对应的纵线。

Tips

Boolean 值究竟有什么用？

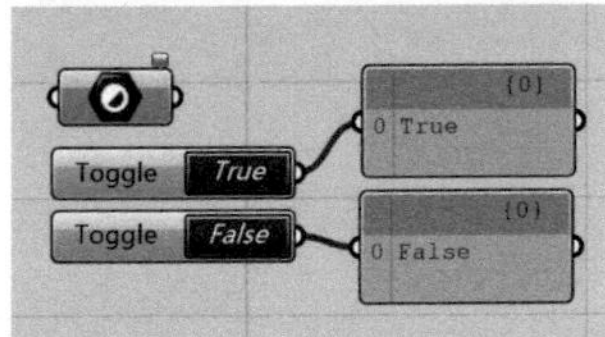

Boolean值只有True（正确）和False（错误）两种，在GH中主要用于数据列表的筛选。比如我们可以通过一些验证类型的数据，验证数据列表中哪些数据符合要求，得出的结论就是一连串的True或False。随后我们再用这组列表去筛选被验证的列表，把所有符合要求的数据全部筛选出来。Boolean的另一个常见功能是运算器开关，它常常用来决定是否开启运算器的某些附加算法，比如是否让曲线闭合等。在数据转换方面，0会被读取为False；非0则被读取为True。

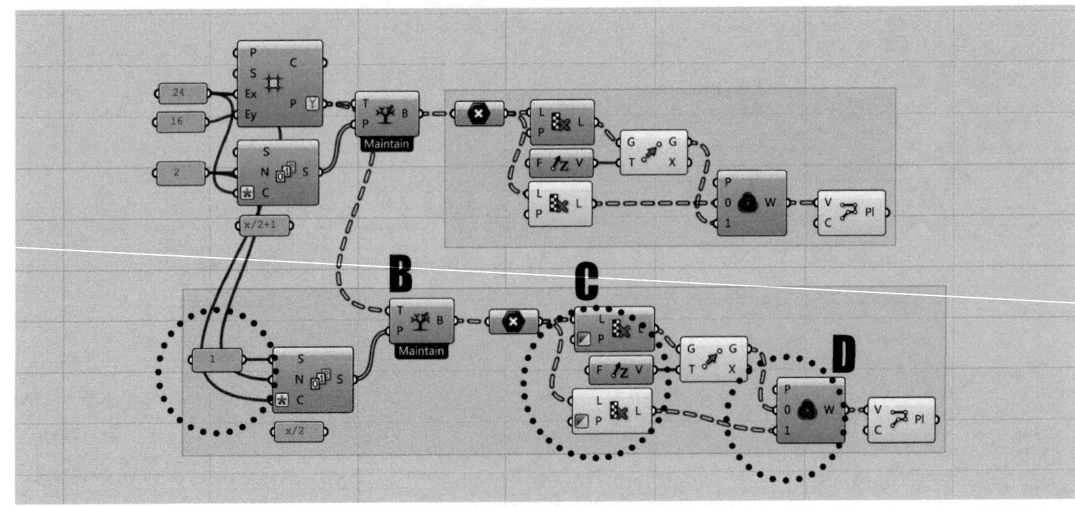

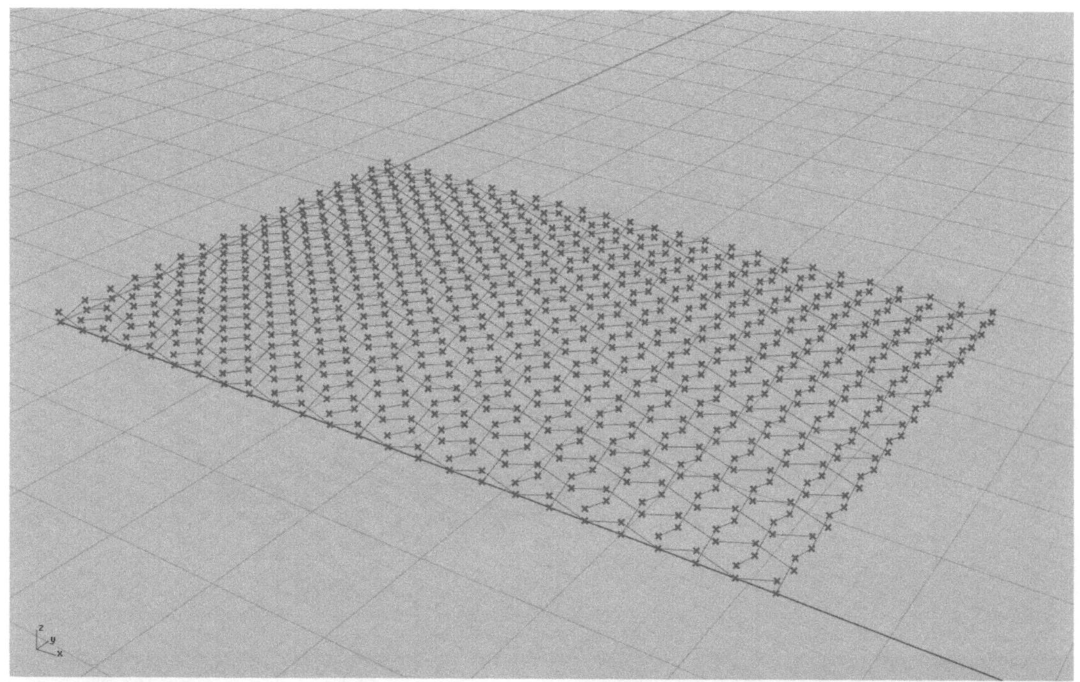

最后把纵向的两组数据流再复制一组，通过运算器 E 将点阵横纵颠倒后再接入新复制的两条数据流，调整参数后，得到横向的两组交织线。

Tips

树形数据列表究竟如何被颠倒的？

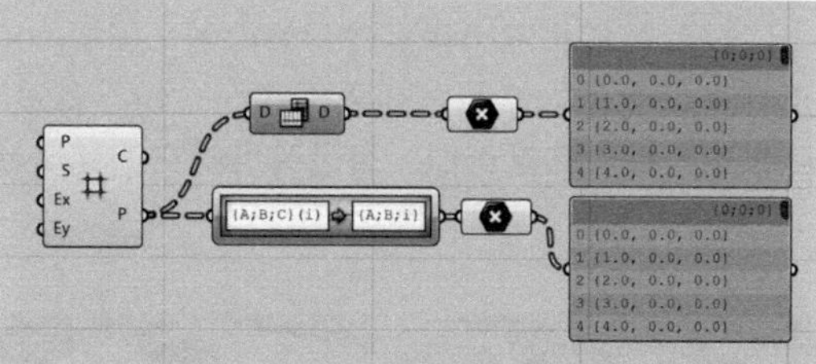

把原本纵向分组的数据变成横向分组，其本质就是将所有组内排列序号相同的数据划分成新的组。用 PathMapper 演示一下，转换前的（i）代表数据的序号，转换后把 C 去掉（取消纵向分组），替换成 i，原数据列表中 i 相同的就会自动并入 {0; 0; i} 组，这样树就横过来了。

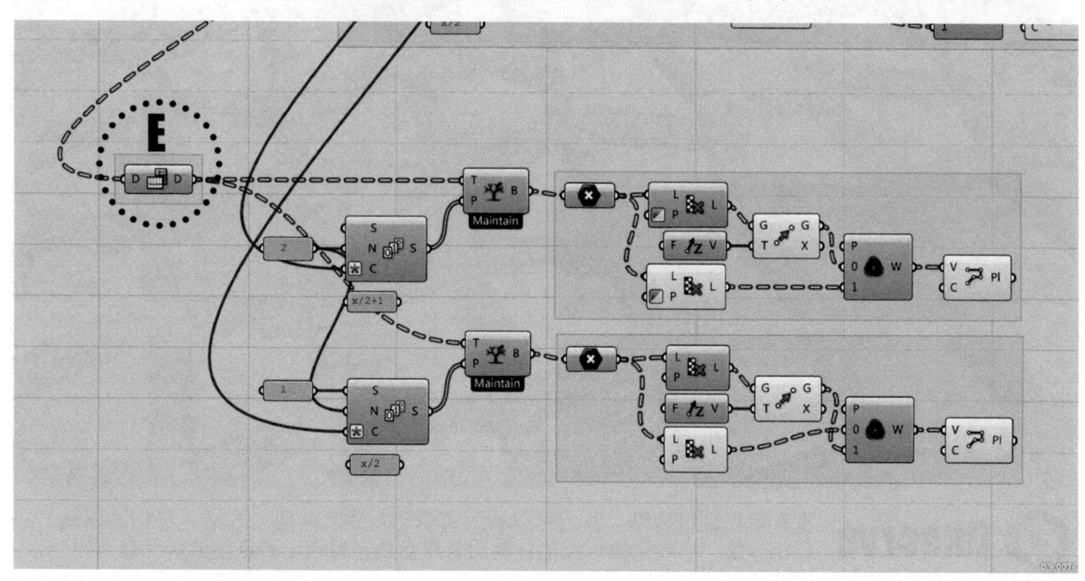

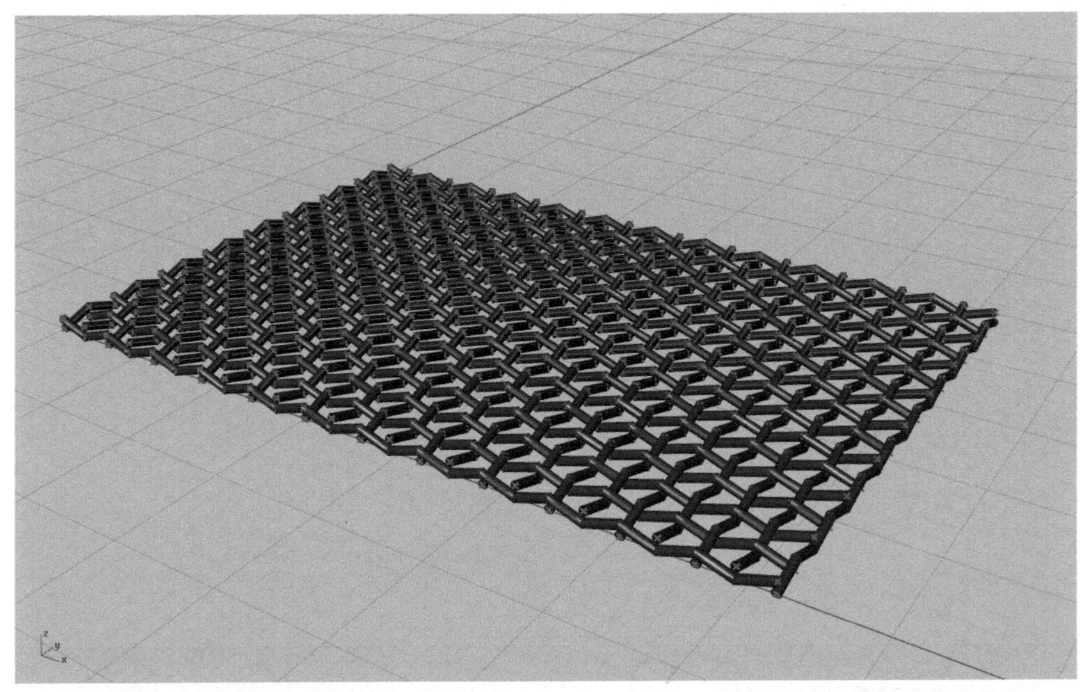

最后我们将四组线生成圆筒得到了想要的编织网格，这是一个很理想的训练树形数据的案例。但在逻辑优化的章节里却要再多问一句：有没有更简洁的思路？这个肌理的重复感很强，提取的四个单元线也非常近似。有没有可能它们其实就是一个单元？只有一个单元在重复？

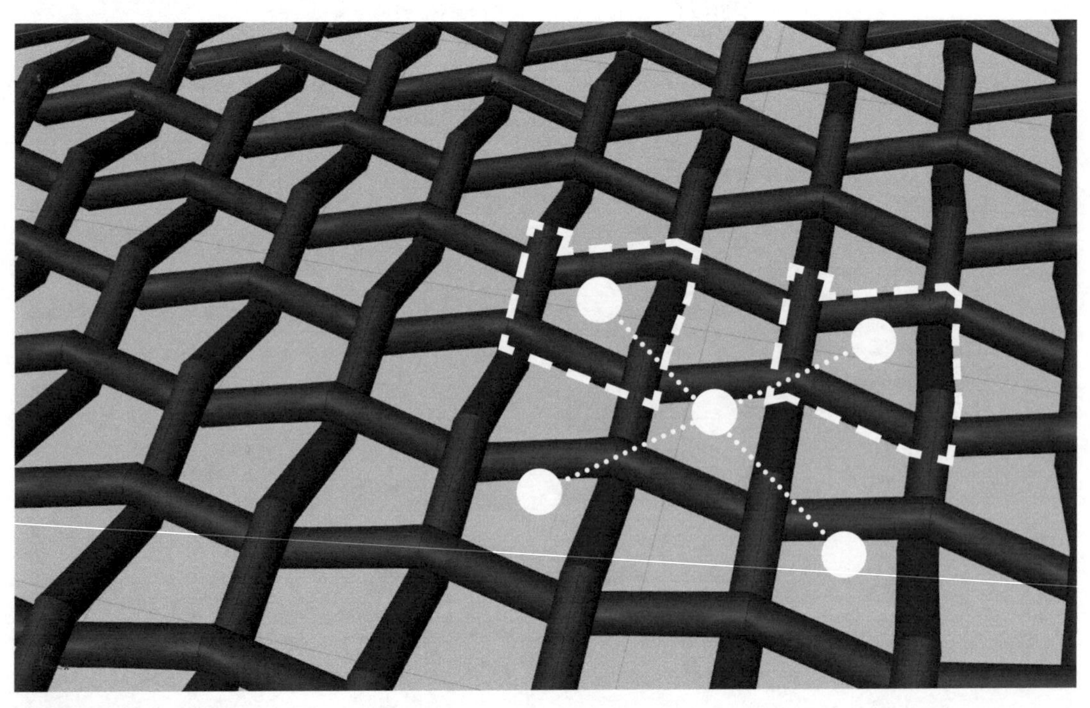

Observe 重新审视这组模型，我们可以看到每个对角线上的两个方格，它们的扭动方式完全一致。也就是说，我们只要沿着棋盘格布置这一种重复的单元就可以！

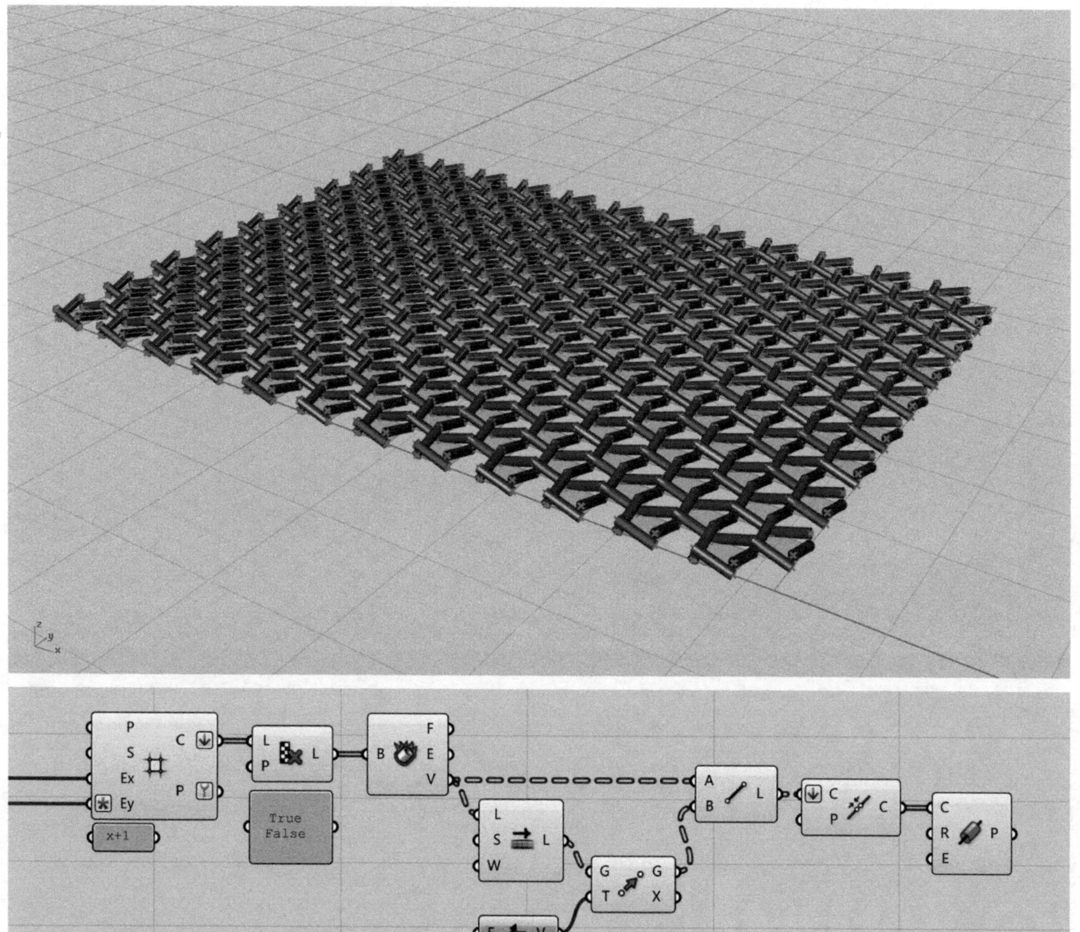

如图，这个肌理被一条数据流轻松地破解。这就是逻辑优化的力量。

Summary

“最小单元”思维法，顾名思义就是寻找一组图案肌理的最小组件单元。因为一旦抓住了这个单元，我们就可以把剩下的精力用于数据的编排和阵列上，可以说构件的单元越小、越接近于单一几何体，算法编写起来就越简洁。但需要注意的是，强调“最小”并不意味着我们需要把线框拆解成单线，这样反而会失去分析的意义。“最小单元”往往能够跟网格直接对接，迅速地生成出我们想要的肌理。破译肌理逻辑很烧脑，也很有意思，有兴趣的朋友一定来试试。

提升训练

Level 1

Level 2

Level 3

Level 4

Level 5

Level 6

前四节讲述的是逻辑编写的过程，本节我们来共同探讨模型生成后还有哪些优化工作要做。很荣幸能有机会介绍 Voronoi3D 这个经典的算法，并借此解决这个算法中一直让我们头疼的重复数据删除的问题。

清理重复数据，获得最干净的结论。

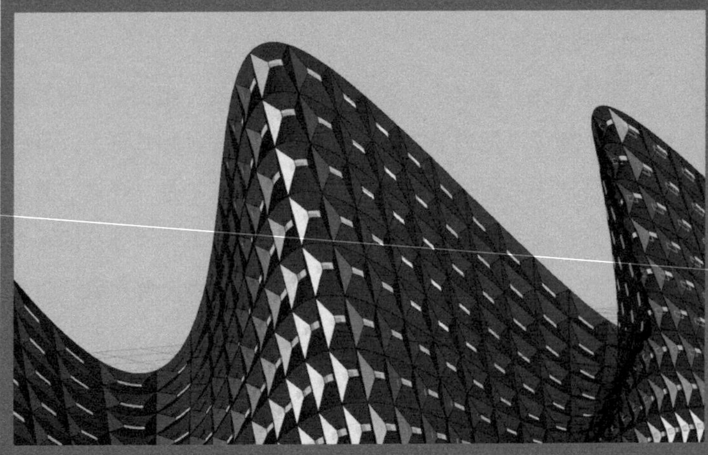

Logic Optimization
逻辑优化

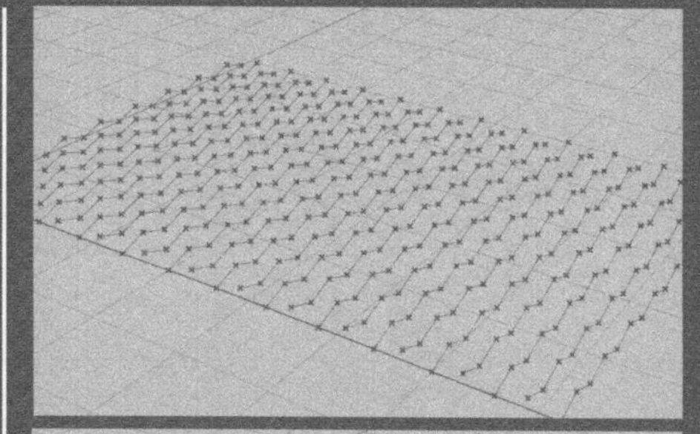

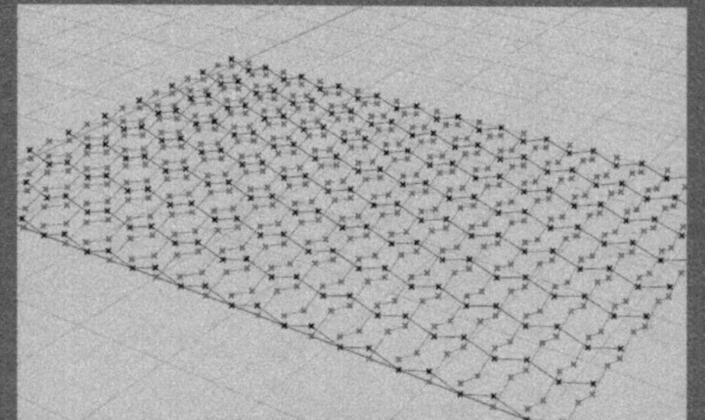

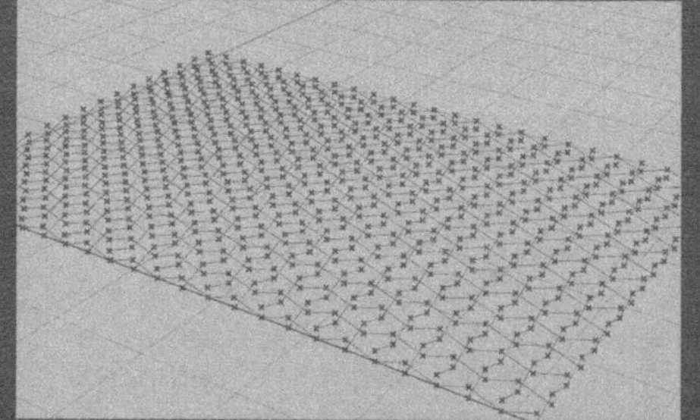

训练目标：

初级标准：

能够根据教程的提示完成案例，并理解本单元阐述的优化思路。

中级标准：

能够默写这些算法，并理解其中每个运算器的运算含义。

升级标准：

能够清晰地理解并给他人讲述这些优化算法的意义。能够根据实际情况有选择性地将这种思维应用于新的算法编写过程中。

Part D

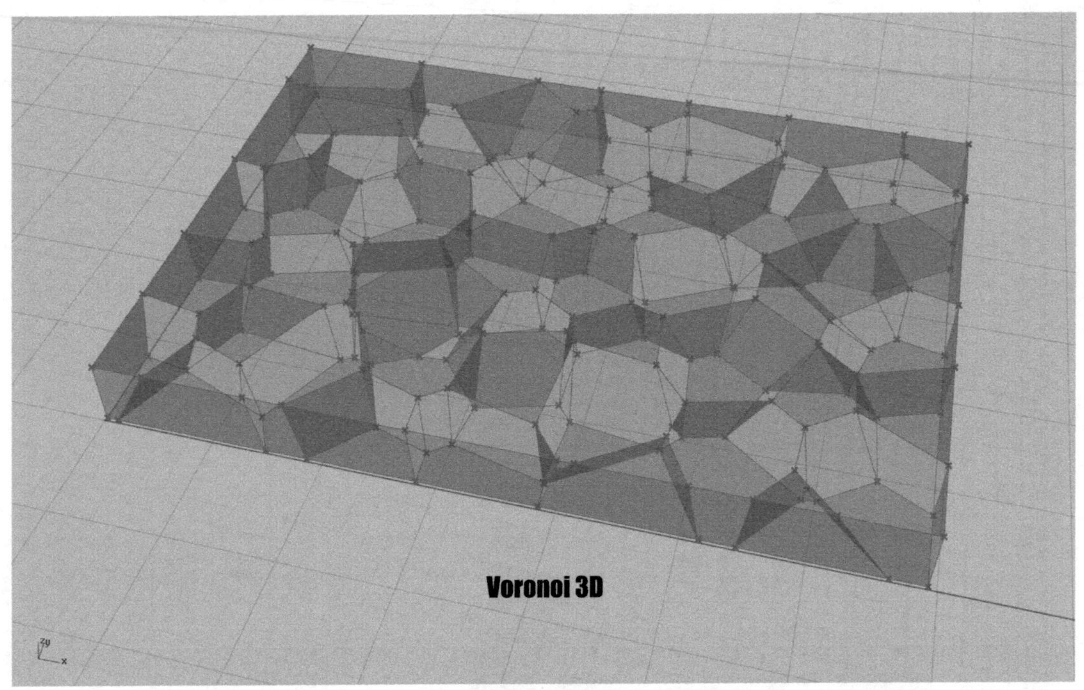

Voronoi3D 是一个非常经典的几何算法。大家可以在网络上找到非常多关于它的文献，也会在 NCF 网站里找到很多关于它的应用案例。本例我们从 Voronoi3D 的算法出发，做一个简单的空间深化练习。我们先来观察这个不规则空间几何网架，基本上找不到规则，但它的每个单元体其实都有一个相同的生成逻辑。首先空间中需要有一些位置随机的点，以这些点为中心，向四周相邻较近的点连线，并做这些连线的垂直平分面，这些面所切割围合成的最小空间，就是一个不规则几何体。我们称其为 Voronoi 的细胞晶格。每个点都这样生成一个细胞，就出现了我们眼前的空间结构了。

Tips 这么强大的运算器？

和以往所见的运算器相比，Voronoi3d 强大得有点离谱。它看起来就是一套完整的逻辑算法，输入随机点直接出结果，即便是我们可以在此基础上继续拓展编辑，但似乎仍然看不透这个运算器内在的逻辑算法。其实大家的这种感觉很对，Voronoi3d 提醒了我们一个很重要的问题，就是在 GH 中，一连串复杂的逻辑算法可以打包成一个独立的运算器。而且有相当一部分运算器的功能可以用其他更加基础的运算器来编写合成。比如生成山脉、生成建筑这样的算法早已经被玩家写成了独立运算器。那么究竟如何编写独立运算器？本章末会详细讲述。

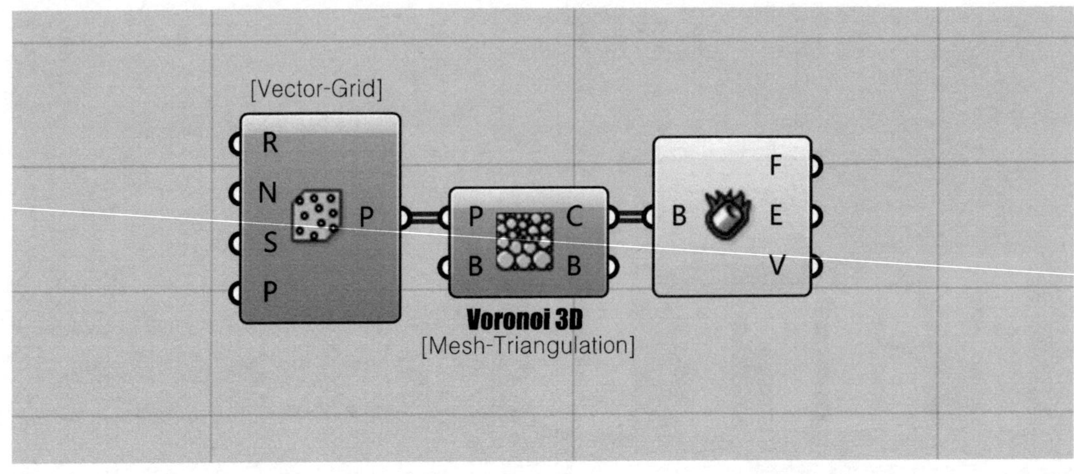

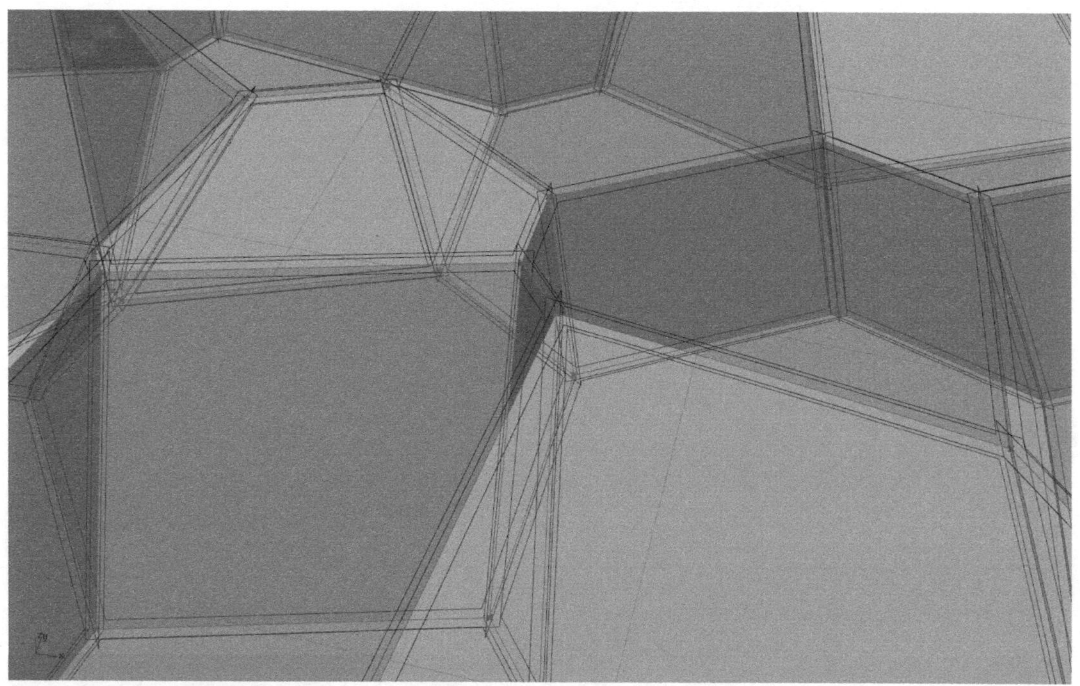

本例中我们看到 Brep 被分解了两次，第一次得到的是每个细胞晶格的几个面和棱线，第二次单独分解细胞晶格的每个面，得到每个面完整的轮廓线。这个时候我们尝试偏移这些轮廓线，但出现了一个 bug，有的平面默认是向外偏移，有的则是向内偏移。这种情况是细胞晶格在空间里反转正反面不确定导致的。所以我们必须对其进行一次矫正，将错误的情况更正或删除。

Tips Bug！ Bug……

我们经常在游戏过程中遇到 bug，一般会导致人物卡住，游戏进行不下去。而实际上我们编写的建模逻辑又何尝不是这样一种情况，算法有 bug，逻辑进行不下去……这种情况一般有两种可能性。第一种是本例中出现的情况，由 Rhino 平台模型算法特征造成的：空间面有正反，导致边缘曲线有顺时针和逆时针不同的走向（曲线是运动的），方向不同，默认的偏移方向也自然不同。所以这种情况是无法回避的，可以用常规的筛选算法解决。另一种情况是某些生僻运算器本身适应性不强，在特殊情况下就会报错。这个时候我们需要尽量换种思维，把不成熟的运算器或插件绕过去，方能解决问题。

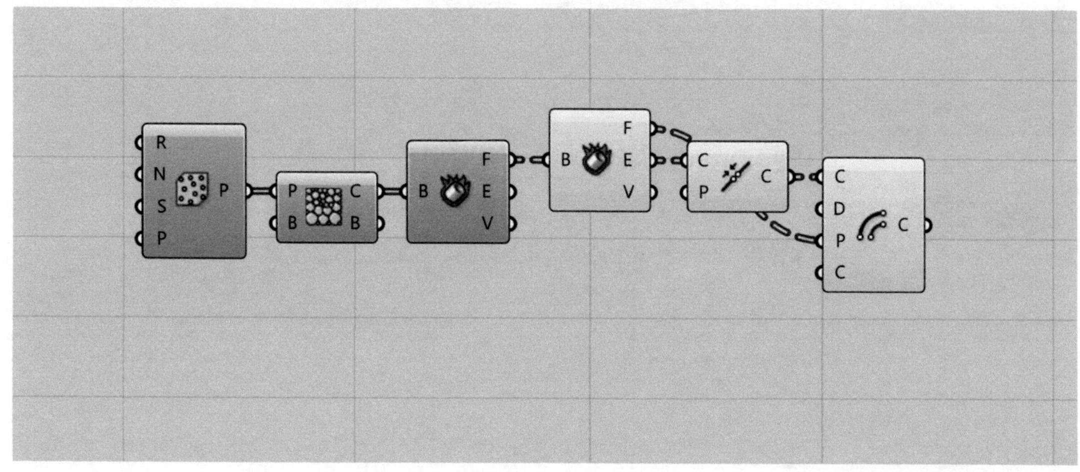

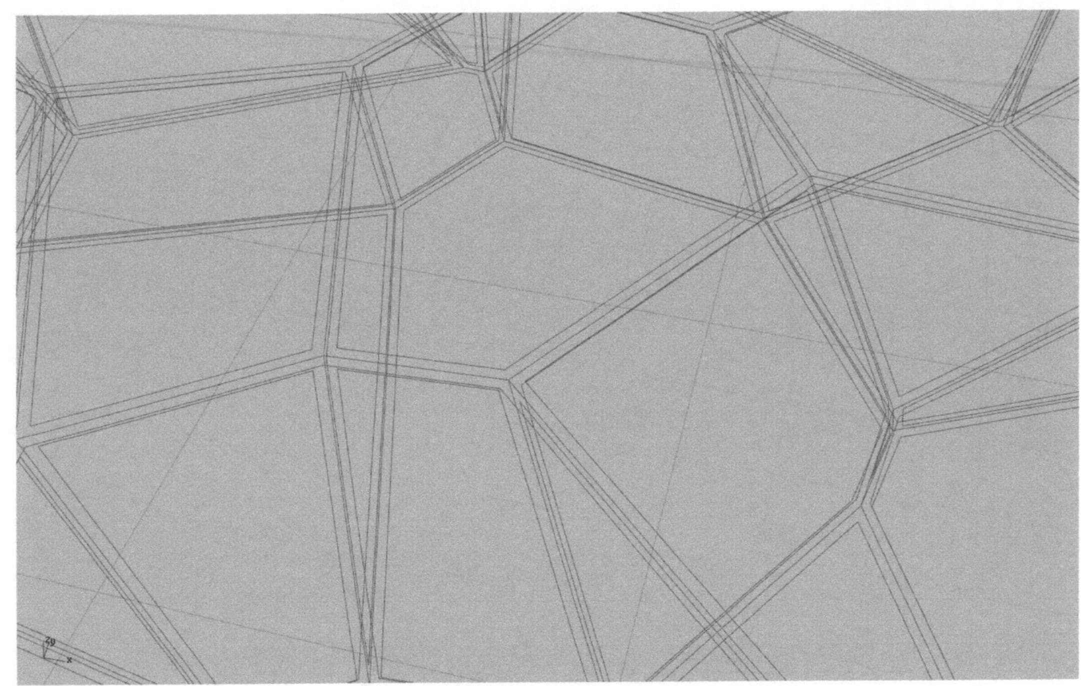

分别向两侧偏移两道轮廓线，将其混合在一个列表之中，并对其长度进行比对。我们需要的结果是向内侧偏移的轮廓线，而另一个向外偏移的线一定比我们的目标线长度要长一些。所以我们建立一个筛选逻辑，将两条线中短的那一条保留，长的剔除。这样就得到了我们的目标线。

Tips 计算机是有逻辑的?

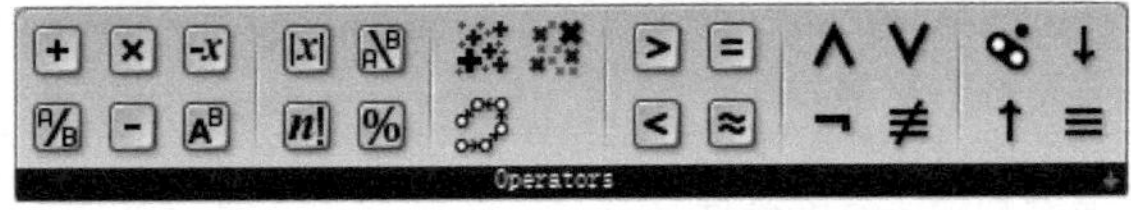

Boolean 列表筛选实际上是计算机初级逻辑的一种展现，在这个算法中计算机看似〝智能〞地将错误的线删除掉了。我们说这样的算法会简单的〝思考〞。在 GH 当中有一部分专门验证和判断的运算器可以帮助我们建立初步的算法人工智能。这些运算器看似功能都很单一，但组织起来也能实现相当程度的逻辑判断。在 Part F Level 5，会带大家做一些有意思的尝试。

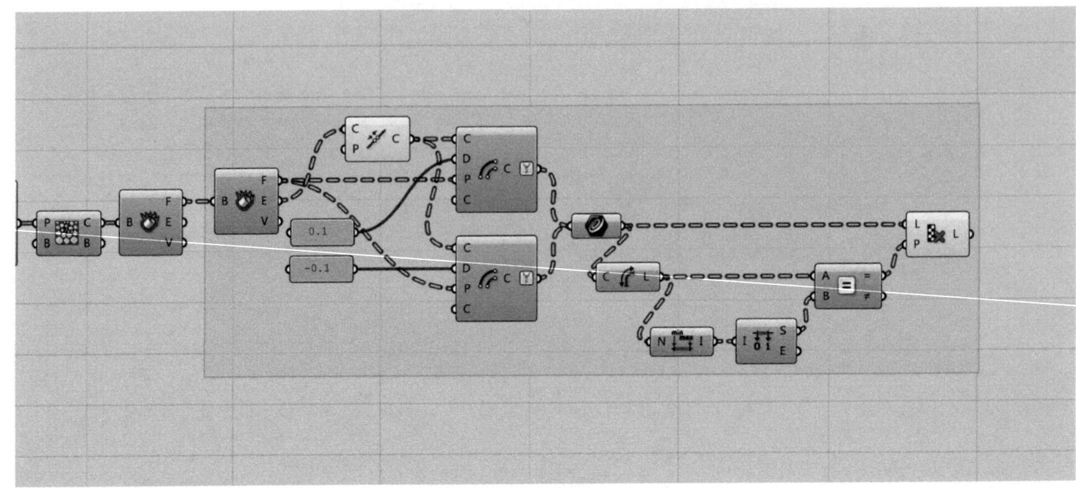

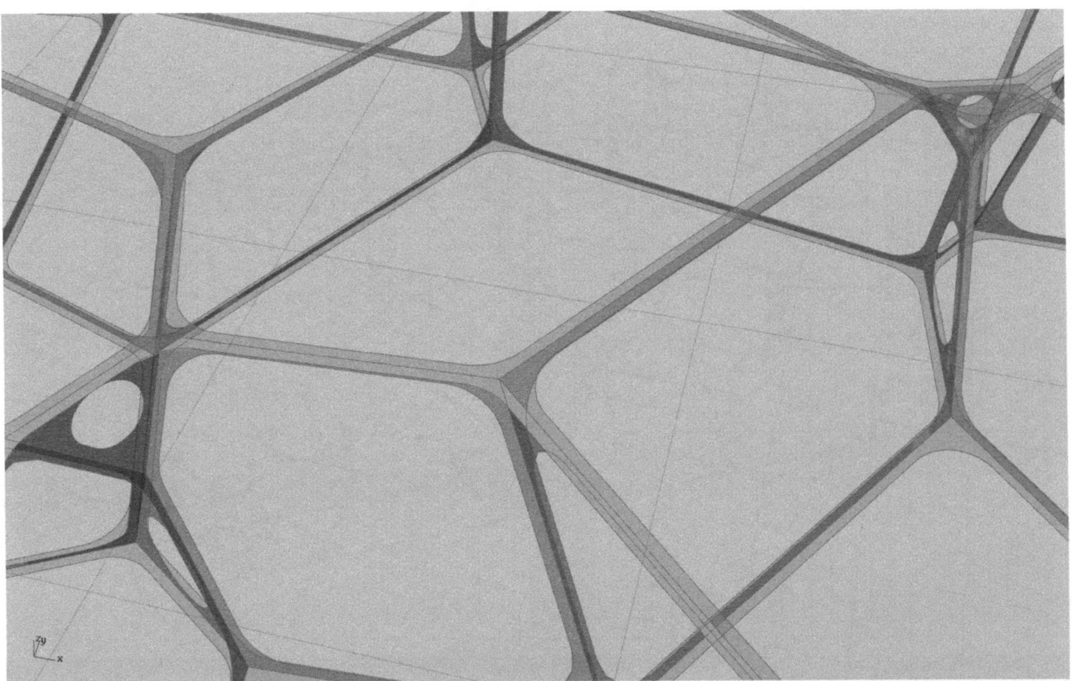

最后将得到的轮廓线倒圆角，通过 Graft 将其和原细胞轮廓线分为一组然后封面，即可得到我们的目标杆件。

在这个过程中，我们会意识到一个问题，因为相邻两个细胞晶格的贴合面是重复的，所以最后生成的杆件也会出现很多的重复情况。这将会使我们的模型变得笨重，也会影响到渲染的效果，所以本节的重中之重，是要想办法将多余的杆件删除掉。

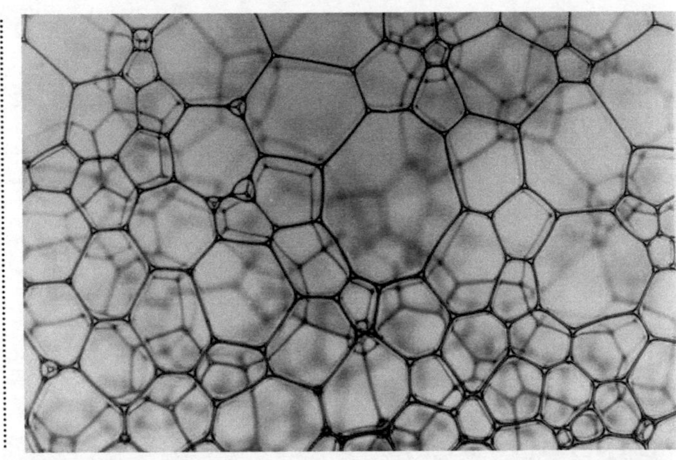

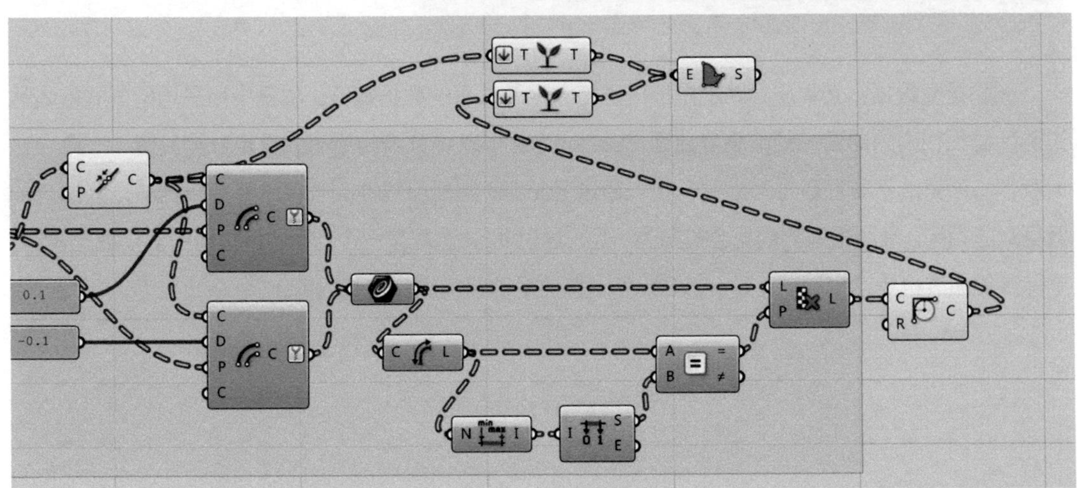

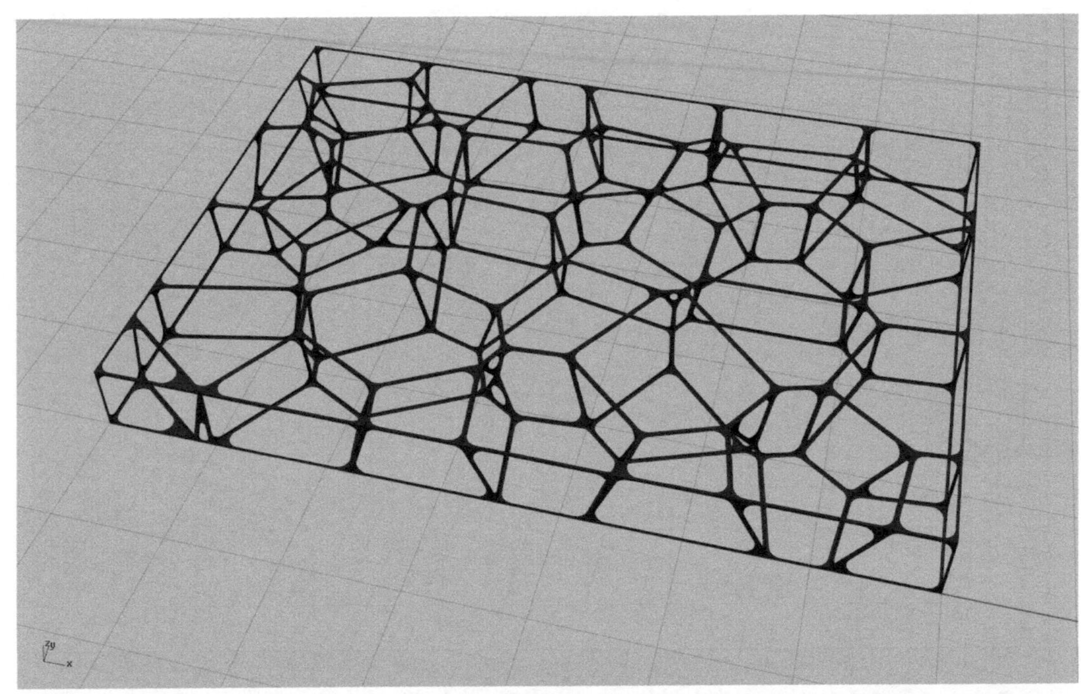

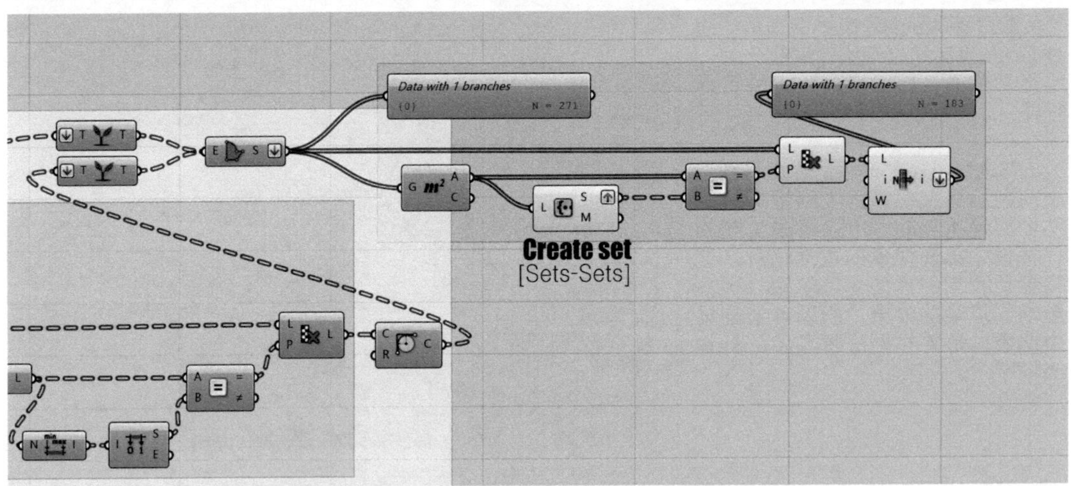

删除重复数据，其本质思路就是捕捉重复数据所共有的数据特征。本例中所采用的方式就是通过删除面积相同的曲面来剔除重复曲面。Create Set 可以将列表内所有的重复数据只留下一个，这时我们将所有的不重复数据都独立一组，通过 Equality 判断原线性列表中的哪些数据与这些组内的数据对应相等。最后相同的数据会被归为一组，通过 Item 选取第一个即可，将其他的重复数据舍弃。删除重复曲线也是这个原理。Create Set 可以直接帮助我们删除点和数值。

Summary

重复数据清除后，我们就可以得到一个干净的模型了。总的来说，本章讲的逻辑优化，其实是一种逻辑的再梳理、再挖掘的能力，很多初学者习惯把结果算出来后就丢到一边，其实丢弃的可能恰恰是它们的精华部分。要知道一套好的算法或逻辑就好像兵刃和副脑一样，在实践的道路上可以披荆斩棘。而要把它们调试到最理想的状态，优化的思维就必不可少。在本章的最后，我们一起学习如何打包属于自己的运算工具。

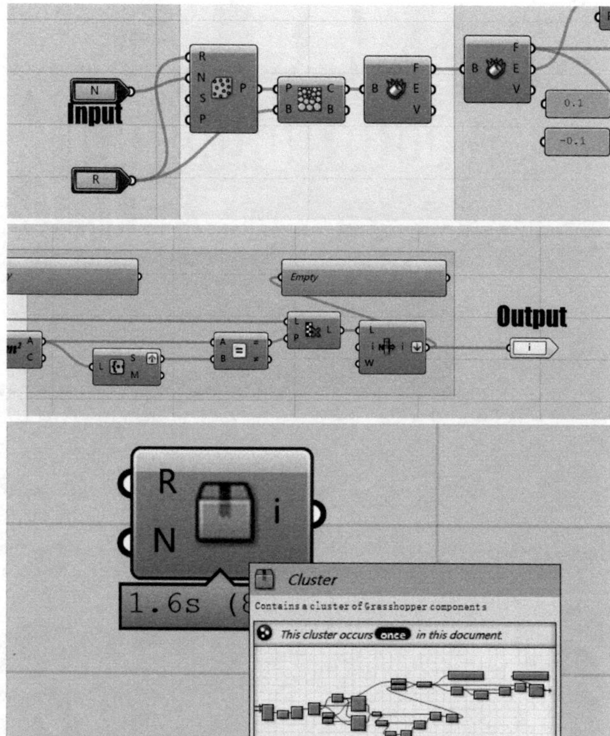

将 Input 连入要定义的输入端；

Output 连入要定义的输出端；

最后全选，点击右键 Cluster，
新运算器就诞生了。
右键 Properties 可编辑其特性。
选中后点击菜单栏 File → Create
User Object 可将其上传至工具栏。

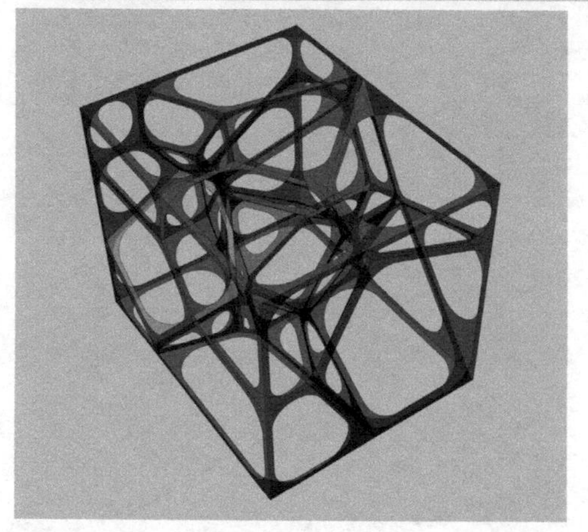

这样你就有了一个更具特色的算法了。

Enjoy it !

技能闭合

Level 1

Level 2

Level 3

Level 4

Level 5

Level 6

Part D

Logic Optimization

逻辑优化

开始创造 Cluster 吧！
别忘了把它不断地优化。

它可以分分钟帮你秒掉一个地形，
也可以一晚上为你搭建整个城市。

将我们的智慧
封存在它的记忆里，

透过时空，
自己的手会再助我们一臂之力。

谁曾说路上的我们只是孤身一人，
他还看不见你身后的千军万马！

NCF 期待着你的作品！

Part E

Project Integration

工程接轨

“工程接轨”是设计实体化的一个必要过程。在这个过程中，我们一方面要考虑到方案本身的可实施性，一方面又要了解如何去和其他部门紧密配合，把构件的数据信息准确、清晰地反映给项目团队。所以与日常的建模练习相比，实践过程中的生成算法更加强调科学性和准确性。“定位”是编写算法的核心，构件的方位坐标信息要比其本身的样式重要得多。比如一处异形的曲面工程，只有能将所有的空间位置信息核实，它才有能被实现的可能。

相对于传统建模工具来说，GH 在这方面有着极大的优势。一方面我们的生成逻辑来自于空间坐标体系，由控制点出发，生成函数曲线，再得到基准曲面，这个过程中所有的空间定位数据可以通过嫁接逻辑算法来提取。另一方面动态的参数模型和几何逻辑生成过程，可以促使我们在设计的过程中调控这些参数，使其满足相应的工程性能需求。在设计的过程中，就将其优化到理想的状态，而非盲目设计。

对于实际营造，不得不提的就是施工过程中的“形变”问题。其实对于普遍的大型工程而言，都面临着一边施工，构件体形参数一边开始变化的难题。温度变化造成的热胀冷缩是原因之一，还有结构重力带来的沉降等都会导致施工结果和设计数据发生些许的偏离。这个时候就需要我们重新在现场采集数据，进行修复性的重新定位。虽然理论上是可以做一些预判性的算法优化，但现场环境的不可控因素巨大，比如地质参数、施工当年的气候参数等，所以“定位”其实是一个相对的概念，而非绝对。大家不必太在意工程施工误差范围内的数据就可以了。

Level

实践体系认知，
结构一级框架；

2

结构二级框架，
构造级节点建模；

算法细节控制，
Voronoi2D 构件定位；

曲面空间网格优化，
定位点坐标输出；

幕墙细分深化，
工程实例模拟；

项目接轨，
立足实践。

提升训练

Level 1

Level 2

Level 3

Level 4

Level 5

Level 6

实践体系认知，结构一级框架。

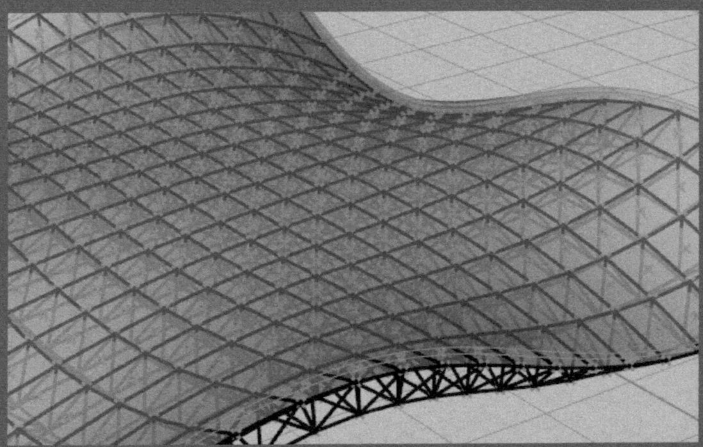

本节和 PartD 类似，通过一个案例来规范基本操作，同时了解如何将结构定位信息转移给结构专业。通常一个异形空间的主体，都是建筑专业和结构专业共同来决定的。脱离了结构体系的形态本身就难以实现，而结合了结构计算的找形过程可以提高方案的施工完成度，在前期就规避掉一系列的潜在问题。初学者可以同时进行 PartA，PartB，PartC 的训练；当单独某一章节很难达到升级标准时，说明对其他章节认识程度不足，这时可以转移至其他章节进行晋级训练，一段时间后会发现难题不攻自破。

Project Integration
工程接轨

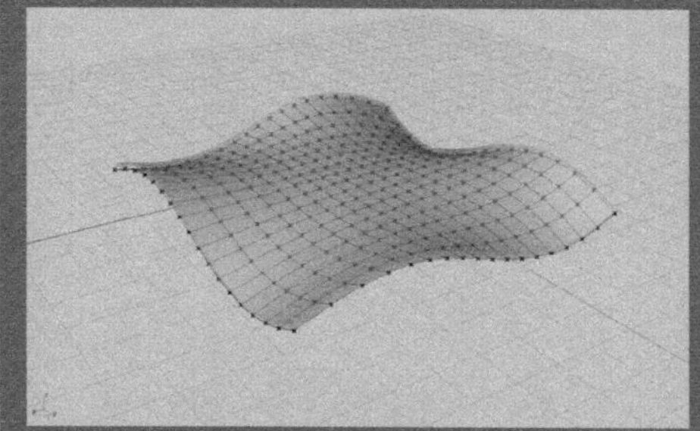

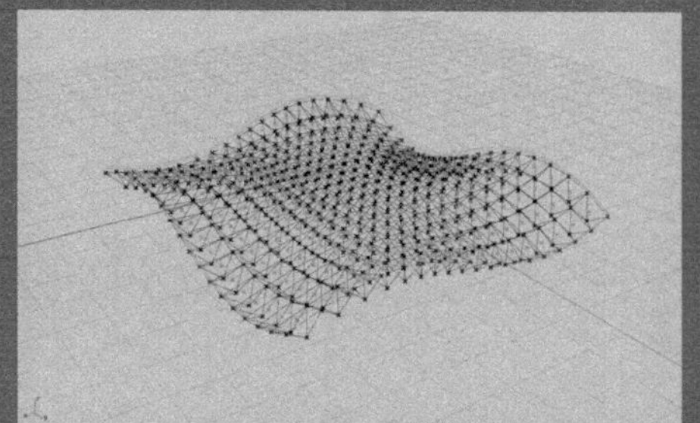

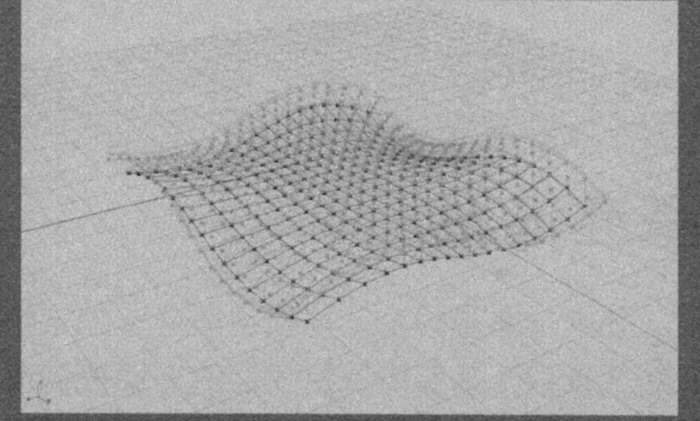

训练目标：

初级标准：

能够根据教程的提示完成案例，并理解本单元阐述的工作模式。

中级标准：

能够默写这些算法，并理解其中每个运算器的运算含义。

升级标准：

能够清晰地理解并给他人讲述这些基础操作的用意。能够将这种工作习惯应用于个人的实际创作或日常工作当中。

Part E

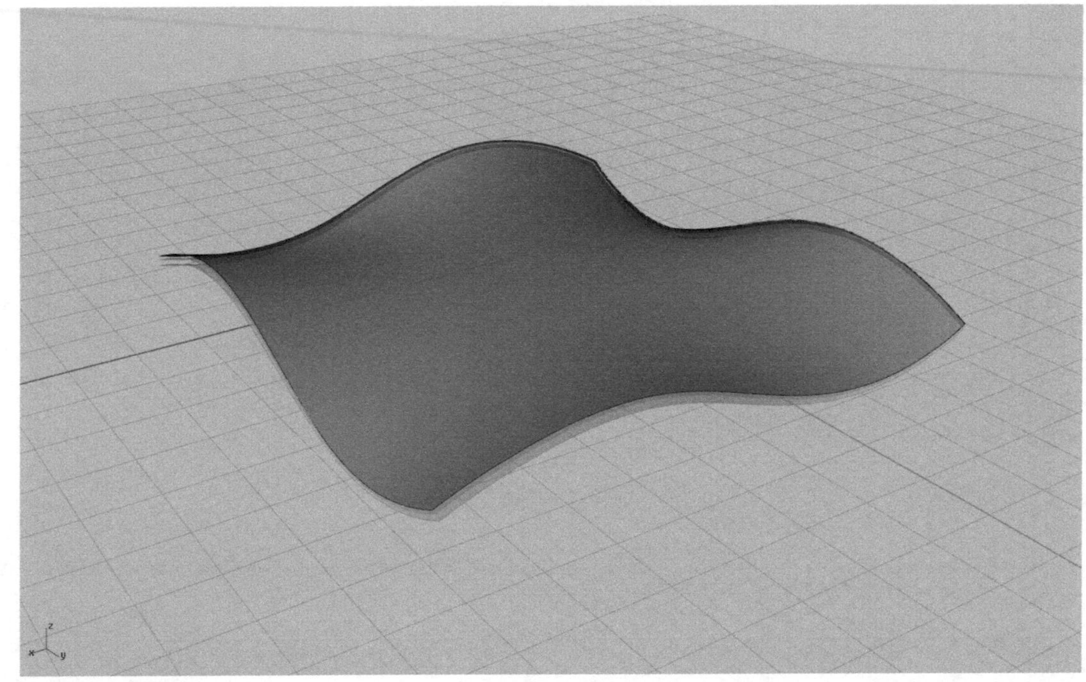

基准体系

基准体系是每个工程项目所必备的定位体系。好比轴线或模数，基准体系为我们的方案提供最基本的数据参照。异形的空间设计同样也需要相应的基准体系，一方面它可以用来描述一个空间的雏形轮廓，另一方面它可以为后续的建模提供数据参照。常见的基准参数很多：基准点、基准曲线、基准曲面、基准网格等。它们往往是生成逻辑的初始依据，已经确认进入深化设计流程后，几乎不可以再被修改。这些基准数据都是统管全局的控制核心，所有单位都会以此为参照紧密配合。

A 对于曲面玻璃幕屋面系统，我们习惯将其玻璃外饰面的最外层表面作为首要基准面。因为这层表面是与人视觉直接接触的那一层，以此作为基准最容易控制住曲面屋面的视觉形态。无论构造或结构层有多厚，都是在此基础上向内侧偏移，外界面一经找形确认就不再改变。

B 以外基准面为参照向内偏移屋面龙骨层的厚度和结构网架层的厚度。这样初步确定三层基准面参考体系。

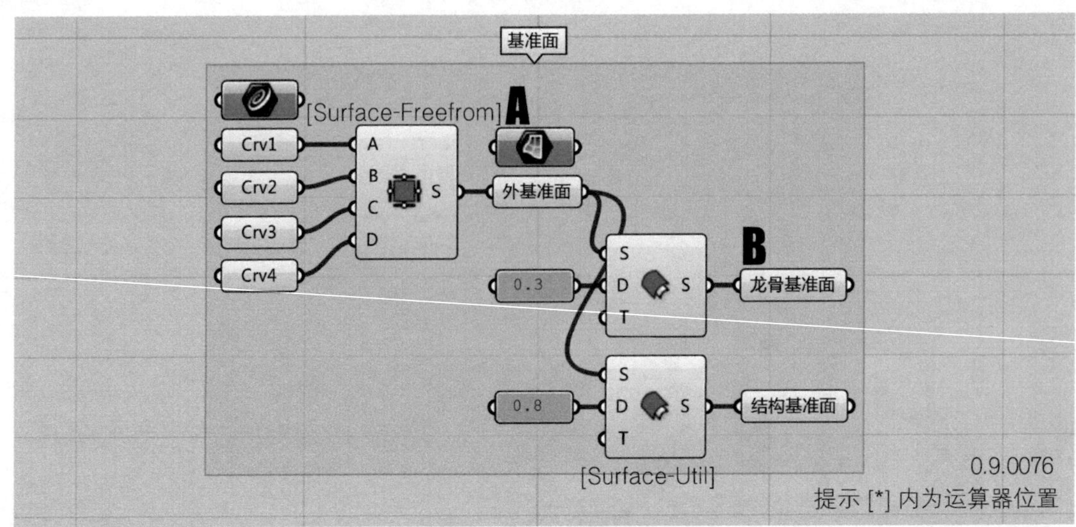

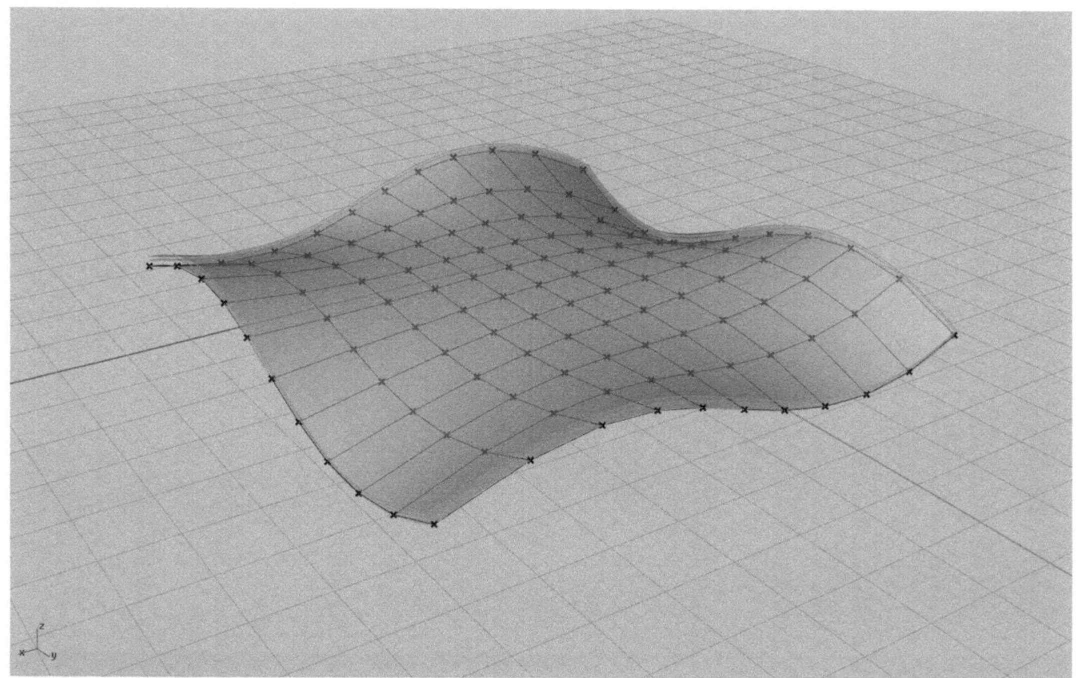

结构计算

异形空间网架的结构计算如今已经并不复杂，但对于结构专业来说，最难的是如何精准地拟建设计者提供的异形空间网架模型，并保证相关数据类型是结构软件可识别的。这就要求我们设计者提供线模作为结构模型的定位参考依据。结构专业将设计者提供的线模导入软件后可对其进行属性匹配（杆件材料、粗细等），再通过计算得到杆件和节点的应力图。需要注意的是，这里的线模必须是线段模型，并尽可能采用直线线段，这样才能方便地进行准确的计算。

C 提取结构基准面，重新定义 UV 区间。通过 UV 细分得到曲面上均质的点网。然后通过树形数据和 PL 线连接网架的第一层曲面杆件（网架 A）。

D 炸开 PL 线，得到点网间的线段。注意这部分数据才是结构计算需要的线模。可直接导入多种力学软件进行网架受力计算。

E 统计网架单元杆件的平均值，对网格间距进行初步评估。当该数据与经验值出入较大时，应考虑适当调节 UV 细分的数量。

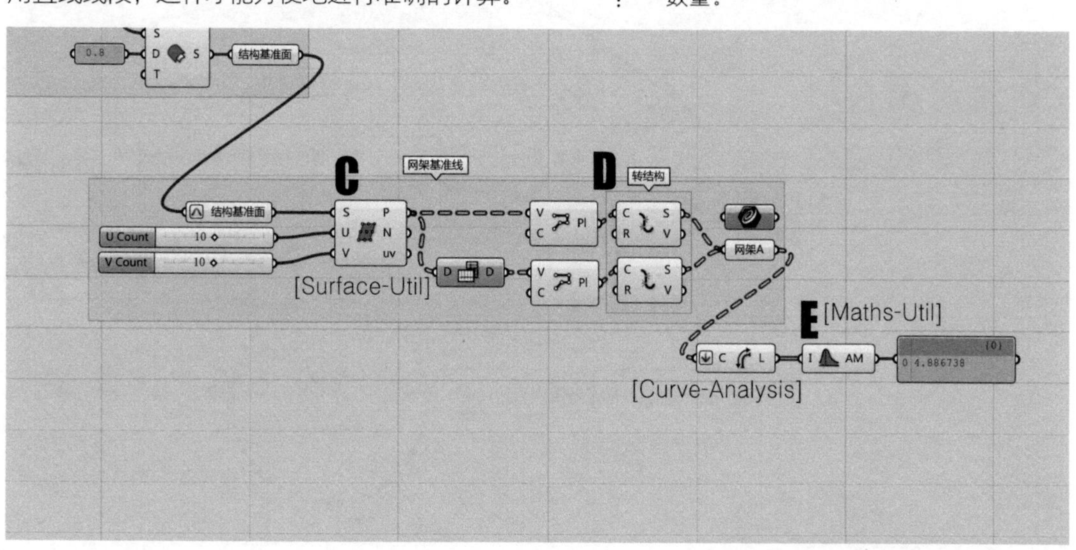

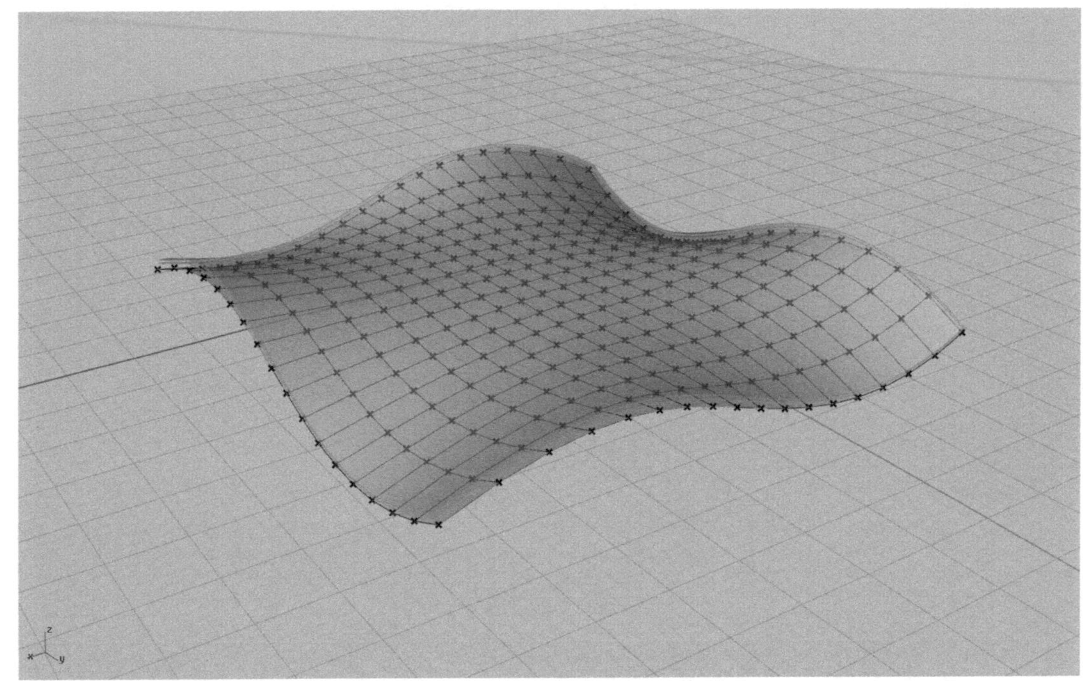

数据反馈

与结构专业的配合是一个反复的过程。网架 UV 细分的数量决定了单元杆件相应的平均长度，也一定程度地间接决定了网架最合理的空间高度和杆件粗细尺寸。这需要设计者与结构工程师合力计算得出一个既满足空间净高要求，又保证视觉感官舒适的综合解决方案。

数据反馈面板，作为一种找形的参考依据，在此步骤中起到关键的作用。除了杆件平均长度以外，杆件最大长细比、最大长度差、最低点标高等，都可以用来作为反馈的参数，并在接下来的找形定位过程中起到一定的参考作用。在这一步骤中能够兼顾到的因素越多，网架的定位也就越合理。

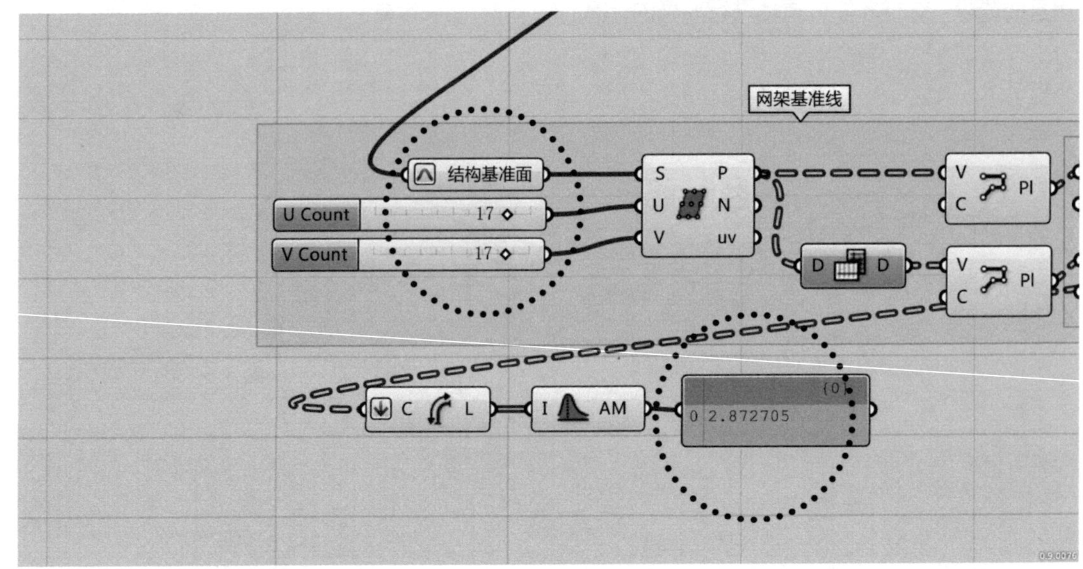

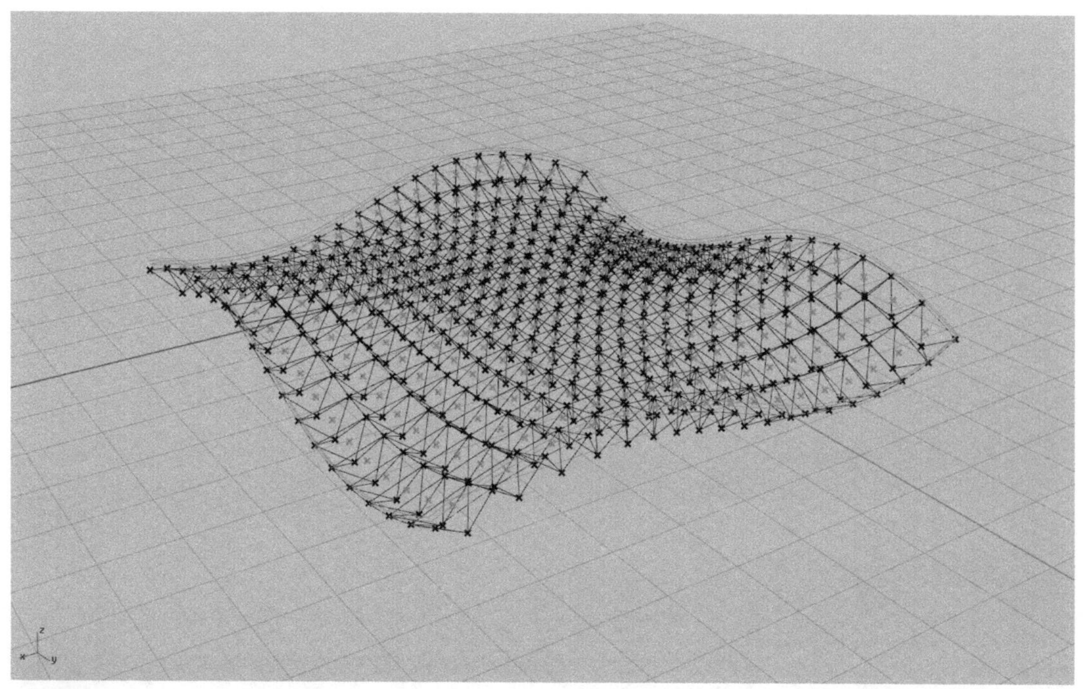

F 通过等分的UV区间计算出曲面的细分单元面。提取每个单元面的中心点。

G 将每个中心点沿着各自的单元面法线方向移动出网架的厚度。连接移动后的点和单元面四顶点，得到网架中间层杆件（网架B）。

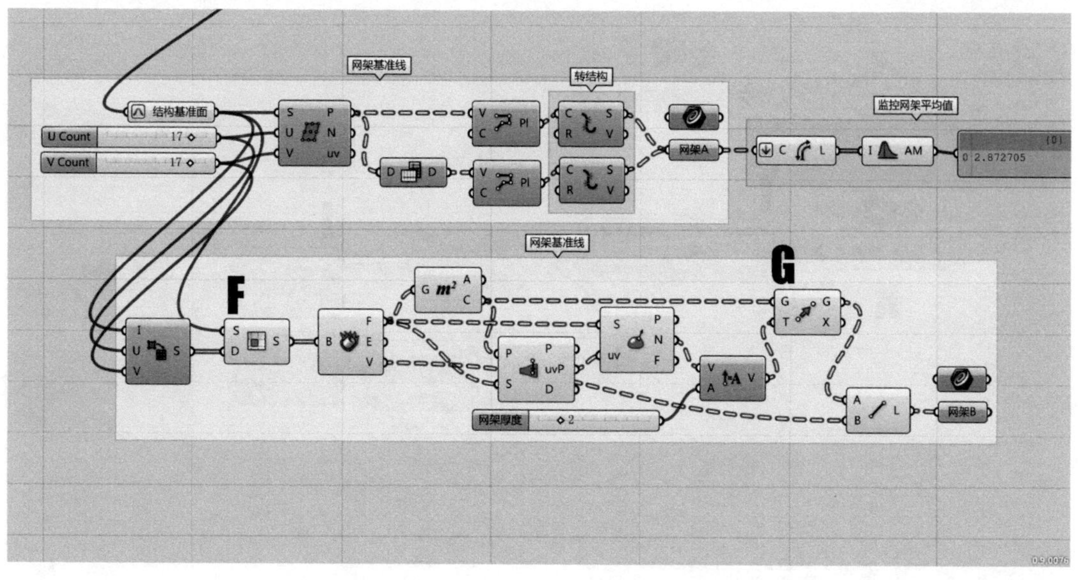

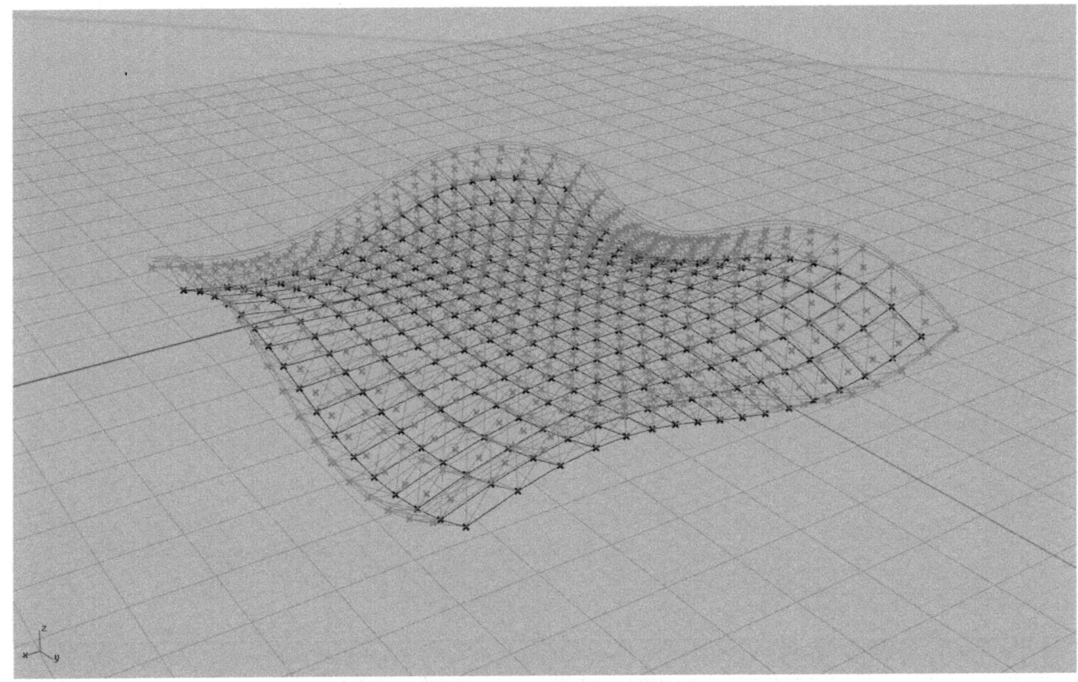

Note

H 提取 G 生成的移动后的中心点，简化数据路径。

I 数据重新分组，{A\17} 可以按排序每 17 个数据分成一组，正好是一横排基准点一组。

J 通过 PL 线连接每组点，炸开成线段，最后得到第二层曲面杆件（网架 C）。

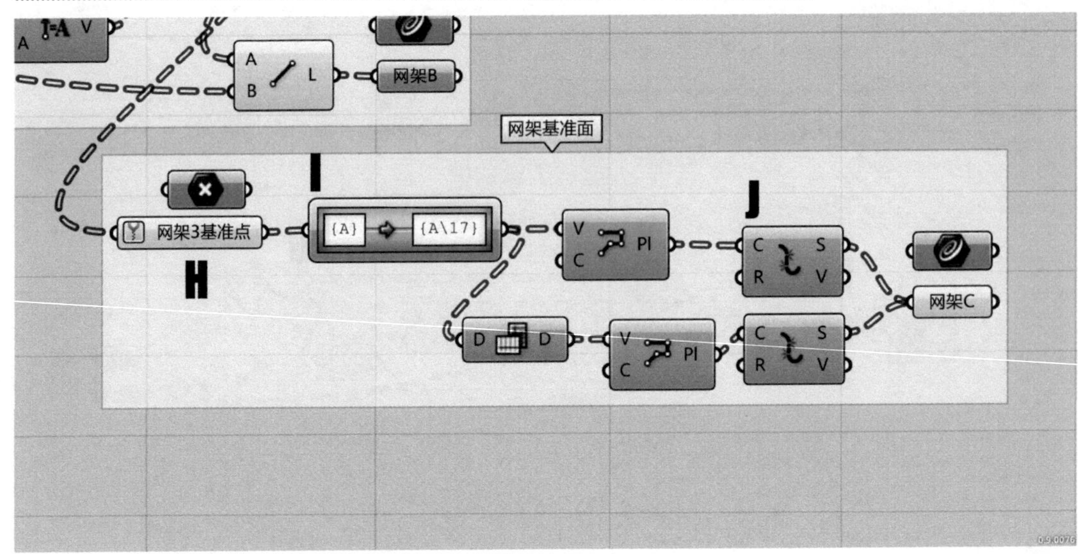

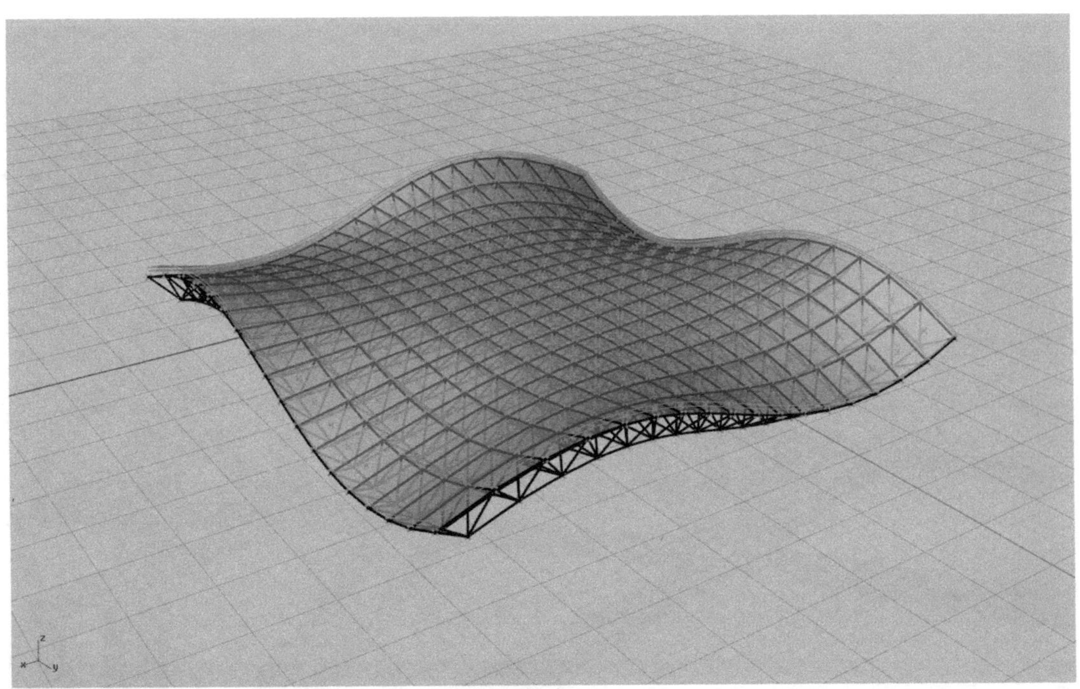

数据梳理

在完成了曲面网架线构体系之后，我们要做一个简单的数据梳理，将具有相同功能属性的参数整理到一个数据列表里方便以后的统一编辑。比如所有网架的交接点，这些都是未来球节点生成的基准点；所有网架 A、B、C 的杆件实际上是一套完整的网架体系。这些都可以用 Merge 合并成一个完整的数据流，方便以后随时调用或修改。

数据梳理工作往往在一段逻辑的阶段性结束后，也是重要的思维逻辑总结。不要小看这些看似多余的数据合并，它将在整个工程的推进过程中，随时提醒我们它们的存在和作用，使我们在忘记了它们的生成逻辑之后，还能一眼在整个逻辑算法中找到这些重要的数据结果。

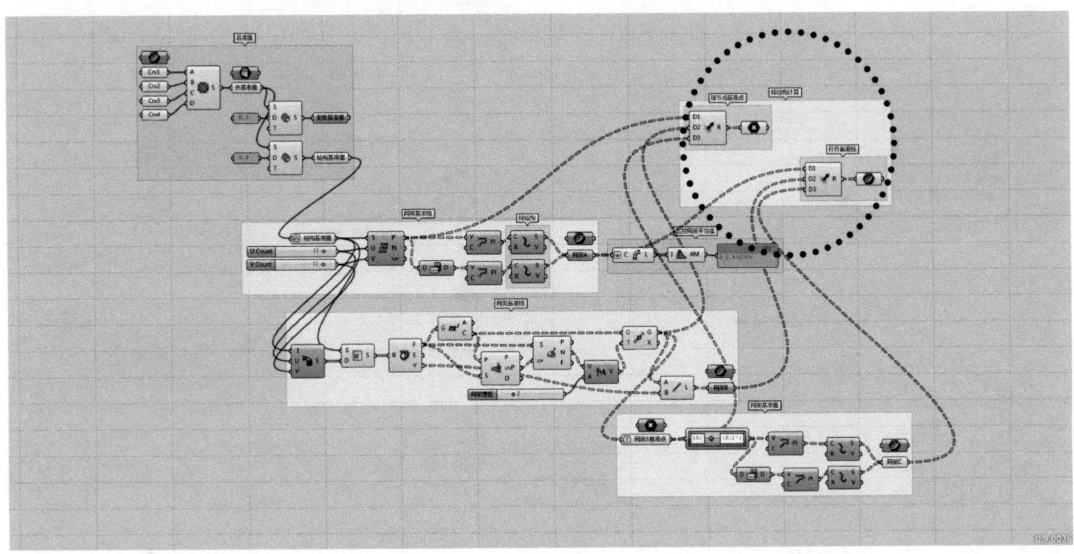

数据导出

除了线模输出用于结构计算之外，我们同样需要一部分实体模型作为形象呈现出来。这时候面对实际工程庞杂的数据量，数据类型的优化十分必要。Mesh 作为一种理想的数据输出类型建议大家考虑。与 Nurbs 最大的不同在于 Mesh 是多折面网格，每个细小单元的平面构成只有点、线、面信息，不含曲面函数及坐标（类似 SketchUp），大大减少了异形描述的数据量。同时多数渲染器均采用 Mesh 网格渲染，所以用这种格式导出的文件体积小，又不会影响模型的渲染效果。

K 依据基准点生成一个简易的球节点，这里采用 Mesh 球体是为了减少函数曲面给模型带来的运算负荷。合并 Mesh 可减少导出时拆解的时间。

L 通过网架基准线生成圆管杆件，同样将 Brep 转化为 Mesh 可减少模型导出时的大小。

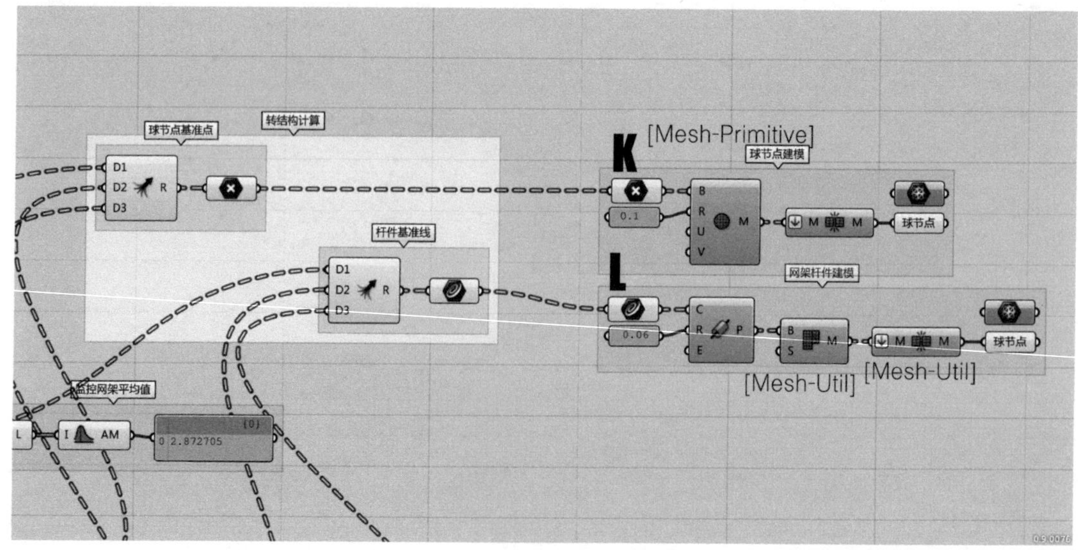

Summary

本节我们看到在工程实践的应用中，GH 算法的编写和排布变得更加严谨。原因是设计师在整个统筹设计和反复修改的过程中，不可能一次性处理如此大量的数据。它们一定需要分阶段地调试和短暂的逻辑闭合，来使我们分阶段、分批次地解决这些实际问题。需要大家理解的是，在设计实践的进程中，最难的部分并不是建模的思路，而是数据体系的梳理和调用。不同的专业、不同的阶段随时要求我们去抽调模型中的各种参照数据去和各单位配合，面对一个由数百个运算器构建起来的庞大逻辑，你是否可以做到对其了如指掌，操作起来游刃有余？这才是能将 GH 应用于实践的关键所在。

提升训练

Level 1

Level 2

Level 3

Level 4

Level 5

Level 6

结构二级框架，构造级节点建模。

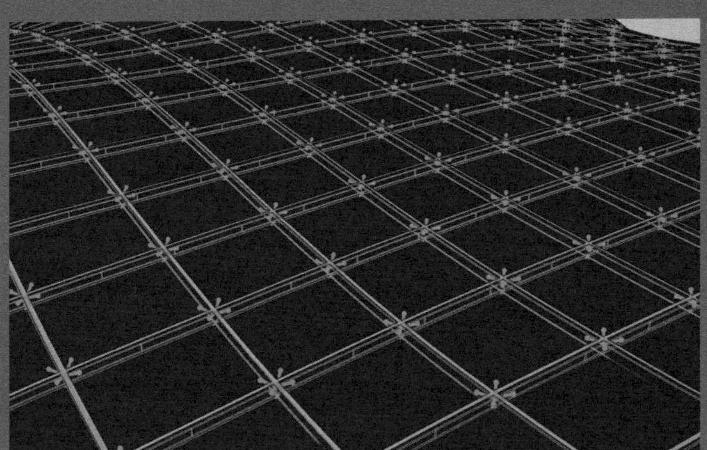

上一节我们了解了结构一级框架定位的一些建模要领，本节我们来学习更深入的玻璃幕屋面构造细节。在实践项目中，基准体系往往分为多个级别，宏观到整个工程空间的控制线，微观到每一个细部构件的生成参照，都需要有定位参数作为依据。所以基准体系是一个完善的由宏观至微观的框架，呈现多级套叠的关系，微观框架依附于宏观框架。每当我们需要深化一个设计的时候，第一步往往是基准体系的深入设计。

Project Integration
工程接轨

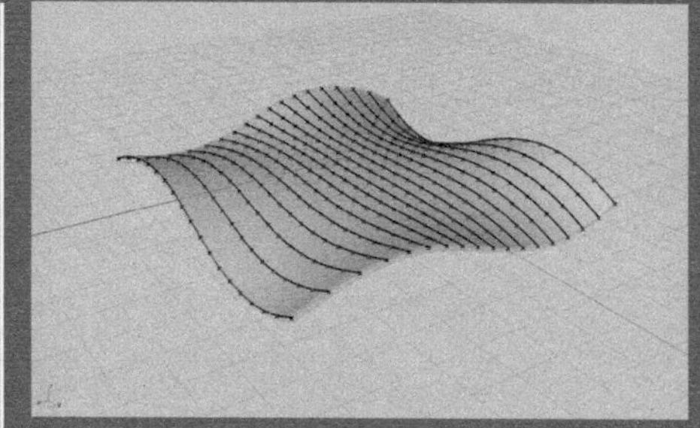

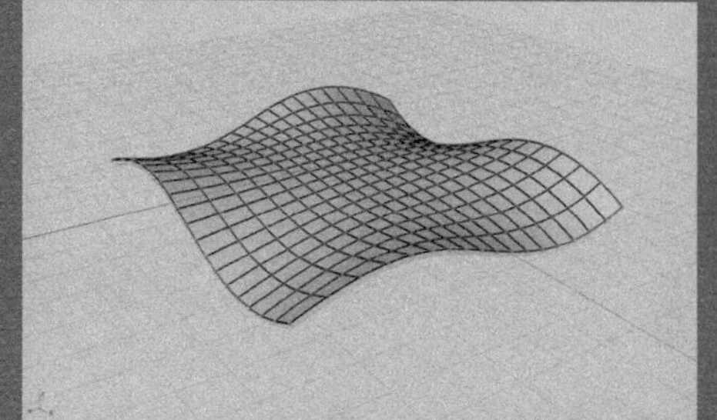

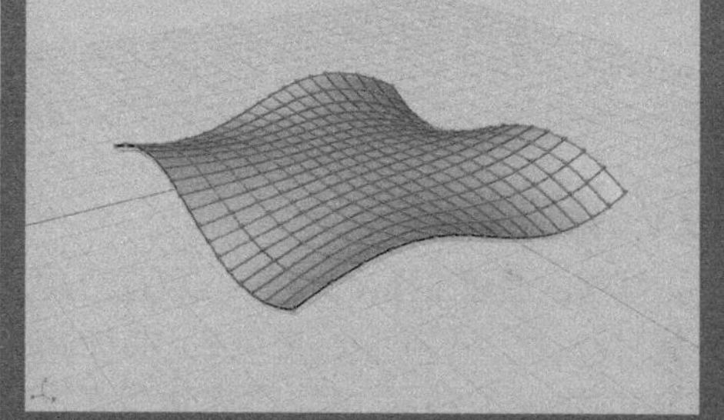

训练目标：

初级标准：

能够根据教程的提示完成案例，并理解本单元阐述的工作模式。

中级标准：

能够默写这些算法，并理解其中每个运算器的运算含义。

升级标准：

能够清晰地理解并给他人讲述这些基础操作的用意。能够将这种工作习惯应用于个人的实际创作或日常工作当中。

Part E

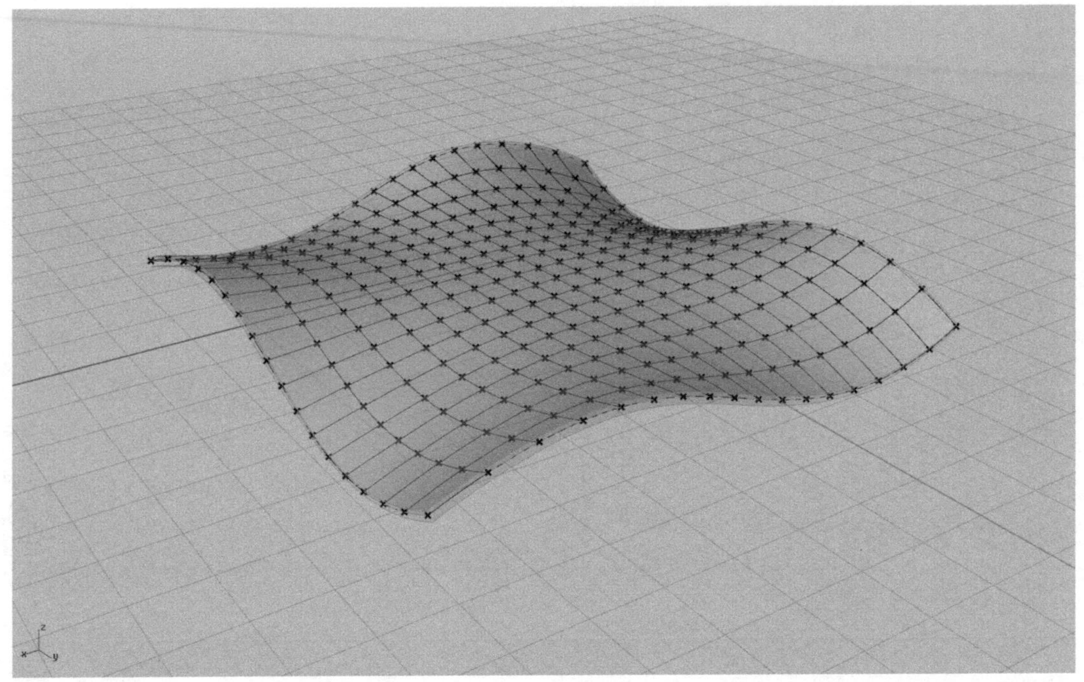

UV 设计

理想的曲面工程设计的不仅仅是形态，更是曲面的结构线 UV。我们不难发现在 Rhino 中 Nurbs 曲面是一个有两个维度的四边曲面，其内置的纵横交织的网状体系本身即是一种理想的曲面网格，具有一定的结构特征。那我们为何不能将曲面结构体系沿着 UV 的网格去考虑呢？事实上我们可以通过对 UV 的设计和调控，使得目标曲面达到结构体系上相对的舒适、合理。别小看这些简单的曲面调试，它们会给未来施工带来巨大的便捷，节省数目可观的材料和资源。

A 提取龙骨基准面，对其进行 UV 细分，这部分数据应该与主体结构之间发生一定的模数关系，确保龙骨与主体结构之间有对应的连接点。

B 和本章 Level1 的方法相同，连接主龙骨基准线和次龙骨基准线。这部分将保证龙骨和曲面玻璃的协调性，用 Nurbs 曲线作为基准线，方便和生产厂家对接。

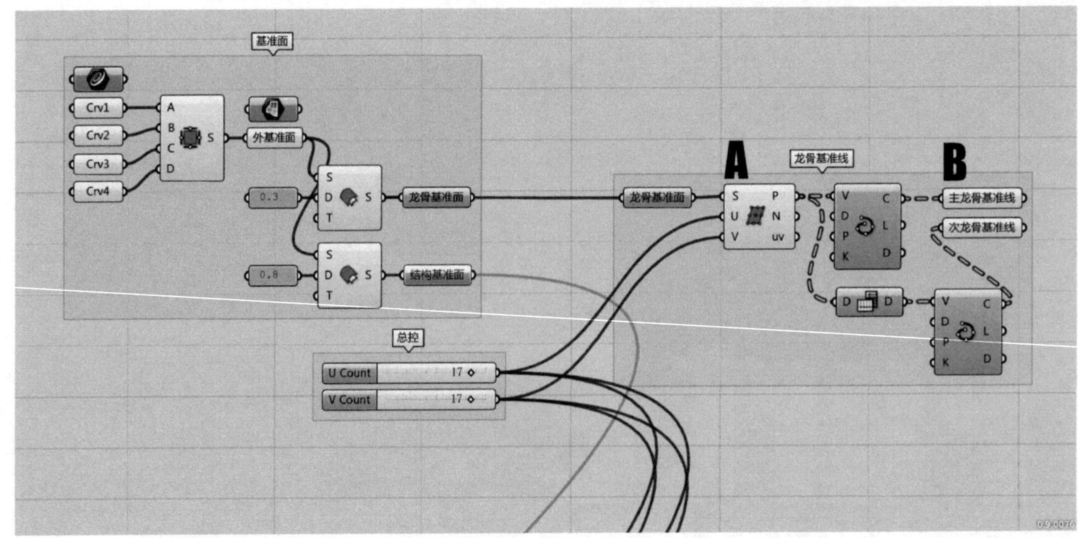

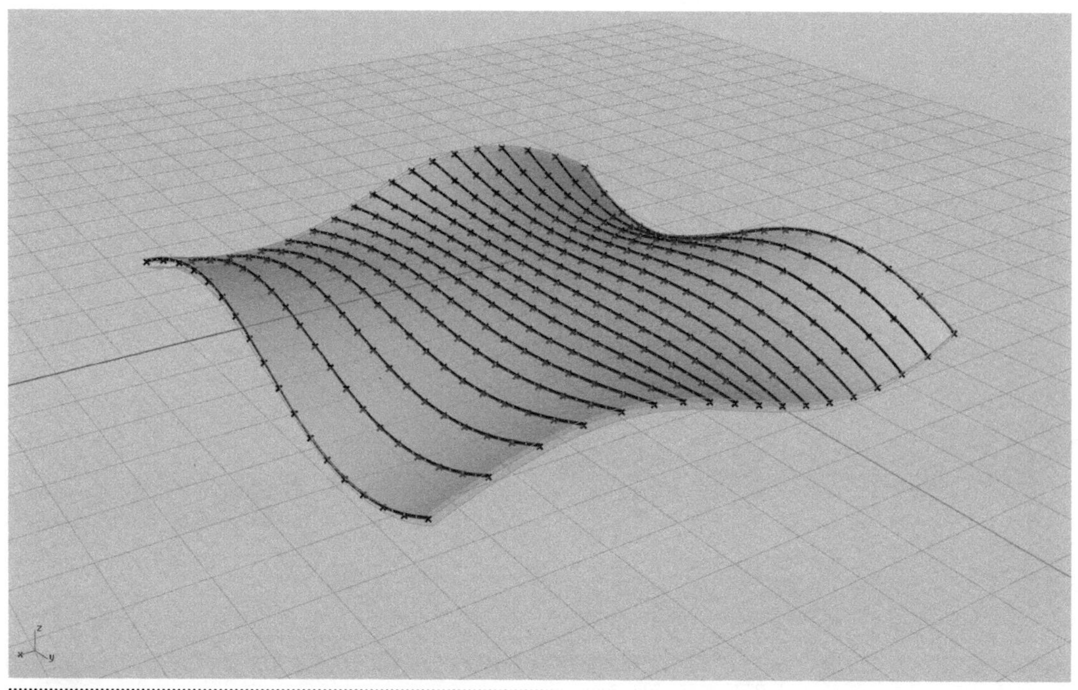

C 沿曲线布置垂直空间参考系，通过参考系上对应的坐标点绘制出龙骨的截面线框。

D 通过这些截面线放样形成方形管件。将两侧封面合成闭合的Brep，形成主龙骨。

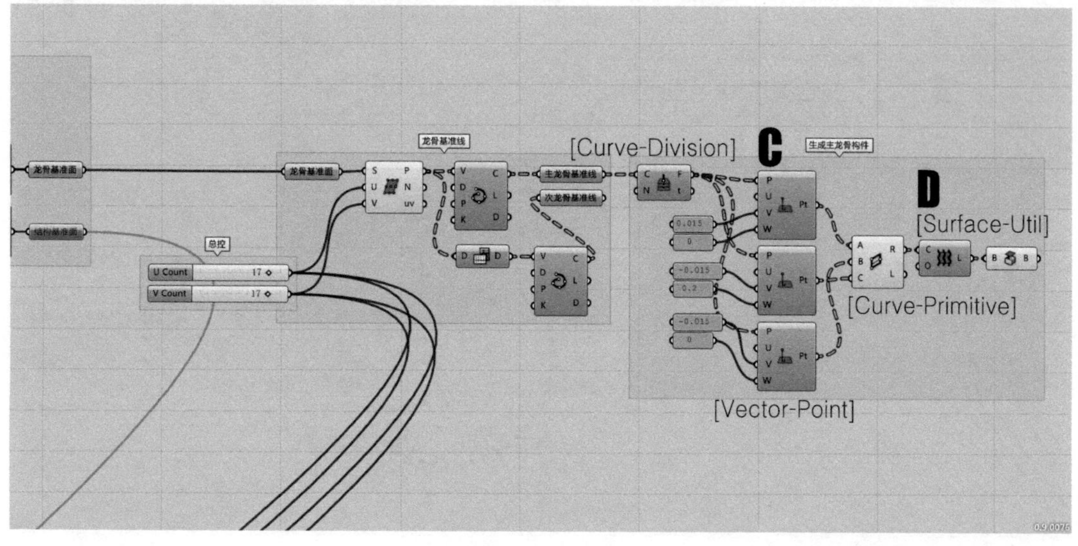

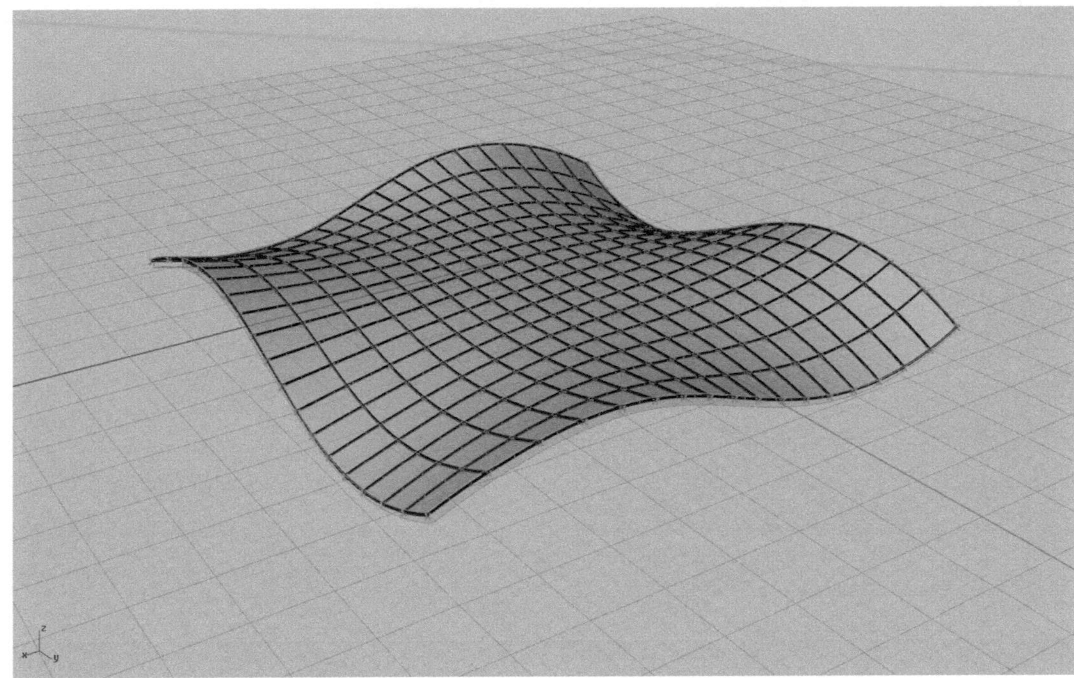

Note

E 复制C、D的算法，再生成一组次龙骨。通常次龙骨要比主龙骨的尺寸略小一些，当然也可以考虑生成主次一致的井字形格构作为玻璃幕屋面连接点的支撑。

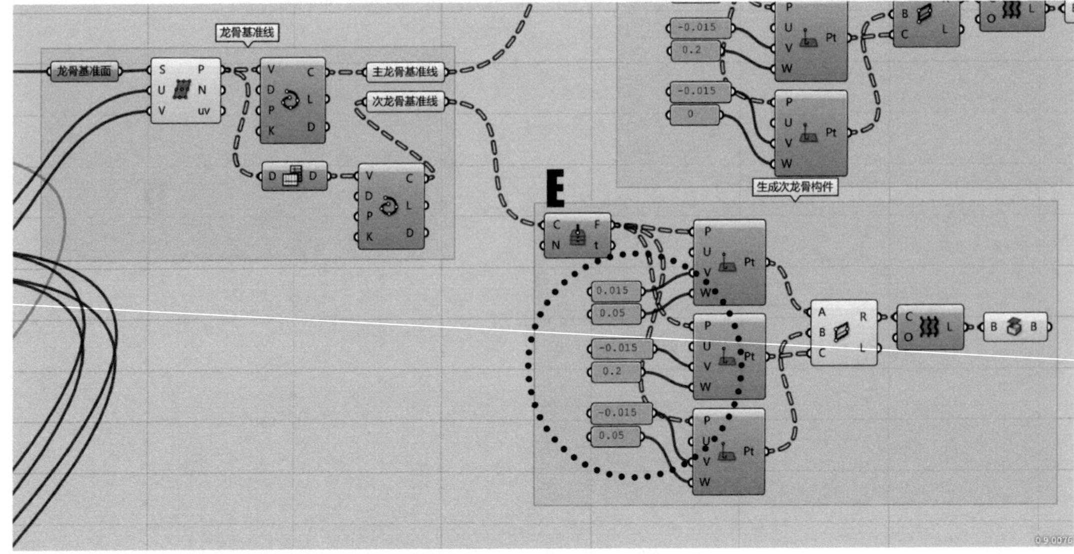

节点建模

针对多变复杂节点的建模是 GH 的特色功能之一。因为参数模型可以通过变量的修改来改变构件的形态，所以一旦节点的逻辑编写完成，面对各不相同的构造节点，只需要通过输入变量来完成剩余的模型即可。这部分工作通常是在工程已经到达了扩初设计的后期，需要和厂家进行直接对接的时候才会遇到。

F 提取外基准面，重新定义 UV 区间。

G 将龙骨基准面上的细分点向上移动一小段构造距离后，投影到外基准面上，得到曲面上这一点的相切面参考系。

H 在这个切面参考系上绘制一个方形，提取它的 4 个顶点再与之前 Move 运算器移动的细分点依次连线。得到玻璃幕屋面抓件的生成基准线。

I 生成圆管和端点固件，转化为 Mesh 后合并。

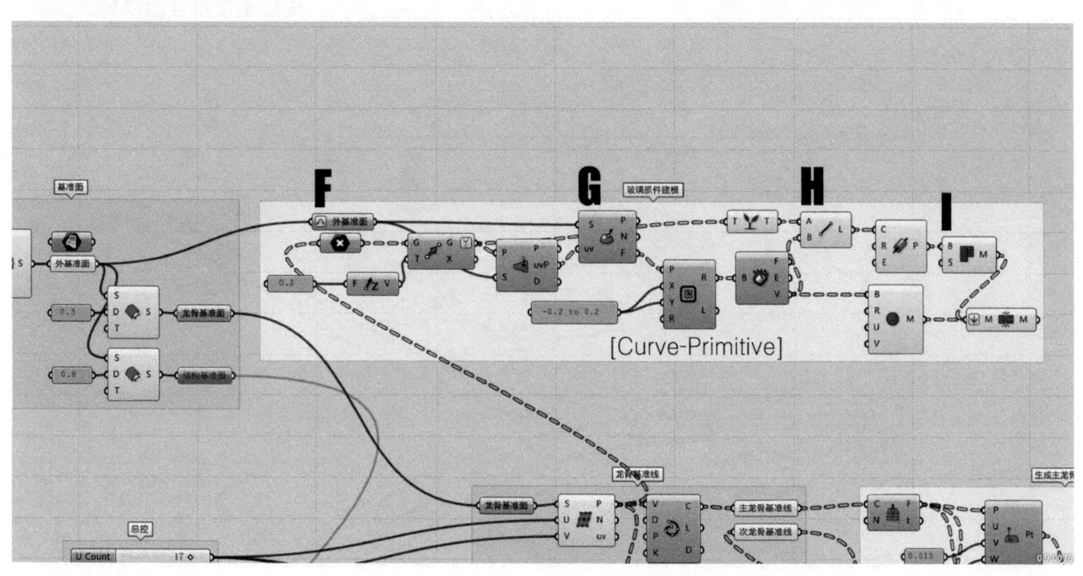

J 基于外基准面细分每块玻璃幕屋面单元。

K 考虑到实际尺寸要略小于构造尺寸，玻璃间需要留出一些构造缝隙。通过 UV 区间的二次编辑，将原细分区间缩小，生成新的玻璃幕屋面单元。

L 向下拉伸出玻璃厚度，注意因为外基准面是用来控制外饰面的界面，所以玻璃厚度的生成方向应向下，保证生成结果在基准面以内。

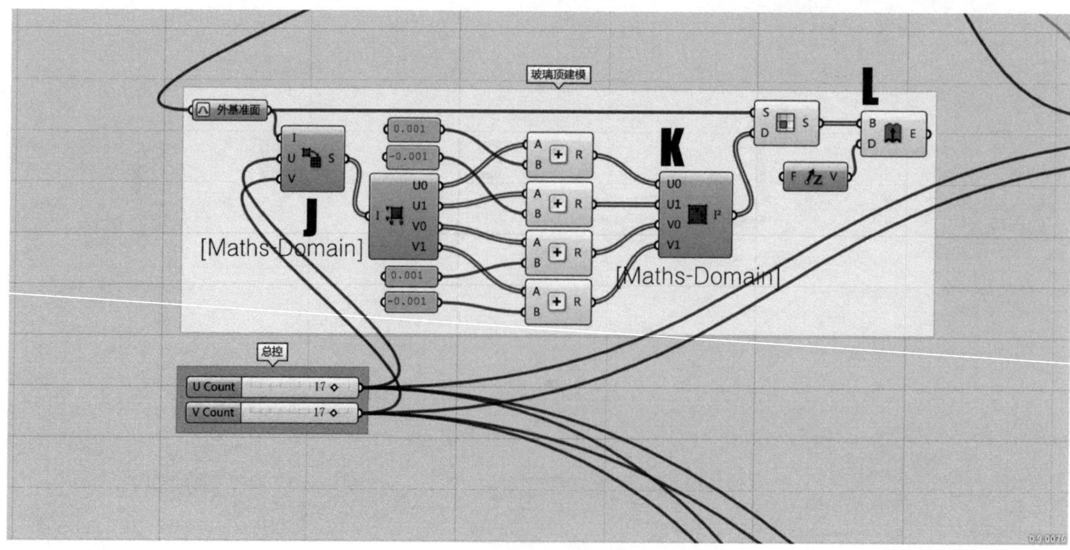

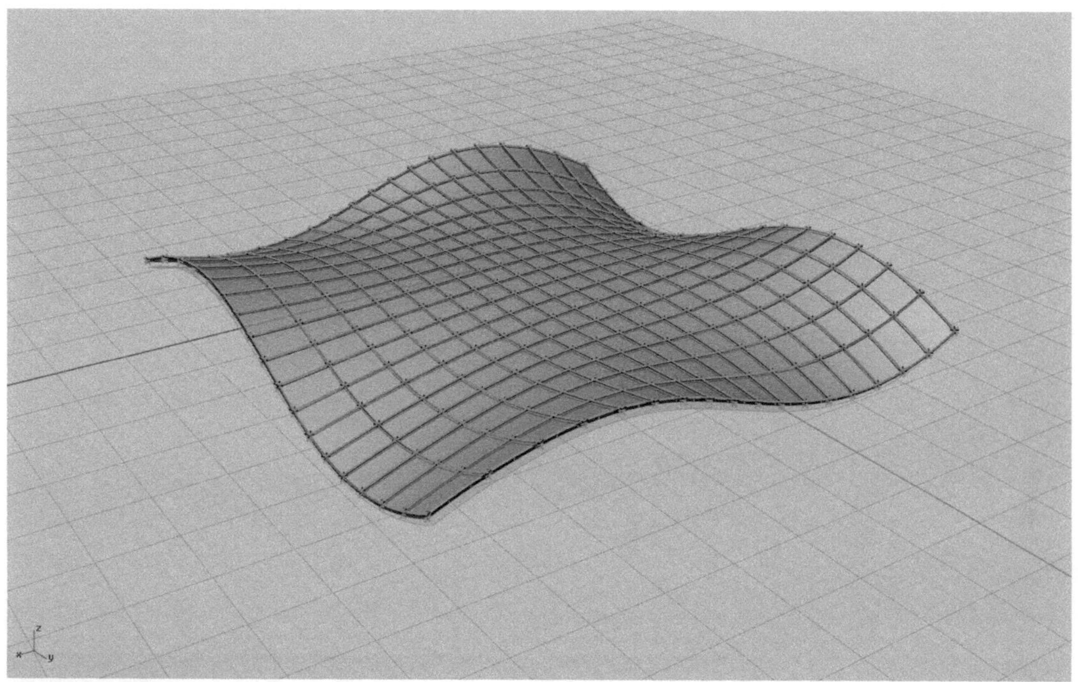

数据总控

最后我们依然要进行数据梳理，把重要的构件信息单独罗列出来。同时将各组逻辑中公共的变量提取出来置于明显的位置。这组变量即是整个逻辑的总控变量，一经改变，所有相关逻辑组均会一同改变。

一个项目的〝总控〞数量，不宜过多，同时应该有区分于其他次要的控制变量的明显标识。一些并不重要的变量可以考虑暂时取消或通过数据联动的方式与〝总控〞关联起来。这样就可以使得算法逻辑更加清晰，日后调整优化更加便捷。

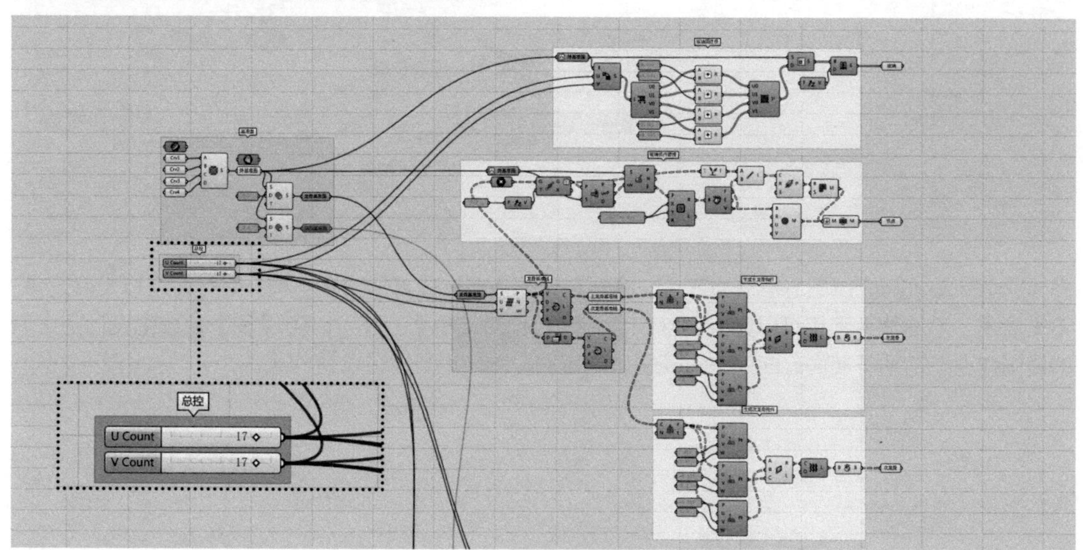

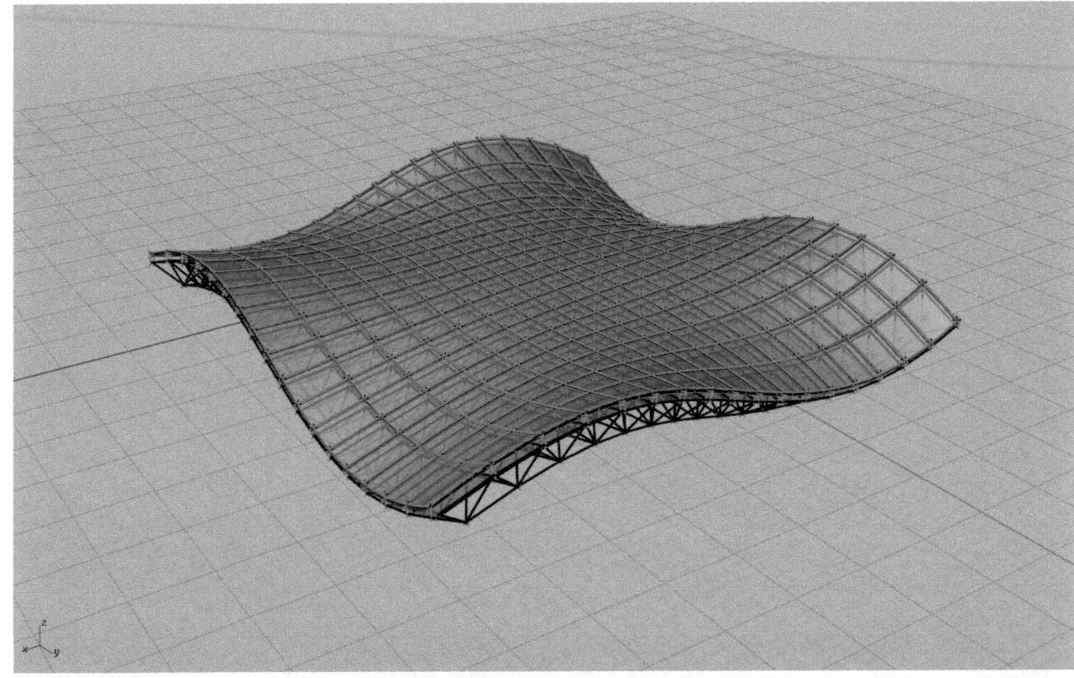

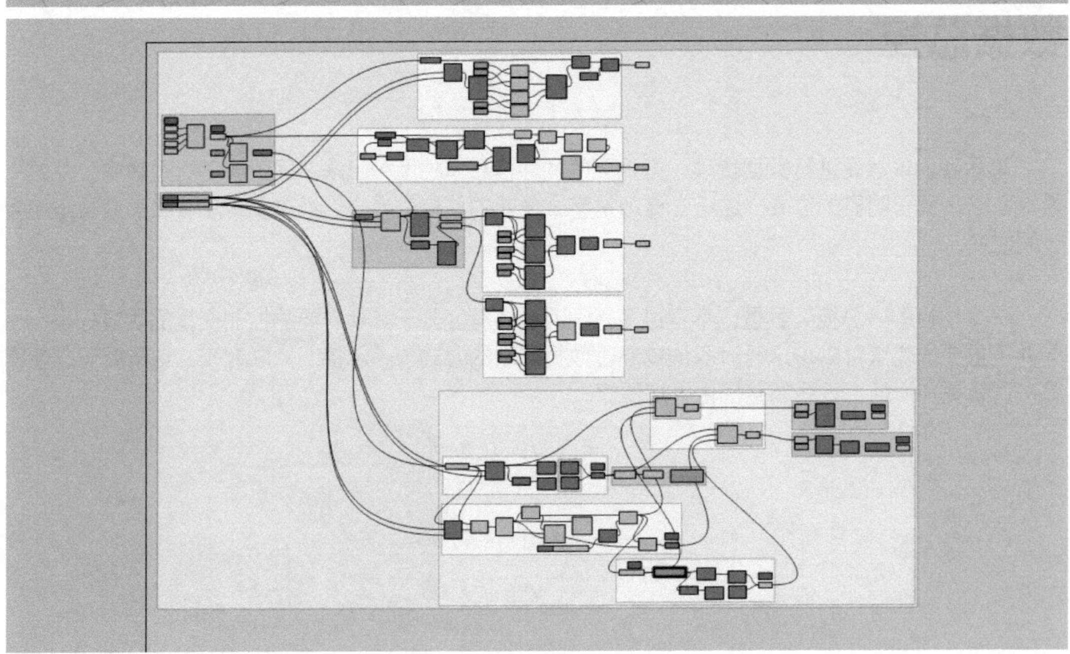

合并本章 Level 1 和 Level 2 的算法，得到完整的曲面玻璃幕屋顶及结构，同时将总控关联起来。不难看出，基准体系不仅可以建立各部门之间的数据对接桥梁，还可以实现多个参数化设计师之间的协同作业。前期基准面分配好，总控端口确定后，团队就可以分工协作了。

Summary

基准体系从宏观至微观的套叠是我们逐步设计、生成、深入下去的基础，堪比传统设计方法中的模数体系。设计师在宏观的视角下考虑大尺度的问题，然后逐步进入更微观的层面来进行中小尺度的考虑，这期间运用到的思维推演方法，其实是一次次的重复，或者说是套叠。参数化的思维告诉我们一个道理，城市的发展和叶脉的生长似乎有着相近的逻辑。我们从微观的现象得到启示，然后在宏观的时空中拟建结果。在这个过程中，每个点、每条线都可以是构造，是空间，是装饰，是建筑。每段生成逻辑，只要改变它的尺度并赋予其可以实现的变量，秸秆即是塔楼、蜂巢就是城市。千万不要因为没有实践的机会就觉得实际工程距离自己很远。只要我们本着去实现的目的去思考和要求自己，那么现实的问题无时无刻不在我们身边。

提升训练

Level 1

Level 2

Level 3

Level 4

Level 5

Level 6

算法细节控制，Voronoi2D 构件定位。

什么样的几何算法可以应用于实际工程？其实答案很简单：具有一定可控性的算法。所谓可控性，是指算法生成的几何肌理具有一定可以控制调节的能力，能使其满足一定的工程技术要求。以 Voronoi2D 为例，这个在我们眼中毫无规律的不规则几何多边形算法，是否也具有所谓的可控性呢？本节我们就来揭晓这个答案。

Project Integration
工程接轨

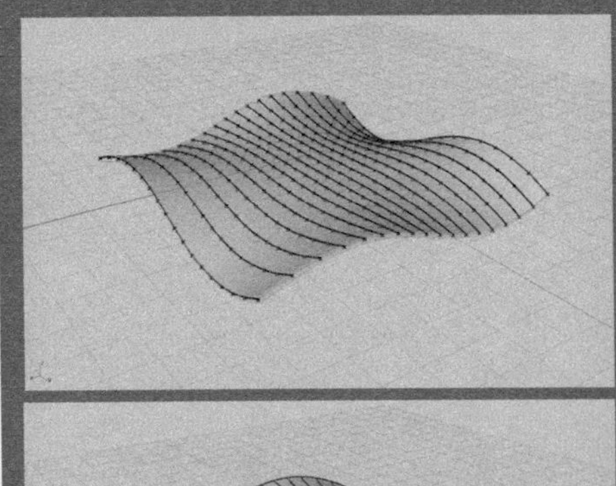

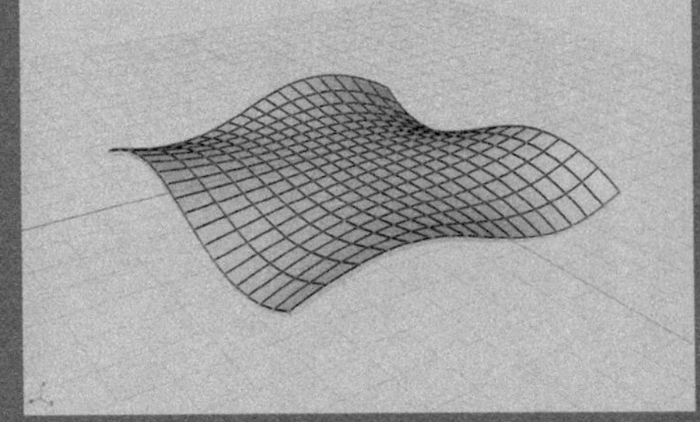

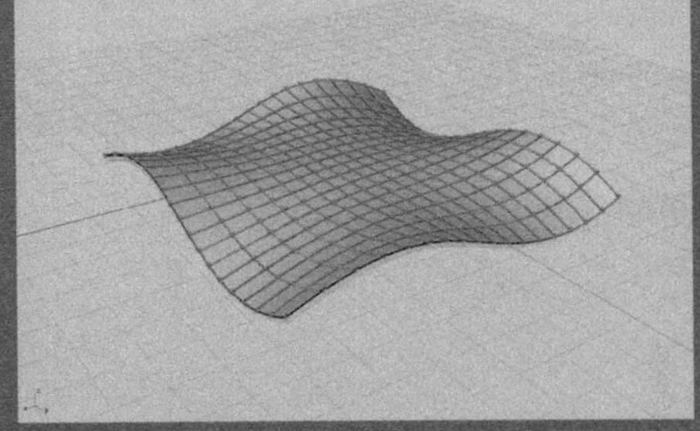

训练目标：

初级标准：

能够根据教程的提示完成案例，并理解本单元阐述的工作模式。

中级标准：

能够默写这些算法，并理解其中每个运算器的运算含义。

升级标准：

能够清晰地理解并给他人讲述这些基础操作的用意。能够将这种工作习惯应用于个人的实际创作或日常工作当中。

Part E

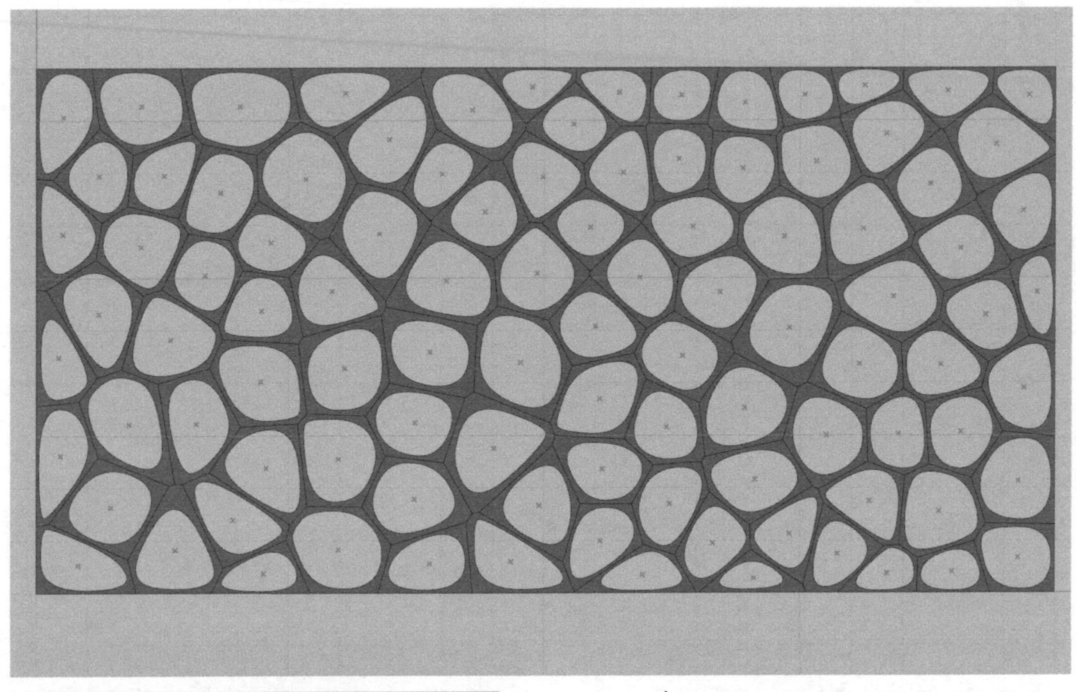

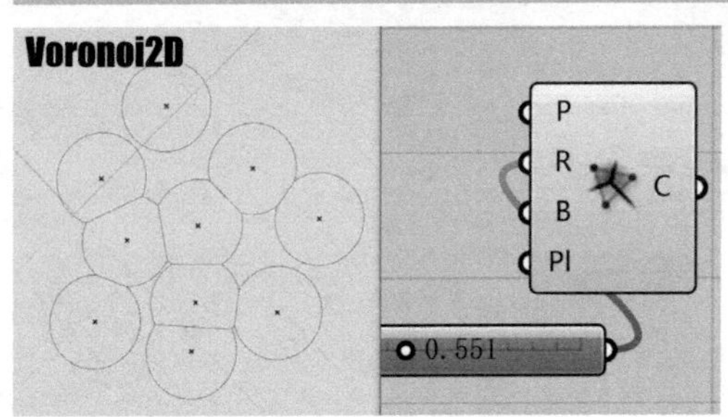

GH 内置的 Voronoi2D 算法有一个比较有趣的 R 端，输入一个逐渐增大的滑动变量，可看到 Voronoi 细胞从很小的圆形开始，半径不断扩大，直至相互产生挤压，形成两点间的垂直平分线，最后生成一组相互咬合的多边形网格。

A 在 XZ 平面上绘制一个线框作为立面的边界。

B 在线框内生成随机点，通过 Voronoi2D 生成平面多边形网格。

C 提取 Voronoi 多边形的每个面，向各自的中心缩放一次，生成新的多边形。

D 提取缩放后多边形的顶点，通过 CullPt 删除距离较近的点（这样做可以使接下来生成的闭合曲线更圆滑），通过控制点曲线连接，再与最初的多边形一起，分组嵌面。

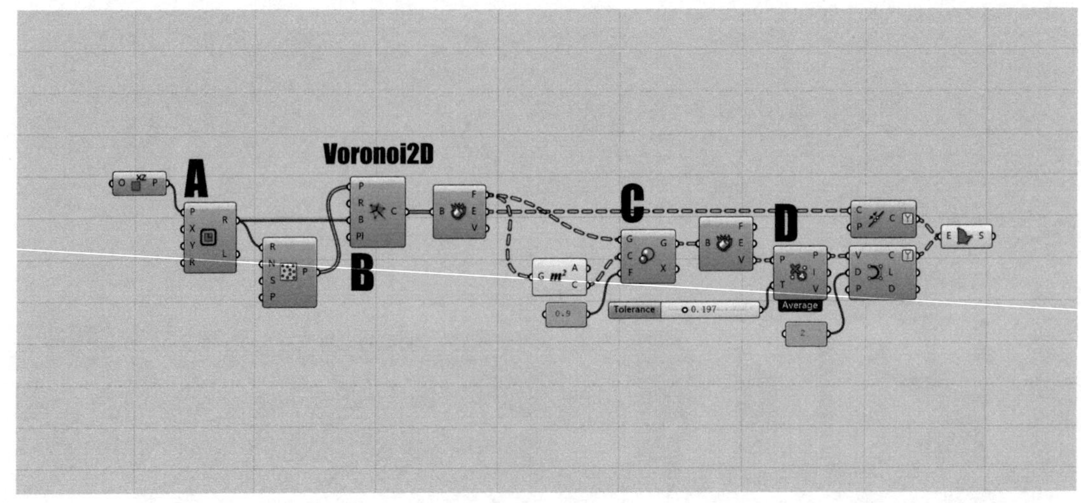

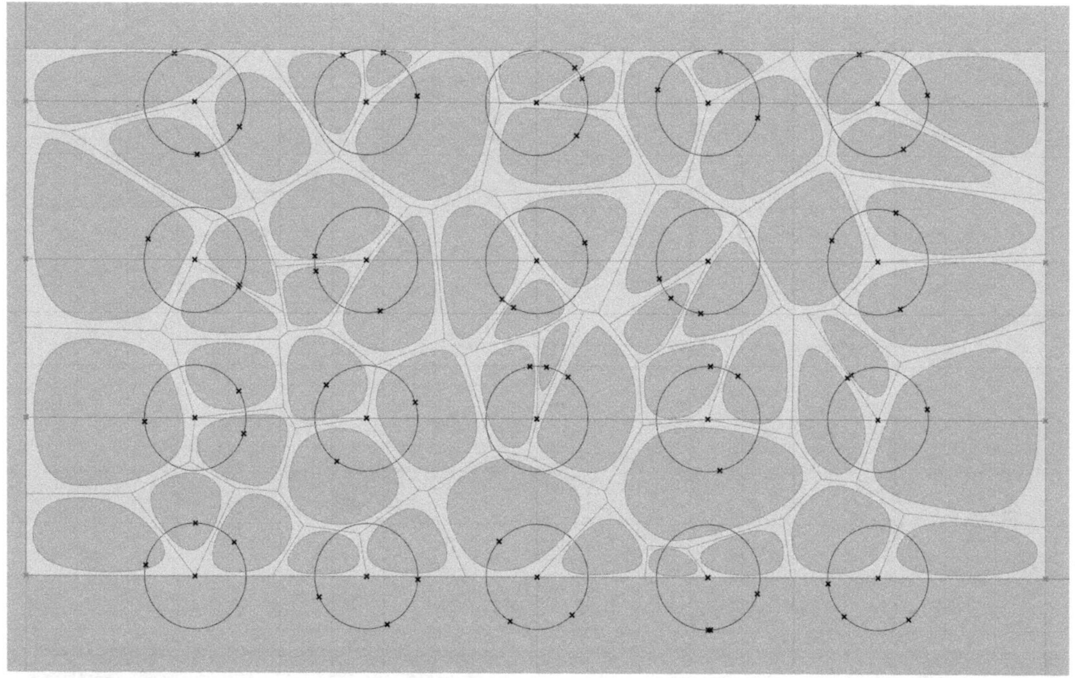

可能在很多人看来，Voronoi 图形过于随机，可实践性很差，但其实它本身已经是一个自成体系的空间网格结构。如果我们能将其简单地做些调整，使它的空间网格可以和建筑的主体结构发生一定的模数关系，那么我们就可以将其视为一种新的幕墙系统，实现于建筑的外立面上。

于是，我们开始思考这样一个问题：有没有可能将一部分 Voronoi2D 图形的网格交叉点，固定在指定的位置，使其能和建筑的梁发生结构连接。

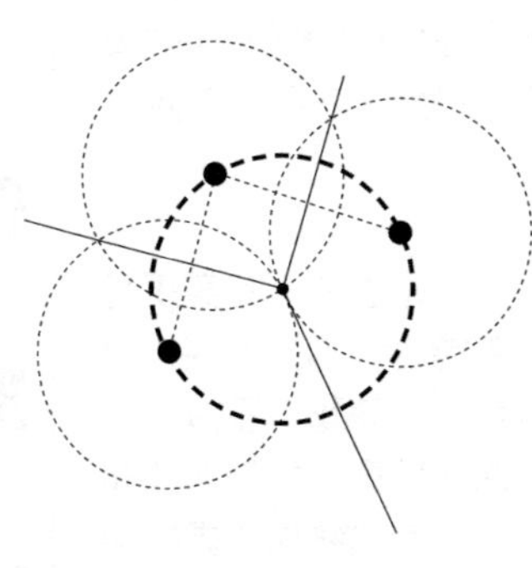

有这样一则几何定义：圆上任意两点间的垂直平分线必经过圆心。在楼板需要固定龙骨的位置设立一点，以此点为圆心画圆并随机取圆上 3 个点。这 3 个生成的 Voronoi2D 图形，必相交于这个圆心点。

E 在楼板线上取等分点，删除首末两点，作为固定立面构件的基准点。

F 以基准点为圆心绘制圆，通过树形数据随机取每个圆上 3 点，作为绘制 Voronoi2D 网格的生成点，连接到 Voronoi2D 进行运算。

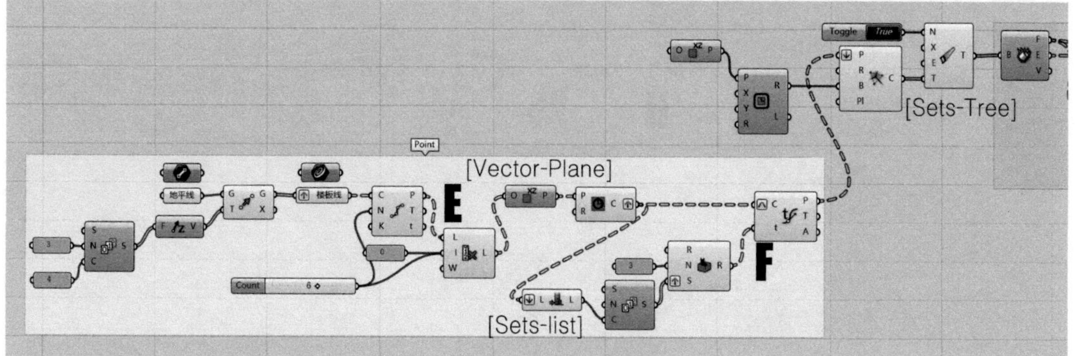

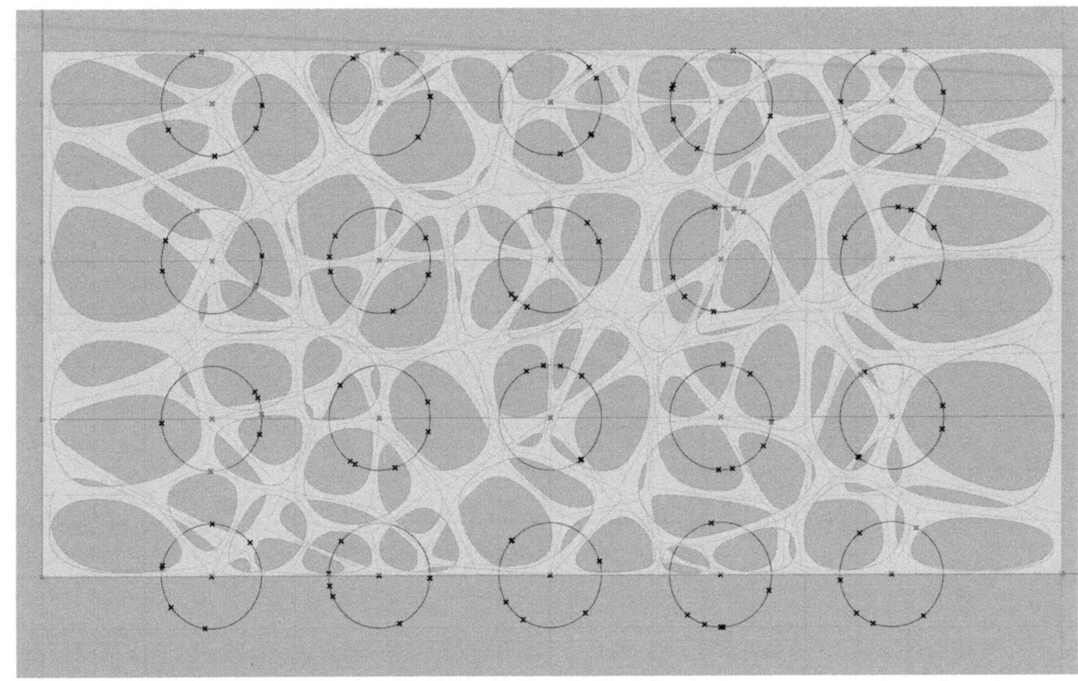

通过圆上随机点生成的 Voronoi2D 网格交叉点，可以自由地布置在任何结构体系所需要的位置上。这样就为将其付之于实践，奠定了合理的逻辑基础。

在 Voronoi 点阵的控制算法中，其实还有很多可寻觅的几何规则等待着我们去发掘、衍生。一些出乎意料的创意往往隐秘于看似过时的经典算法之下。如何深入发掘，如何温故知新，这正是参数化思想中那点始终抹不去的神秘所在。

G 保持圆心不变，再生成另一组圆上随机点。

H 复制 Voronoi2D 构件的生成算法，重新给定一层 XZ 平面参考系，使其通过第二组点再生成一套立面表皮，观察发现内外两层表皮可以通过同一组点（即圆心）与楼板线相连。

I Clean 运算器用于清除 Voronoi2D 中部分为空集（Null）的数据，避免接下来的运算器出现运算错误。

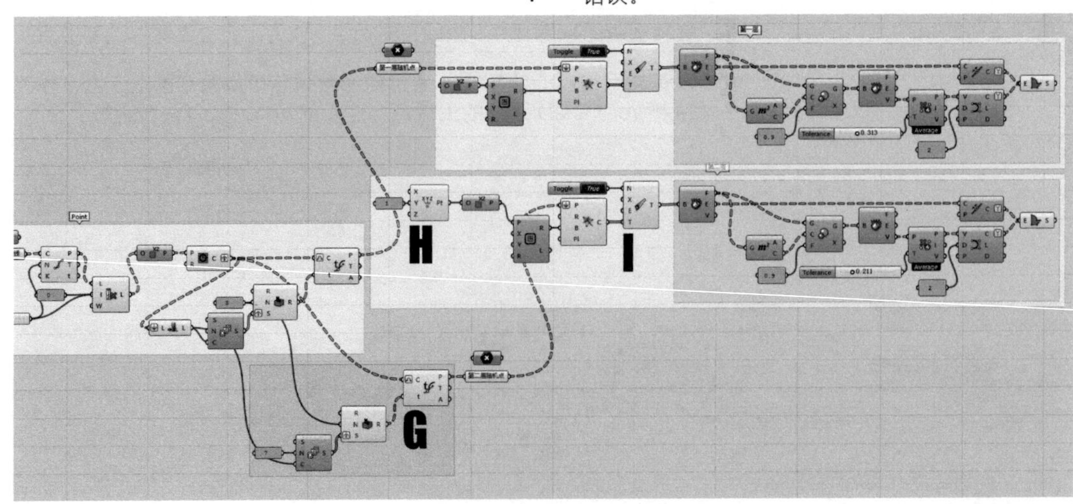

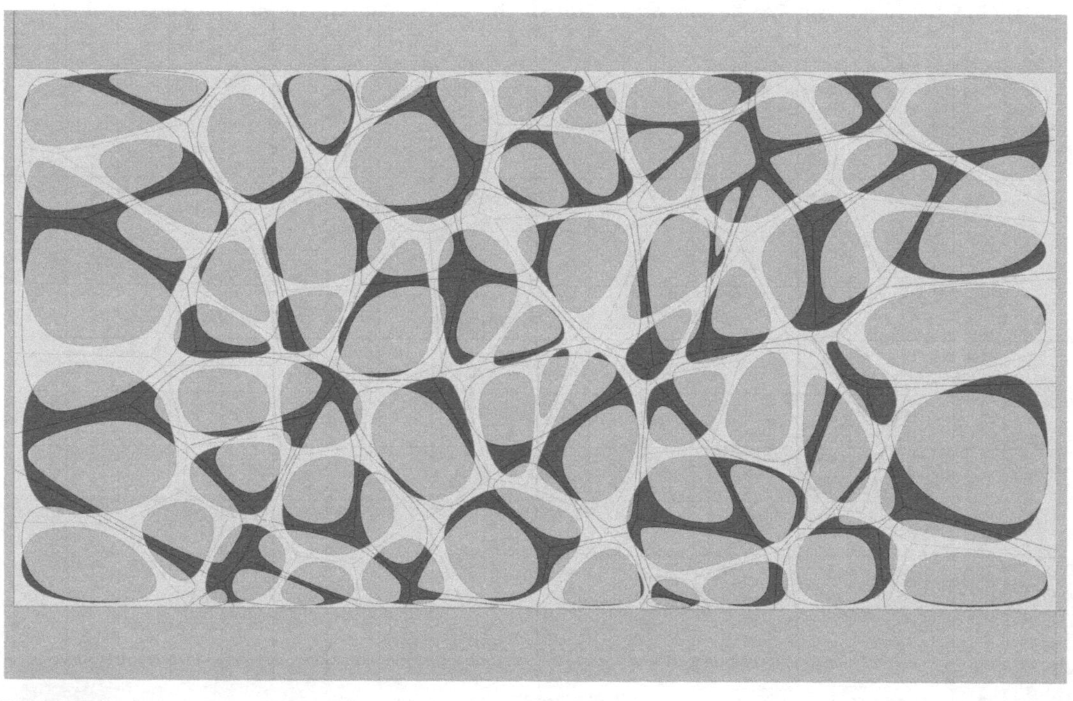

Summary

在日常建模练习过程中，我们会遇到很多经典的平面几何或空间算法，这些算法其实在逻辑上稍加改动就可以应用于实际项目工程。在这个转化的过程中，“控制”的分量显得尤为重要，如何使肌理或逻辑为我们的设计空间服务是核心问题。表皮肌理也好，空间结构也好，这些算法需要以自己适合的方式参与到实际工程中来，切忌生搬硬套，貌合神离。那样不但会给实际工程造成不必要的麻烦，也未必会得到理想的结果。恰当的算法，恰当的控制，恰当的效果才是我们希望的，相信大家也会有相同的体会。

提升训练

Level 1

Level 2

Level 3

Level 4

Level 5

Level 6

曲面空间网格优化一直是工程中较为常见的课题之一。针对不同的曲面形式，其优化的思路也各不相同，但共性的标准是为了降低曲面施工的造价和难度。比如下图这个体育场的屋面，是一组两个维度上均为自由曲线的双曲面。这样的形态通常经细分后用三角面拼合很容易实现，但本节我们要探讨是否可以用四边形平面的拼合来实现这个曲面形态。

曲面空间网格优化，定位点坐标输出。

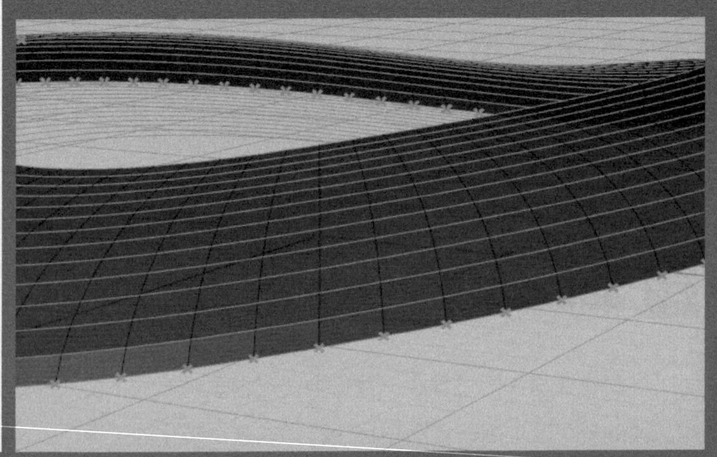

Project Integration
工程接轨

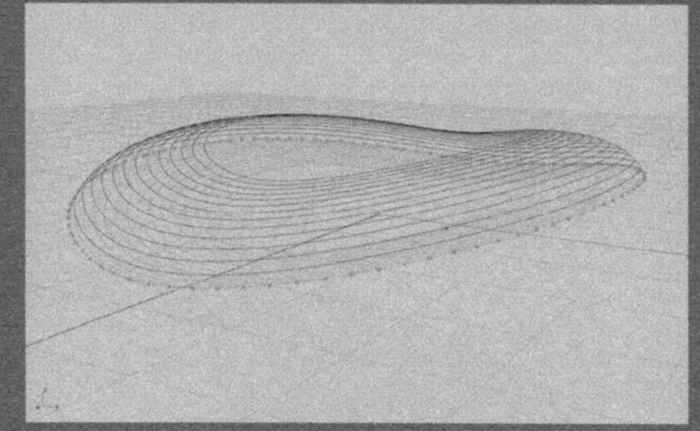

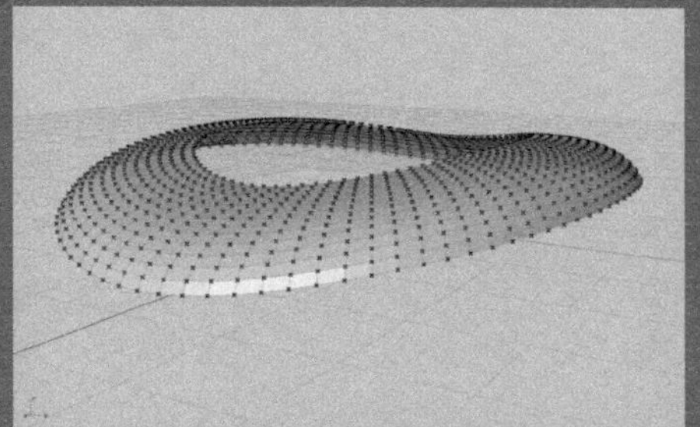

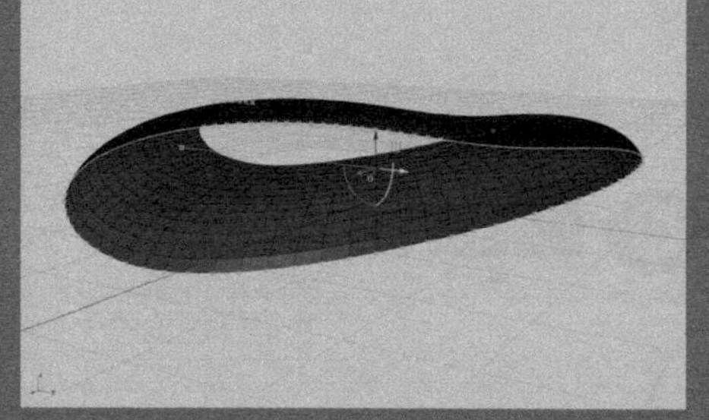

训练目标：

初级标准：

能够根据教程的提示完成案例，并理解本单元阐述的工作模式。

中级标准：

能够默写这些算法，并理解其中每个运算器的运算含义。

升级标准：

能够清晰地理解并给他人讲述这些基础操作的用意。能够将这种工作习惯应用于个人的实际创作或日常工作当中。

Part E

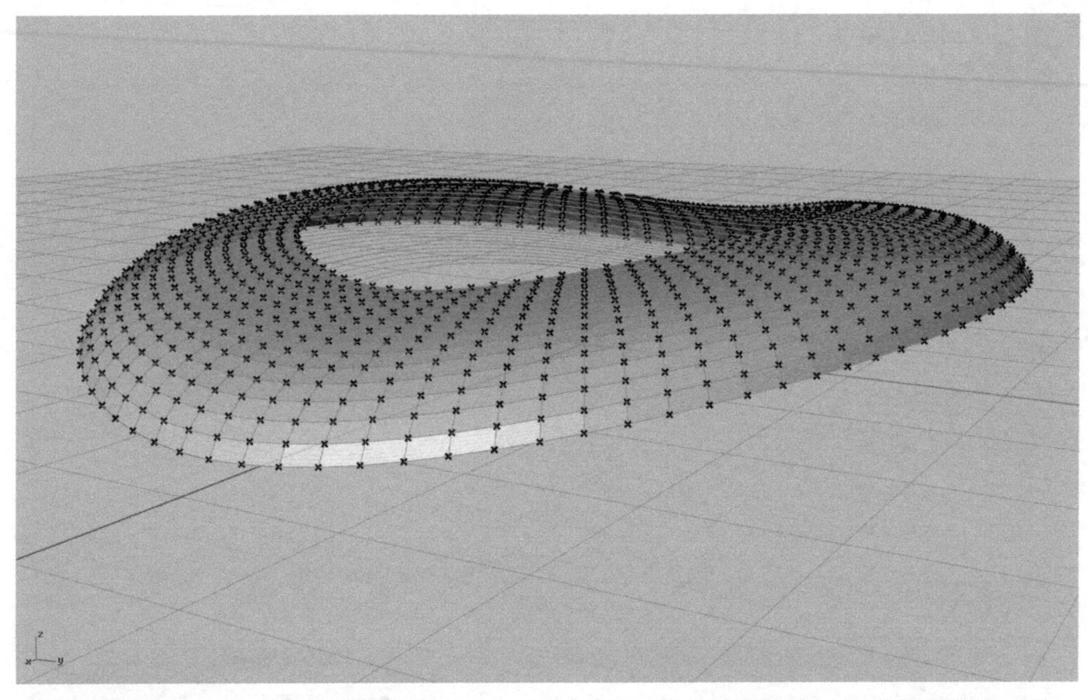

Observe 每个四边形面板都是平面？这个一开始确实很难想象。每个面板形状尺寸均不相同，共同依附于一个自由曲面。细分得到的结果一定是一个个曲面单元，很难形成平面。如果强行将曲面展平又会出现拼接不上的缝隙。所以这种情况下，我们只能救助于空间几何学的一些基本原理帮助我们生成四边形平面单元。

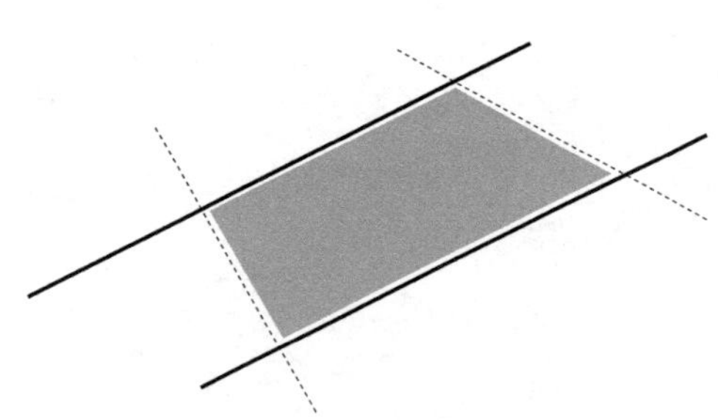

空间中任意两条平行线间的放样均为平面。

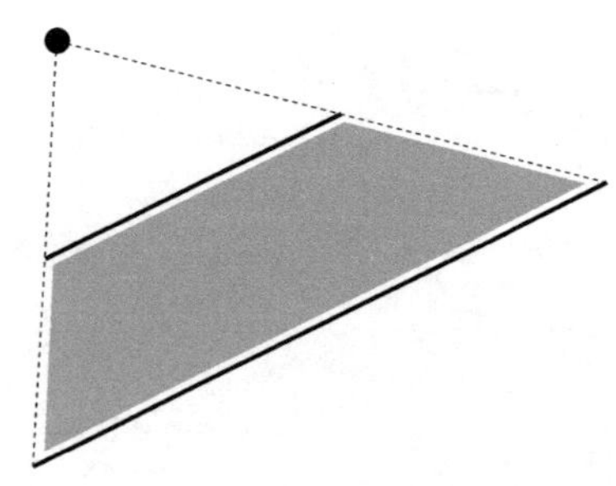

一条线与自己的任意一条等比例缩放线平行。

由以上两点规律，我们得到一个启示：能否通过对异形椭圆曲线的空间等比例缩放来生成一系列的平行线，并用这组平行曲线来描述这个曲面的空间形态。这样形成的平行轮廓线间是否可以生成我们需要的四边形平面面板呢？下面我们一起来编写这个程序。

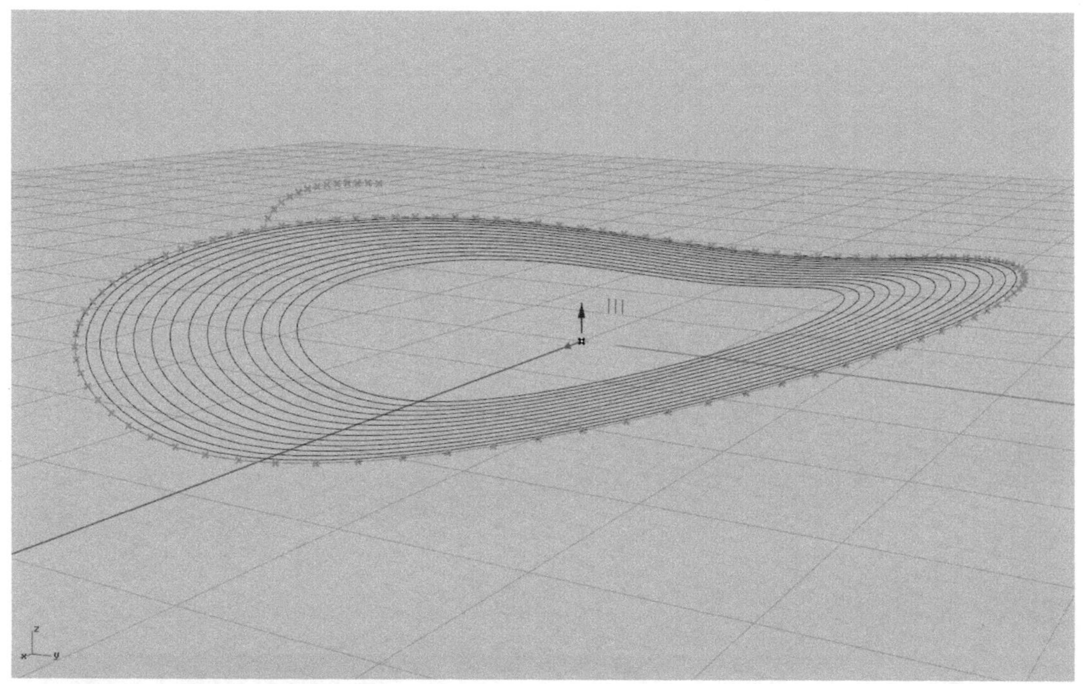

首先将曲面的外轮廓线转化成 PL 线，这是生成四边形平面的基础，然后向中心缩放，得到一层层平行的环形 PL 线。

A 拾取描述曲面屋面的空间外轮廓线和剖面线。

B 将外轮廓线等分，并用 PL 线连接，使其转化成一段段的折线。

C 将剖面基准线等分，通过各细分点与外轮廓和剖面基准线交点的 y 坐标比值作为缩放外轮廓线的系数。

D 以外轮廓线的中心点为缩放基准点，以运算器 C 求得的比值为系数，对外轮廓线进行多次等比例缩放。新生成的 PL 线，其每小段线段与原外轮廓线对应的线段均为平行关系。

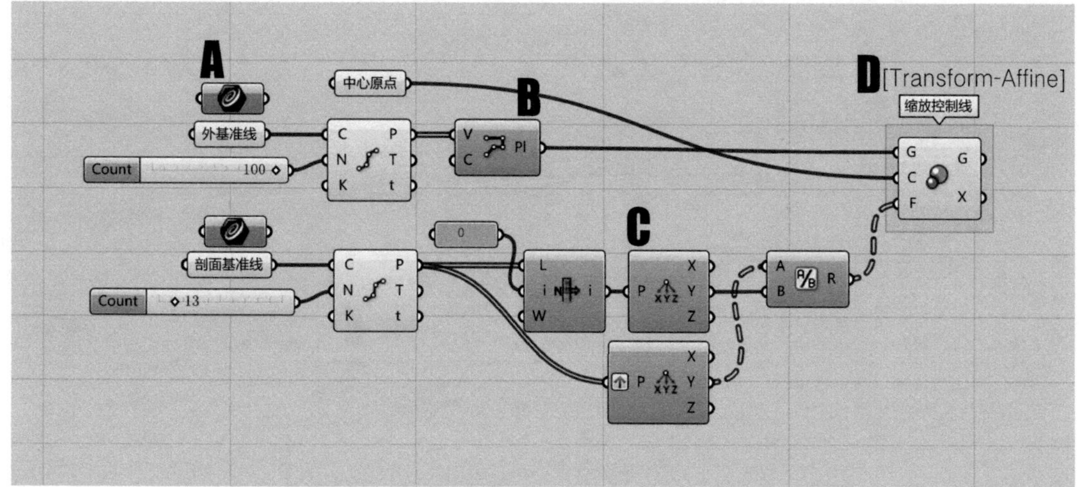

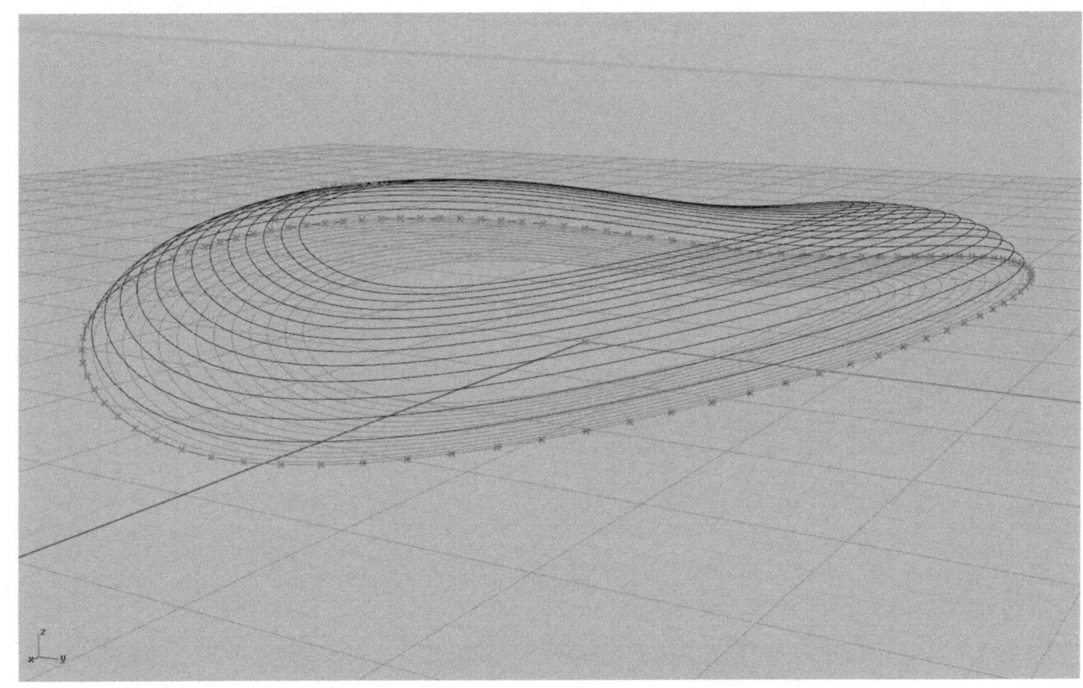

根据剖面控制线，将这些缩放后的平行 PL 线向上移动到对应的位置。

E 将缩放后的 PL 线通过运算移动至剖面基准线对应的 Z 轴高度，形成整个曲面体量的控制线。

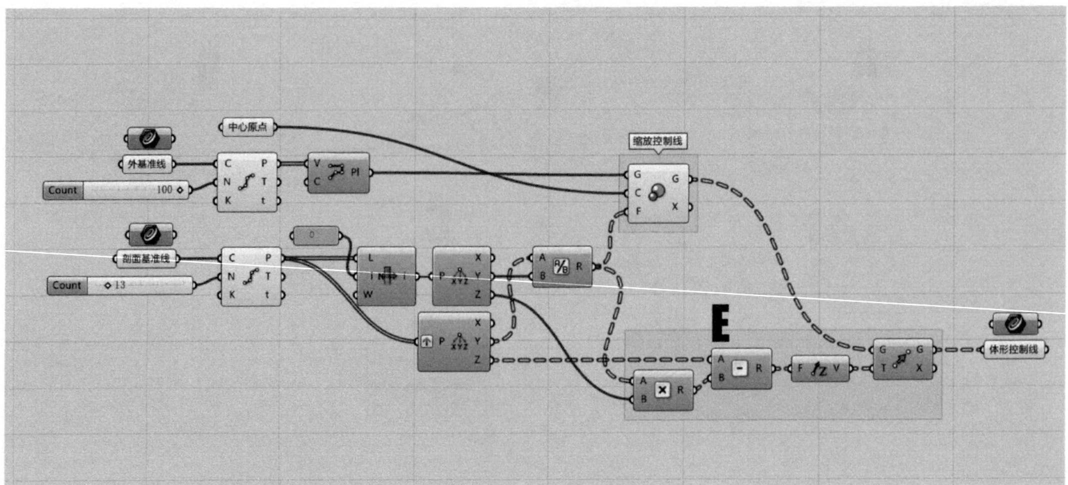

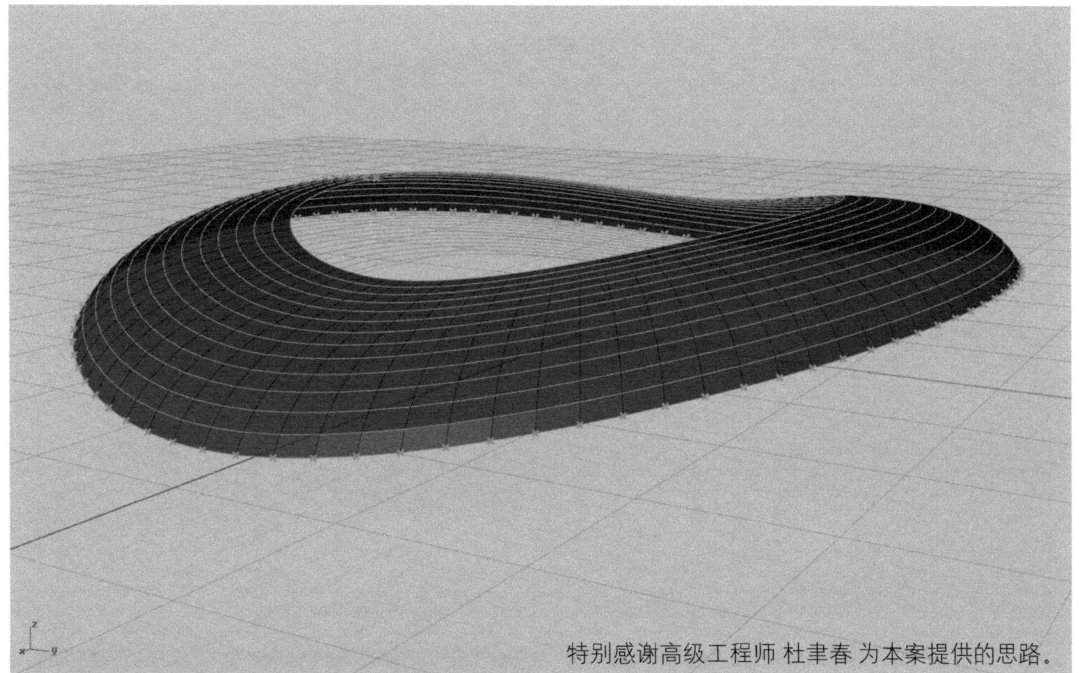

特别感谢高级工程师 杜聿春 为本案提供的思路。

最后放样这些平行线，生成若干四边形面板。经检查这些面板均为平面。这个时候一套完整的曲面面板生成算法已经完成，我们发现调整外轮廓线和剖面线的起伏关系，可以控制整个屋面的曲面变化趋势。这就形成了一套新的“找形”算法，在这种算法的控制下，所有生成的曲面均具有理想的可实施性。虽然在平行线的约束下，它不能过于自由地变化，但却可以适用于多数体育场屋面形态。具有可观的工程价值。

F 将 PL 线炸开成线段。

G RelItem 运算器可以改变树形数据分组的序列位置，类似于运算器 Shift 推动数据列表的作用。

H 将对应相邻的两个平行线段划分为一组，放样即可得到最终想要生成的四边形平面。

I 将其中没有放样的多余数据 (Null) 清除。

J 通过提取顶点、连线、嵌面的算法验证生成的四边形是否是真正的平面。

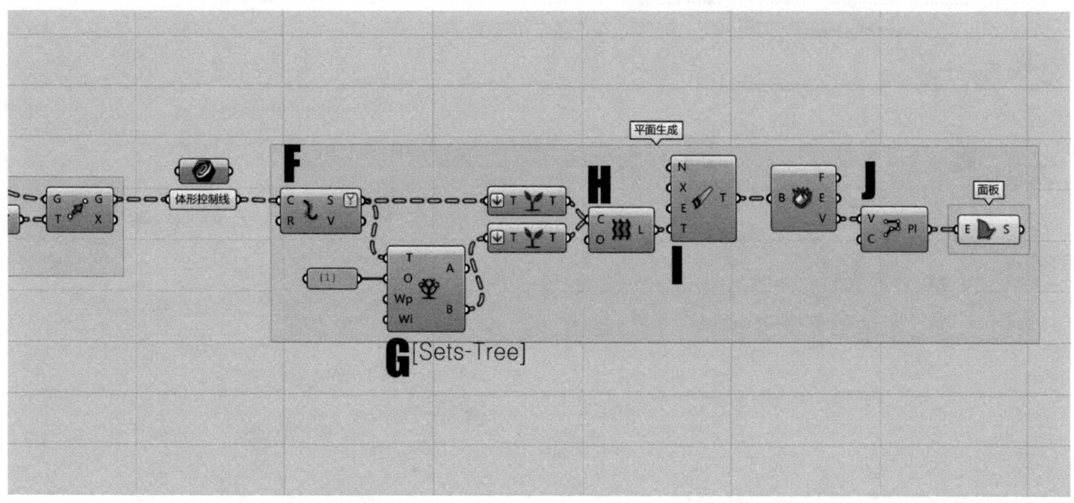

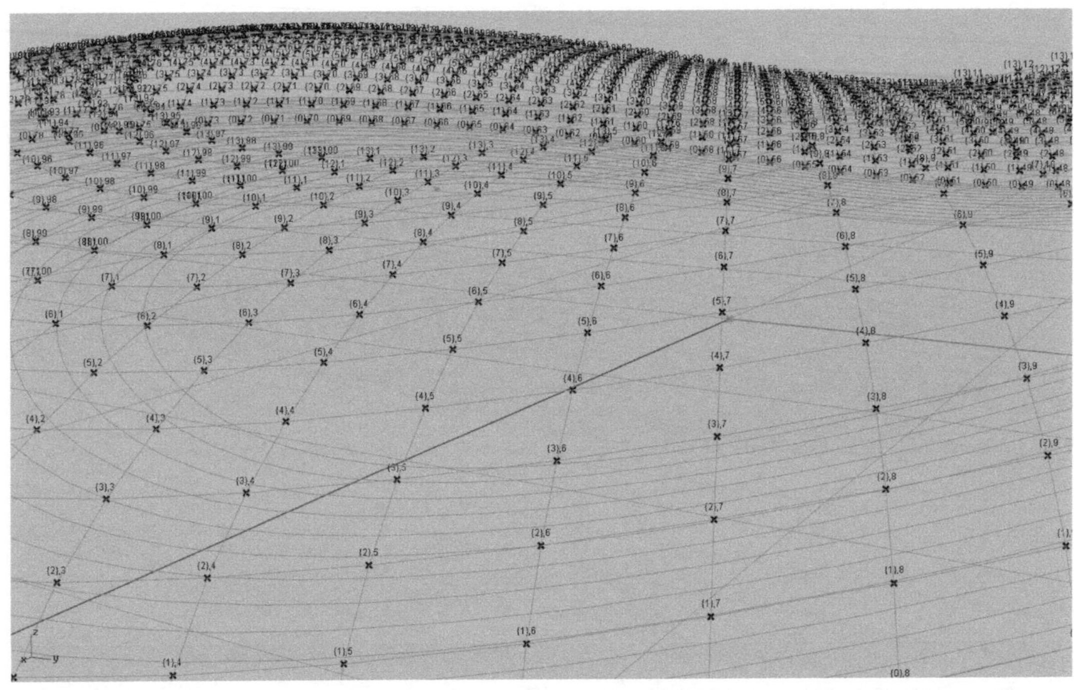

最后一步是导出控制点的定位坐标数据，这部分数据可用于和工程其他部门的数据对接。

K 提取要导出的坐标的控制点。

L 通过字符编辑为每个点生成独立的二维编号，注意横纵关系分开。

M 将这些编号标记于对应控制点的上方。

N 通过字符处理，将点编号和点坐标合并为一个 Panel，注意数据之间需要用“,”（逗号）隔开。

O 在 Panel 上右键 Stream Contents 保存为 .csv 格式，这样就可以用 Excel 读取这些数据了。

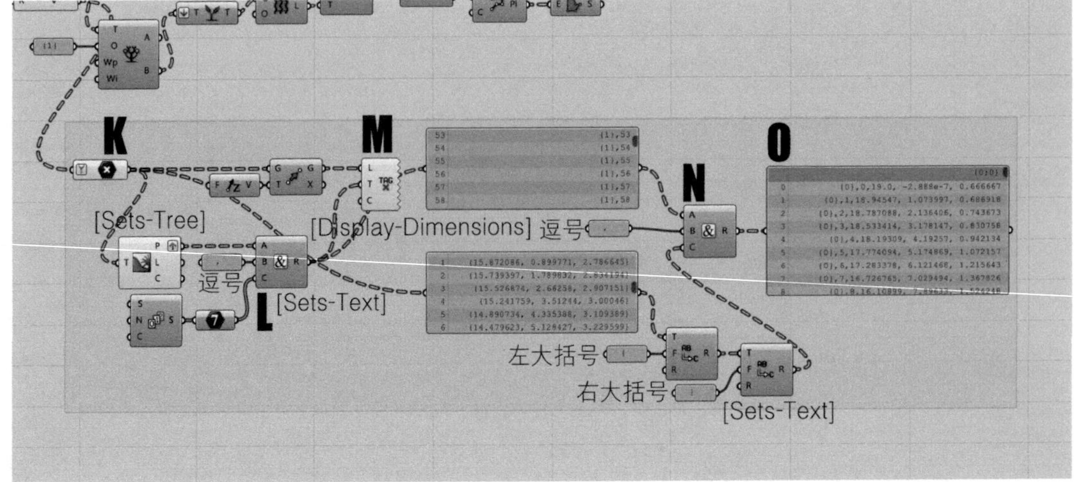

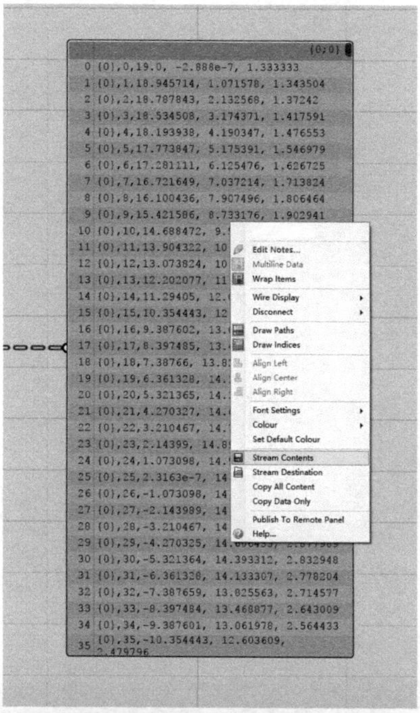

	A	B	C	D	E
1	{0}	0	19	-2.89E-07	1.333333
2	{0}	1	18.945714	1.071578	1.343504
3	{0}	2	18.787843	2.132568	1.37242
4	{0}	3	18.534508	3.174371	1.417591
5	{0}	4	18.193938	4.190347	1.476553
6	{0}	5	17.773847	5.175391	1.546979
7	{0}	6	17.281111	6.125476	1.626725
8	{0}	7	16.721649	7.037214	1.713824
9	{0}	8	16.100436	7.907496	1.806464
10	{0}	9	15.421586	8.733176	1.902941
11	{0}	10	14.688472	9.510799	2.001607
12	{0}	11	13.904322	10.23685	2.100895
13	{0}	12	13.073824	10.909512	2.199517
14	{0}	13	12.202077	11.5281	2.296289
15	{0}	14	11.29405	12.092621	2.390074
16	{0}	15	10.354443	12.603609	2.479796
17	{0}	16	9.387602	13.061978	2.564433
18	{0}	17	8.397485	13.468876	2.643009
19	{0}	18	7.38766	13.825562	2.714577
20	{0}	19	6.361328	14.133307	2.778204
21	{0}	20	5.321365	14.393312	2.832948
22	{0}	21	4.270327	14.606434	2.877989
23	{0}	22	3.210467	14.77256	2.913097
24	{0}	23	2.14399	14.891413	2.938215
25	{0}	24	1.073098	14.962801	2.953302
26	{0}	25	2.32E-07	14.986609	2.958333
27	{0}	26	-1.073098	14.962801	2.953302
28	{0}	27	-2.143989	14.891413	2.938215
29	{0}	28	-3.210467	14.77256	2.913097
30	{0}	29	-4.270325	14.606435	2.877989
31	{0}	30	-5.321364	14.393312	2.832948
32	{0}	31	-6.361328	14.133307	2.778204
33	{0}	32	-7.387659	13.825563	2.714577
34	{0}	33	-8.397484	13.468877	2.643009
35	{0}	34	-9.387601	13.061978	2.564433
36	{0}	35	-10.354443	12.603609	2.479796
37	{0}	36	-11.29405	12.092621	2.390074
38	{0}	37	-12.202077	11.528101	2.296289
39	{0}	38	-13.073823	10.909512	2.199517
40	{0}	39	-13.904322	10.236851	2.100895
41	{0}	40	-14.688472	9.5108	2.001607
42	{0}	41	-15.421586	8.733176	1.902941
43	{0}	42	-16.100436	7.907497	1.806464
44	{0}	43	-16.721649	7.037215	1.713824
45	{0}	44	-17.281111	6.125476	1.626725
46	{0}	45	-17.773847	5.175392	1.546979
47	{0}	46	-18.193938	4.190347	1.476553
48	{0}	47	-18.534508	3.174372	1.417591
49	{0}	48	-18.787843	2.132569	1.37242
50	{0}	49	-18.945714	1.071579	1.343504
51	{0}	50	-19	2.89E-07	1.333333
52	{0}	51	-18.945714	-1.071578	1.343504
53	{0}	52	-18.787843	-2.132568	1.37242
54	{0}	53	-18.534508	-3.174371	1.417591
55	{0}	54	-18.193938	-4.190347	1.476553
56	{0}	55	-17.773847	-5.175391	1.546979
57	{0}	56	-17.281111	-6.125476	1.626725
58	{0}	57	-16.721649	-7.037214	1.713824
59	{0}	58	-16.100436	-7.907496	1.806464
60	{0}	59	-15.421586	-8.733176	1.902941
61	{0}	60	-14.688472	-9.510799	2.001607
62	{0}	61	-13.904322	-10.23685	2.100895
63	{0}	62	-13.073824	-10.909512	2.199517
64	{0}	63	-12.202077	-11.5281	2.296289

Summary

对曲面网格的优化工作在实际项目中是至关重要的，它不仅会影响到整个工程的结构合理性和造价合理性，也会直接关系到工程最后的完成度。不同的曲面性征所适应的结构体系和构造材料都不一样，不可一概而论。这就需要我们用一种更加严谨的态度来对待曲面设计，因为如果我们在设计初期忽略了这个环节，就势必要给未来的施工造成无法预计的麻烦。即便方案要突出一些个性的想法，也应该尽量避免不必要的失控和浪费。这就是曲面网格优化的意义所在。

提升训练

Level 1

Level 2

Level 3

Level 4

在本章的最后，我们来一起模拟大连国际会议中心的表皮幕墙面板。这个项目的外幕墙体系曾经令我感触很深，受益良多，所以在这里特别感谢崔岩总建筑师和 C+Z 建筑师工作室给予我接触这个项目的宝贵机会。同时也在此和大家共同分享这套幕墙生成体系的心得。

Level 5

Level 6

幕墙细分深化，工程实例模拟。

Project Integration
工程接轨

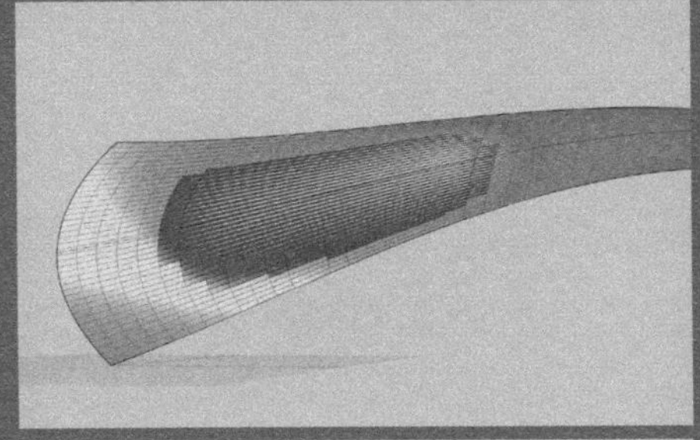

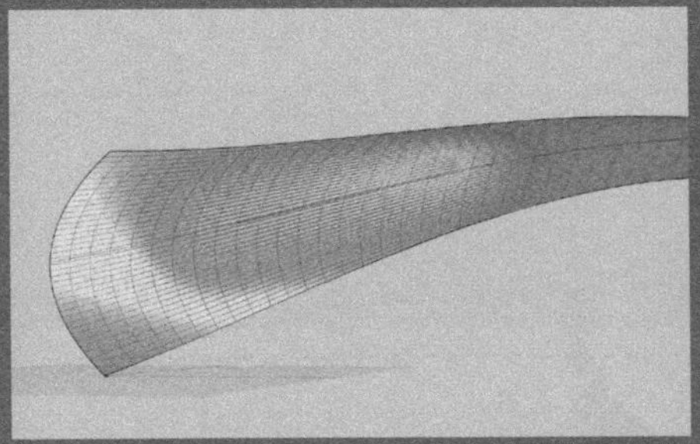

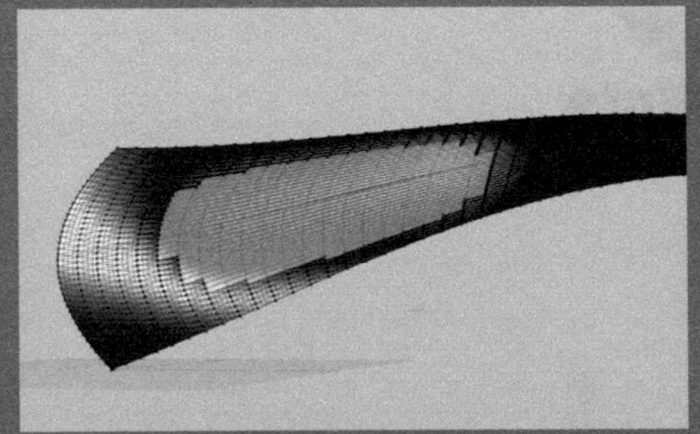

训练目标：

初级标准：

能够根据教程的提示完成案例，并理解本单元阐述的工作模式。

中级标准：

能够默写这些算法，并理解其中每个运算器的运算含义。

升级标准：

能够清晰地理解并给他人讲述这些基础操作的用意。能够将这种工作习惯应用于个人的实际创作或日常工作当中。

Part E

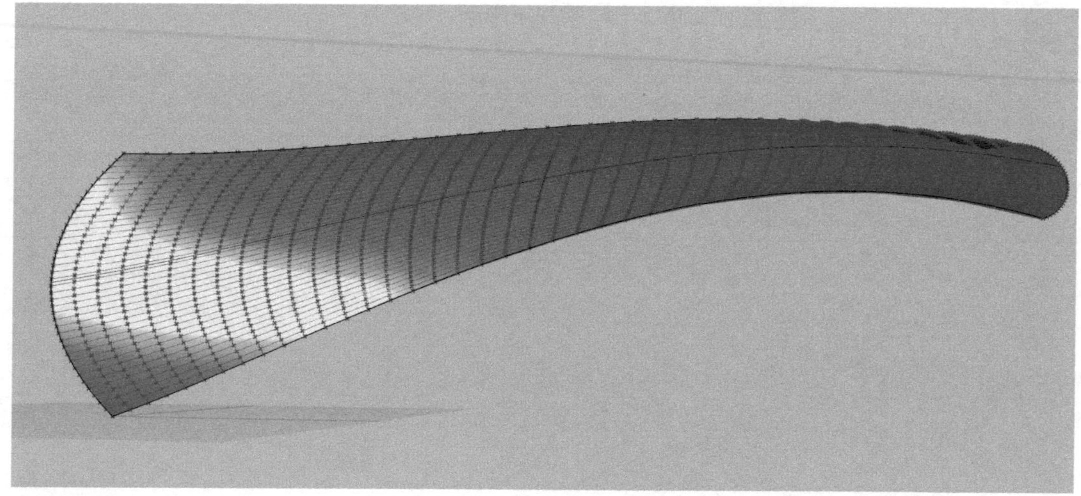

首先进行曲面表皮的细分（声明：本例只模拟逻辑，数据与项目无关），其中 UV 的份数起初是不确定的，这里需要一个类似“找形”的逻辑来辅助我们求得合理的 UV 细分值。方法是提取每个细分单元横向和纵向的尺寸，求平均值并进行观测。通常为了方便运输我们会考虑 1.5m 左右宽的模数。

A 拾取 Rhino 中的表皮曲面作为外基准面。

B 细分这个曲面，通过 UV 变量的调节，使每个细分单元的尺寸平均维持在长 6m，高 1.5m 左右。

C 连接横向和纵向的细分点，并炸开成线段。

D 求横向和纵向线段的平均数，用 Panel 即时观测，调节 B 的变量直到数据符合要求。

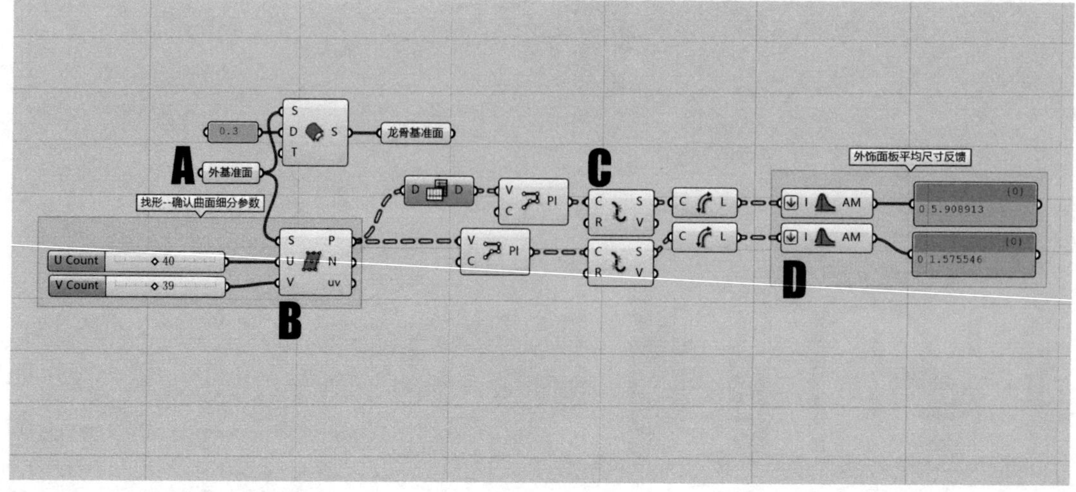

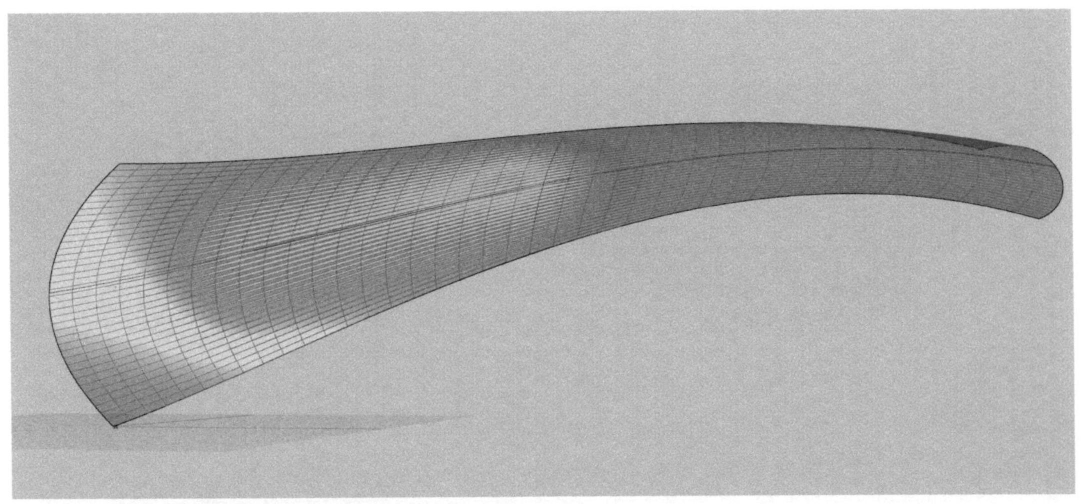

第二阶段需要确定外皮折面翻起的形态，同样是一个“找形”的过程，给细分单元的纵向线段植入干扰参数，使其向外侧翻起。因为我们想要的理想形态是局部翻起，而其他大部分面板仅作为外墙装饰，不考虑翻起的构造，所以 Graph Mapper 的使用要格外慎重。本例采用 Gaussian 曲线，目的是为了让中间值和远点的干扰值都尽量趋近于 0。这样可以有效地减少开启百叶的数量。

E 提取纵向连接线的线段。

F 以这些线段的上端点（即始点）为原点，做沿着线段并与曲面相垂直的参考系。

G 用 UV 坐标在曲面上绘制一条干扰线。

H 生成干扰变量，越靠近干扰线的点获得的干扰变量越大。用 Graph Mapper 控制变量的变化趋势。

I 根据参考系和干扰变量旋转这些纵向线段。

J 通过树形数据重组使相邻两条 线段放样成百叶。

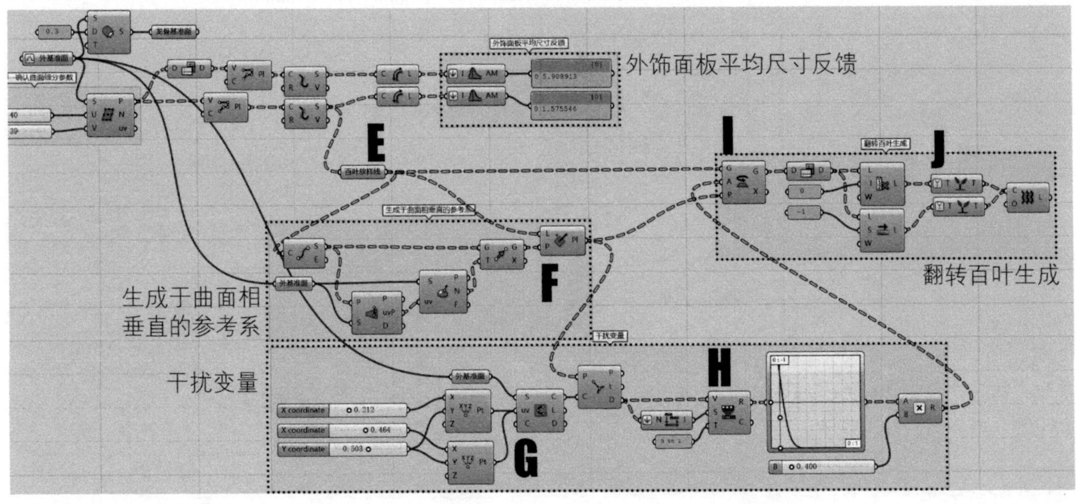

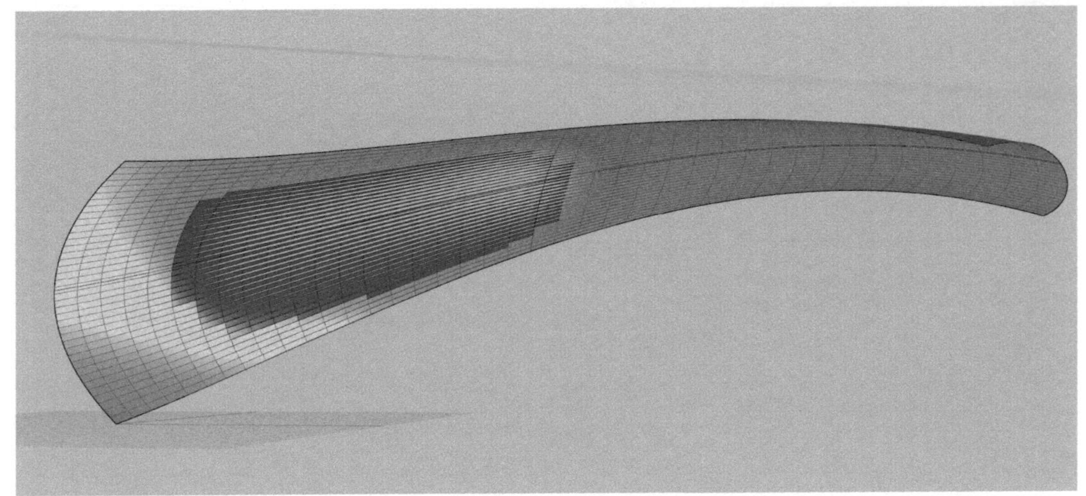

不同构造单元的区分和筛选是整个算法体系的关键。因为翻起的百叶会露出内侧的龙骨，所以需要有背板将龙骨包在里面；而其他的单元可以贴合在建筑表面，使用一层板即可。所以这个时候需要我们用算法来做一次逻辑上的判断，当百叶转角翻开到达一定角度时，龙骨会有局部露出，所以需要加背板，反之则不必。这样把百叶分成两类分别深化。

K 根据开合的角度将翻开和未翻开的百叶分开。

L 调整数据结构使其和 J 的数据结构一致。

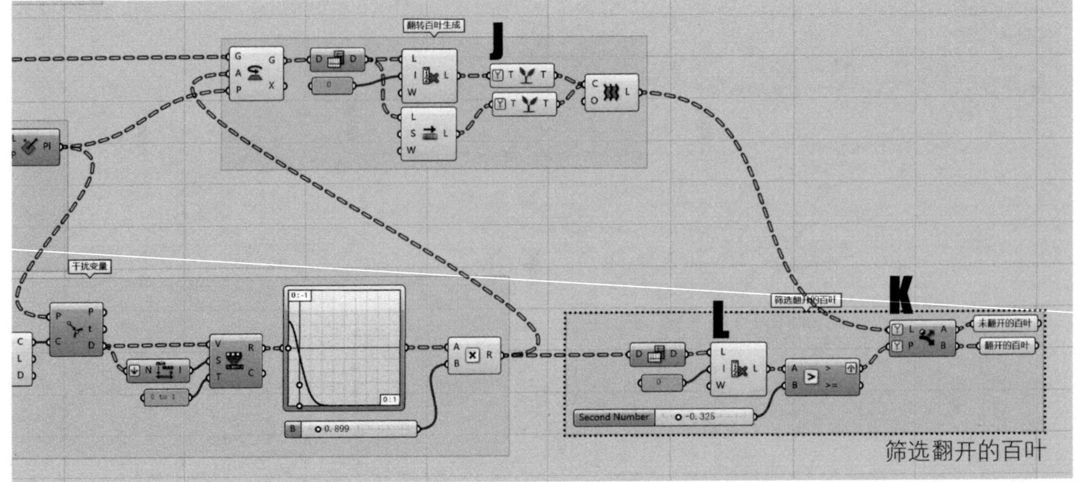

分类完成之后，我们先来生成未翻开的百叶。由于本例采用的是穿孔铝板，材料本身和生产工艺都具有一定的特性，所以我们需要将约 6mx1.5m 的面板先拆分成两个平面大三角形，再将每个三角形各自细分成 4 块，每块 1.5m 见方左右，这样有利于生产加工和材料受力稳定。逻辑上需要注意的是，生成三角形用的是四点曲面运算器，它可以很方便地控制三角形的 UV 线，使接下来让面板再细分成 4 份的操作可以一步完成。

M 清除空集的数据，提取翻开百叶的曲面顶点。

N 通过重新分配顶点将每个百叶拆分成两个三角形四点曲面。

O 通过 UV 细分将每个三角面再分成 4 个部分，得到最终的细分面板。

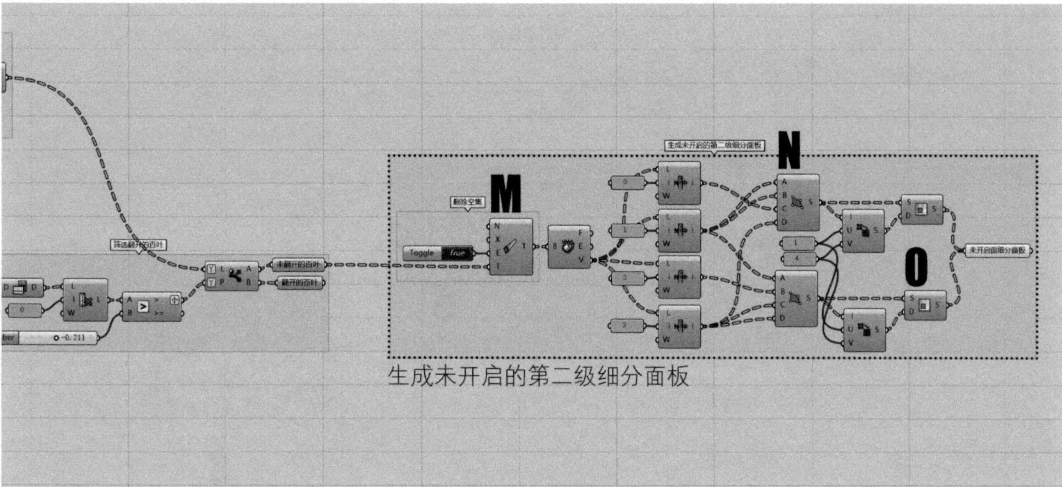

生成未开启的第二级细分面板

最后一步是生成翻开百叶的细分面板，虽然操作上比较繁琐，需要一部分一部分地生成，但总体思路和前面的逻辑一致。只要将数据关系核准，还是比较容易实现的。如此一来一个曲面的表皮细分面板就生成了。有能力的朋友可以继续深入考虑面板龙骨、幕墙主龙骨、曲面主体结构等细节。具体内容都是对线和数据的深入操作，这里就不再为大家演示了。

Note

P 复制 M ~ O，生成翻起百叶的细分面板。

Q 绘制翻起百叶的背板曲面和封边平面。

R 生成背板的细分面板（算法同上）。

S 生成封边的细分面板(算法同上）。

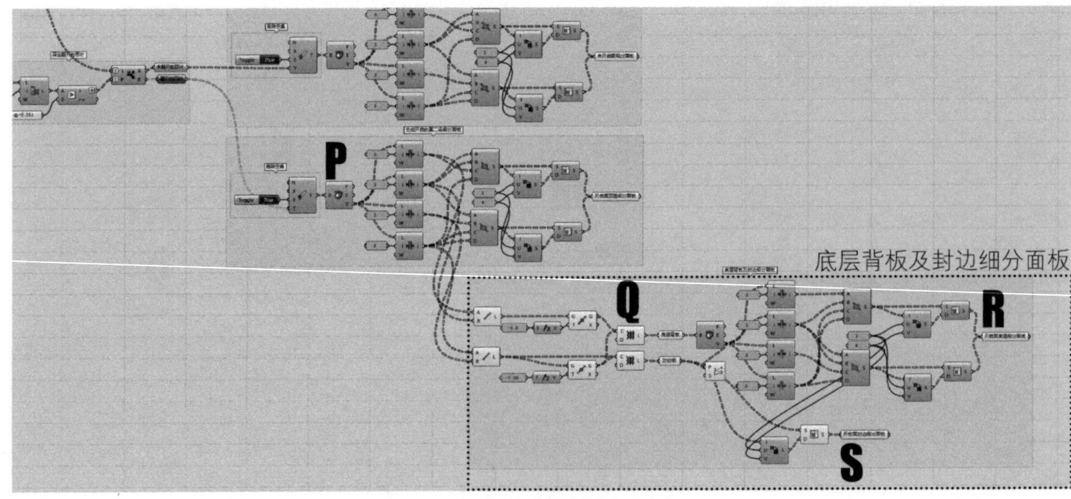

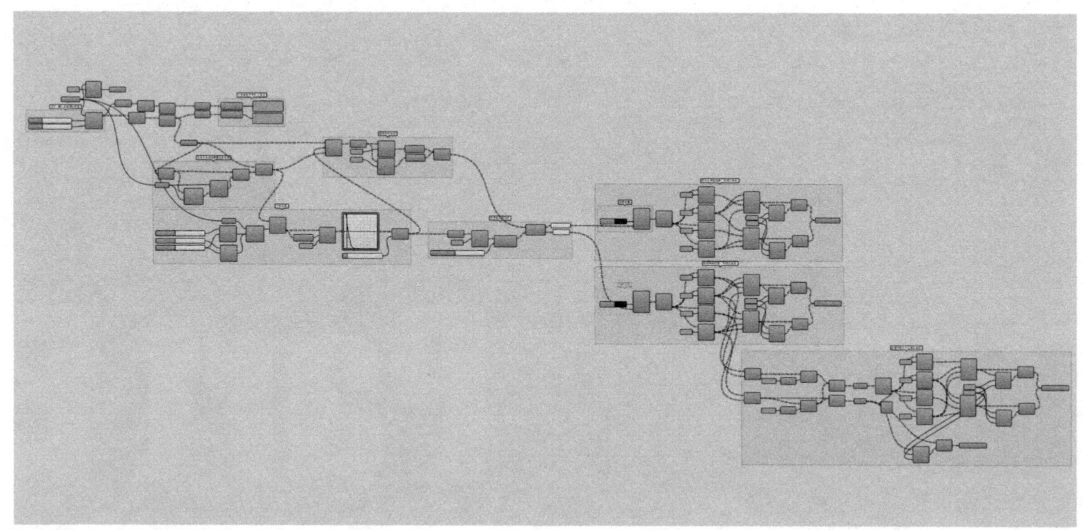

Summary

参数化技术在实际工程中的应用并不像我们想象得那么难。只要对建造体系有一定的了解，同时再具备过硬的操作能力，我们会发现参数化技术可以让很多实际工程中的难题变得简单，更容易解决。即便是在相当长的时间里无法接触到实际的参数化设计工程也不要紧，因为建造是一门很大的学问，成熟的未必是最好的，套路的未必是有效的。我们大可以带着一个建造的初衷去思考更多实践的可能性。毕竟关于建造，各专业之间的原理是相通的，材料也是我们肉眼可见的，为什么不能自行去寻觅一个新的建造体系呢？也许一个了不起的作品已经在等待着我们了。

技能闭合

Level 1

Level 2

Level 3

Level 4

Level 5

Level 6

Part E

Project Integration

工程接轨

建造是我们设计的初衷，

没有实践，
终归会有遗憾。

为何不去尝试营造一次实体呢？

再简单的构造，
也能演绎光与影的舞蹈。

是笑而止步，
还是满腔热血地迎接挑战的来临？

NCF 期待着你的作品！

Part F

Algorithm Development

算法研发

“算法研发”是将计算机语言编程思维融入设计方法论的一种深入探究。计算机的运算速度远远超越于人脑，可以瞬间解决我们数年无法破解的问题。当我们将计算机运算的能力结合到设计创作工作中时，设计的方法和思维也就自然而言地发生相应的变化。地形、日照等大量影响设计的基础数据运算以往很难在方案初期被考虑，因为统计计算工作量巨大，分析数据很难落实到对应的设计结果。但在计算机运算的辅助下，设计师可以快速地掌握这些分析信息，并将其转化成设计条件。比如已知地形数据，即可运算出坡度最缓和的车道和消防车道的可达区域；已知用地红线，即可得到指定产品的最大容积率。这些都是设计初期重要的参考信息，但需要计算机通过适当的逻辑算法进行海量的运算、比对、筛选后获取。本章主要训练的就是如何研发这些算法，如何让我们的设计结论更有科学依据。

GH 可以将我们研发的这些算法打包成独立工具，每当我们整理好一个算法，也就拥有了一个非常实用的建模或分析的工具：一键生成地形，一键生成建筑群，甚至是像一键划分对指定建筑群不挡光的区域这样的具体问题，都可以形成独立的算法工具，并在不同的项目中，通过简易的变量调整重复地使用。

研发和设计生产本身是矛盾的，在一个常规的项目周期里，我们很少有时间能够形成完整的研发体系。但 GH 使两者的并行成为了可能。针对设计生产中同一逻辑的大量重复性工作，我们只需要认真编写一次程序，并充分地考虑它的各种变量可能性，即可在日后的同类工作中轻松地通过计算机来完成它们。如此每个项目解决几个问题的算法，几个项目累积下来便可以得到完整的体系。到达理想状态时，计算机已经可以完成所有的机械性和重复性的工作，留给我们的就是更多思考和创作的时间。

Level

1 三角函数曲面生成，
函数模块运算演示；

2 遗传算法应用，
代数模块运算演示；

3 迭代算法演示，
L- 系统生成思维；

4 迭代算法应用，
几何模块运算演示；

5 人工智能初步，
计算机初级逻辑基础；

6 人机合一，
天下无敌！

提升训练

Level 1

Level 2

Level 3

Level 4

Level 5

Level 6

三角函数曲面生成，函数模块运算演示。

第一节我们先来了解函数曲面。顾名思义，函数曲面就是用函数公式来生成的曲面。虽然这种生成的方式在实际工程中并不多见，但它却是一种更加科学的研究曲面性征的方式。一方面这种曲面可以用函数表达式表达，另一方面控制其形态的参数即是函数变量，这些都便于我们对其进行科学的描述并记录其变化的特征。所以有一种设计手法，即是从曲面的函数原型开始研究，并通过变量控制使其衍生出既独特又具功能性的空间形态。

Algorithm Development
算法研发

训练目标：

初级标准：

能够根据教程的提示完成案例，并理解本单元阐述的算法原理。

中级标准：

能够默写这些算法，并理解其中每个运算器的运算含义。

升级标准：

能够清晰地理解并给他人讲述这些算法的原理。能够将这种技能应用于个人的实际创作或日常工作当中。

Part F

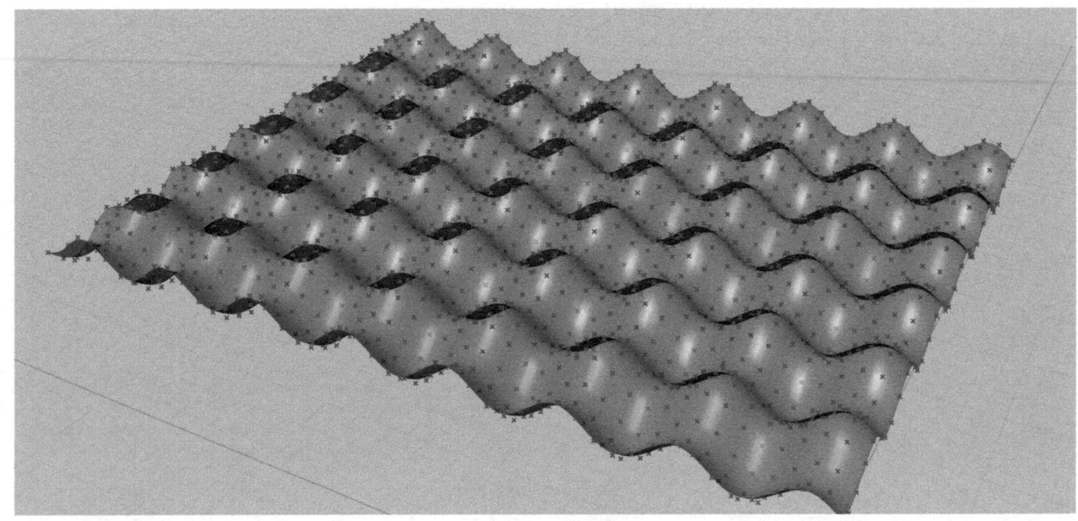

Sin(x) 是我们在中学课本里学过的三角函数正弦曲线，是一种成波浪形循环运动的曲线。如果我们将一组 Sin 值赋予点阵的 z 坐标，使 z=Sin(x)+Sin(y)，那么每个点的 z 坐标就会随着 x 和 y 的递增而产生波动起伏的效果。这样我们就可以生成一组波浪形的空间点阵，并借此生成一个 Sin 函数曲面。

本例中我们应用的运算器 C 是 GH 自带的 Sin 函数运算器。如需尝试其他函数，可以通过 Evaluate 运算器来书写更复杂的算法，F 端输入函数公式，x 端输入对应变量即可，下图中演示的就是我们最熟悉的 Sin30° =1/2。

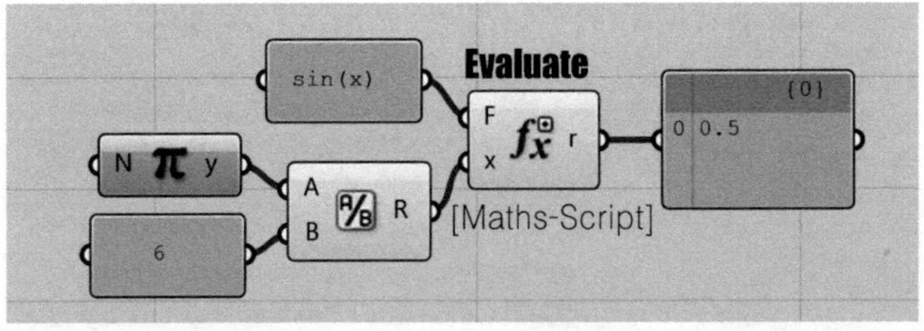

A 用线性数据生成点阵的 x 坐标。

B 用树形数据生成点阵的 y 坐标。

C 将 A、B 的数据经过 Sin 函数运算后叠加，生成点阵 z 坐标。

D 通过 x、y、z 坐标生成点阵。这一步很考验大家对树形数据和 Longestlist 的理解。

E 通过点阵生成曲面，注意 P 端需将数据拍平，U 端设置点阵 U 方向的点数。

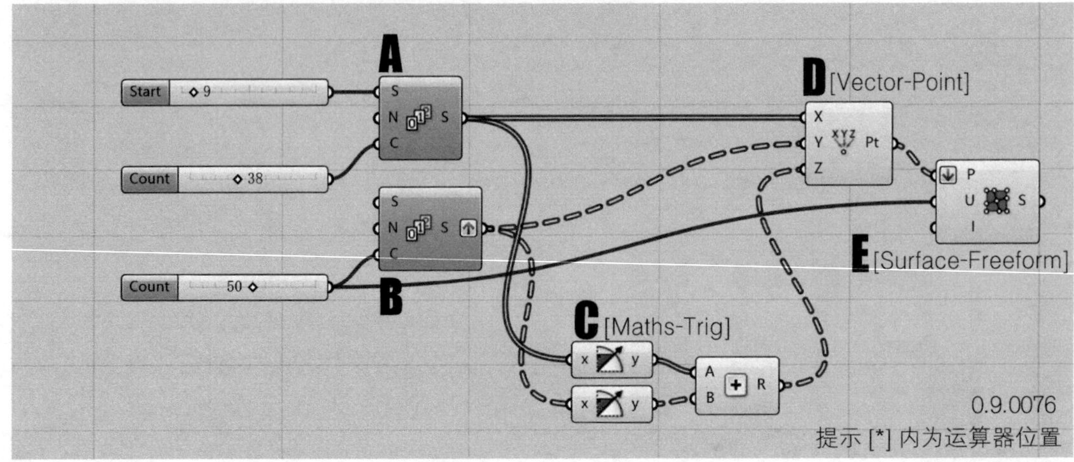

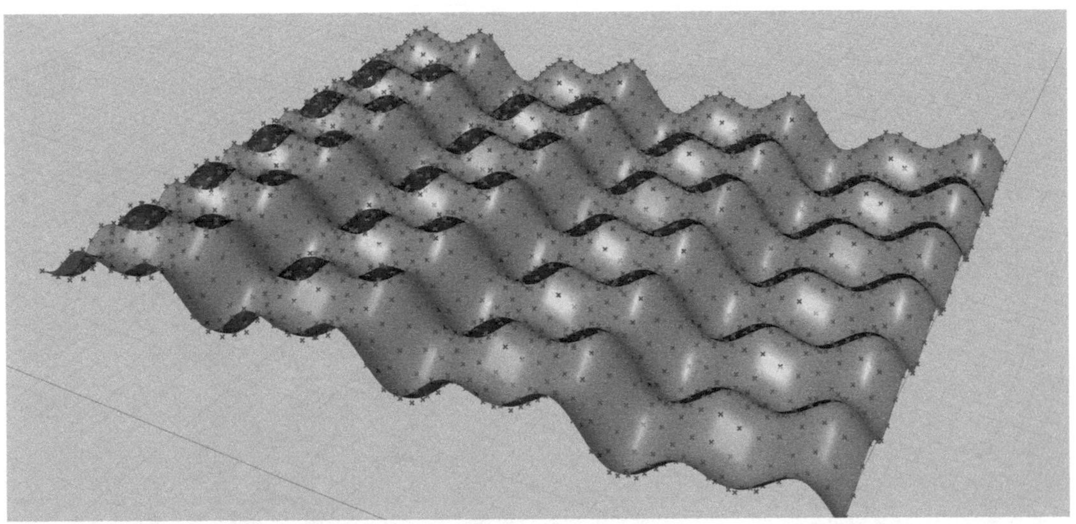

改变 z 坐标的函数运算法则，增加一组不稳定的函数变量 a：z=Sin(x)+Sin(y)+Sin(y*a)。这个时候曲面在 y 方向出现两组波叠加的现象。我们滑动变量 a 发现曲面波动随着 a 的改变，发生对应的干扰变化。

函数曲面的推演其实也类似于一个“找形”的过程，每当我们改变其中一处函数的法则，曲面就会相应地浮现对应的结果。当某一变量自身成线性递增时，曲面也会对应着某一趋势发生对应的线性变化。这种一一对应的运算关系，可以使设计师对曲面参数的把控更加精确，变化的范围也更加不可估量。

Note

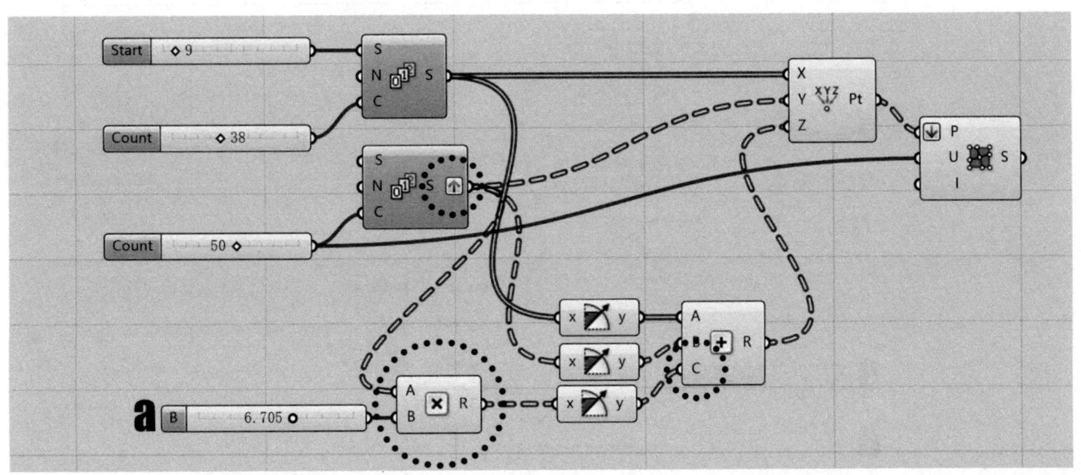

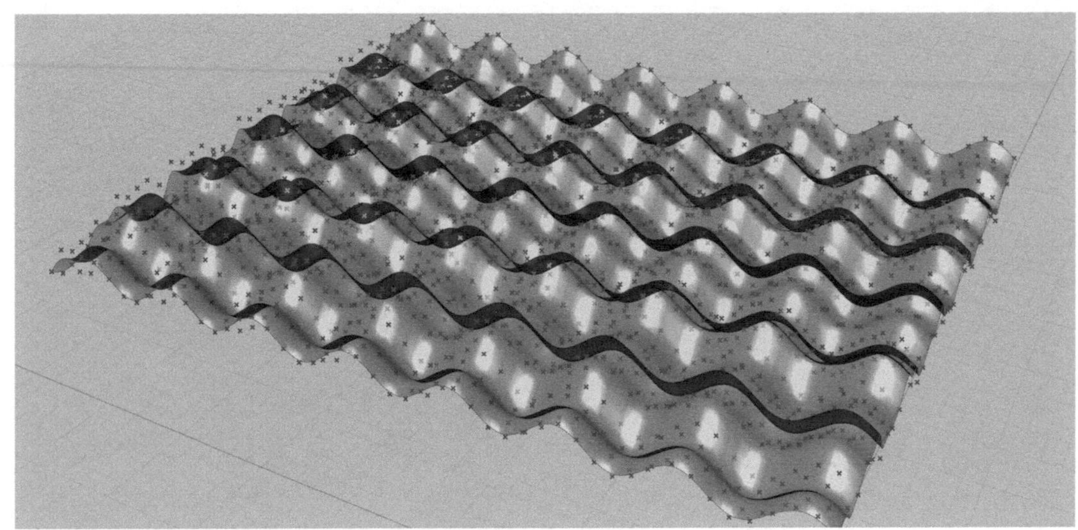

我们再改变一次函数运算法则，这次尝试增加 x 方向的干扰：z=Sin(x)+Sin(y)+Sin(x*a+b)。我们发现这时 y 方向的波形叠加转移至 x 方向，并且新增加的变量 b 可以调控干扰波的叠加位置。

在这种不断调控变量的过程中，我们也在尝试控制函数曲面的形态，使其能满足于我们对它的形态要求。当一组函数曲面的演化控制达到成熟，可以通过变量调节生成满足结构特征和空间需求的形态时，那么这种函数曲面也就具备了可以落实为建筑的条件，一座不可思议的作品也就要问世了。

Note

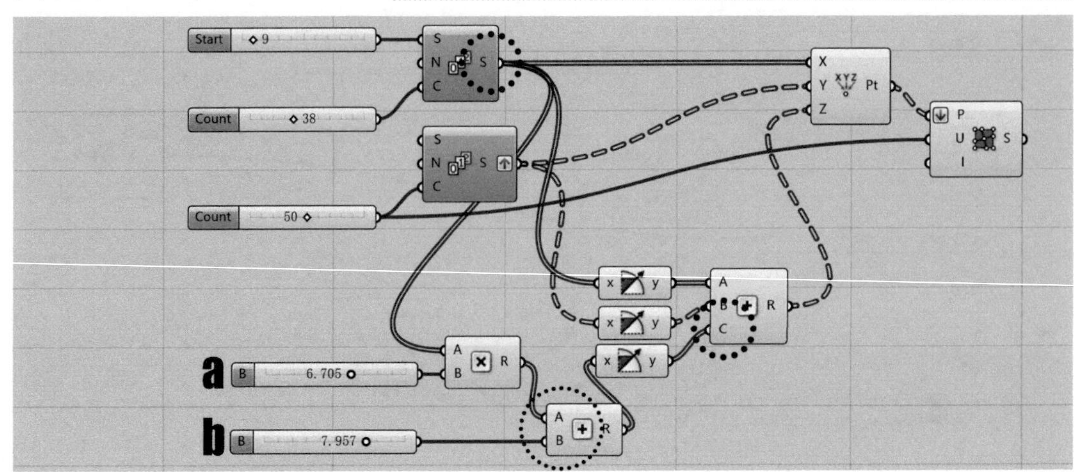

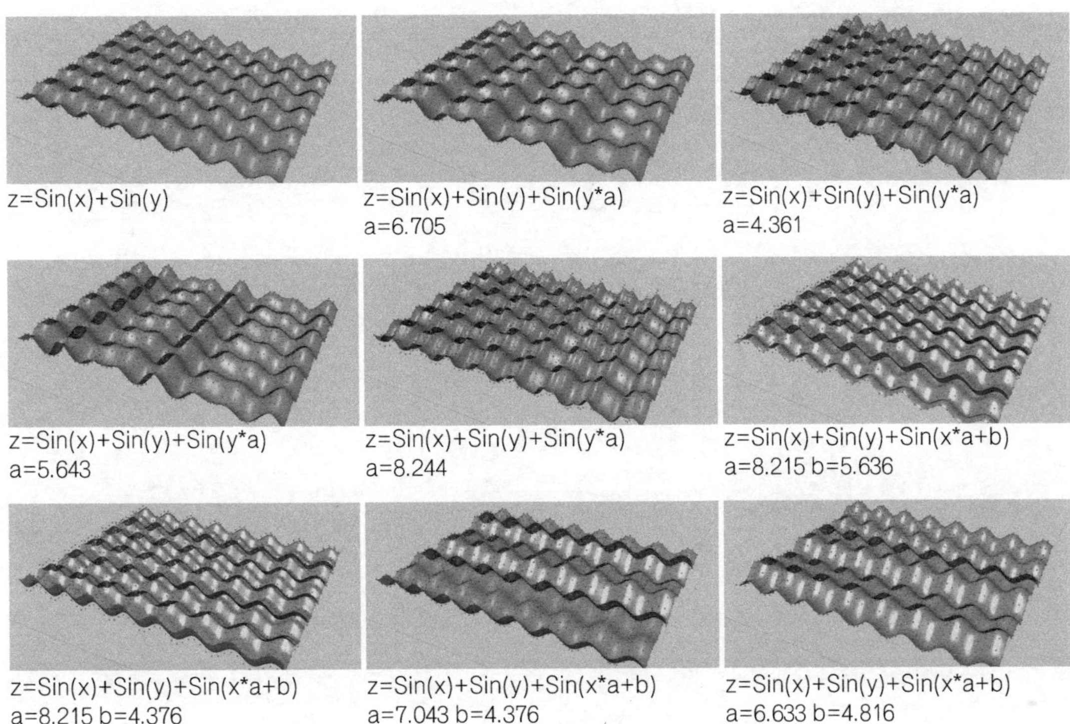

z=Sin(x)+Sin(y)

z=Sin(x)+Sin(y)+Sin(y*a)
a=6.705

z=Sin(x)+Sin(y)+Sin(y*a)
a=4.361

z=Sin(x)+Sin(y)+Sin(y*a)
a=5.643

z=Sin(x)+Sin(y)+Sin(y*a)
a=8.244

z=Sin(x)+Sin(y)+Sin(x*a+b)
a=8.215 b=5.636

z=Sin(x)+Sin(y)+Sin(x*a+b)
a=8.215 b=4.376

z=Sin(x)+Sin(y)+Sin(x*a+b)
a=7.043 b=4.376

z=Sin(x)+Sin(y)+Sin(x*a+b)
a=6.633 b=4.816

Summary

经过函数运算生成的曲面数据可以非常精准地描述曲面形态，无论何时只要我们输入公式和相应的变量以及函数的取值区间，曲面就可以被完全一致地描述出来。这实际上也是一个函数被可视化的过程，任何三元函数方程均可以用函数曲面来表达，就好比 $x^2+y^2+z^2=1$ 这是一个半径为 1 的球面一样。数学的领域是无限延伸的，究竟还有多少的可能性等待着我们去挖掘？任何一个公式，任何一个变量的叠加，都有可能掀开空间营造历史上崭新的一页。这里，仅用 Sin 函数做一个小小的引子，希望能为对这方面感兴趣的朋友带去帮助和启发。

提升训练

Level 1

Level 2

Level 3

Level 4

Level 5

Level 6

遗传算法应用，代数模块运算演示。

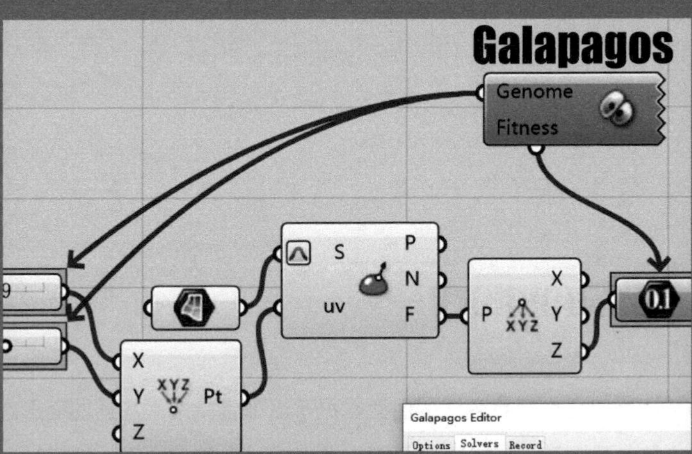

本节我们来了解一个非常特殊的运算器 Galapagos：它可以辅助我们计算出一组参数模型的“极端状态”，比如最大面积、最高净高等。当然，前提是我们要限定这组参数模型的可变范围和关联条件，使其在满足我们定量逻辑要求的前提下，自行调整变量，并求得我们所需要的“最优”答案。

Algorithm Development
算法研发

训练目标：

初级标准：

能够根据教程的提示完成案例，并理解本单元阐述的算法原理。

中级标准：

能够默写这些算法，并理解其中每个运算器的运算含义。

升级标准：

能够清晰地理解并给他人讲述这些算法的原理。能够将这种技能应用于个人的实际创作或日常工作当中。

Part F

遗传算法

遗传算法就好比一种生物进化的逻辑，从上一代数据出发，衍生出很多下一代数据，再从下一代中找到最靠近目标答案的数据。再将此解作为上一代数据，继续衍生新的下一代数据，以尝试得到更靠近目标答案的数据结果。长此循环往复一代代衍生筛选，最后即可得到无限靠近目标答案的“最优解”。

GH 中的 Galapagos 就是一个拥有这种遗传算法的运算器。Genome 关联算法的变量，Fitness 用于观测输出的数据结果，然后启动 Galapagos，它会自动调节关联的变量并尽可能地将观测数据调整至最大值。以下我们来模拟一个简单的案例：

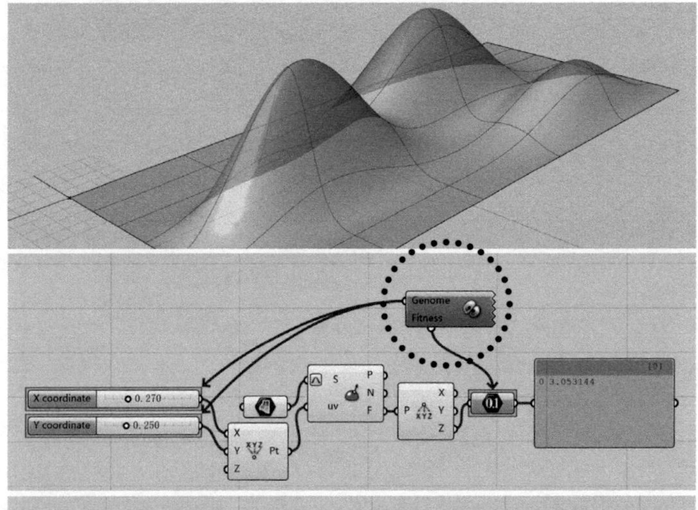

求已知曲面的最高点：虽然我们可以一眼就看出最高点的位置，但我们却很难精准地确定这个点的坐标。所以我们尝试用 Galapagos 来解决这个难题。

通过两个 Slider 合成的 UV 值可标记曲面上任意一点。用 Galapagos 关联这两个变量，并观测生成点的 z 坐标参数。

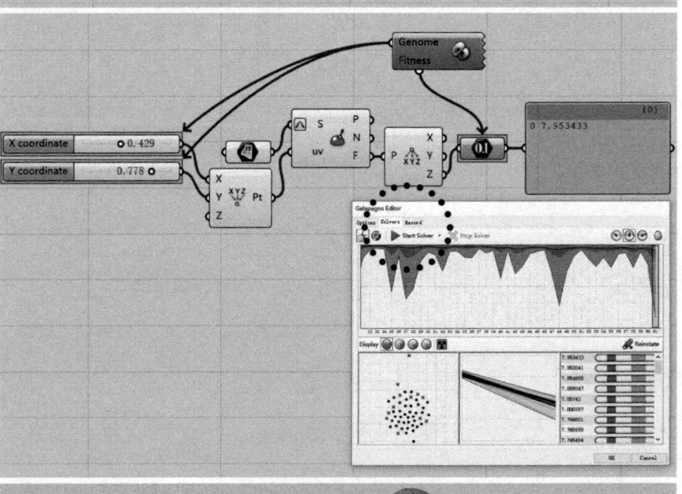

双击 Galapagos 弹出编辑面板，选择 Solvers 选项卡，点击 Start Solver 运行遗传算法。这时我们可以看到两个 Slider 上的数值开始不停地抖动，编辑面板上也开始显示各种运算数据的状态。很快即可得到运算后的最优解。

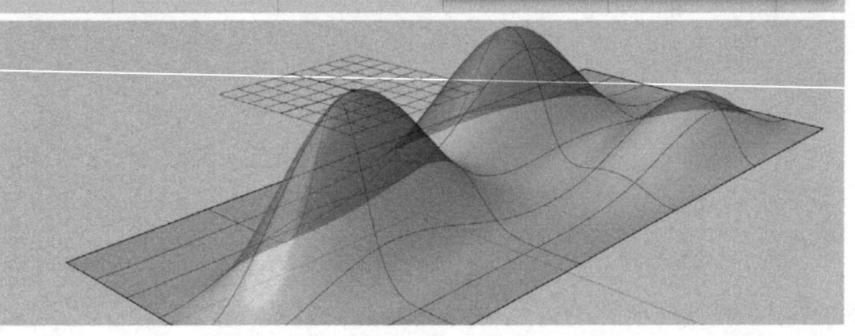

运算后的 UV 变量已经自动调试完毕，生成点停留在曲面的最高点上。我们可以选择记录变量参数或 Bake 此点来记录这个答案。

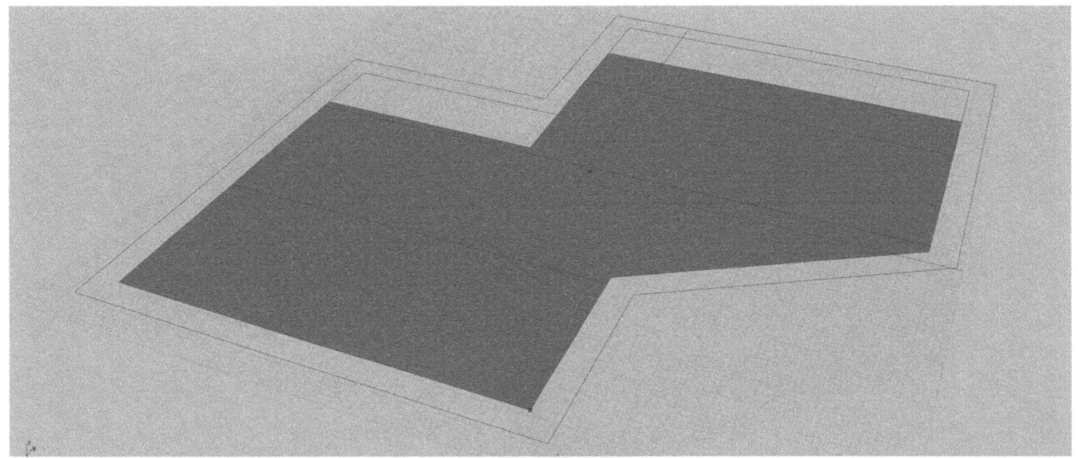

再举一个该算法在北方住宅项目中的简单应用：已知一个地块用地红线和该地块的日照间距系数，求总建筑面积最大化的住宅排布方案。这个问题在北方的住宅项目中很常见，通常在方案的最初，我们都先要考虑如何将容积率做到最大，并用这个指标来衡量这个地块的经济价值。但这样机械性的计算交给设计师来做会占用大量时间，不如直接将其生成为一套参数模型，并用遗传算法辅助我们运算出该地块容积率的〝极值〞。

众所周知，影响北方住宅排列间距的一个重要因素就是日照间距。在设计规范中如何计算日照间距有明确的规定和法则，同时随着地区的不同，附加规则也各不相同。本节在这里模拟一个最简单的计算骨架，目的用于演示 Galapagos 的用法。大家如果希望将其应用于对应的实际案例，需对这套逻辑进行有针对性的补充和拓展。这里演示的是研发算法的一个初步框架，不是成果。之后还可以衍生出更庞杂、更具兼容性的算法，比如多、高层的规则切换，卫生视距的兼顾等，这些大家可以根据各自的实际情况来发挥。

A 拾取用地红线和建筑退线。

B 设置变量，如建筑高度、日照间距系数等，这些都是影响建筑摆列的重要因素。

C 日照间距计算：相邻两个楼南立面之间的间距 = 建筑高度 x 日照间距系数 + 一个楼的进深。

D 根据求得的楼间距等分场地，生成等分线，也是每个楼南立面的定位线。

E 总建筑面积计算：南向面宽 x 楼进深 x 楼层数 = 各栋建筑面积，最后累加得到总建筑面积。

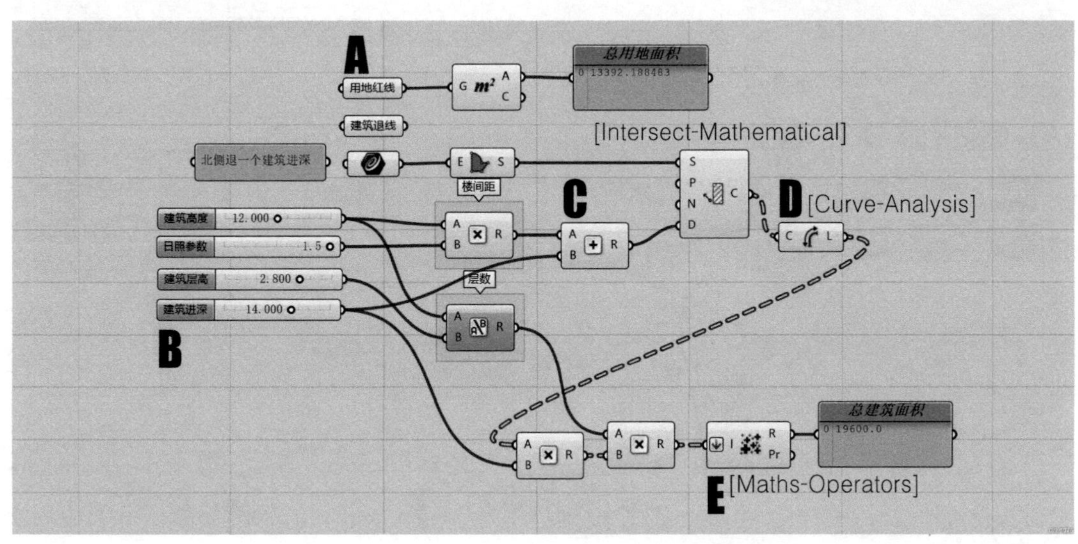

在这个项目中，建筑高度决定了排列间距，高度越高，间距也就越大。有时候就是因为建筑高了那么一点，导致北侧少布置一栋楼，可到底是降低高度损失的面积大，还是少一栋楼损失的面积大，总需要繁琐的计算来确认。所以我们把这些问题统统交给 Galapagos，让它来给我们一个面积最大的解。而设计师在这个过程中，更重要的是根据市场产品和设计经验，准确地对户型的面宽、进深、层高等参数进行定位，从而让得到的数据更加真实、可靠。

设计师在这个过程中可能会发现，层高达到一定值，就会因为少布置一栋楼而损失大量面积，由此也就可以确定层高的合理范围；也有可能发现，如果进深缩小一点，就可能增加更多的面积，从而思考设计小进深产品的可能性。宏观分析牵连着微观的设计，在方案初期，设计师获得的分析数据越多，方案设计也就越具备科学的根据。这是我们期待的一种思维过程，也是参数化设计理性一面的展现。

F 生成建筑体量，使这个算法的结论可视化。

G 利用 Galapagos 关联建筑高度，同时观测总建筑面积，进行遗传算法的运算，使其得到总建筑面积最大的解。

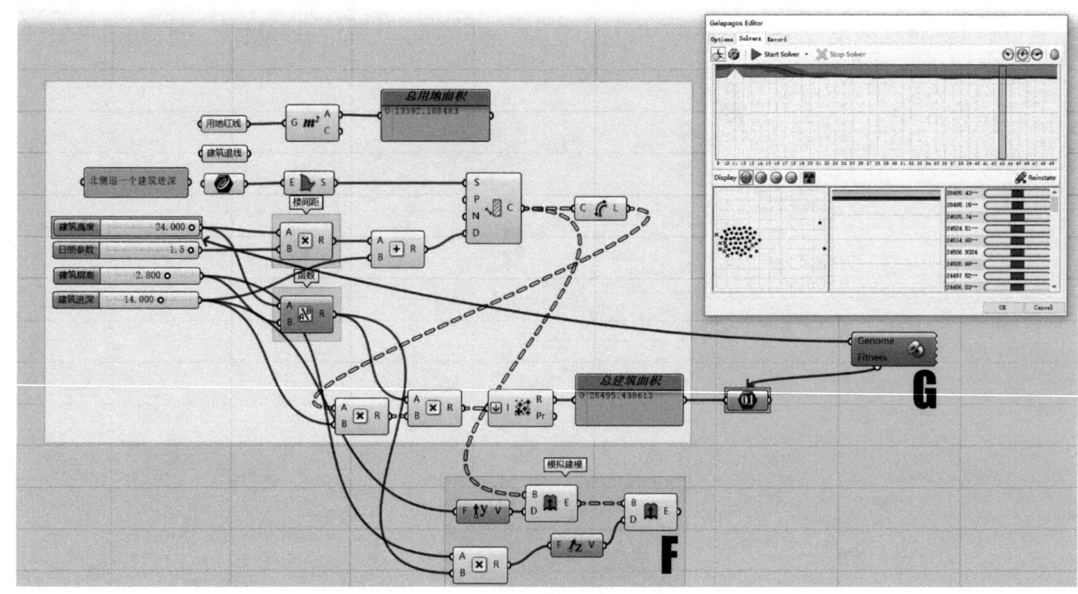

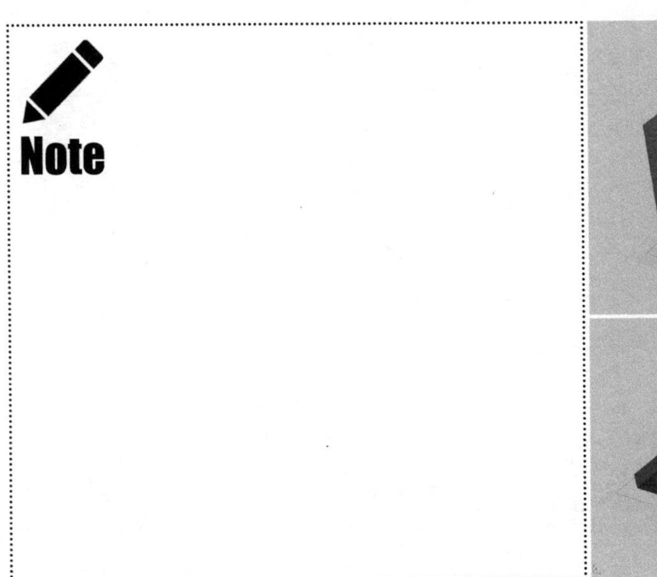

改变建筑高度的变量区间，也可以得到不同的结果。

Tips 关于 Galapagos 的其他信息

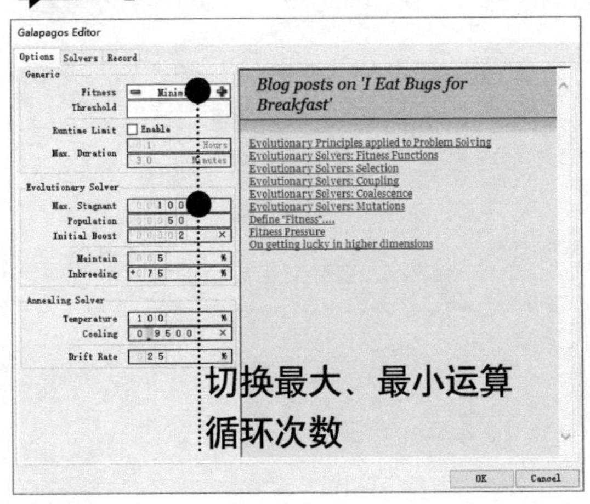

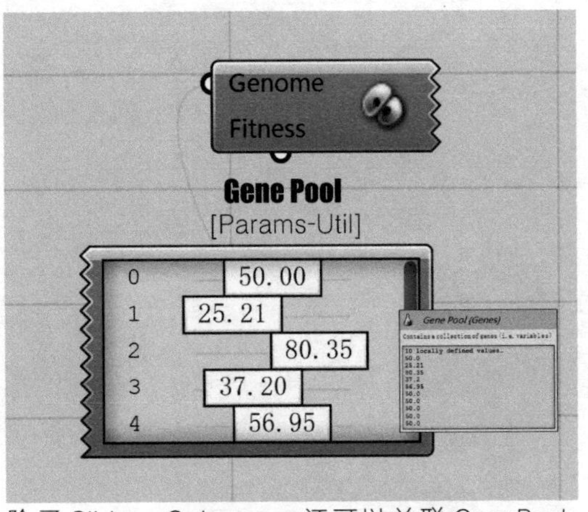

除了 Slider，Galapagos 还可以关联 GenePool，这个运算器可以提供一个更灵活的变量数列。

Summary

借助 Galapagos 求“最优解”的思路可以用来解决各种各样的问题。只要我们能锁定一个目标参数，它的最大或最小值即是我们想要的最优状态，那么我们就可以利用 Galapagos 来解决这个问题。另一个重点是关联变量的设定，变量与目标参数联系越紧密，算法过程越简洁，求得的结果也就越准确。大家需要理解的是“遗传算法”并不是一种运算法则，不像加减乘除那样有明确的运算结果。它是一种反复随机采样、比对、筛选的逻辑过程。不断地重复这个过程，从而获得相对理想的成果。所以完全有可能出现执行两次 Galapagos 所获得的值会有微小偏差的情况。随着算法的优化和遗传算法循环次数的增加，这个偏差会越来越小，但仍不会绝对消除。

提升训练

Level 1

Level 2

Level 3

Level 4

Level 5

Level 6

迭代算法演示，L- 系统生成思维。

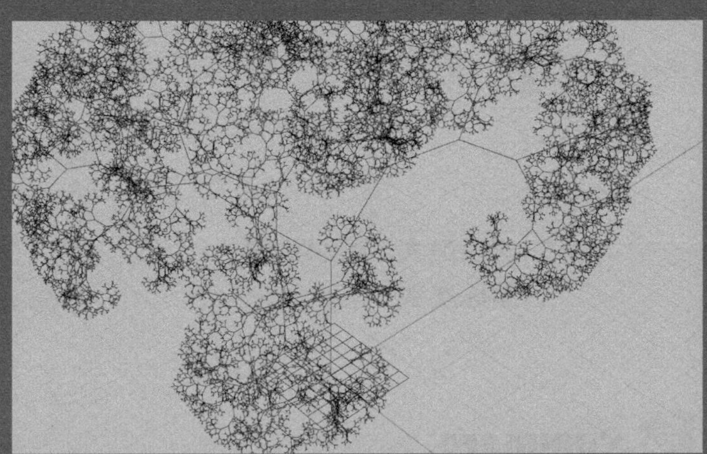

本节我们来了解迭代算法。它的本质是一种算法局部自循环的逻辑，通过一次次的重复运算，并在运算中不断调用上一次的运算结果作为变量参与到本次运算当中，得到最终结果。这种发展性的逻辑很适合我们去制定一个简单的生长规则，让计算机自行生长出未知的结果。“分形”就是一个明显的例子，它是一门独立的几何学科，用于研究一种图形从宏观到微观具有“自相似”特性的几何现象。

Algorithm Development
算法研发

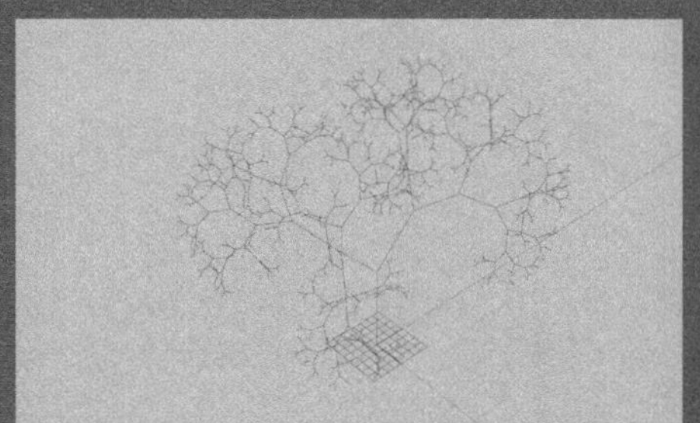

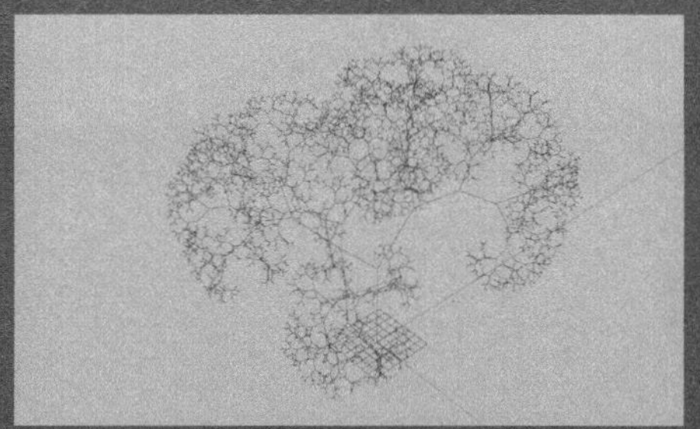

训练目标：

初级标准：

能够根据教程的提示完成案例，并理解本单元阐述的算法原理。

中级标准：

能够默写这些算法，并理解其中每个运算器的运算含义。

升级标准：

能够清晰地理解并给他人讲述这些算法的原理。能够将这种技能应用于个人的实际创作或日常工作当中。

Part F

L- 系统

L- 系统是用于生成〝分形〞图形的主要逻辑算法之一，其本质是抽象模拟植物生长从微观构造到宏观体系的完整过程。在 L- 系统中，我们只要定义基础图形的生长规则，并让其生长前和生长后的图形几何特征一致 (比如都是线段)，那么这个规则就可以通过〝迭代〞的算法持续地生长下去，直至生成越来越复杂的〝分形〞图形。如下图就是 L- 系统的一个经典案例：

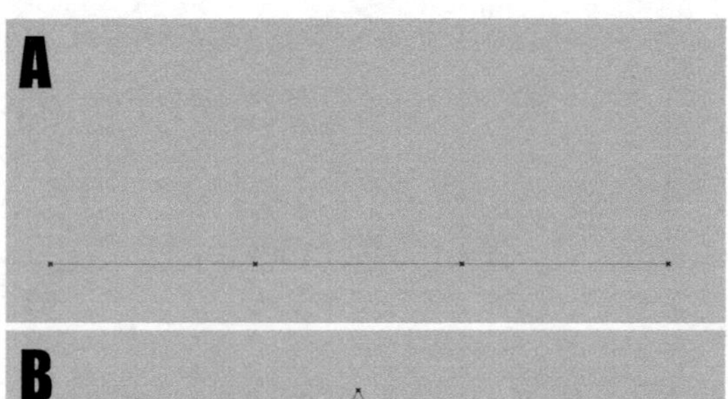

最初从 A 到 B，我们将一条线段三等分，然后将中间的一份生长成为等边三角形的两边。这样就建立了一个从线段到折线的生长规则。

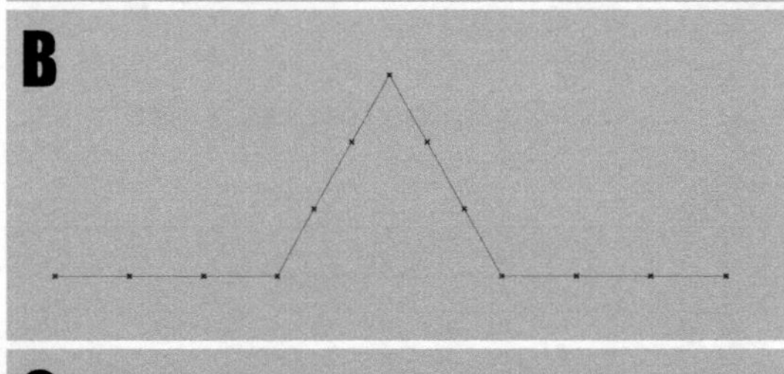

从 B 到 C，我们将生成的折线分成 4 条线段，每条线段再经历一次从 A 到 B 的生长规则，结果四条线段生成了星状图形，这个图形由 16 条线段构成。

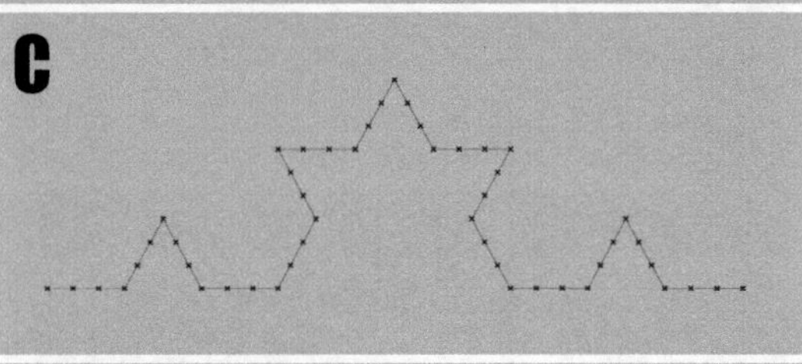

从 C 到 D，继续将 16 条线段按同一生长规则生长，得到更多星状图形的组合。

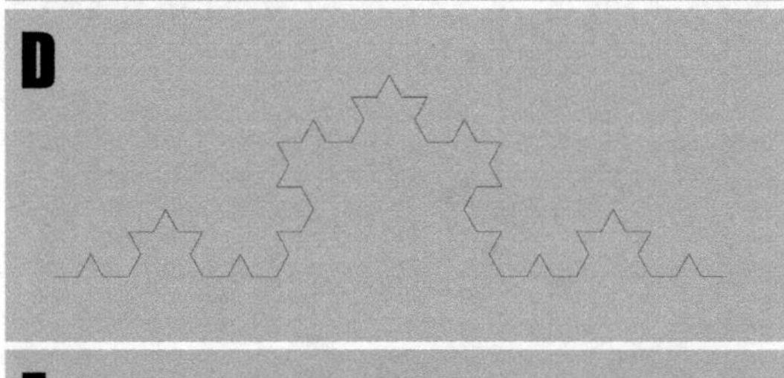

从 D 到 E，继续生长，图形开始呈现有明显特征的微观肌理。

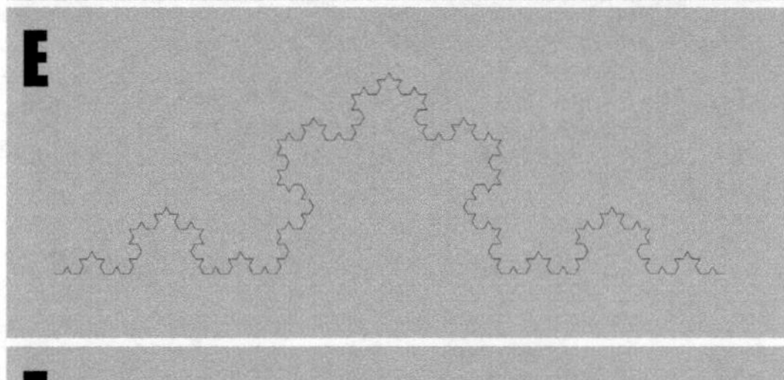

从 E 到 F，肌理更加密集，我们发现微观肌理和宏观的形态具有高度的相似性，这便是〝分形〞图形的主要特征。

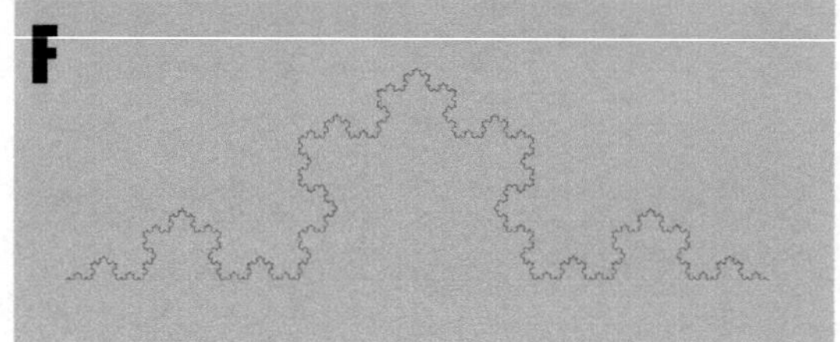

继续生长，这种肌理会一层一层地生长下去，不断放大图形，我们看到这个肌理可以被无限地重复循环下去。

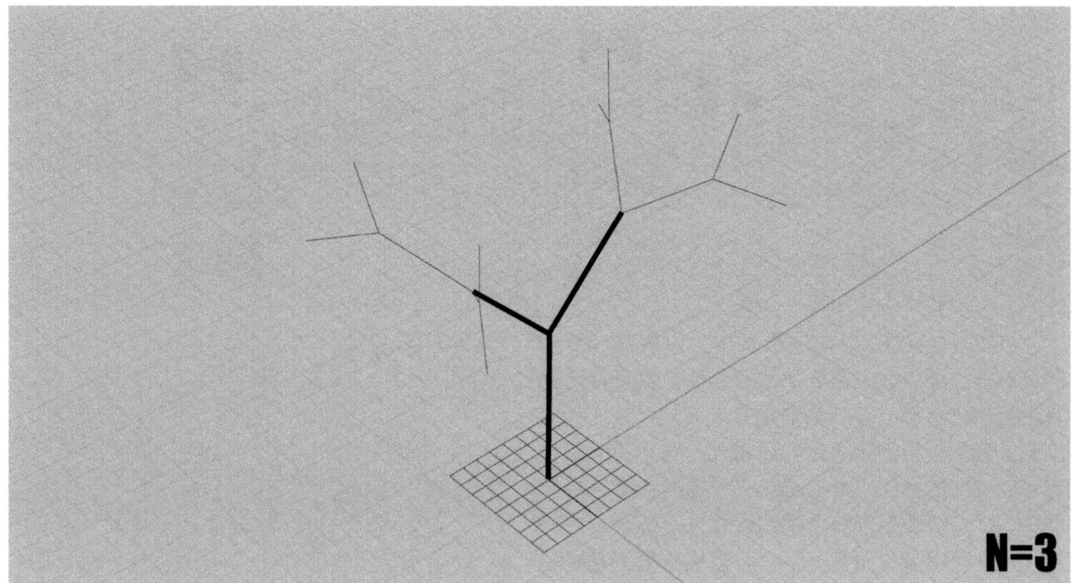

下面我们来介绍一个树模的生成案例。对于L-系统，编写的关键在于找到它的基本生长逻辑；对于这样一个树模而言，它的生长逻辑就是由上一级线段，在末端分两个岔，生成两个下一级线段。这样每级线段都在末端分两个岔，不断地迭代生长，就会形成树枝状的生长结果。

在GH的编写方面需注意将算法中循环的部分独立划分成一组。该组的输入端和输出端需各自独立，并为同一种数据类型。这样才能保证数据从运算器F输出后再返回到运算器C时可以继续循环运算下去。

A 绘制初始线段。

B 制定初始线段长度、迭代缩放系数等控制变量。

C 标记迭代的参数：从C到F是一个反复循环的算法，要重点标记出来。

D 提取初始线段的终点，生成新的参考系，同时量取线段长度用于生成下一级线段。

E 在新的参考系上绘制参数的坐标点，用于生成下一级线段的生长方向。

F 绘制下一级线段，长度为上一级线段长度乘以缩放系数。

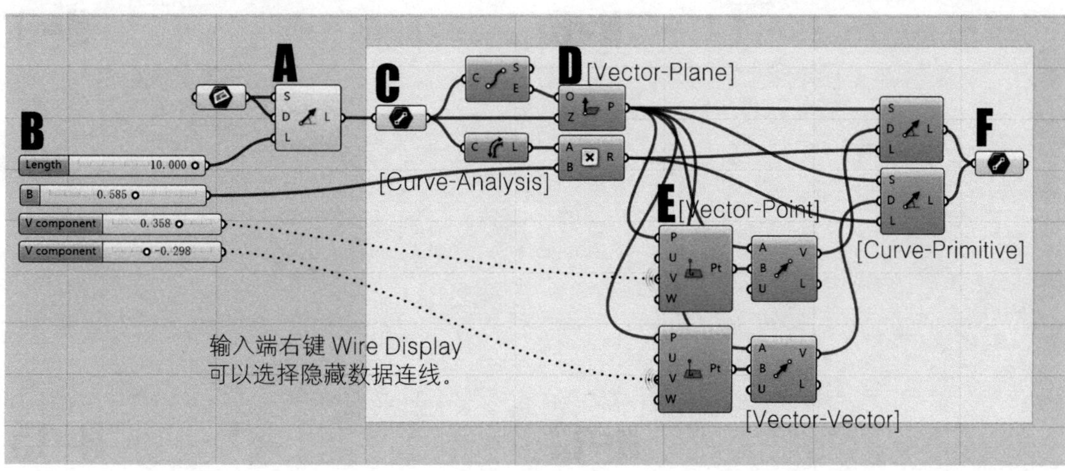

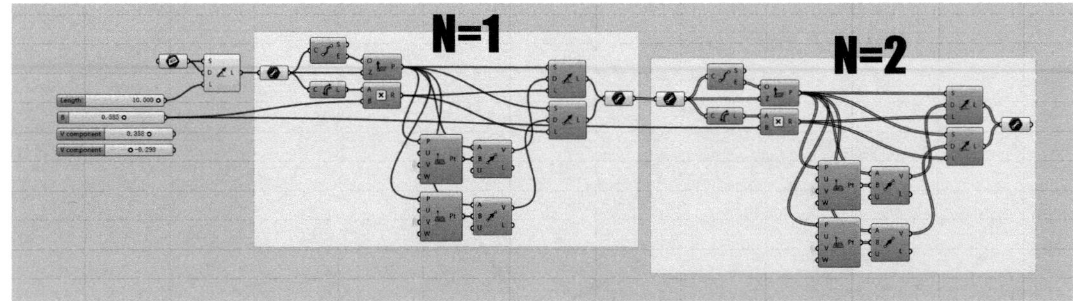

在 GH 0.9.0067 以前的版本中，没有迭代算法的运算器。所以我们需要手动复制整个循环算法使其进行迭代运算，复制粘贴是最老旧的手法，但并不影响我们模拟迭代算法的逻辑。在这里为大家推荐一款 GH 的插件：Anemone，它是目前我们所见的与 GH 运算体系最契合的迭代算法运算器。感兴趣的朋友可以考虑研究一下，可以省去复制粘贴的过程。我们将循环算法部分打包成 Cluster，这样复制操作起来比较清晰。

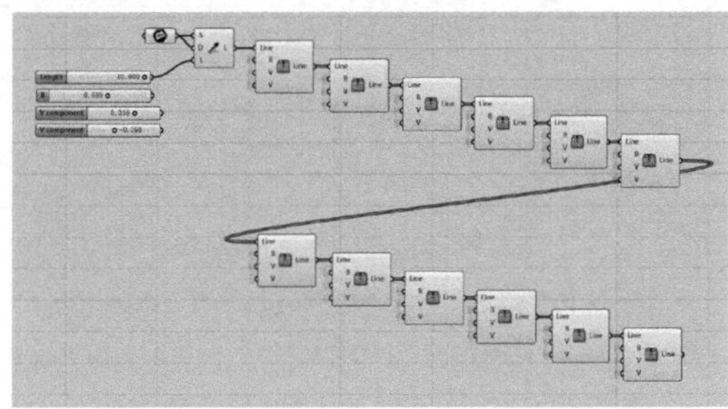

生长过程

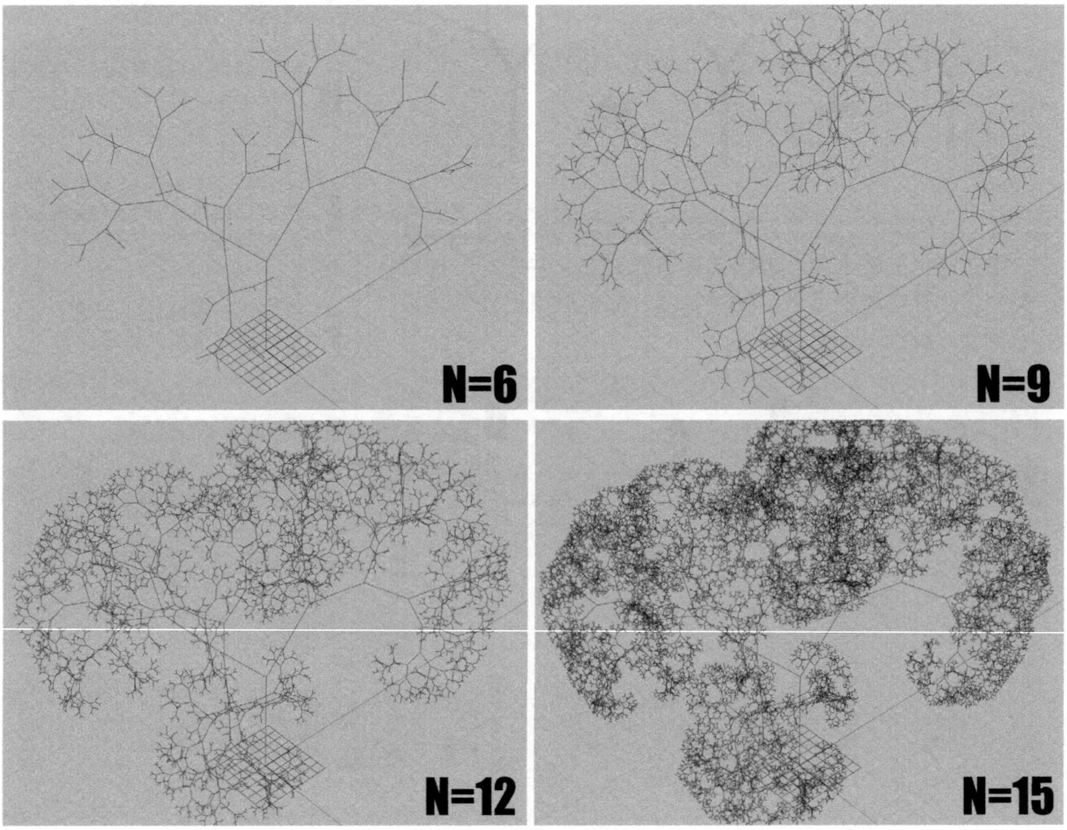

N=6

N=9

N=12

N=15

Summary

从 L- 系统中我们可以看到宏观的复杂肌理可以来源于简单的几何演变，微观的生成逻辑也可以生长成不可思议的宏观现象。这种从宏观到微观的"自相似"现象一直启发着很多设计师去探索微观和宏观世界与建筑空间的联系。下一次我们看到自然界的一些奇妙现象的时候，不妨进一步思考一下这种表象下的内在逻辑，也许就是简单的几次几何变形，也许还会给我们的空间设计带来新的灵感和启发。

提升训练

Level 1

Level 2

Level 3

本节要和大家分享一个迭代算法在实际项目中的应用：山体寻径算法。山体地形大家都了解，很复杂，高低起伏、变化万千。如何能在这样复杂的环境中找到一条便于车辆通行的道路，实际上是一个比较复杂的几何问题。那么我们是否可以通过计算机演算来为我们生成相对合理的道路方案呢？接下来我们就一起走进这个案例。

Level 4

Level 5

Level 6

迭代算法应用，几何模块运算演示。

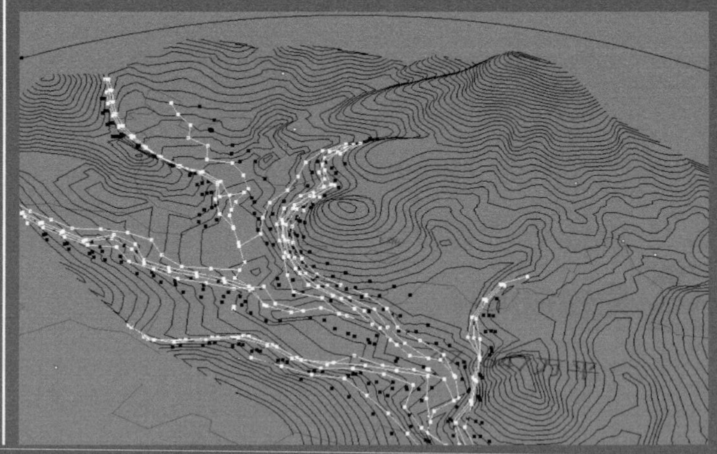

Algorithm Development
算法研发

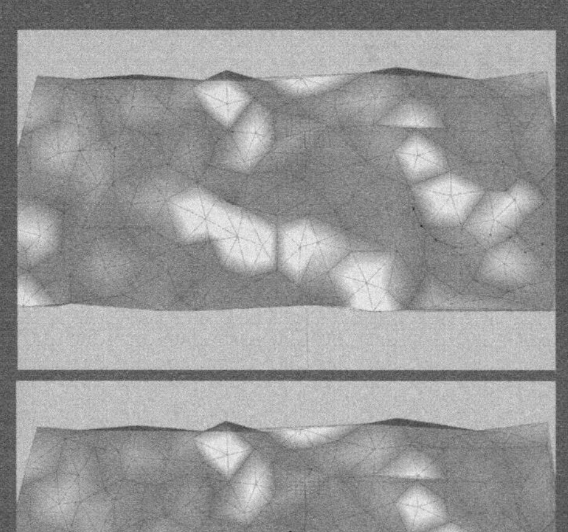

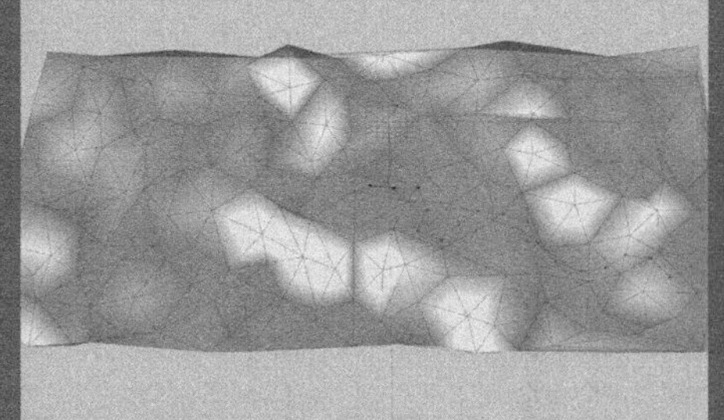

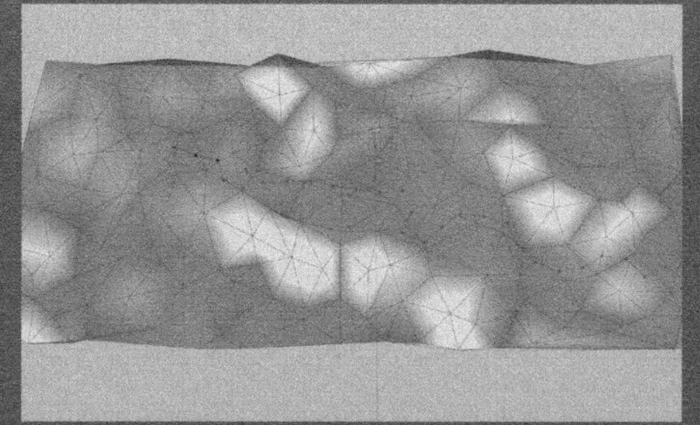

训练目标：

初级标准：

能够根据教程的提示完成案例，并理解本单元阐述的算法原理。

中级标准：

能够默写这些算法，并理解其中每个运算器的运算含义。

升级标准：

能够清晰地理解并给他人讲述这些算法的原理。能够将这种技能应用于个人的实际创作或日常工作当中。

Part F

山体寻径

本案引自自己2013年的一个实际项目，后来作为学术论文发表于《"数字渗透"与"参数化主义"》论文集中。其算法的目的是为了在山体地形中找到一条坡度最缓和的主干道和其他数条消防车可以抵达的上山道。以此为依据规划的居住区道路，可以保护原始山体形态，减少土石方量，同时能快速确认消防车可达区域，具有明显的实际意义。所以特别在这里拿出来和大家分享这个算法的核心逻辑，也借此演示几何迭代算法在实际项目中的应用。

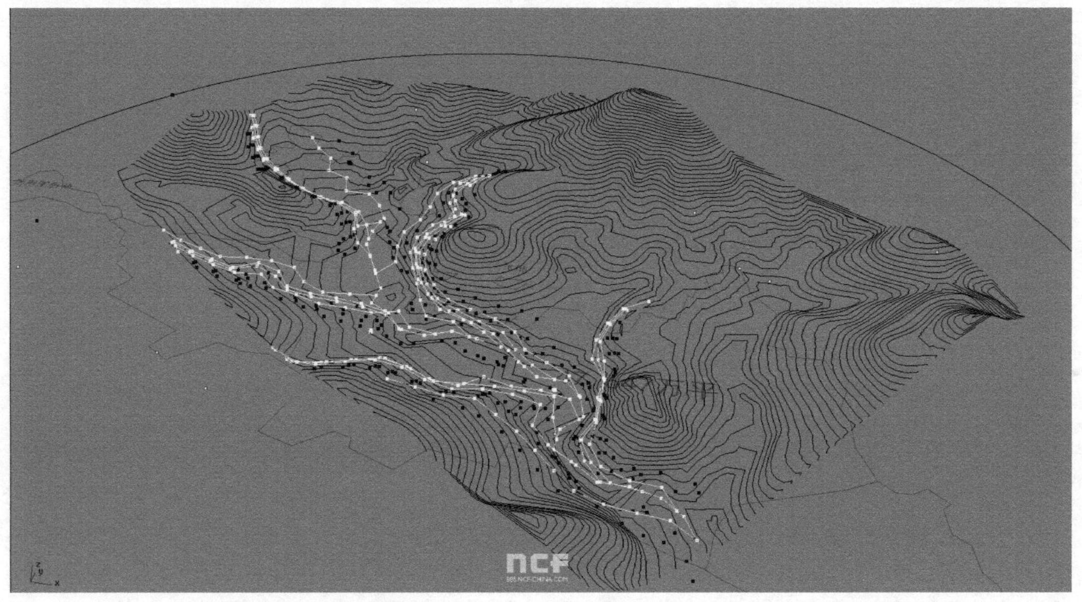

题目：山地居住区道路系统的生成算法研究及其项目实践

作者：Skywoolf

摘要：本文阐述的是关于参数化生成设计理论及方法在一个山地居住区实际项目规划设计中的研究性实践。该研究课题的目的在于借助参数化生成设计工具，将地形地理信息充分整合形成数据库，并以此为设计指导依据，参考实际功能要求，让计算机自动生成功能合理的、顺应地理环境的分级路网体系。其中主要研究难点包括：对各级别道路不同生成逻辑的研究及算法实现；对通过实际项目参数筛选生成道路最优解算法的研究；对组团内地形参数、采光日照、景观朝向、单体产品模数等多因素综合考虑下探索最优解算法的研究。该项目目前已根据参数化生成设计技术手段研究形成了一套完整的山地居住区道路系统生成模式算法并理想地完成项目总体规划设计。

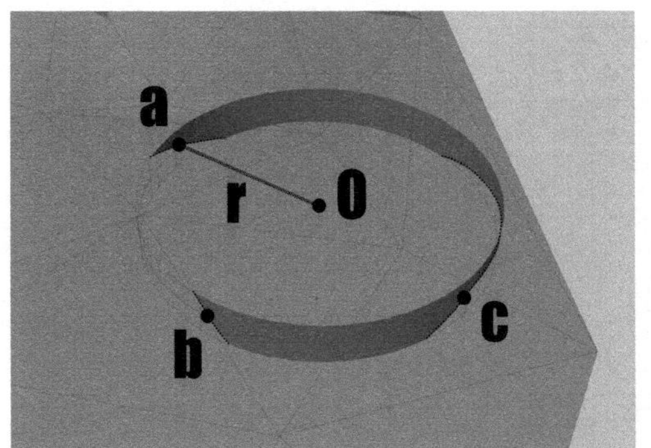

首先做一个简单的几何模块，它可以帮助我们找到地形模型上已知点 O 的指定范围（半径 r）内高差最小的点 a、b、c，然后再从中筛选出距离指定方向最近的点 a 即可。有了这个模块，我们就可以将点 a 再作为新的点 O 生成下一个点，一级级迭代运算下去，直至生成完整的路径流线。而生成的这条流线即是从 O 点到指定方向坡度最缓的流线。

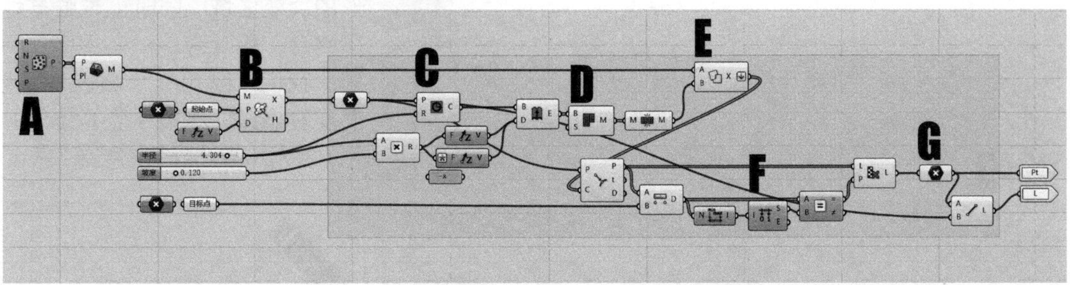

这个几何模块的逻辑虽然简单，但在方案初期却并不容易想到。利用同心圆柱和地形相交的方式得到地形上满足坡度要求的点集，这并不是解决本问题的唯一算法，像这样的例子也有待我们在解决各种问题的过程中不断地开发挖掘。

那么在此基础之上，我们如何判断消防车的可达性呢？算法和这个类似，参数变量依然一样，只是这次不是用圆柱，而是用向上移动到最大坡度所对应的圆，我们只需要保证每次迭代生成的点都是最大消防车能行驶的最大坡度，就可以生成消防车能行驶的极限区域。可见，略微改变几何模块的算法，结论就具有了完全不同的功能意义。

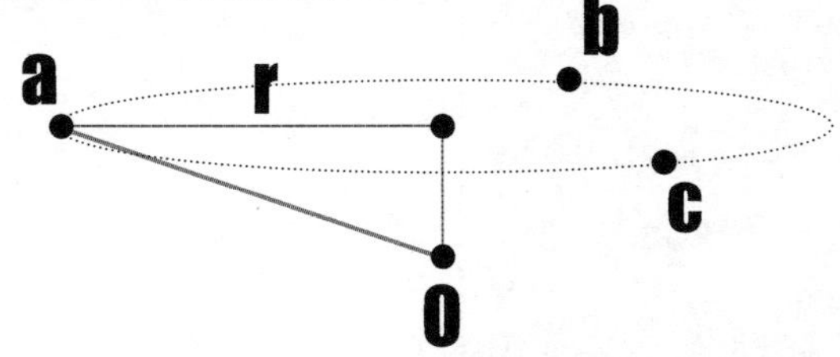

A 模拟地形 Mesh 网格。

B 设置起始点、目标点、搜索半径和搜索坡度。

C 以 O 为圆心 r 为半径画圆。

D 根据坡度计算得到圆向上向下生成圆筒的距离，这个圆筒表面上的任意点到 O 点的连线坡度都在限定的范围以内。

E 计算圆筒和地形网格的相交线，这些线即是地形在搜索半径上满足坡度范围的位置。

F 通过 O 点向相交线投影最近点，得到多个坡度最小的点。再筛选距离目标点最近的点，即可得到本次运算的结论。

G 提取这个点，与 O 点连线，绘制一段路径单元。

将这组几何模块打包成 Cluster，隐藏不重要的数据连线。复制迭代多组之后，得到一条完整路径。

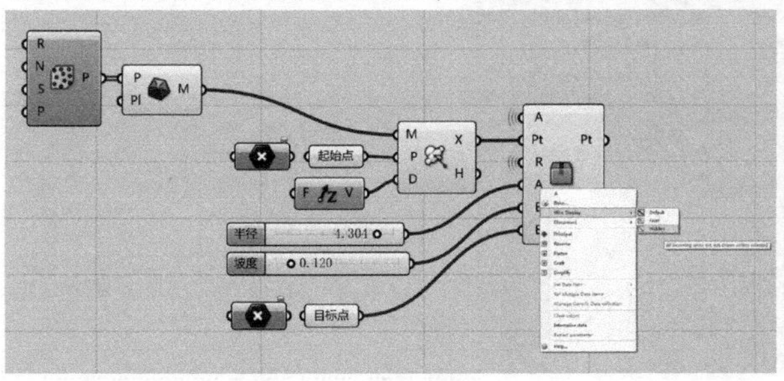

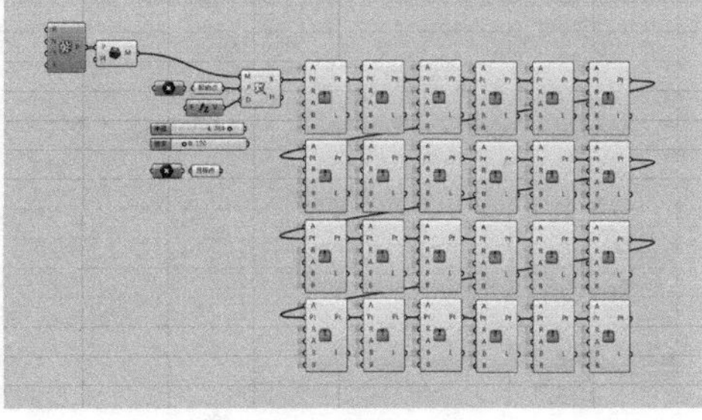

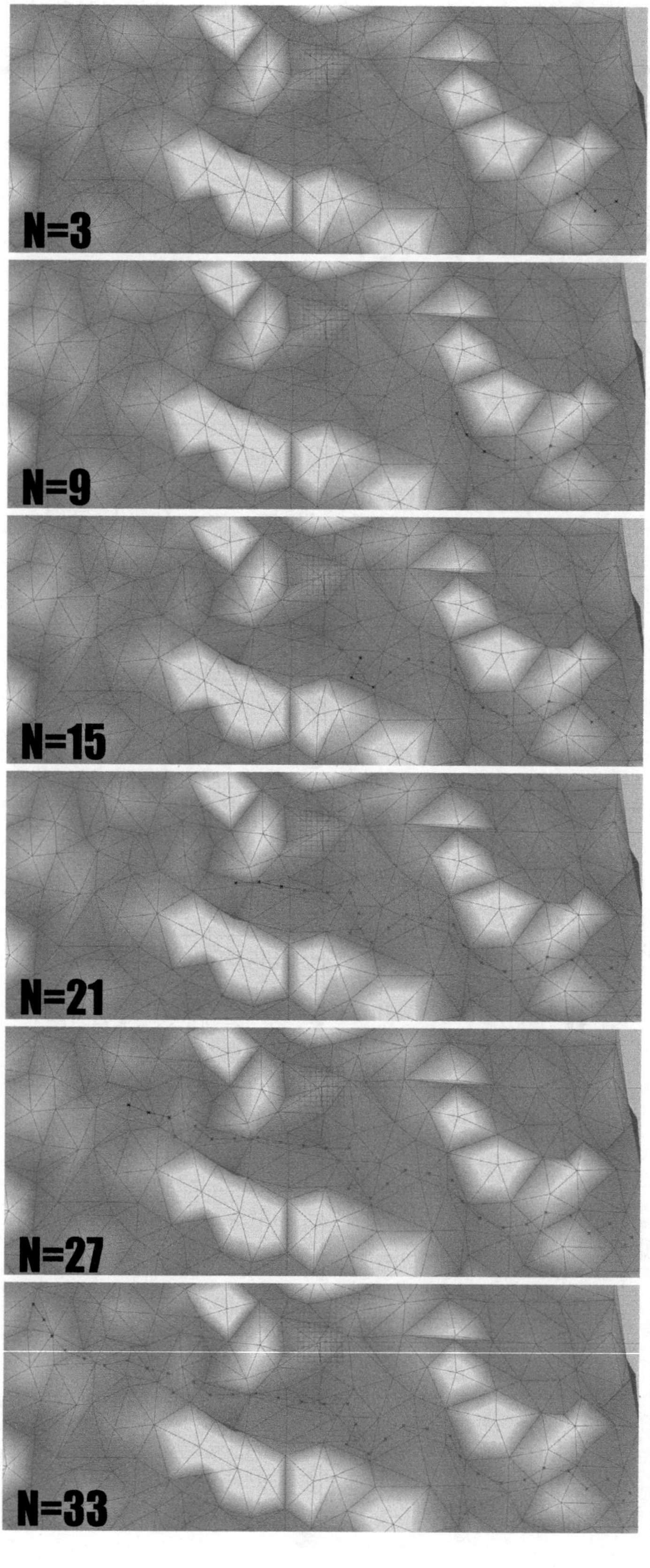

N=3

N=9

N=15

N=21

N=27

N=33

在路径生成的过程中，需要特别注意的是搜索半径 r 的调整。我们面对的地形千差万别，算法在自行寻径的过程中极有可能走入地形凹凸的死路里，导致无法抵达目标点。这个时候就需要我们有效地调整搜索半径，r 越小，路径越精确，同样也越容易走入地形死路；r 越大，越容易避开地形的突变区域，同时也越难与地形吻合。所以这是一个适度的问题，我们可以用一个 Slider 在这里反复调试，观察寻径的结果变化，并从中挑选理想的结果。

Note

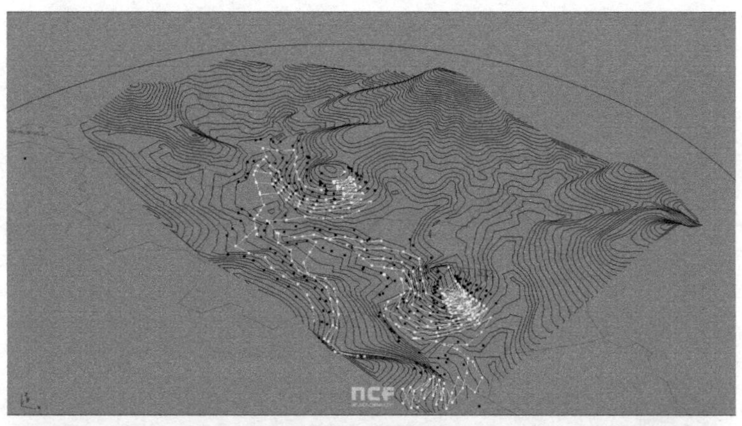

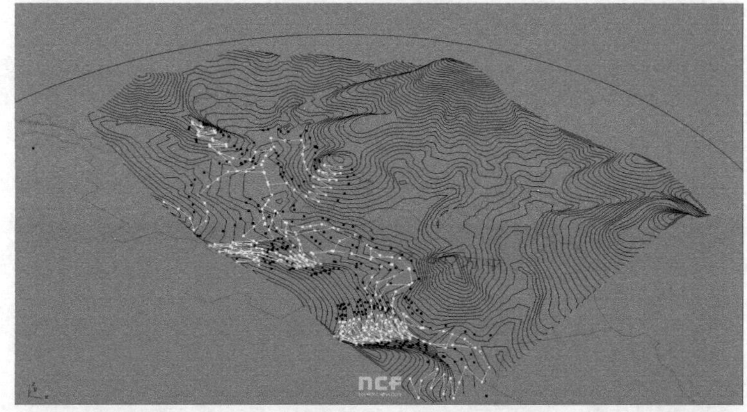

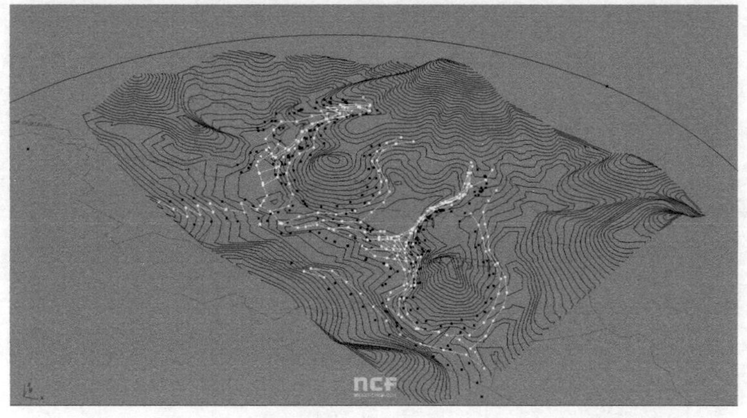

Summary

在实际项目中诸如此类的分析及生成其实很有意义，但是眼下还有很多题目尚未得到更科学地解决。本例中的几何模块和迭代算法代表了一类题目的解题思路，有些问题我们很难从宏观体系上去解决，这个时候就需要通过微观设定来模拟一种解题算法，从而让计算机去自行生成答案。

提升训练

Level 1

Level 2

Level 3

本章的最后，让我们来了解一下 GH 中平时并不常用，但很有研发空间的几个功能。这些功能可以让算法看起来更加“智能化”，它们可以使计算机自动地运行并时刻自行判断是否有需要改变当前的运行状态。这种算法具备了自主选择判断的功能，所以我们将其称为计算机的逻辑。

Level 4

Level 5

Level 6

人工智能初步，计算机初级逻辑基础。

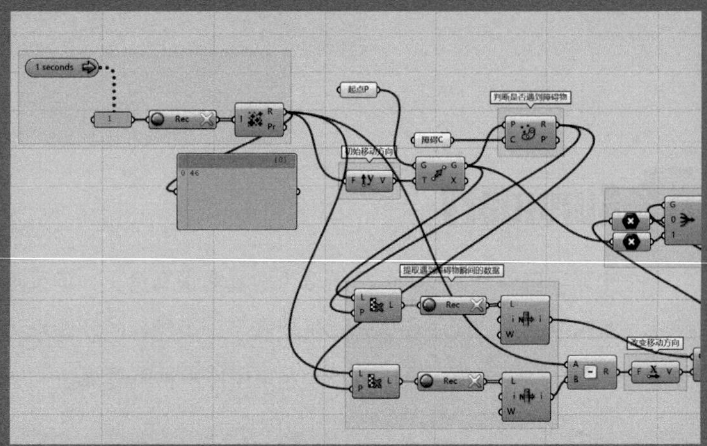

Algorithm Development
算法研发

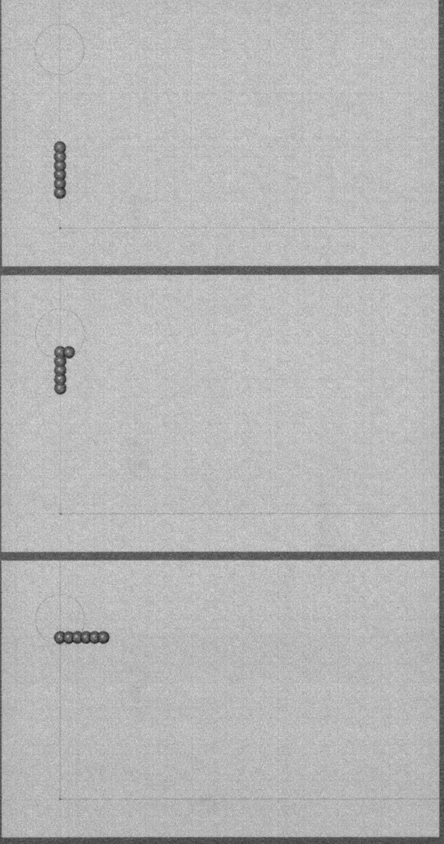

训练目标：

初级标准：

能够根据教程的提示完成案例，并理解本单元阐述的算法原理。

中级标准：

能够默写这些算法，并理解其中每个运算器的运算含义。

升级标准：

能够清晰地理解并给他人讲述这些算法的原理。能够将这种技能应用于个人的实际创作或日常工作当中。

Part F

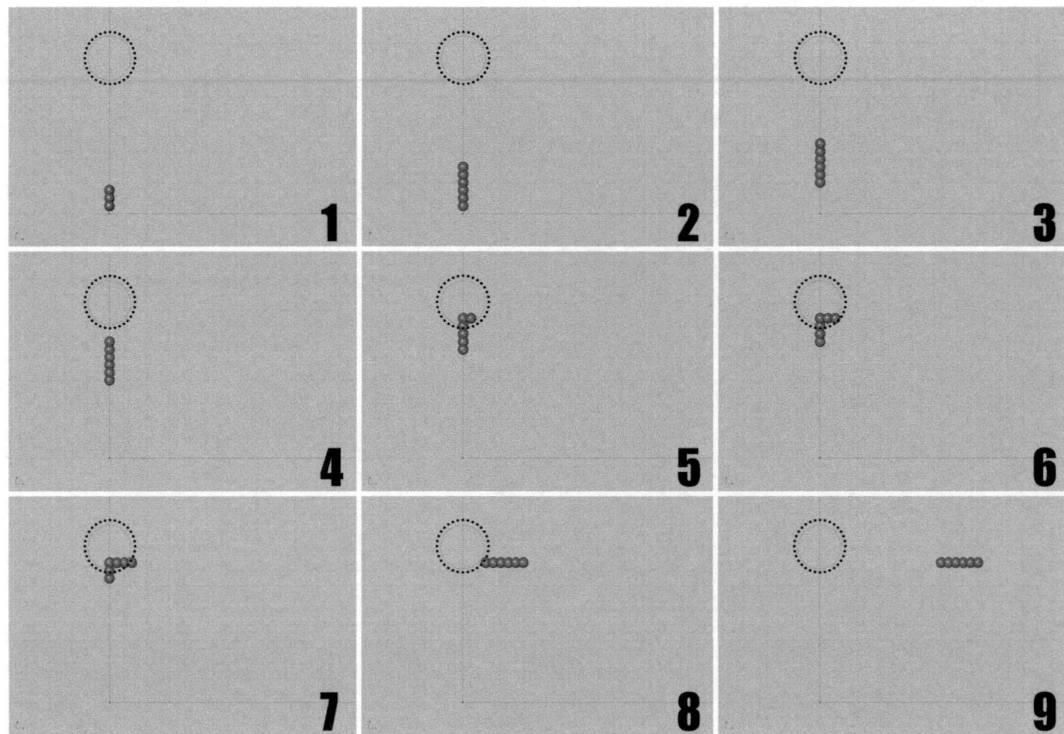

案例很简单，一条自动向上爬行的“贪食蛇”在触碰到障碍物之后，向右转弯再继续爬行。整个过程完全由计算机自行判断是否触碰到障碍物，然后改变动作。我们可以猜想到，在这个过程中，计算机在执行一个算法，中途遇到触发条件，从而自行选择改变了运算的算法。

A 通过 Timer 来建立一个计数器，为整个算法提供一个动态的递增变量。

B 绘制一个向 y 方向移动的点，并在它运动的过程中，时刻判断它是否进入到障碍物的线框内。

C 一旦点进入线框，立即记录这个点，并记录此时点的运动长度。

D 以被记录的点为新的基准，绘制一个向 x 方向移动的点。

E 当 D 输出移动点的数据后，自动放弃 B 生成的数据流，实现点运动算法的转换，最后提取最新生成的 6 个点作为移动的“贪食蛇”。

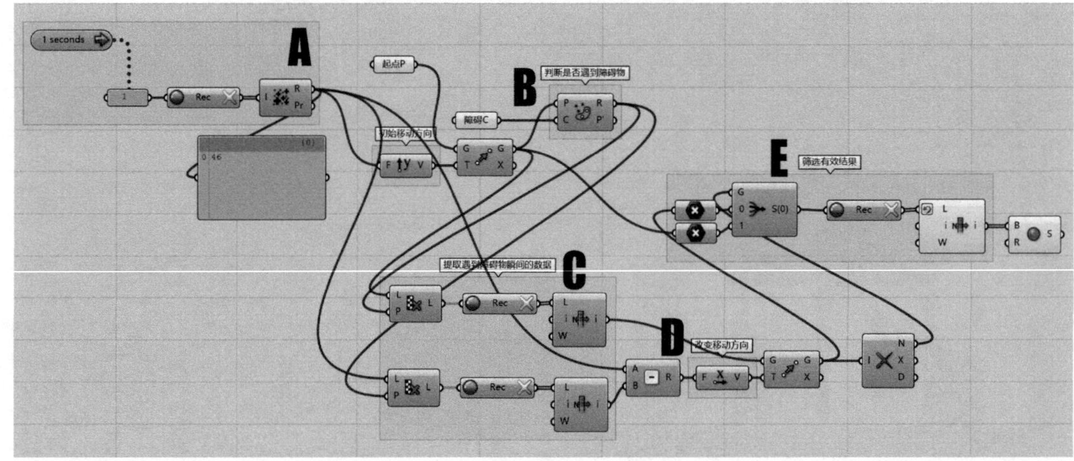

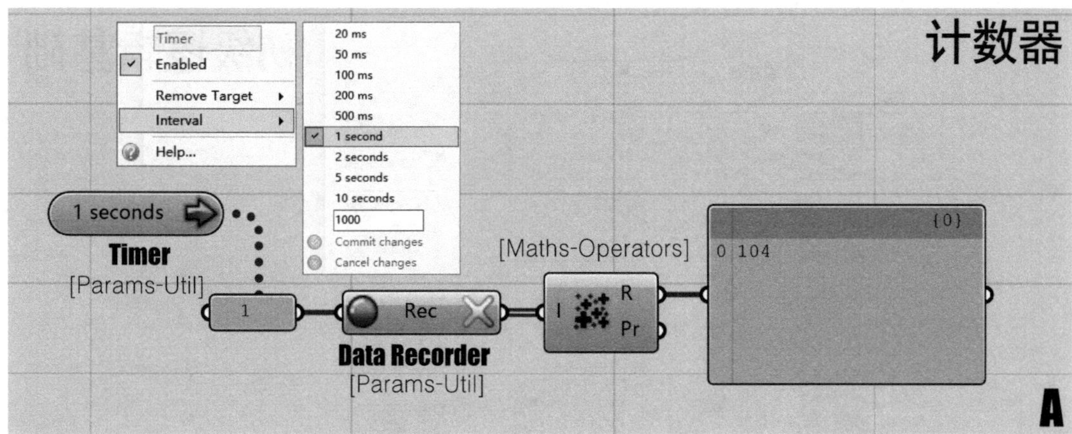

Timer 是一个刷新器，它可以让被关联的运算器反复地重新启动，并自行控制重启的时间间隔。
Data Recorder 是一个数据记录器，经过它的数据每有一次变化都会被它记录下来。

计数器的原理就是不断地让 Timer 去刷新数字 1 这个数据，让数据 1 每隔 1s 就重新输入 Data Recorder 一次，这样在 Data Recorder 处录制的数据流就是每秒增加一个数据 1，最后通过数据累加得到动态的递增数据。这里需要注意的是，每次重启计数器的时候，需要双击关闭 Timer，然后点击 Data Recorder 的"X"键清空记录的数据，再启动录制键，双击 Timer 重新开始计数。

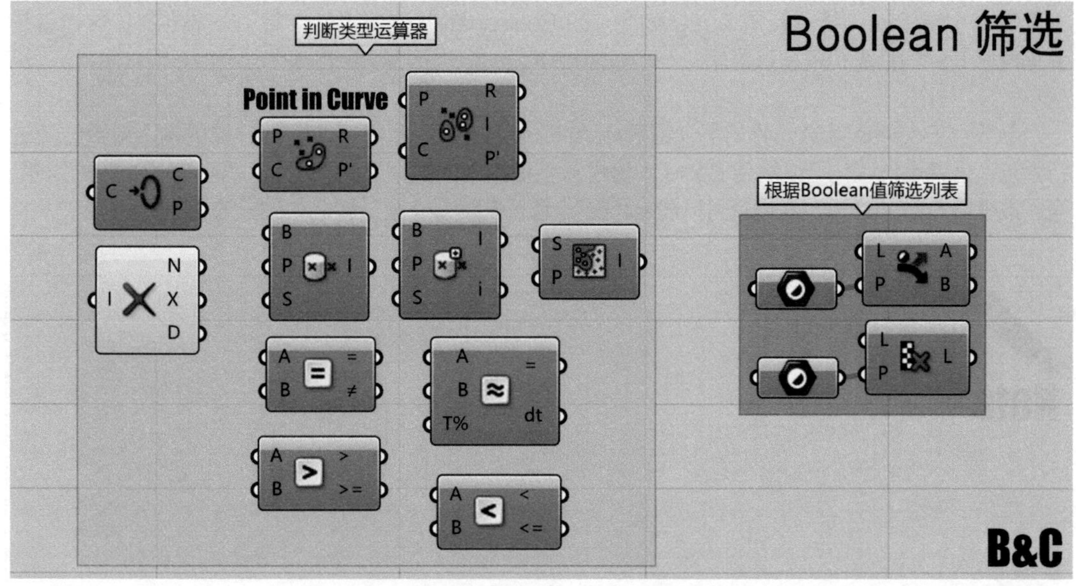

在 GH 中有相当一部分运算器是用于判断的，它们的输出数据都是 Boolean 值，也就是 False 和 True。翻译成数据即是 0（False）和非 0（True）。这些运算器可以帮助我们让计算机做一些自行的算法判定，通常情况下我们用判定的结果来筛选我们想要的数据。比如从一堆长短不一的杆件中筛选出指定长度范围内的部分，或是从一系列点阵中筛选出指定范围内的点，这些都可以用它们来实现。在本例中 B 处的 Point in Curve 用于判断移动点是否进入障碍物曲线，一旦进入该曲线，Point in Curve 输出 True 给 C，让 C 对该点放行。这时 C 处 Recorder 读到的第一个数据，就是移动点刚进入障碍物的这个点，然后通过运算器 Item 提取 Recorder 记录的第一个点，将其保存用作向下一个方向移动的初始点。

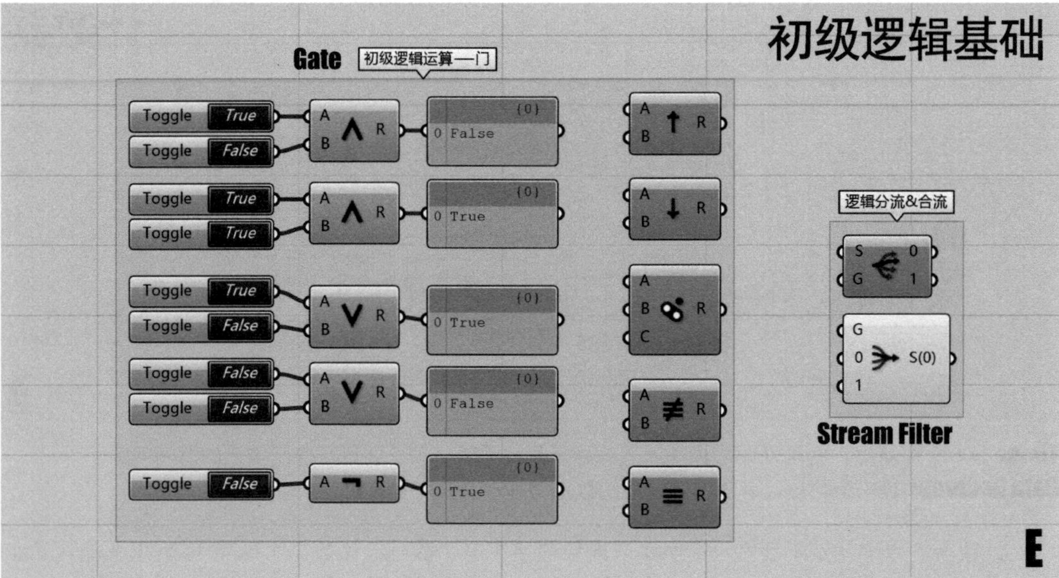

在 GH 中有一组 Gate 运算器，它们在计算机领域里被称之为〝门〞。这些运算器的本质是对 Boolean 值进行叠加处理，使原本单一的判断算法可以升级为具有一定条件性的复合判断。比如 Gate And（与门）的逻辑是只有所有的输入端都是 True，它才输出 True，否则都是 False。这就好比同时有三个筛选条件，必须都满足，才可以通过一样。再比如 Gate Or（或门）的逻辑不管多少条件，只要有一个是 True，结论就是 True。如此一来 Boolean 的筛选逻辑就丰富了一个层次，这也就是我们能感知到的计算机的初级逻辑。

认识了 Boolean 筛选，我们再介绍 Stream Filter。这个运算器可以根据 G 端的输入对数据流进行调流，也就是说我们可以利用 Boolean 值进一步指挥不同数据流的关闭和打开。有了判断的逻辑，有了改变数据流的开关，我们就可以将它们结合起来去编写一些〝智能〞的算法了。

Summary

在本章的最后，我们还是要来探讨一个问题：计算机能否代替设计师去做设计？

没接触过参数化和 GH 之前，我的想法一直是：那怎么可能，设计是一种相当复杂的意识现象，计算机不可能将其代替。但近两年，我开始重新审视建筑设计行业和参数化之间的关系，必须肯定的是如今的计算机已经可以代替相当一部分设计师的脑力思考。这就好像包豪斯时期，机器慢慢开始代替手工一样。由于市场过度地要求设计，导致了目前行业内设计更加模式化、产品化，逻辑越来越单一，设计工作越来越机械。这是一种不可逆的进步，但同时也是一种悲哀。在这种模式下，计算机设计很快会取代产品化的建筑设计流程，从而也就会“代替”了设计师。

所以如果今天有人问我这个问题，我的回答是：“会，但它还代替不了设计师的创新。”计算机会一点点地取代我们日常繁琐的设计工作，但“创新”才是设计的灵魂，这种跟情感意识牵连在一起的创造，在人类彻底认识它们之前，是不可能被写入程序里的。所以，明天的设计师是什么样的人？是那些懂得借助计算机程序去执行设计，而自己可以不断探寻内心的灵感，勇于实践创新的参数化设计师。

技能闭合

Level 1

Level 2

Level 3

Level 4

Level 5

Level 6

Part F

Algorithm Development

算法研发

计算机只是创作的工具，

可它同时也具备非凡的潜力。

用心去聆听它的话语，
用手去引导它的演变。

你会慢慢地发现，
它虽然没有情感，但数据很真诚；
它虽然没有思绪，但逻辑很清晰。

当有一天，
它能成为你思想的一部分，

无限的它，
也就成就了无限的你。

NCF 期待着你的作品！

后记

从起稿到落幕，满满 5 个月时光。在这里，我想感谢一下在这段路上支持过我的家人和朋友们。特别感谢我的团队给予我的宝贵时间，感谢 Rrou（钟伟）和尤凯曦以及诸位编辑们为本书的校对付出的辛劳。有你们陪伴走过的这段经历是我人生中的一笔宝贵财富，它对我的价值其实比写作本身要重要得多。也正是因为有你们的力量，才使得这样一部作品能够呈现给更多需要它的人。

在我过去八年的研习创作生涯里，一直在尝试不断去渡过瓶颈，可每次在到达彼岸的同时，却又发现更理想的答案总在刚刚离开的对岸。这样往返了很多次，我逐渐明白：我们追求的理想创作过程不是一直向着美好的地平线无尽地奔跑，而是在一个相对熟悉的循环算法里一次次地走回到自己的内心。创作就像一条不断自我循环的路，不闭合的过程使我们无法回归到终点，也只有通过历练，圆满了自己，答案才能自然而然地浮现在我们眼前。参数化这条路，未来一定会有更多的人来走，无论我们将前行至何方，请大家不要忘记：我们最初的追求。

祁鹏远

ID：Skywoolf